建筑工程材料的检测与选择（第三版）

高职高专『十三五』规划教材

国家示范性高职院校重点建设专业精品规划教材（土建大类）
——国家高职高专土建大类高技能应用型人才培养解决方案

主　审／游普元
主　编／张冬秀
副主编／肖能立　侯军伟

JIANZHU
GONGCHENG CAILIAO DE
JIANCE YU XUANZE

U0217955

累计筛余百分率/%

过细砂区

过粗砂区

Ⅰ区
Ⅱ区
Ⅲ区

筛孔尺寸/mm

天津大学出版社
TIANJIN UNIVERSITY PRESS

内容提要

本书根据国家示范性高职院校建设的要求,基于工作过程系统化的理念进行课程建设,满足建筑工程技术专业人才培养目标及教学改革要求,选择材料(土石材料、砌体材料、混凝土材料、钢材料、装饰材料、其他材料等)为载体,根据材料的检测、评定与选择编写而成,书中采用了最新的建筑材料规范。

书中除课程导入外,共分土石材料的检测、评定与选择,砌体材料的检测、评定与选择,混凝土材料的检测、评定与选择,钢材料的检测、评定与选择,装饰材料的检测、评定与选择,其他材料的检测、评定与选择等6个学习情境。为满足学生后续发展需要,书中增加了部分拓展知识,各个学校可根据需要和课时,自行安排。

本书可作为高职高专院校建筑工程技术、工程造价、工程项目管理、给排水等专业的教学用书,也可供其他类型学校(如职工大学、函授大学、电视大学等)相关专业选用,以及有关的工程技术人员参考。

图书在版编目(CIP)数据

建筑工程材料的检测与选择/张冬秀主编. —天津:
天津大学出版社,2011.8(2021.8 重印)

ISBN 978-7-5618-4061-0

Ⅰ.①建… Ⅱ.①张… Ⅲ.①建筑材料—检测—
高等职业教育—教材②建筑材料—选择—高等职业
教育—教材 Ⅳ.①TU502

中国版本图书馆 CIP 数据核字(2011)第 154900 号

出版发行		天津大学出版社
地　　址		天津市卫津路 92 号天津大学内(邮编:300072)
电　　话		发行部:022 – 27403647
网　　址		publish. tju. edu. cn
印　　刷		廊坊市海涛印刷有限公司
经　　销		全国各地新华书店
开　　本		185mm × 260mm
印　　张		20. 5
字　　数		512 千
版　　次		2021 年 8 月第 3 版
印　　次		2021 年 8 月第 7 次
定　　价		47. 00 元

国家示范性高职院校重点建设专业精品规划教材（土建大类）编审委员会

主　任：游普元（重庆工程职业技术学院建筑工程学院院长）

副主任：龚文璞（重庆第二建设有限责任公司总工程师）

　　　　黄钢琪（重庆第三建设有限责任公司副总工程师）

　　　　陈　镒（重庆建设教育协会会长）

　　　　徐安平（重庆工程职业技术学院新校区建设指挥部副主任）

委　员：（以姓氏笔画为序）

　　　　文　渝（重庆工程职业技术学院艺术设计系主任）

　　　　冯大福（重庆工程职业技术学院地质与测绘工程学院教研室主任）

　　　　江　峰（重庆工商职业学院建工系教研室主任）

　　　　江科文（重庆工商职业学院建工系教研室主任）

　　　　许　军（重庆工程职业技术学院建筑工程学院党总支书记兼副院长）

　　　　吴才轩（重庆水利电力职业技术学院建工系教研室主任）

　　　　张冬秀（重庆工程职业技术学院建筑工程学院教研室主任）

　　　　张宜松（重庆工商职业学院建工系主任）

　　　　李红立（重庆工程职业技术学院建筑工程学院教研室主任）

　　　　杨术蓉（泸州职业技术学院建工系教研室主任）

　　　　汪　新（重庆水利电力职业技术学院建工系教研室主任）

　　　　陈　鹏（重庆水利电力职业技术学院建工系教研室主任）

　　　　周国清（重庆电子工程职业技术学院建工系主任）

　　　　唐春平（重庆工商职业学院建筑工程系主任助理）

　　　　温　和（重庆工商职业学院建工系教务科长）

　　　　韩永光（重庆城市职业学院建筑工程学院副院长）

　　　　黎洪光（重庆水利电力职业技术学院建工系主任）

　　　　戴勤友（泸州职业技术学院建工系副主任）

总　序

　　"国家示范性高职院校重点建设专业精品规划教材(土建大类)"是根据教育部、财政部《关于实施国家示范性高等职业院校建设计划　加快高等职业教育改革与发展的意见》(教高〔2006〕14 号)及《关于全面提高高等职业教育教学质量的若干意见》(教高〔2006〕16 号)文件精神,为了适应我国当前高职高专教育发展形势以及社会对高技能应用型人才培养的需求,配合国家示范性高职院校的建设计划,在重构能力本位课程体系的基础上,以重庆工程职业技术学院为载体,开发了与专业人才培养方案捆绑、体现"工学结合"思想的系列教材。

　　本套教材由重庆工程职业技术学院建筑工程学院组织,联合重庆建工集团、重庆建设教育协会和兄弟院校的一些行业专家组成教材编审委员会,共同研讨并参与教材大纲的编写和教材内容的审定工作,是集体智慧的结晶。该系列教材的特点是:与企业密切合作,制定了突出专业职业能力培养的课程标准;反映了行业新规范、新技术和新工艺;打破了传统学科体系教材编写模式,以工作过程为导向,系统地设计课程内容,融"教、学、做"为一体,体现高职教育"工学结合"的特点。

　　在充分考虑高技能应用型人才培养需求和发挥示范院校建设作用的基础上,编委会基于工作过程系统化的理念构建了建筑工程技术专业课程体系。其具体内容如下。

　　1. 通过调研、论证,确定岗位及岗位群

　　通过毕业生岗位统计、企业需求调研、毕业生跟踪调查等方式,确定建筑工程技术专业的岗位和岗位群为施工员、安全员、质检员、档案员、监理员。其后续提升岗位为技术负责人、项目经理。

　　2. 典型工作任务分析

　　根据建筑工程技术专业岗位及岗位群的工作过程,分析工作过程中各岗位应完成的工作任务,采用"资讯、计划、决策、实施、检查、评价"六步骤工作法提炼出"识读建筑工程施工图(综合识图)"等 43 项典型工作任务。

　　3. 由典型工作任务归纳为行动领域

　　根据提炼出的 43 项典型工作任务,按照是否具有现实、未来以及基础性和范例性意义的原则,将 43 项典型工作任务直接或改造后归纳为"建筑工程施工图及安装工程图识读、绘制"等 18 个行动领域。

　　4. 将行动领域转换配置为学习领域课程

　　根据"将职业工作作为一个整体化的行动过程进行分析"和"资讯、计划、决策、实施、检查、评价"六步骤工作法的原则,构建"工作过程完整"的学习过程,将行动领域或改造后的行动领域转换配置为"建筑工程图识读与绘制"等18门学习领域课程。

5. 构建专业框架教学计划

具体参见电子资源。

6. 设计基础学习领域课程的教学情境

由课程建设小组与基础课程教师共同完成基础学习领域课程教学情境的设计。基于专业学习领域课程所需的理论知识和学生后续提升岗位所需知识来系统地设计教学情境,以满足学生可持续发展的需要。

7. 设计专业学习领域课程的教学情境

根据专业学习领域课程的性质和培养目标,校企合作共同选择以图纸类型、材料、对象、分部工程、现象、问题、项目、任务、产品、设备、构件、场地等为载体,并考虑载体具有可替代性、范例性及实用性的特点,对每个学习领域课程的教学内容进行解构和重构,设计出专业学习领域课程的教学情境。

8. 校企合作共同编写学习领域课程标准

重庆建工集团、重庆建设教育协会及一些企业和行业专家参与了课程体系的建设和学习领域课程标准的开发及审核工作。

在本套教材的编写过程中,编委会强调基于工作过程的理念进行编写,强调加强实践环节,强调教材用图统一,强调理论知识满足可持续发展的需要。采用了创建学习情境和编排任务的方式,充分满足学生"边学、边做、边互动"的教学需求,达到所学即所用的目的。本套教材体系结构合理、编排新颖而且能满足职业资格考核的要求,实现了理论实践一体化,实用性强,能满足学生完成典型工作任务所需的知识、能力和素质的要求。

追求卓越是本系列教材的奋斗目标,为我国高等职业教育发展而勇于实践和大胆创新是编委会共同努力的方向。在国家教育方针、政策引导下,在各位编审委员会成员和作者团队的共同努力下,在天津大学出版社的大力支持下,我们力求向社会奉献一套具有"创新性和示范性"的教材。我们衷心希望这套教材的出版能够推动高职院校的课程改革,为我国职业教育的发展贡献自己微薄的力量。

丛书编审委员会

2011 年 6 月于重庆

前　言

　　《建筑工程材料的检测与选择》是高职高专土建大类教材编委会组编的建筑工程技术专业课程规划教材之一。建筑工程材料多种多样，主要包括土石材料、砌体材料、混凝土材料、钢材料、装饰材料及其他材料等。本书主要介绍了工程中常见材料的检测、评定与选择。本书根据高职高专人才培养目标和工学结合人才培养模式以及专业教学改革的要求，在编者多年的教学实践的基础上编写而成，采用"边学、边做、边互动"模式，实现所学即所用的目标。

　　高职高专院校专业设置和课程内容的选取要充分考虑企业实际需要和毕业生就业岗位的需求，而建筑工程技术专业的毕业生主要从事施工员、安全员、质检员、档案员、监理员等岗位和岗位群工作，因此本书在内容选取中涉及各种材料的检测、评定与选择。由于其核心岗位为施工员，所以在各部分内容的编排和选取上有所侧重。

　　本书是集体智慧的结晶，由"国家示范性高职院校重点建设专业精品规划教材（土建大类）"教材编审委员会、重庆建工集团、重庆建设教育协会等的专家审定教材编写大纲，同时参与教材编写过程中的研讨工作。本书由张冬秀统稿、定稿并担任主编，由肖能立、侯军伟担任副主编，由游普元担任主审。参与本教材编写的老师有张冬秀、游普元、肖能立、侯军伟、李华、李培磊、温和。

　　学习情境1为土石材料的检测、评定与选择；学习情境2为砌体材料的检测、评定与选择；学习情境3为混凝土材料的检测、评定与选择；学习情境4为钢材料的检测、评定与选择；学习情境5为装饰材料的检测、评定与选择；学习情境6为其他材料的检测、评定与选择。

　　课程导入由张冬秀编写，学习情境1由李华编写，学习情境2由侯军伟编写，学习情境3由游普元编写，学习情境4由肖能立编写，学习情境5由温和编写，学习情境6由李培磊和张冬秀编写。

本书在"学习目标"描述中所涉及的程度用语主要有"熟练"、"正确"、"基本"。"熟练"指能在规定的较短时间内无错误地完成任务,"正确"指在规定的时间内无错误地完成任务,"基本"指在没有时间要求的情况下,不经过旁人提示,能无错误地完成任务。

承蒙重庆建工集团二建的龚文璞总工、三建的黄钢琪总工、茅苏惠部长及我院建筑专业教学指导委员会的全体委员审定和指导教材编写大纲及编写内容,在此一并表示感谢。

为帮助学生掌握和运用所学知识,本书配套编写了《建筑工程材料的检测与选择学习辅导与练习册》一书。

由于是第一次系统化地基于工作过程,并选择以材料类别为载体编写该教材,难度较大,加之编者水平有限,缺点和错误在所难免,恳请专家和广大读者不吝赐教、批评指正,以便我们在今后的工作中改进和完善。

编　者

2011 年 6 月

目　录

0　课程导入

【学习目标】

知识目标	能力目标	权重
能正确表述本课程的定位	能正确领悟本课程的性质、与其他课程间的关系	0.10
能正确表述建筑材料的分类及选用原则	能正确领悟建筑材料的选用原则及其分类	0.15
能正确表述本课程的内容	能基本领悟本课程的学习内容	0.05
能熟练表述本课程的目标	能正确领悟本课程各部分内容的目标	0.05
能熟练表述本课程的学习方法和要求	能正确领悟各学习方法在本课程中的应用	0.05
能正确表述本课程发展状况	能正确认识本课程的发展	0.05
能正确表述本课程考核方法	能正确理解并适应本课程的考核办法	0.05
能正确表述材料的基本性质	能测出材料的各种密度,判断材料的基本特性	0.50
合　计		1.00

【教学准备】

准备一些常见的建筑材料实物和图片。

【教学建议】

集中讲授、小组讨论、观看录像、拓展训练。

【建议学时】

2学时。

建筑材料是指在建筑结构物中使用的各种材料的总称。建筑业是国民经济的支柱产业之一,而建筑材料和制品是建筑业重要的物质基础。

在土建工程总造价中,材料费用占很大的比例。建筑材料的性能、质量、品种和规格,直接影响着土建工程的结构形式和施工方法。各种建筑物和构筑物的质量及造价在很大程度上取决于正确地检测、选择和合理地使用建筑材料。新结构形式的出现也往往是新建筑材料产生的结果。因此,建筑材料的科学研究及其生产工艺的迅速发展,对于社会主义现代化建设具有十分重要的意义。

0.1 课程定位

  建筑工程材料的检测与选择是每个工程技术人员必须具备的能力,其检测的准确性、选择的正确性和合理性与建筑工程的质量和造价密切相关。"建筑工程材料的检测与选择"是建筑工程建设项目的一个行动领域,转换为课程后,是建筑工程技术专业框架教学计划中必修课程之一。其课程定位见表0.1。

表 0.1   课程定位

课程性质	必修课程、专业课程	备注
课程功能	培养学生根据材料的性能、质量标准和检测方法,合理检测、选材、用材的能力,为后续课程学习提供建材的基础知识	
前导课程	无	
平行课程	建筑工程图识读与绘制、建筑物理	
后续课程	建筑功能及建筑构造分析、建筑工程测量、土石方工程施工、基础工程施工、砌体结构工程施工、特殊工程施工、装饰装修工程施工、钢筋混凝土主体结构施工、建筑工程计价与管理、建筑工程施工组织编制与实施	

0.2 建筑材料的分类及选用原则

  不同的分类原则将有不同的分类结果。建筑材料根据材料来源不同,可分为天然材料和人造材料;根据使用部位不同,可分为承重材料、屋面材料、墙体材料和地面材料等;根据建筑功能不同,可分为结构材料、装饰材料、防水材料和绝热材料等。目前,通常根据组成物质的种类及化学成分,将建筑材料分为无机材料、有机材料和复合材料三大类,各大类中又可进行更细的分类,具体见表0.2。

表 0.2   建筑材料的分类

分 类		实 例
无机材料	非金属材料	天然石材(砂子、石子、各种岩石加工的石材等)
		烧土制品(黏土砖、瓦、空心砖、锦砖、瓷器等)
		胶凝材料(石灰、石膏、水玻璃、水泥等)
		玻璃及熔融制品(玻璃、玻璃棉、岩棉、铸石等)
		混凝土及硅酸盐制品(普通混凝土、砂浆及硅酸盐制品等)
	金属材料	黑色金属(钢、铁、不锈钢等)
		有色金属(铝、铜等及其合金)
有机材料	植物材料	木材、竹材、植物纤维及其制品
	沥青材料	石油沥青、煤沥青、沥青制品
	合成高分子材料	塑料、涂料、胶黏剂、合成橡胶等

续表

分　类		实　例
复合材料	金属材料与非金属材料复合	钢筋混凝土、预应力混凝土、钢纤维混凝土等
	非金属材料与有机材料复合	玻璃纤维增强塑料、聚合物混凝土、沥青混合料和水泥刨花板等
	金属材料与有机材料复合	轻质金属夹心板

选用建筑材料的原则有以下四项：

①材料质量符合产品标准，技术指标满足工程设计要求；

②材料易得，运储及施工方便，费用较低；

③尽可能发挥材料的建筑功能，推陈出新，不断创造出能美化室内外环境和体现时代特色，以最大限度地满足人们的生活情趣与审美要求的新型建筑材料；

④物尽其用、节约材料、降低建筑能耗，以减少污染，实现全人类共同的可持续发展的战略目标。

小组讨论：(1)列举出建筑工程中常见的建筑材料并进行归类。

(2)为什么采用这样的原则来选用建材？

0.3　课程内容

本课程以材料种类为载体，设计了6个学习情境，每个学习情境均以材料的性质及质量标准、材料的检测、材料的选择等任务为引领组织教学，培养学生利用相应的技术标准和规范，对材料进行正确检测、准确评定和合理选用的能力，为顺利完成"熟悉建筑工程材料和周转材料标准与选择"这一典型工作任务奠定基础。其中：

①材料的性质及质量标准部分介绍材料的各种性质和质量标准；

②材料的检测部分主要介绍材料的抽检方法、性能测试及评定，培养学生进行材料抽检、检验及评定的技能；

③材料的选择部分主要介绍材料的正确选择与使用，培养学生合理选用各种材料的能力。

0.4　课程目标

本课程的学习目标如下：

①能够熟知水泥、混凝土等材料的性能、规格、用途；

②能正确地存储、转运、选用材料；

③能正确利用相应的技术标准和规范，对材料进行检验、检测和评定；

④培养绿色材料、环保材料和材料可持续发展意识，能跟随新材料的发展步伐；

⑤能正确选用周转材料；

⑥具有较好的坚持原则、团队协作精神和诚实守信的优秀品质；

⑦能够利用建筑材料基本知识分析和解决材料使用中的实际问题。

观看录像：观看水泥、石子、砂子、钢材等材料的存储、抽检、评定及选用过程。

0.5　本课程的学习方法及要求

"建筑工程材料的检测与选择"是建筑工程技术、工程造价、房地产等专业的一门必修课和技术基础课程，它本身既是一种应用技术，又是学习建筑功能及建筑构造分析、建筑施工类课程（如土石方工程施工、基础工程施工、砌体结构工程施工、特殊工程施工、装饰装修工程施工、钢筋混凝土主体结构施工等）、建筑结构构造及计算等课程的基础。在学习过程中，应注意以下几点：

①"建筑工程材料的检测与选择"与物理、化学、数学、力学等课程有密切的关系，学习时应运用这些基础知识，分析和研究相关问题；

②除了理解材料的主要性质，还要理解它为什么具有这样的性质，从而更好地选择和使用材料；

③材料实训是鉴定材料质量和熟悉材料性质的主要手段，是学好本课程的重要环节，必须认真上好实训课，及时填写实训报告；

④要按时完成课内外作业，上实训课前必须充分预习；

⑤充分利用到工厂、材料销售市场调研、建筑工地参观和实习的机会，了解常用材料的品种、规格、使用和储存的情况。

⑥经常阅读有关报纸杂志中介绍的建筑材料的新产品、新标准及动向。

思考：如何学好本课程？

0.6　本课程的发展状况

建筑材料是随着人类社会生产力和科学技术水平的提高而逐步发展起来的。人类最早穴居巢处。随着社会生产力的发展，人类进入能制造简单工具的石器、铁器时代，才开始挖土、凿石为洞、伐木搭竹为棚，利用天然材料建造非常简陋的房屋。到人类能够用黏土烧制砖、瓦，用岩石烧制石灰、石膏之后，建筑材料才由天然材料进入了人工生产阶段，为较大规模建造房屋创造了基本条件。到 18、19 世纪，建筑钢材、水泥、混凝土和钢筋混凝土相继问世而成为主要的结构材料，为现代建筑奠定了基础。进入 20 世纪后，由于社会生产力突飞猛进，以及材料科学与工程学的形成和发展，建筑材料不仅性能和质量得到不断改善，而且品种不断增加，以有机材料为主的化学建材异军突起，一些具有特殊功能的新型建筑材料，如绝热材料、吸声隔声材料、各种装饰材料、耐热防火材料、防水抗渗材料以及防爆、防辐射材料等应运而生。

为了适应建筑工业化、提高工程质量和降低成本的要求,今后建材还将朝以下趋势发展:

①发展轻质、高强材料,以减少结构尺寸,减轻结构自重,满足更大跨度、更高高度建筑的要求;

②发展节能材料,以降低生产与使用中的能耗和减轻大气污染;

③发展新的功能材料和多功能材料,满足建筑功能上的更高要求;

④发展适合机械化施工的材料与构件,加快施工进度;

⑤发展工业废料建材,以改善环境,变废为宝;

⑥发展绿色环保建材,使用户用得放心。

思考:建筑材料的发展过程及今后的发展方向如何?

0.7　本课程的考核方法

1. 形成性评价

形成性评价是在教学过程中对学生的学习态度和各类作业,任务单完成情况,材料销售市场有关材料品种、规格、售价等调研报告进行的评价。

2. 总结性评价

总结性评价是在教学活动结束时,对学生整体技能情况的评价。

在每个学习情境中,建议平时的学习态度占 10%、书面作业占 15%、任务单完成情况占15%、课内实训占 30%、最后总结性评价占 30%。具体的评价内容及方式见表0.3。

表 0.3　评价内容及方式

序号	考核项目	评价内容	评价方式	评价分值
1	课程导入	评价学生对建筑工程材料种类及基本性质的认知程度	形成性评价	4
2	土石材料检测、评定与选择	评价学生对土石材料基本工程性质的理解能力及其检测与评定的能力		10
3	砌体材料检测、评定与选择	评价学生对砌体材料基本工程性质的理解能力及其检测与评定的能力		10
4	混凝土材料检测、评定与选择	评价学生对混凝土材料基本工程性质的理解能力及其检测与评定的能力		20
5	钢材料检测、评定与选择	评价学生对钢材料基本工程性质的理解能力及其检测与评定的能力		10
6	装饰材料检测、评定与选择	评价学生对装饰材料基本工程性质的理解能力及其检测与评定的能力		10
7	其他材料检测、评定与选择	评价学生对其他材料基本工程性质的理解能力及其检测与评定的能力		6
8	综合考核	考核学生对建筑工程材料的检测与选择这一学习领域中基于各工作过程的综合应用能力	总结性评价	30
合　计				100

注:本课程按百分制考评,60 分为合格。

0.8　建筑材料的基本性质

　　建筑材料在建筑物中要承受各种作用,如承重构件用的材料主要承受外力作用;防水材料经常受水的侵蚀;隔热与耐火材料会受到不同程度的高温作用。有些材料还会受到各种外界因素的影响,如大气作用引起的热胀冷缩、干湿变化、交替的冻融以及化学侵蚀等。这些因素都会对材料造成不同程度的破坏。为了使建筑物和构筑物安全、适用、耐久而又经济,在工程设计与施工中,必须充分地了解和掌握各种材料的性质和特点,以便正确、合理地选择和使用建筑材料,使其在性能上满足使用要求。

　　建筑材料品种繁多,性质各异,有共性也有特性。归纳起来,建筑材料的基本性质主要包括物理性质、化学性质和力学性质。本部分仅介绍材料的耐久性、重要的物理性质及力学性质。

0.8.1　材料的耐久性

　　材料在各种外界因素的作用下,能长期正常工作,不破坏、不失去原来性能的性质称为材料的耐久性。耐久性是材料的一项综合性质,它包括材料的抗冻性、抗渗性、抗化学侵蚀性、抗碳化性能、大气稳定性及耐磨性能等。

　　材料的耐久性因材料组成和结构不同而有所不同。材料在使用过程中,除受到各种外力的作用,还会经常受到物理、化学和生物的作用而破坏。金属材料易被氧化腐蚀;无机非金属材料因碳化、溶蚀、冻融、热应力、干湿交替作用而破坏,如混凝土的碳化,水泥石的溶蚀,砖、混凝土等材料的冻融破坏以及处于水中或水位升降范围内的混凝土、石材、砖等因受环境水的化学侵蚀作用的破坏等;有机材料如木材、竹材及其他的植物纤维组成的材料,常因虫、菌的蛀蚀、溶蚀而破坏;沥青因受到阳光、空气和热的作用而逐渐变得硬脆老化而破坏。

　　为了提高材料的耐久性,可设法减轻大气或其他介质对材料的破坏作用,如降低湿度、排除侵蚀性物质;提高材料本身的密实度、改变材料的孔隙构造;适当改变成分、进行憎水处理及防腐处理等;也可用保护层、保护材料,如抹灰、刷涂料、做饰面等使材料免受破坏。

　　建筑材料的耐久性,随着材料实际使用条件的不同而异。因此,在实际使用条件下还应进行具体分析、观测、试验,作出正确判断。如根据使用要求,应在试验室进行下列快速试验:干湿循环、冻融循环、湿润与紫外线照射干燥循环、盐溶液浸渍与干燥循环、碳化、化学介质浸渍等。也可以在自然条件下进行长期的暴露试验。

0.8.2　材料的物理性质

　　1. 与质量有关的性质

　　(1)密度

　　密度是指物质单位体积的质量,单位为 g/cm^3 或 kg/m^3。在建筑材料中,常用的密度有以下三种。

1）实际密度

实际密度是指多孔固体材料在绝对密实状态下，单位体积的质量。按下式计算：

$$\rho = \frac{m}{V} \qquad (0.8.1)$$

式中：ρ——密度，g/cm^3 或 kg/m^3；

m——材料的质量，g 或 kg；

V——材料在绝对密实状态下的体积，cm^3 或 m^3。

材料的"绝对密实状态下"的体积是指材料自身内在固体物质所占的体积，不包括孔隙在内的体积。实际上完全致密的材料很少，绝大多数材料或多或少都含有一定孔隙。对于多孔固体材料的绝对密实体积，可按测定密度的标准方法规定（如红砖），将其干燥的试样磨成细粉（通过 900 孔/cm^2 筛），称量一定质量的粉末，置于装有液体的相对密度瓶中测量其"绝对体积"即为密实体积，它等于被粉末排出的液体体积。

对于外形不规则的散粒材料，如配制混凝土所用的砂、石等材料，可不必磨成细粉（颗粒内部所含的封闭孔隙并未排除）而直接用排水法测其绝对体积的近似值，这样所得的密度称为视密度。可按下式计算：

$$\rho' = \frac{m}{V'} \qquad (0.8.2)$$

式中：ρ'——视密度，g/cm^3 或 kg/m^3；

m——干燥状态下材料的质量，g 或 kg；

V'——包括封闭孔隙在内的颗粒体积，cm^3 或 m^3。

材料单位体积（包括气孔的固体体积）的质量与同体积 4 ℃水的质量之比称为"相对密度"，此时无单位，即无量纲。

2）表观密度

表观密度是指多孔固体（粉末或颗粒状）材料，单位表观体积的质量。可用下式计算：

$$\rho_0 = \frac{m}{V_0} \qquad (0.8.3)$$

式中：ρ_0——表观密度，kg/m^3；

m——材料的质量，kg；

V_0——材料表观体积（即自然状态下的体积），m^3。

表观体积是指包括孔隙在内的体积。对于多孔固体（粉末或颗粒状）材料的孔隙体积，是指材料间的空隙和本身的开口孔、裂纹（浸渍时能被液体填充）以及封闭孔或空洞（浸渍时不能被液体填充）。

在自然状态下，当材料孔隙内含有水分时，其质量和体积均将发生变化，这会影响材料的表观密度，故所测材料的表观密度必须注明其含水状态。如吸水状态（湿表观密度）、烘至恒重（干表观密度）。通常所说的表观密度是指材料在气干状态下的表观密度。

在工程实践中，有时也采用材料重力与其表观体积之比（即单位体积材料所受的重力），此时称重力表观密度或质量密度，简称重度，其单位为 kN/m^3。如地基基础的计算常用到重度这一概念。

3) 堆积密度

堆积密度是指疏松状(小块、颗粒、纤维)材料单位堆积体积的质量。按下式计算:

$$\rho_0' = \frac{m}{V_0'} \tag{0.8.4}$$

式中:ρ_0'——堆积密度,kg/m^3;

$\quad m$——材料的质量,kg;

$\quad V_0'$——材料的堆积体积(即自然状态下的体积),m^3。

堆积体积是指既定容积的容器(容量筒的容积)的容积。

实际密度、表观密度、堆积密度是材料的主要物理性质,常用来计算材料的密实度、孔隙率,计算材料用量、自重、运输量及堆积空间等。另外,材料的表观密度会影响材料的其他性质,如强度、隔声、导热性等。一般情况下,表观密度越大,则强度越高,隔声效果越好,热导率越大。

(2) 密实度与孔隙率

1) 密实度

密实度是指材料体积内被固体物质所充实的程度,即材料的密实体积与总体积之比。也可按材料的实际密度与表观密度计算如下:

$$D = \frac{V}{V_0} \times 100\% \tag{0.8.5}$$

式中:D——材料的密实度,%。

因为 $\rho = \frac{m}{V}$,$\rho_0 = \frac{m}{V_0}$,故有 $V = \frac{m}{\rho}$,$V_0 = \frac{m}{\rho_0}$,所以 $D = \frac{V}{V_0} = \frac{m/\rho}{m/\rho_0} = \frac{\rho_0}{\rho}$。

【例 0-1】 普通黏土砖 $\rho_0 = 1\ 850\ kg/m^3$,$\rho = 2.50\ g/cm^3$,求其密实度。

解:
$$D = \frac{\rho_0}{\rho} \times 100\% = \frac{1\ 850}{2\ 500} \times 100\% = 74\%$$

凡含孔隙的固体材料的密实度均小于1。材料的 ρ_0 与 ρ 愈接近,即 $\frac{\rho_0}{\rho}$ 愈接近1,材料就愈密实。材料的很多性质,如强度、吸水性、耐水性、导热性等均与其密实度有关。

2) 孔隙率

孔隙率是指材料体积内孔隙(开口的和闭口的)体积所占的比例。按下式计算:

$$P = \frac{V_0 - V}{V_0} \times 100\% = \left(1 - \frac{V}{V_0}\right) \times 100\% = \left(1 - \frac{\rho_0}{\rho}\right) \times 100\% = 1 - D \tag{0.8.6}$$

式中:P——材料的孔隙率,%。

【例 0-2】 求上例中普通黏土砖的孔隙率。

解:
$$P = \left(1 - \frac{\rho_0}{\rho}\right) \times 100\% = \left(1 - \frac{1\ 850}{2\ 500}\right) \times 100\% = 26\%$$

材料的孔隙率与密实度是从两个不同方面反映材料的同一性质。通常用孔隙率这一指标。孔隙率可分为开口孔隙率和闭口孔隙率两种。

开口孔隙率(P_K)是指能被水所饱和的孔隙体积与材料体积之比的百分数。可按下式计算：

$$P_K = \frac{m_2 - m_1}{V_0} \cdot \frac{1}{\rho_{H_2O}} \times 100\% \tag{0.8.7}$$

式中：m_1——干燥状态下材料的质量，g；

m_2——水饱和状态下材料的质量，g；

ρ_{H_2O}——水的密度，g/cm^3。

开口孔隙能提高材料的吸水性、透水性，从而降低抗冻性。减少开口孔隙，增加闭口孔隙，可提高材料的耐久性。

闭口孔隙率(P_B)是指总孔隙率(P)与开口孔隙率(P_K)之差。即：$P_B = P - P_K$。

材料的许多性质，如表观密度、强度、导热性、透水性、抗渗性、耐蚀性等，除与孔隙率大小有关，还与孔隙构造特征有关。孔隙构造特征，主要是指孔隙的形状和大小。根据孔隙形状分开口孔隙与闭口孔隙两类。开口孔隙与外界相连通，闭口孔隙则与外界隔绝。根据孔隙的大小，分为粗孔和微孔两类。一般均匀分布的小孔，要比开口或相连通的孔隙好。不均匀分布的孔隙对材料性质影响较大。

(3)填充率与空隙率

对于松散颗粒状材料，如砂、石等互相填充的疏松致密程度，可用"填充率"和"空隙率"表示。

1)填充率

填充率是指颗粒材料的堆积体积内被颗粒所填充的程度。按下式计算：

$$D' = \frac{V'}{V_0'} \times 100\% \quad (\text{或} \quad D' = \frac{\rho_0'}{\rho'} \times 100\%) \tag{0.8.8}$$

2)空隙率

空隙率是指散粒材料的堆积体积内，颗粒之间的空隙体积所占的百分数。按下式计算：

$$P' = \frac{V_0' - V'}{V_0'} \times 100\% = \left(1 - \frac{V'}{V_0'}\right) \times 100\% = \left(1 - \frac{\rho_0'}{\rho'}\right) \times 100\% \tag{0.8.9}$$

即：$D' + P' = 1$ 或 $P' = 1 - D'$。

2. 与水有关的性质

(1)亲水性与憎水性

材料在空气中时，根据其能否被润湿，可分为亲水性材料与憎水性材料两类。

润湿就是水被材料表面吸附的过程。当材料在空气中与水接触时，如果材料分子与水分子间的相互作用力大于水分子间的作用力，材料表面就会被水润湿。在材料、水和空气三相的交点外，沿水滴表面所引切线与材料表面所成的夹角(称为润湿角)$\theta \leqslant 90°$(如图0.8.1(a))时，这种材料称为亲水性材料。反之，如果材料分子与水分子间的相互作用力小于水分子间的作用力，则表示材料不能被水润湿。此时，润湿角$90° < \theta < 180°$(如图0.8.1(b))，这种材料称为憎水性材料。

水在亲水性材料的毛细管中形成弯液面，主要是由于材料的毛细孔壁分子与水分子间的

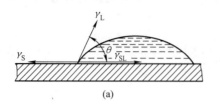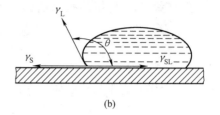

图 0.8.1 材料的润湿示意图

(a)亲水性材料 (b)憎水性材料

相互作用力大于水分子之间的作用力,所以水面上升(如图 0.8.2(a)),管径越细,水面上升越高。在憎水性材料的毛细管中,一般水不易渗入材料毛细管中去,当有水渗入时,则成凸形弯液面,并保持在周围水面以下(如图 0.8.2(b))。

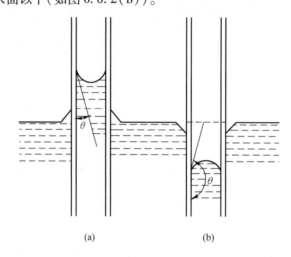

图 0.8.2 亲水性材料与憎水性材料的毛细管作用

(a)亲水性材料 (b)憎水性材料

大多数建筑材料,如砖、石、混凝土、木材等都属于亲水性材料,表面均能被润湿。沥青、石蜡等属于憎水性材料,表面不能被水润湿。因此,憎水性材料经常作为防水材料或作亲水性材料表面的憎水处理用。

(2)吸水性

吸水性是材料在水中能吸收水分的性质。吸水性的大小可用吸水率表示。吸水率有质量吸水率和体积吸水率两种。

质量吸水率是指材料所吸收水分的质量占材料干燥质量的百分数,可按下式计算:

$$W_{质} = \frac{m_{湿} - m_{干}}{m_{干}} \times 100\% \tag{0.8.10}$$

式中:$W_{质}$——材料的质量吸水率,%;

　　　$m_{湿}$——材料吸水饱和后的质量,g;

$m_干$——材料烘干到恒重时的质量,g。

体积吸水率是指材料体积内被水充实的程度,即材料吸收水分的体积占干燥材料自然体积的百分数。可按下式计算:

$$W_体 = \frac{m_湿 - m_干}{V_1} \cdot \frac{1}{\rho_{H_2O}} \times 100\%$$ (0.8.11)

式中:$W_体$——材料的体积吸水率,%;

V_1——干燥材料在自然状态下的体积,cm^3。

质量吸水率与体积吸水率存在如下关系:

$$W_体 = W_质 \cdot \rho_0$$

材料的吸水率大小与材料的孔隙率和孔隙特征有关。一般来说,孔隙率越大,吸水率越大。但在材料的孔隙中,不是全部孔隙都能被水所充满,因为封闭的孔隙水分不易渗入;而粗大的孔隙,水分又不易存留,故材料的体积吸水率常小于孔隙率。这类材料常用质量吸水率表示它的吸水性。

对于某些轻质材料,如加气混凝土、软木等,由于具有很多开口而微小的孔隙,所以它的质量吸水率往往超过100%,即湿质量为干质量的几倍,在这种情况下,最好用体积吸水率表示其吸水性。

(3)吸湿性

材料在潮湿的空气中吸收空气中水分的性质称为吸湿性。吸湿性的大小用含水率表示。

含水率是指材料所含水质量占材料干燥质量的百分数。可按下式计算:

$$W_含 = \frac{m_含 - m_干}{m_干} \times 100\%$$ (0.8.12)

式中:$W_含$——材料的含水率,%;

$m_含$——材料含水时的质量,g;

$m_干$——材料烘干到恒重时的质量,g。

材料的含水率大小除与材料本身的成分、组织构造等因素有关外,还与周围环境的温度、湿度有关。气温越低、相对湿度越大,材料的含水率也就越大。

随着空气湿度大小的变化,材料既能在空气中吸收水分,又可向外界扩散水分,最后与空气湿度达到平衡。材料在空气中,水分向外散发的性质称为材料的还水性。木材的吸湿性随着空气湿度变化特别明显。

例如,木门窗制作后如长期处于空气湿度小的环境下,为了与周围湿度平衡,木材便向外散发水分,于是门窗体积收缩而导致干裂。

(4)耐水性

材料长期在饱和水作用下不被破坏,其强度也不显著降低的性质称为耐水性。材料的耐水性用软化系数表示。可按下式计算:

$$K_软 = \frac{f_湿}{f_干}$$ (0.8.13)

式中:$K_软$——材料的软化系数;

$f_湿$——材料在饱和水状态下的抗压强度，MPa；

$f_干$——材料在干燥状态下的抗压强度，MPa。

材料的软化系数为 0 ~ 1。一般材料，随着含水率的增加，水分会渗入材料微粒之间的缝隙内，降低微粒之间的结合力，使强度降低。所以，用于严重受水侵蚀或潮湿环境的材料，其软化系数应为 0.85 ~ 0.9，用于受潮较轻或次要结构物的材料，则不宜小于 0.7。软化系数值越大，耐水性越好。软化系数大于 0.80 的材料，通常可以认为是耐水的材料。

（5）抗冻性

材料在吸水饱和状态下，经多次冻结和融化作用（冻融循环）而不被破坏，同时也不严重降低强度的性质称为抗冻性。

通常采用 – 15 ℃ 的温度（水在微小的毛细管中低于 – 15 ℃ 才能冻结）冻结后，再在 20 ℃ 的水中融化，这样的一个过程称为一次冻融循环。

材料经多次冻融交替作用后，表面出现剥落、裂纹，产生质量损失，强度也会降低。冰冻的破坏作用是由材料孔隙内的水分结冰引起的。水在结冰时体积约增大 9%，对孔壁产生可达 100 MPa 的压强，在压强反复作用下，使孔壁开裂。材料在冻融过程中是由表及里逐层进行的，这样在材料内外产生明显的温度差。冻融温差所引起的温度应力加速了孔壁的破坏。此外，材料冻融循环的破坏作用还与连通孔隙被水充满的程度有关，因而冻融循环次数越多，对材料的破坏作用也越严重，材料表面产生脱屑剥落和裂纹，会使强度逐步降低。

如果经过规定次数的反复冻融循环后，质量损失不大于 5%，强度降低不超过 25%，这样的材料通常被认为是抗冻材料。

对于水工建筑或经常处于变化水位的结构，由于交替地受到水的饱和冻融作用，尤其是在冬季气温达 – 15 ℃ 的地区，一定要对所使用的材料进行抗冻性检验。要求具有抗冻性的材料按冻融循环次数来划分材料的抗冻等级，如 D10、D15、D25、D50、D100 等，D 后的数字表示冻融循环次数。

材料的抗冻性大小与材料本身的组织构造、强度、吸水性、耐水性等因素有关。

（6）抗渗性

材料抵抗水、油等液体压力作用渗透的性质称为抗渗性（不透水性）。材料的抗渗性以渗透系数 K 表示。

根据达西定律，在一定时间 t 内，透过材料试件的水量 W，与试件的断面积 A 及水头差 H 成正比，与试件的高 d 成反比，即：

$$W = K \cdot \frac{H}{d} At \qquad (0.8.14)$$

式中：K——渗透系数，mL/cm^2。

材料的抗渗性好坏，主要与材料的孔隙率及孔隙特征有关。

绝对密实材料或具有封闭孔隙的材料，就不会产生渗水现象。材料的这个性质对地下建筑物、水工构筑物影响较大。

材料的抗渗性也可用抗渗等级 S 来表示。抗渗等级 S 是指在规定试验条件下，压力水不能透过试件厚度在端面上呈现水迹所能承受的最大水压力。通常混凝土抗渗性用抗渗等级表示。混凝土的抗渗等级是以每组六个试件中四个未出现渗水时的最大水压值 P_1（MPa）表示。其计算式为：

$$P_1 \geq \frac{S}{10} + 0.2 \qquad (0.8.15)$$

例如，$S8$ 表示混凝土 28 d 龄期的标准试件用上述方法试验，承受 0.8 MPa 水压无渗透现象。

3. 与热有关的性质

（1）导热性

热量由材料的一面传到另一面的性质，称为导热性。导热性是材料的一个非常重要的热物理指标，它说明材料传递热量的一种能力。材料的导热能力用热导率 λ 来表示。在物理意义上，热导率为单位厚度的材料、当两侧温度差为 1 K 时，在单位时间内通过单位面积的热量。热导率按下式计算：

$$\lambda = \frac{Q \cdot a}{A \cdot Z(T_2 - T_1)} \qquad (0.8.16)$$

式中：λ——热导率，W/（m·K）；

Q——传导热量，J；

a——材料厚度，m；

A——传热面积，m^2；

Z——传热时间，h；

$T_2 - T_1$——材料传热时两面的温度差，K。

热导率 λ 值越小，则材料的绝热性能越好。

各种建筑材料的热导率差别较大，在 0.035 ～ 3.5 W/（m·K）。如泡沫塑料 $\lambda = 0.035$ W/（m·K），而大理石 $\lambda = 3.5$ W/（m·K）。

材料热导率的大小，主要与材料结构及其化学成分、表观密度（包括材料的孔隙率、孔洞的性质和大小等）、材料的温度、湿度状况有关。

大多数材料都是由固体物质和其间的气孔所组成的。如轻集料混凝土总孔隙率为 30% ～ 60%，而 40% ～ 70% 由固体部分组成。所以材料的表观密度取决于孔隙率。当材料的密度一定时，孔隙率愈大，则表观密度愈小，其热导率也就愈小。反之，材料的热导率随着表观密度的增大而增大。这是因为材料的热导率是由材料固体物质的热导率和材料气孔中空气的热导率决定的。由于空气热导率很低，当其在静态状况下，0 ℃时的热导率为 0.023 W/（m·K），与材料的固体物质的热导率相比差别悬殊。因此，表观密度小的材料热导率小，主要是空气的热导率在起着重要作用。

由于材料中存在着气孔，因此材料中的传热方式不单纯是导热，同时还存在着孔隙中气体的对流传热和孔壁之间的辐射传热。随着材料气孔尺寸的增大，孔内气体对流和孔壁之间的辐射换热量就会增加，材料热导率也会明显增大。因此，在生产表观密度小、孔隙多的材料（如加气混凝土、泡沫玻璃等）时，应从工艺上保证孔隙率大、气孔尺寸小，这是改善材料热物理性能的重要途径。

材料的热导率还与湿度、温度有关。由于受气候、施工水分和使用的影响,建筑材料都含有一定湿度。湿度对热导率有着极其重要的影响。材料受潮后,在材料孔隙中有水分(包括蒸汽水和液态水)。而水的热导率 $\lambda = 0.58$ W/(m·K),比静态空气的热导率 λ(0.023 W/(m·K))大 20 多倍,所以使材料热导率增大。如果孔隙中的水分冻结成冰,冰的热导率 $\lambda = 2.33$ W/(m·K)约是水的 4 倍,材料的热导率将更大。

材料受潮或受冻将严重影响其保温效果,所以工程中对保温材料应特别注意防潮。

(2)热容量

材料被加热时吸收热,冷却时放出热量的性质,称为热容。热容大小用比热容表示。比热容是指单位质量材料温度升高 1 K 时所吸收的热量或降低 1 K 时所放出的热量。材料在加热(或冷却)时,吸收(或放出)的热量与质量、温度差成正比,用下式表示:

$$Q = c \cdot m(T_2 - T_1) \tag{0.8.17}$$

式中:Q——材料吸收或放出的热量,J;

c——比热容,J/(kg·K);

m——材料的质量,kg;

$T_2 - T_1$——材料受热或冷却前后的温差,K。

由上式可得比热容为:

$$c = \frac{Q}{m(T_2 - T_1)} \tag{0.8.18}$$

比热容是反映材料的吸热或放热能力大小的物理量。不同材料的比热容不同,即使是同一种材料,由于所处状态不同,比热容也不同。例如,水的比热容为 4.186×10^3 J/(kg·K),而结冰后比热容则是 2.093×10^3 J/(kg·K)。

材料的比热容对保持建筑物内部温度稳定有很大意义。比热容大的材料,能在热流变动或采暖设备供热不均匀时,缓和室内的温度变动。常用材料的比热容见表 0.4。

表 0.4　常用材料的比热容

材料名称	钢　　材	混　凝　土	松　　木	普通黏土砖	干　　砂	水
比热容/(J/(kg·K))	0.48×10^3	1.00×10^3	2.72×10^3	0.88×10^3	0.50×10^3	4.186×10^3

0.8.3　材料的力学性质

材料的力学性质,是指材料在外力(荷载)作用下抵抗破坏的能力和变形的有关性质。

1. 强度

材料在外力(荷载)作用下抵抗破坏的能力,称为强度。建筑物材料所受的外力,主要有拉力、压力、弯曲及剪力等。材料抵抗这些外力破坏的能力,分别称为抗拉、抗压、抗弯和抗剪等强度。材料承受各种外力示意如图 0.8.3 所示。

材料抗拉、抗压、抗剪强度可按下式计算:

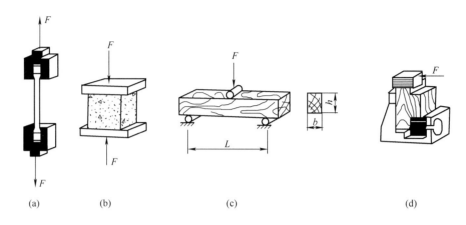

图 0.8.3 材料承受各种外力示意图

（a）抗拉　（b）抗压　（c）抗弯　（d）抗剪

$$f = \frac{F}{A} \qquad\qquad (0.8.19)$$

式中：f——抗拉、抗压、抗剪强度，MPa；

$\quad\quad F$——材料受拉、压、剪破坏时的荷载，N；

$\quad\quad A$——材料的受力面积，mm^2。

材料的抗弯强度与材料的受力情况有关。试验时将试件放在两支点上，中间作用一集中荷载，对矩形截面试件，抗弯强度可按下式计算：

$$f_{\mathrm{m}} = \frac{3FL}{2bh^2} \qquad\qquad (0.8.20)$$

式中：f_{m}——抗弯强度，MPa；

$\quad\quad F$——材料受弯破坏时的荷载，N；

$\quad\quad L$——两支点间的距离，mm；

$\quad\quad b、h$——材料截面宽度、高度，mm。

材料的强度和它的成分、构造有关。不同种类的材料,有不同抵抗外力的能力。同一种材料随孔隙率及构造特征不同,强度也有较大差异。一般情况下,表观密度越小,孔隙率越大,越疏松的材料,强度越低。

强度是材料主要技术性能之一。不同材料或同种材料的强度,可按规定的标准试验方法通过试验确定。材料可根据强度值的大小划分为若干标号或等级。

2. 弹性与塑性

材料在外力作用下产生变形,当取消外力后,能够完全恢复原来形状的性质称为弹性。能够完全恢复的变形,称为弹性变形(又称瞬时变形),如图 0.8.4 所示。

材料在外力作用下产生变形,当取消外力后,仍保持变形后的形状和尺寸,并且不产生裂缝的性质称为塑性。这种不能恢复的变形,称为塑性变形(又称永久变形)。

材料的弹性变形与塑性变形曲线如图 0.8.5 所示,图中 OA 段为弹性变形,AB 段为塑性变形。应该指出,单纯的弹性材料是没有的。有的材料在荷载不大的情况下,外力与变形成正比,产生弹性变形,荷载超过一定限度后,接着就出现塑性变形,常用建筑钢材(软钢)就属于这种情况。也有的材料在受力后,弹性变形与塑性变形同时产生,如图0.8.6所示,去掉荷载后,弹性变形 ab 可以恢复,而其塑性变形 Ob 则不能恢复,混凝土材料受力后的变形就属于这种情况。

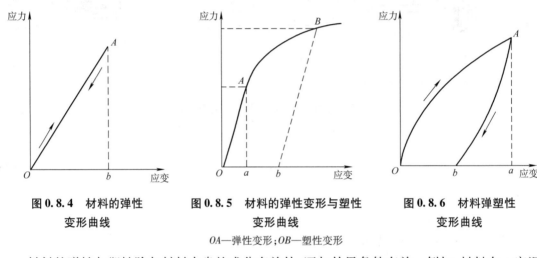

图 0.8.4 材料的弹性
变形曲线

图 0.8.5 材料的弹性变形与塑性
变形曲线

图 0.8.6 材料弹塑性
变形曲线

OA—弹性变形;OB—塑性变形

材料的弹性与塑性除与材料本身的成分有关外,还与外界条件有关。例如,材料在一定温度和一定外力条件下发生弹性变形,但当条件改变时,也可能发生塑性变形。

3. 脆性与韧性

当外力达到一定限度后,材料突然被破坏,而破坏时并无明显的塑性变形,材料的这种性质称为脆性。其特点是材料在外力作用下,达到破坏荷载时的变形值是很小的。脆性材料的抗压强度比其抗拉强度往往要高很多倍。它对承受震动作用和抵抗冲击荷载是不利的。砖、石材、陶瓷、玻璃、混凝土、铸铁等都属于脆性材料。

在冲击、震动荷载作用下,材料能够吸收较大能量,同时也能产生一定的变形而不致破坏的性质称为韧性。材料的韧性是用冲击试验来检验的。建筑钢材(软钢)、木材等属于韧性材料。路面、桥梁、吊车梁以及有抗震要求的结构都要考虑到材料的韧性。

学习情境 1　土石材料的检测、评定与选择

【学习目标】

知识目标	能力目标	权重
能正确表述回填土料的选用、填土方法、填土压实处理、填土压实的影响因素、填土压实的质量检查标准	能正确选用回填土料,采取合理的填土方法与压实方法,依据填土压实质量检查标准进行检查	0.25
能正确表述土的三相组成、三项基本物理性指标,能基本正确表述可换算的三相比例指标	能通过实验方法正确测定土的三项基本物理性指标,通过测定的基本物理性指标能进行基本正确的三相比例指标换算	0.15
能正确表述天然岩石的分类及其技术性质、常用岩石的特性及应用	能根据工程的需要对各种天然岩石进行正确合理的选择	0.30
能正确表述天然石材的加工类型、天然石材的选用原则	能正确区分不同的石材加工类型,能根据天然石材的选用原则正确选择合适的石材	0.15
能正确表述人造石材的类型、人造石材的基本性能特点	能根据工程特点、施工条件以及人造石材的基本物理性能正确选择适用的人造石材	0.15
合　计		1.00

【教学准备】

准备建材和土工实训室,实训检测仪器,任务单,多媒体教室,石材陈列室,人造石材样品等。

【教学建议】

在一体化教室或多媒体教室,采用教师示范、学生测试、案例分析、分组讨论、集中讲授、完成任务单等方法教学。

【建议学时】

6(1)学时。

【案例1】

事故简介:原湖南沅江县基本建设委员会一杂屋工程为混合结构,跨度6 m,开间3.5 m,共5间,采用砖柱和砖基础。当砖墙砌至3.2 m高时,突然倒塌4间。

直接原因:基础处于淤泥层上,地基软化沉陷,失去承载力而倒塌。

【案例2】

事故简介:某装饰工程外墙采用福建产霞红石材火烧板进行施工。安装施工过程中有部分石材出现锈黄,安装结束后,装饰公司请清洁公司清洗(酸洗),导致近8 000 m² 的石材墙面出现大面积返锈。

直接原因:因霞红石材矿物成分中铁质含量较高,故在安装施工过程中有部分石材出现锈黄。安装结束后,清洁公司进行了不适当的清洗(酸洗),使石材矿物中的铁质成分被清洗液中的酸性物质所腐蚀,才导致近8 000 m² 的石材墙面出现大面积返锈。

以上两个案例都说明,在进行建筑物基础施工和外墙饰面施工选择材料时,应注意材料自身的性质。

任务1　选用和评定各种回填土

1.1　土料的选用与处理

填方土料应符合设计要求,保证填方的强度与稳定性。选择的填料应为强度高、压缩性小、水稳定性好、便于施工的土、石料。如设计无要求时,应符合下列规定。

①碎石类土、砂土和爆破石渣(粒径不大于每层铺厚的2/3)可用于表层下的填料。

②含水量符合压实要求的黏性土,可作为各层填土。在道路工程中黏性土不是理想的路基填料,在使用其作为路基填料时必须充分压实并设有良好的排水设施。

③碎块草皮和有机质含量大于8%的土,仅用于无压实要求的填方。

④淤泥和淤泥质土,一般不能用做填料,但在软土或沼泽地区,经过处理含水量符合压实要求,可用于填方中的次要部位。

填土应严格控制含水量,施工前应进行检验。当土的含水量过大,应采用翻松、晾晒、风干等方法降低含水量,或采用换土回填、均匀掺入干土或其他吸水材料、打石灰桩等措施;如含水量偏低,则可预先洒水湿润。含水量过大或过小的土均难以压实。

施工现场常采用以下方法鉴别填土的含水量大小:把填土用手握成团,手放于胸前高度,自然松开手掌,如果填土能自然摔散,说明含水量合适;如果填土四处飞溅,说明含水量太小;如果落后仍黏在一起,说明含水量太大。

1.2　填土方法

铺填料前,应清除或处理场地内填土层底面以下的耕土和软弱土层。填土可采用人工填土和机械填土两种方法。

人工填土一般用手推车运土,用锹、耙、锄等工具进行填筑,从最低部分开始由一端向另一端自下而上分层铺填。

机械填土可用推土机、铲运机或自卸汽车进行。用自卸汽车填土,需用推土机将土推开、推平,采用机械填土时,可利用行驶的机械进行部分压实工作。

填土必须分层进行,并逐层压实。特别是机械填土,不得居高临下、不分层次、一次倾倒填筑。压实填土的施工缝各层应错开搭接,在施工缝的搭接处,应适当增加压实遍数。

在雨季、冬季进行压实填土施工时,应采取防雨、防冻措施,防止填料(粉质黏土、粉土)受雨水淋湿或冻结,并应采取措施防止出现"橡皮土"。

1.3　压实方法

填土的压实方法有碾压、夯实和振动压实等几种。

碾压适用于大面积填土工程。碾压机械有平碾(压路机)、羊足碾和汽胎碾。羊足碾需要较大的牵引力而且只能用于压实黏性土,因在砂土中碾压时,土的颗粒受到"羊足"较大的单位压力后会向四面移动,而使土的结构破坏。汽胎碾在工作时是弹性体,给土的压力较均匀,填土质量较好。目前应用最普遍的还是刚性平碾。利用运土工具碾压土也可取得较大的密实度,但必须很好地组织土方施工,利用运土过程进行碾压。如果单独使用运土工具进行填土压实工作,在经济上是不合理的,它的压实费用要比用平碾压实贵一倍左右。

夯实主要用于小面积填土,可以夯实黏性土或非黏性土。夯实的优点是可以压实较厚的土层。夯实机械有夯锤、内燃夯土机和蛙式打夯机等。夯锤借助起重机提起并落下,其质量大于 1.5 t,落距 2.5~4.5 m,夯土影响深度可超过 1 m,常用于夯实湿陷性黄土、杂填土以及含有石块的填土。内燃夯土机作用深度为 0.4~0.7 m,它和蛙式打夯机都是应用较广的夯实机械。人力夯土(木夯、石硪)方法则已很少使用。

振动压实主要用于压实非黏性土,采用的机械主要是振动压路机、平板振动器等。

1.4　影响填土压实的因素

填土压实质量与许多因素有关,其中主要影响因素有压实功、土的含水量以及每层铺土厚度。

1. 压实功的影响

填土压实后的质量密度与压实机械在其上所施加的功有一定的关系。土的质量密度与压实机械所耗的功的关系如图 1.1.1 所示。

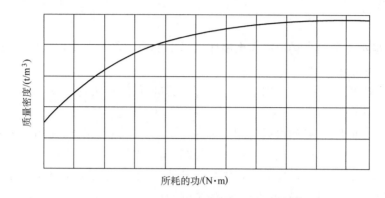

图 1.1.1　土的质量密度与压实功的关系

当土的含水量一定,在开始压实时,土的质量密度急剧增加,待到接近土的最大质量密度时,压实功虽然增加许多,而土的质量密度则几乎不变。

在实际施工中,对不同的土应根据选择的压实机械和密实度要求选择合理的压实遍数,对于砂土只需碾压或夯击 2~3 遍,对亚砂土只需 3~4 遍,对亚黏土或黏土只需 5~6 遍。此外,松土不宜用重型碾压机械直接滚压,否则土层有强烈起伏现象,效率不高。如果先用轻碾,再用重碾压实就会取得较好效果。

2. 含水量的影响

在同一压实功条件下,填土的含水量对压实质量有直接影响。较为干燥的土,由于土颗粒之间的摩阻力较大而不易压实。当土具有适当含水量时,水起到润滑作用,土颗粒之间的摩阻力减小,从而易压实。每种土都有其最佳含水量。土在这种含水量的条件下,使用同样的压实功进行压实,所得到的干密度最大,如图 1.1.2 所示。

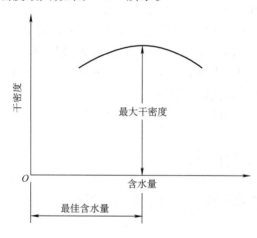

图 1.1.2　土的含水量对其压实质量的影响

各种土的最佳含水量和所能获得的最大干密度,可由击实试验取得,也可参考表 1.1.1 进行选取。施工中,土的含水量与最佳含水量之差可控制在 −4% ~2% 范围内。

表 1.1.1　土的最佳含水量和最大干密度参考表

项次	土的种类	变动范围	
		最佳含水量/%	最大干密度/(g/cm^3)
1	砂土	8 ~ 12	1.80 ~ 1.88
2	黏土	19 ~ 23	1.58 ~ 1.70
3	粉质黏土	12 ~ 15	1.85 ~ 1.95
4	粉土	16 ~ 22	1.61 ~ 1.80

3. 铺土厚度的影响

土在压实功的作用下,压应力随深度增加而逐渐减小,如图 1.1.3 所示,其影响深度与压实机械、土的性质和含水量等有关。

铺土厚度应小于压实机械压土时的有效作用深度,而且还应考虑最优土层厚度。铺得过厚,要压很多遍才能达到规定的密实度;铺得过薄,则要增加机械的总压实遍数。最优的铺土厚度应能使土方压实而机械的功耗费最少。填土的铺土厚度及压实遍数可参考表 1.1.2。

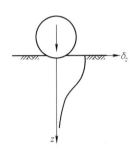

图 1.1.3　压实作用沿深度的变化

表 1.1.2　填方每层的铺土厚度和压实遍数

压实机具	每层铺土厚度/mm	每层压实遍数
平碾	200 ~ 300	6 ~ 8
羊足碾	200 ~ 350	8 ~ 16
蛙式打夯机	200 ~ 250	3 ~ 4
推土机	200 ~ 300	6 ~ 8
拖拉机	200 ~ 300	8 ~ 16
人工打夯	< 200	3 ~ 4

1.5　填土压实的质量检查

压实填土的质量以压实系数 λ_c 控制,工程中可根据结构类型和压实填土所在部位按表 1.1.3 的数值确定。

压实系数(压实度) λ_c 为土的控制干密度 ρ_d 与土的最大干密度 ρ_{dmax} 之比,即:

$$\lambda_c = \frac{\rho_d}{\rho_{dmax}} \tag{1.1.1}$$

21

表 1.1.3　压实填土的质量控制

结构类型	填土部位	压实系数 λ_c	控制含水量/%
砌体承重结构和框架结构	在地基主要受力层范围内	≥0.97	$w_{op} \pm 2$
	在地基主要受力层范围以下	≥0.95	
排架结构	在地基主要受力层范围内	≥0.96	
	在地基主要受力层范围以下	≥0.94	

注:①w_{op} 为最优含水量;

　　②地坪垫层以下及基础底面标高以上的压实填土,压实系数不应小于0.94。

ρ_d 可用"环刀法"或灌砂(或灌水)法测定。ρ_{dmax} 则用击实试验确定,当无试验资料时,最大干密度可按下式计算:

$$\rho_{dmax} = \eta \frac{\rho_w G_s}{1 + 0.01 w_{op} G_s} \qquad (1.1.2)$$

式中:ρ_{dmax}——分层压实填土的最大干密度,g/cm^3;

　　　η——经验系数,粉质黏土取 0.96,粉土取 0.97;

　　　ρ_w——水的密度,g/cm^3;

　　　G_s——土粒相对密度;

　　　w_{op}——填料的最优含水量,%,可按当地经验取或取 $w_{op} + 2$,w_{op} 为土的塑限。

当填料为碎石或卵石时,其最大干密度可取 $2.0 \sim 2.2 \ t/m^3$。

填方工程施工结束后,应检查标高、边坡坡度、压实程度等,检验标准应符合表 1.1.4 的规定。

表 1.1.4　填土工程质量检验标准

项目	序号	检查项目	允许偏差或允许值/mm					检查方法
			桩基基坑基槽	场地平整		管沟	地(路)面基础层	
				人工	机械			
主控项目	1	标高	−50	±30	±50	−50	−50	水准仪
	2	分层压实系数	设计要求					按规定方法
一般项目	1	回填土料	设计要求					取样检查或直观鉴别
	2	分层厚度及含水量	设计要求					水准仪及抽样检查
	3	表面平整度	20	20	30	20	20	用靠尺或水准仪

任务2　土的密度及含水量检测

2.1　土的三相比例指标

土是由颗粒(固相)、水(液相)和空气(气相)所组成的三相体系。土的物理性质是土最基本的工程特性。研究土的物理性质就是研究三相的质量与体积间的相互比例关系以及固、液两相相互作用表现出来的性质。

土的物理性质指标可分为两类:一类是必须通过试验测定的三项基本物理性指标,如含水量、密度和土粒相对密度;另一类是可以根据试验测定的指标换算,如孔隙比、孔隙率和饱和度等。表示土的三相组成比例关系的指标,统称为土的三相比例指标。

为便于说明和计算,用图1.2.1所示的土的三相组成示意图来表示各部分之间的数量关系。图中符号的意义如下:

m_s——土粒质量;

m_w——土中水质量,设 m_{w1} 为4 ℃时纯水的质量;

m——土的总质量,$m = m_s + m_w$;

V_s、V_w、V_a——土粒、土中水、土中气的体积;

V_v——土中孔隙体积,$V_v = V_w + V_a$;

V——土的总体积,$V = V_s + V_w + V_a$。

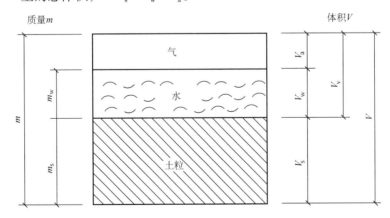

图1.2.1　土的三相组成示意图

三项基本物理性指标一般由实验室直接通过土工实验测定,亦称直接测定指标。

(1)土粒相对密度 G_s

土粒质量与同体积的4 ℃时纯水的质量之比,称为土粒相对密度(无量纲),即:

$$G_{s} = \frac{m_{s}/V_{s}}{m_{w1}/V_{s}} = \frac{\rho_{s}}{\rho_{w1}} \qquad (1.2.1)$$

式中：ρ_{s}——土粒密度，即土粒单位体积的质量，g/cm^3；

ρ_{w1}——纯水在 4 ℃时的密度，等于 1 g/cm^3 或 1 t/m^3。

一般情况下，土粒相对密度在数值上就等于土粒密度，但两者的含义不同，前者是两种物质的质量或密度之比，无量纲；而后者是一物质（土粒）的质量密度，有单位。土粒相对密度取决于土的矿物成分，一般无机矿物颗粒的相对密度为 2.6～2.8；有机质为 2.4～2.5；泥炭为 1.5～1.8。土粒（一般无机矿物颗粒）的相对密度变化幅度很小。土粒相对密度可在实验室内用比重瓶测定。通常也可按经验数值选用，一般土粒相对密度参考值见表 1.2.1。

表 1.2.1 土粒相对密度参考值

土的名称	砂类土	粉性土	黏性土	
			粉质黏土	黏土
土粒相对密度	2.65～2.69	2.70～2.71	2.72～2.73	2.74～2.76

（2）土的含水量（含水率）w

土中水的质量与土粒质量之比，称为土的含水量，以百分数表示，即：

$$w = \frac{m_{w}}{m_{s}} \times 100\% \qquad (1.2.2)$$

含水量 w 是标志土含水程度（湿度）的一个重要物理指标。天然土层的含水量变化范围很大，它与土的种类、埋藏条件及所处的自然地理环境等有关。一般干的粗砂，其值接近于零，而饱和砂土，其含水量可达 40%；坚硬黏性土的含水量可小于 30%，而饱和软黏土（如淤泥）的含水量可达 60%或更大。一般来说，同一类土（尤其是细粒土），当含水量增大时，强度就降低。土的含水量一般用"烘干法"测定。先称小块原状土样的湿土质量，然后置于烘箱内维持 100～105 ℃烘至恒重，再称干土质量，湿、干土质量之差与干土质量的比值，就是土的含水量。

（3）土的密度 ρ

土单位体积的质量称为土的密度，单位为 g/cm^3，计算公式如下：

$$\rho = \frac{m}{V} \qquad (1.2.3)$$

天然状态下土的密度变化范围较大。一般黏性土 $\rho = 1.8～2.0$ g/cm^3；砂土 $\rho = 1.6～2.0$ g/cm^3；腐殖土 $\rho = 1.5～1.7$ g/cm^3。土的密度一般用"环刀法"测定，用一个圆环刀（刀刃向下）放在削平的原状土样面上，徐徐削去环刀外围的土，边削边压，使保持天然状态的土样压满环刀内，称得环刀内土样质量，求得它与环刀容积之比值即其密度。

2.2 土的含水量及密度的测定方法

1. 概述

土的工程性质之所以复杂，主要原因是含水量在土的三相物质中形成不确定的因素,含水量的变化将使土的一系列物理力学性质随之改变。土中含水量的不同,可使土成为坚硬的、可塑的或流动的土;反映在土的力学性质方面,能使土的结构强度、孔隙压力、有效应力及稳定性发生变化。因此,土的含水量测试是研究土的物理力学性质不可缺少的工作。

2. 含水量的基本概念

土中的水分为强结合水、弱结合水及自由水几种。工程上含水量定义为土中自由水的质量与土粒质量之比的百分数,一般认为在100～110 ℃温度下能将土中自由水蒸发掉。

3. 烘干法测定土的含水量

烘干法是测定含水量的标准方法,适用于黏质土、粉质土、砂类土和有机质土。

(1)仪器设备

①烘箱:可采用电热烘箱或温度能保持105～110 ℃的其他能源烘箱,也可用红外线烘箱。

②天平:称量200 g,感量0.01 g。

③其他:干燥器、称量盒等。

(2)试验步骤

①取具有代表性的试样,细粒土15～30 g,砂类土、有机土为50 g,放入称量盒内,立即盖好盒盖,称质量。称量时,可在天平一端放上与该称量盒等质量的砝码,移动天平游码,平衡后称量结果即为湿土质量。

②揭开盒盖,将称量盒放入烘箱内,在温度105～110 ℃恒温下烘干。烘干时间,对细粒土不得少于8 h;对砂类土不得少于6 h。对含有机质超过5%的土,应将温度控制在65～70 ℃的恒温下烘干。

③将烘干后的称量盒取出,放入干燥器内冷却(一般只需0.5～1 h即可)。冷却后盖好盒盖,称质量,准确至0.01 g。

(3)试验记录

整理试验数据,填写试验结果。本试验须进行二次平行测定,取其算术平均值,允许平行差值应符合如下要求。

含水量 $w/\%$	$w \leqslant 5$	$5 \leqslant w \leqslant 40$	$w \geqslant 40$
允许平行差值/%	0.3	$\leqslant 1$	$\leqslant 2$

对于粗粒土,称量盒可采用铝制饭盒、瓷盆等,相应的土样也应多些。

4. 环刀法测定土的密度

环刀法为用一定容积的环刀切取试样,称所切取试样的质量而计算得出土的密度的方法。

(1)仪器设备

①环刀:内径6～8 cm,高2～3 cm,体积定期校正为恒值,常用环刀体积为60 cm³。

②天平:称量200 g,感量0.01 g。

③其他:切土刀、钢丝锯、凡士林等。

（2）试验步骤

①取原样土或制备的扰动土样,整平两端,将环刀内壁涂一薄层凡士林,刃口向下放在土样上,将环刀垂直向下压至约刃口深处,用切土刀(或钢丝锯)将土样切成略大于环刀直径的土柱后,边压边削,直至土样伸出环刀顶部,将两端余土削平。

②用切下的代表性土样测定含水量。

③擦净环刀外壁,称环刀加土的质量,准确至 0.01 g。

④按公式计算土样的密度和干密度。

⑤按前述的步骤进行两次平行测定,其平行差不得大于 0.03 g/cm³,取其算术平均值。

（3）试验记录

环刀法测定土的密度记录格式及结果可参考表 1.2.2。

表 1.2.2　密度试验(环刀法)

工程名称＿＿＿＿＿＿＿＿＿＿＿　　试验者＿＿＿＿＿＿＿＿＿＿＿

送检单位＿＿＿＿＿＿＿＿＿＿＿　　计算者＿＿＿＿＿＿＿＿＿＿＿

土样编号＿＿＿＿＿＿＿＿＿＿＿　　样核者＿＿＿＿＿＿＿＿＿＿＿

试验日期＿＿＿＿＿＿＿＿＿＿＿　　试验说明＿＿＿＿＿＿＿＿＿＿＿

试样编号	试样类别	环刀号	环刀质量/g	环刀体积/cm³	环刀+湿土质量/g	湿土质量/g	密度/(g/cm³)	平均密度/(g/cm³)	含水量/%

任务3　各种天然岩石的选用

建筑石材可以分为天然石材和人造石材两大类。

天然石材是指由天然岩石开采的,经过加工或不经过加工而制得的石材。天然石材具有较高的抗压强度、良好的耐久性和耐磨性,部分岩石品种经加工还可获得独特的装饰效果。国内外许多著名古建筑就是采用天然石材进行建造的,如古埃及金字塔、太阳神神庙,意大利比萨斜塔,我国的赵州桥、洛阳桥等。天然石材作为结构材料由于自身材质特点以及开采加工比较困难、价格高等原因,在现代已逐渐被混凝土材料替代,但仍然广泛应用在装饰领域,主要用做墙面、地面装饰材料。

天然岩石经自然风化或人工破碎而得的卵石、碎石、砂等粗细骨料是混凝土的主要组成材料之一。有些岩石还是生产砖、瓦、石灰、水泥、陶瓷、玻璃等人造建筑材料的原料。

3.1　天然岩石的分类

岩石是由不同的地质作用所形成的天然矿物的集合体。组成岩石的矿物称为造岩矿物。根据构成岩石的造岩矿物种类的数量不同,岩石分为单成岩和复成岩。少数岩石由一种矿物构成,如石灰岩(单成岩);多数岩石由几种矿物构成,如花岗岩(复成岩)。

天然岩石根据形成的地质条件不同,通常可以分为岩浆岩、沉积岩和变质岩三大类。

3.1.1　岩浆岩

岩浆岩又称火成岩,是由地壳内的熔融岩浆上升至地表附近或喷出地面冷凝而成的岩石。岩浆岩是组成地壳的主要岩石,根据不同的形成条件又可分为深成岩、喷出岩和火山岩三种。

1. 深成岩

深成岩是在地壳深处的岩浆受上部覆盖层的压力作用,缓慢且较均匀冷凝而成的岩石。深成岩形成矿物结晶晶粒较粗大,呈块状构造,构造致密。在冷却较快的近地表处,晶粒较细。深成岩具有表观密度大、抗压强度高、吸水率小和抗冻性好等特性。

建筑上常用的深成岩有花岗岩、正长岩、辉长岩、闪长岩和橄榄岩等。

2. 喷出岩

喷出岩是岩浆喷出地表后,在外部压力骤降和迅速冷却的条件下形成的岩石。因此,其结晶多不完全,呈隐晶质(细小结晶)或玻璃质(非晶质)结构。当喷出岩形成较厚的岩层时,其结构与深成岩相似;当形成较薄的岩层时,因冷却快,且岩浆中气体由于外压降低而膨胀,常呈多孔构造,近于火山岩。

建筑上常用的喷出岩有玄武岩、安山岩和辉绿岩等。

3. 火山岩

火山岩是火山爆发时,岩浆被喷至空中经急速冷却后下落形成的岩石。其特点是表观密度较小,呈多孔玻璃质结构。建筑上常用的火山岩有火山灰、浮石和火山凝灰岩等。火山灰可做水泥混合材料;浮石可做轻混凝土骨料;火山凝灰岩可做保温建筑的墙体材料。

3.1.2　沉积岩

沉积岩又称水成岩,是由原来的母岩经自然风化、风力搬迁、流水冲移等作用后,再沉淀堆积经再造岩作用而成的岩石。沉积岩呈层状构造,各层的厚度、成分、结构、颜色、密度等都不尽相同。与深成岩相比,其表观密度小,孔隙率与吸水率较大,强度较低,耐久性较差。但其分布广泛,易于加工,在建筑上应用较广。

根据沉积岩的生成条件可分为机械沉积岩、化学沉积岩和有机沉积岩三种。

1. 机械沉积岩

机械沉积岩是自然风化而成的岩石碎屑经由风、雨、冰川、沉积等机械力的作用而重新压实或胶结而成的岩石,如砂岩、页岩等。

2. 化学沉积岩

化学沉积岩是由溶解于水中的矿物质经聚积、反应、重结晶、沉积等过程而形成的岩石,如石膏、白云岩等。其特点是颗粒较细,矿物成分较单一,物理力学性能较均匀。

3. 有机沉积岩

有机沉积岩是由各种有机体的残骸沉积而成的岩石,如石灰岩、硅藻土等。石灰岩是建筑上用途最广、用量最大的岩石。

3.1.3 变质岩

变质岩是地壳中原有的各类岩石受到地壳内部高温、高压的作用,使岩石原来的结构发生变化,产生熔融再结晶作用而形成的岩石。通常沉积岩变质后结构较原岩致密,性能变好,如由石灰岩或白云岩变质而成的大理岩,由砂岩变质而成的石英岩,由页岩变质而成的板岩,均较原岩坚实耐久;而深成岩变质后,有时构造不如原岩坚实,性能变差,如由花岗岩变质而成的片麻岩,较原花岗岩易于分层剥落,耐久性差。

3.2 天然石材的技术性质

天然石材因形成条件不同,常含有不同种类与分量的杂质,矿物成分含量也各有不同。因而即便是同一类岩石,性质也可能有很大差别。

天然石材的技术性质可分为物理性质、力学性质和工艺性质。

3.2.1 物理性质

1. 表观密度

石材表观密度与其矿物组成和孔隙率、致密程度有关。各种岩石的密度大多在 2.50 ~ 2.70 g/cm^3,但表观密度却相去甚远。在通常情况下,同种石材的表观密度越大,则抗压强度越高,吸水率越小,耐久性越好,导热性越好,但加工相对困难。

天然石材按表观密度大小可划分为轻石和重石两类。轻石表观密度小于或等于 1 800 kg/m^3,主要用做房屋墙体材料及轻骨料混凝土中的骨料等;重石表观密度大于 1 800 kg/m^3,主要用做修筑建筑物的基础、勒脚、贴面、地面以及修筑路面、桥梁、水坝、挡土墙等。

2. 吸水性

吸水率低于 1.5% 的岩石称为低吸水性岩石,吸水率在 1.5% ~ 3.0% 的称为中吸水性岩石,高于 3.0% 的称为高吸水性岩石。

石材的吸水性主要与其孔隙率及孔隙特征有关。深成岩以及许多变质岩的孔隙率都很小,因而吸水率也很小,如花岗岩的吸水率通常小于 0.5%。沉积岩由于形成条件的不同,胶结情况和密实程度也不同,因而孔隙率与孔隙特征的变化很大,其吸水率的波动也很大,如致密的石灰岩吸水率可小于1%,而多孔贝壳石灰岩吸水率高达15%。石材吸水后会降低颗粒之间的黏结力,从而造成强度降低。除强度外,吸水性还会影响如抗冻性、耐水性等性质。

3. 耐水性

石材的耐水性用软化系数 K 表示。根据软化系数的大小,可将石材分为高、中、低三个耐水性等级。$K > 0.90$ 的石材为高耐水性石材,$K = 0.70 \sim 0.90$ 的石材为中耐水性石材,$K = 0.60 \sim 0.70$ 的石材为低耐水性石材。岩石中含有较多的黏土或易溶物质时,软化系数则较小,耐水性较差。一般软化系数小于0.80的石材,不允许用于重要建筑。

4. 抗冻性

石材吸水达饱和,遇冷冻结膨胀产生裂缝,经反复冻融后石材逐渐破坏。石材的抗冻性指其抵抗冻融破坏的能力,用石材在水饱和状态下按规范要求所能经受的冻融循环次数表示。能经受的冻融循环次数越多,则抗冻性越好。一般室外工程饰面石材的抗冻循环应大于25次。石材的抗冻性与其矿物组成、晶粒大小及分布均匀性、天然胶结物的胶结性质有关。石材在水饱和状态下,在规定的冻融循环次数内,若无贯穿裂纹且质量损失不超过5%、强度损失不超过25%时,则认为抗冻性合格。

通常情况下吸水率小于0.5%的石材,可以认为是抗冻的。

5. 耐热性

石材的耐热性与所含矿物成分及结构、构造关系较大。经高温后,石材常由于热胀冷缩产生内应力或因组成矿物发生分解和变异等导致结构破坏。含有石膏的石材,在100 ℃以上时开始破坏;含有碳酸镁的石材,温度高于625 ℃时会发生破坏;含有碳酸钙的石材,温度达827 ℃时开始破坏。

石材的导热性主要与其表观密度和结构状态有关,重质石材的热导率可达 $2.90 \sim 3.50$ W/(m·K)。相同成分的石材,玻璃态比结晶态的热导率小。

6. 安全性

少数天然石材中可能含有某些放射性元素,若超过《天然石材产品放射防护分类控制标准》(JC 518—1993)中的限值要求会对人体健康有害。

3.2.2　力学性质

天然石材的力学性质主要有抗压强度、冲击韧性、硬度及耐磨性等。

1. 抗压强度

石材的抗压强度是划分石材强度等级的依据,是以边长为70 mm的立方体试块用标准方法测得的抗压破坏强度的平均值表示的。根据《砌体结构设计规范》(GB 5000—2001)的规定,石材共分九个强度等级:MU100、MU80、MU60、MU50、MU40、MU30、MU20、MU15、MU10。抗压试件也可以采用表1.3.1所列各种边长尺寸的立方体,但应对其试验结果乘以相应的换算系数。

表 1.3.1　石材强度等级的换算系数

立方体边长/mm	200	150	100	70	50
换算系数	1.43	1.28	1.14	1	0.86

此外,根据工程特殊要求,也可用抗弯强度作为选用时的参考指标。

天然岩石抗压强度的大小,取决于岩石的矿物组成、结构与构造特征、胶结物质的种类及均匀性等因素。矿物组成对石材抗压强度有一定影响。例如,组成花岗岩的主要矿物成分石英是很坚硬的矿物,其含量越多,则花岗岩的强度也越高;而云母为片状矿物,易于分裂成柔软薄片,因此,若云母含量越多,则花岗岩强度越低。沉积岩的抗压强度则与胶结物质成分有关,由硅质物质胶结的,其抗压强度较大,石灰质物质胶结的次之,黏土物质胶结的最小。

岩石的结构与构造特征对石材的抗压强度也有很大影响。结晶质石材的强度比玻璃质的高;等粒状结构石材的强度比斑状结构的高;构造致密石材的强度比疏松多孔的高。具有层状、带状或片状构造的石材,其垂直于层理方向的抗压强度比平行于层理方向的高。

2. 冲击韧性

天然岩石的抗拉强度比抗压强度小得多,为抗压强度的 $1/20 \sim 1/10$,是典型的脆性材料。这是石材与金属材料和木材相区别的重要特征,是限制其使用范围的重要原因。

岩石的冲击韧性取决于造岩矿物的组成与结构。石英岩、硅质砂岩有很高的脆性,含暗色矿物较多的辉长岩、辉绿岩等具有较好的韧性。通常,晶体结构的岩石较非晶体结构的岩石韧性好。

3. 硬度

岩石的硬度以莫氏或肖氏硬度表示。它取决于造岩矿物的硬度与构造,凡由致密、坚硬矿物组成的石材,其硬度就高。岩石的硬度与抗压强度有很好的相关性,一般抗压强度高的岩石硬度也大。岩石的硬度越大,其耐磨性和抗刻划性能越好,但表面加工越困难。各莫氏硬度级的标准矿物见表 1.3.2。

表 1.3.2　矿物的莫氏硬度

硬度	1	2	3	4	5	6	7	8	9	10
矿物	滑石	石膏	方解石	萤石	磷灰石	长石	石英	黄玉	刚玉	金刚石

4. 耐磨性

耐磨性是指石材在使用条件下抵抗摩擦、边缘剪切以及冲击等复杂作用的性质。石材的耐磨性以单位面积磨耗量表示。石材耐磨性与造岩矿物的硬度、结构、构造特征以及石材的抗压强度和冲击韧性等有关。组成矿物越坚硬、构造越致密以及石材的抗压强度和冲击韧性越高,则石材的耐磨性越好。

3.2.3　工艺性质

石材的工艺性质,主要指其开采和加工过程的难易程度及可能性,包括加工性、磨光性与抗钻性等。

1. 加工性

石材的加工性主要是指对岩石开采、锯解、切割、凿琢、磨光和抛光等加工工艺的难易程度。凡强度、硬度、韧性较高的石材,不易加工;质脆而粗糙,有颗粒交错结构,含有层状或片状构造,以及业已风化的岩石,都难以满足加工要求。

2. 磨光性

石材的磨光性是指岩石能够研磨成光滑表面的性质。致密、均匀、细粒结构的岩石,一般都有良好的磨光性。通过一定的研磨、抛光工艺可获得光亮、洁净的表面,从而充分展现天然石材斑斓的色彩和纹理质感,获得良好的装饰效果。疏松多孔、有鳞片状结构的岩石,磨光性均不好。

3. 抗钻性

石材的抗钻性是表示石材钻孔时难易程度的性质。影响抗钻性的因素很复杂,一般石材的强度越高、硬度越大,越不易钻孔。

由于用途和使用条件不同,石材的性质及其所要求的指标也均有所不同。工程中用于基础、桥梁、隧道以及石砌工程的石材,一般规定其抗压强度、抗冻性与耐水性必须要达到一定指标。

3.3　建筑中常用岩石的特性与应用

3.3.1　花岗石

花岗岩属火成岩的深成岩,是火成岩中分布最广的一种岩石,其主要矿物成分为石英、长石及少量暗色矿物和云母。花岗岩是全晶质的(岩石中所有成分皆为晶体),按结晶颗粒大小的不同,可分为细粒、中粒、粗粒及斑状等多种。花岗岩的颜色由造岩矿物决定,通常呈灰、黄、红及蔷薇色。优质花岗岩晶粒细而均匀,构造密实,石英含量多,云母含量少,不含有害的黄铁矿等杂质,长石光泽明亮,没有风化迹象。花岗岩经加工后的成品叫花岗石。

花岗石的技术特性是表观密度大($2\,500 \sim 2\,800$ kg/m^3),抗压强度高($120 \sim 250$ MPa),孔隙率小,吸水率低($0.1\% \sim 0.7\%$),材质坚硬,耐磨性好,不易风化变质,耐久性高。花岗石的化学成分中 SiO_2 含量很高,常为 $67\% \sim 75\%$,故花岗石属酸性岩石,耐酸性好。花岗石不抗火,因所含石英在 573 ℃ 及 870 ℃ 时发生晶态转变,体积膨胀,火灾时会严重开裂。花岗石由于质地坚硬,耐磨、耐酸、耐久,外观稳重大方,所以被公认是一种优良的建筑结构及装饰材料,为许多大型建筑所采用。花岗岩的性能及用途见表 1.3.3。

在建筑上,花岗石常以条石、方石、拳石等形式用于基础、勒脚、柱子、踏步、广场地坪、庭院小径等。花岗石粗面板多用于室外地面、台阶、基座、踏步、檐口等处;亚光板常用于墙面、柱面、台阶、基座、纪念碑等;镜面板多用于室内外墙面、地面、柱面等装修部位。由于花岗石修琢和铺贴费工夫,因此是价格较高的装饰和地面材料之一。在我国各大城市的大型建筑中,曾广泛采用花岗石作为建筑物立面的主要材料,它们经历了风霜雨雪的长期考验,至今仍完好无损地巍然屹立。在国内新建的大型公共建筑和纪念建筑中,采用花岗石较为普遍。

表1.3.3　花岗岩的性能及用途

主要质量指标			主要用途
项目		指标	
表观密度/(kg·m⁻³)		2 500～2 800	基础、桥墩、堤坝、拱石、阶石、路面、海港结构、基座、勒脚、窗台、装饰石材等
强度/MPa	抗压	120～250	
	抗折	8.5～15.0	
	抗剪	13～19	
吸水率/%		<1	
线膨胀系数/(10⁻⁶/℃)		5.6～7.34	
平均韧性/cm		8	
平均质量磨耗率/%		11	
耐用年限/年		75～200	

在工业建筑中,花岗石常用做耐酸材料。我国花岗石的著名产地有山东泰山、崂山,四川石棉县、二郎山,湖南衡山,浙江莫干山,北京西山。此外,安徽、广东、福建、河南、山西、江苏等地也均有出产。

3.3.2　大理石

大理石由石灰岩或白云岩变质而成,主要矿物成分是方解石或白云石。经变质后,大理石中结晶颗粒直接结合,呈整体构造,所以抗压强度高(100～150 MPa),质地致密而硬度不大(莫氏硬度3～4),比花岗石易于雕琢磨光。纯大理石为白色,我国常称为汉白玉、雪花白等。大理石中如含有氧化铁、云母、石墨、蛇纹石等杂质,则使板面呈现红、黄绿、棕、黑等各种斑驳纹理,具有良好的装饰性,是高级的室内装饰材料。

大理石主要化学成分为碱性物质碳酸钙,易被酸侵蚀,故不宜用做城市建筑的外部饰面材料,因为城市空气中常含有二氧化硫,遇水时生成亚硫酸,经空气氧化以后变为硫酸,与大理石中的碳酸钙反应,生成微溶于水的石膏,使大理石表面失去光泽,变得粗糙多孔,从而降低建筑性能和装饰效果。大理石抗风化耐久性不及花岗石,但耐碱性好。大理石的性能及用途见表1.3.4。

大理石是以云南大理命名的,大理因盛产大理石而名扬中外。云南大理石品种繁多,石质细腻,光泽柔润,主要品种有云灰(酷似天空云彩花纹而得名)、白玉(又称苍山白玉、汉白玉)、彩花大理石。云灰大理石加工性能好,主要用来制作建筑饰面板材,是目前开采和利用最多的一种。汉白玉洁白如玉、晶莹纯净,是大理石中的名贵品种,被用做高档的装修材料。彩花大理石经过研磨抛光后呈现色彩斑斓、千姿百态的天然图画,如山水园林、花草虫鱼、云雪雨雪、珍禽异兽、奇山怪石等。此外,我国大理石产地还有山东、四川、安徽、江苏、浙江、北京、辽宁、广东、福建、湖北等省市。意大利的大理石质量上乘,品种花式繁多,产量高,畅销于国际市场。

表 1.3.4 大理石的性能及用途

主要质量指标		主要用途
项目	指标	
表观密度/$(kg \cdot m^{-3})$	2 500 ~ 2 700	装饰材料、踏步、地面、墙面、柱面、柜台、栏杆、电气绝缘板等
强度/MPa 抗压	100 ~ 150	
抗折	2.5 ~ 16.0	
抗剪	8 ~ 12	
吸水率/%	<1	
线膨胀系数/$(10^{-6}/℃)$	6.5 ~ 11.2	
平均韧性/cm	10	
平均质量磨耗率/%	12	
耐用年限/年	30 ~ 100	

建筑上大理石主要以板材的形式用做室内墙面、柱面、地面、楼梯踏步及花饰雕刻。大理石板材厚度一般等于或小于 20 mm,有正方形、长方形和其他形状,表面均经研磨抛光而获得镜面光泽,光耀夺目。对大理石板材主要从外观质量、光泽度及花纹颜色作出评价和选择,其中以纯白、纯黑、浅灰、粉红、紫红及浅绿等颜色最受欢迎。我国各种纪念性建筑、大型公共建筑、宾馆以及商场等均广泛采用各种大理石饰面。国产大理石饰面板的品种很多,具体规格尺寸和供应厂商可参阅有关手册和产品目录。

3.3.3 石灰石

石灰石的主要矿物组成为方解石。常含有少量黏土、二氧化硅、碳酸镁及有机物质等。当杂质含量高时,则过渡为其他岩石,如黏土含量为 25% ~60% 时称为泥灰岩,碳酸镁含量为 40% ~60% 时称为白云岩。石灰石的构造有致密、多孔和散粒等多种。松散土状的称做白垩,其成分几乎完全是碳酸钙,是制造玻璃、石灰、水泥的原料;多孔的如贝壳石灰岩可作保温建筑的墙体;密实的即普通石灰石。

各种致密石灰石表观密度一般为 2 000 ~2 600 kg/m³,相应的抗压强度为 20 ~120 MPa。如黏土杂质含量超过 3% ~4%,则其抗冻性、耐水性显著降低。含氧化硅的石灰石,硬度高,强度大,耐久性好。纯石灰石遇稀盐酸立即起泡,致密的硅质及镁质石灰石则很少起泡。石灰石的性能及用途见表 1.3.5。

石灰石的颜色随所含杂质而不同。含黏土或氧化铁等杂质,使石灰石呈灰、黄或蔷薇色。若含有机物质,则其颜色呈深灰以至黑色。

石灰石分布极广,开采加工容易,常作为地方材料,广泛用于基础、墙体及一般砌石工程。密实石灰石加工成碎石,可用做碎石路面及混凝土骨料。石灰石不能用于酸性或含游离二氧化碳较多的水中,因方解石易被侵蚀溶解。石灰石是制造石灰和水泥的重要原料。

表 1.3.5　石灰石的性能及用途

主要质量指标		主要用途
项目	指标	
表观密度/(kg·m^{-3})	2 000 ~ 2 600	墙身、桥墩、基础、阶石、路面、石灰及粉刷材料的原料等
强度/MPa　抗压	20.0 ~ 120.0	
强度/MPa　抗折	1.8 ~ 20.0	
强度/MPa　抗剪	7.0 ~ 14.0	
吸水率/%	2 ~ 6	
线膨胀系数/(10^{-6}/℃)	6.75 ~ 6.77	
平均韧性/cm	7	
平均质量磨耗率/%	8	
耐用年限/年	20 ~ 40	

3.3.4　砂岩

砂岩是母岩碎屑沉积物被天然胶结物胶结而成的岩石,其主要成分是石英,有时也含少量长石、方解石、白云石及云母等。

根据胶结物的不同,砂岩又分为以下四种:由氧化硅胶结而成的硅质砂岩,常呈淡灰色或白色;由碳酸钙胶结而成的钙质砂岩,呈白色或灰色;由氧化铁胶结而成的铁质砂岩,常呈红色;由黏土胶结而成的黏土质砂岩,呈灰黄色。

砂岩的性能与胶结物种类及胶结的密实程度有关。密实的硅质砂岩,坚硬耐久,耐酸,性能接近花岗岩,可用于纪念性建筑及耐酸工程。钙质砂岩,有一定的强度,加工较易,是砂岩中最常用的一种,但质地较软,不耐酸的侵蚀。铁质砂岩的性能稍差,其中胶结密实者,仍可用于一般建筑工程。黏土质砂岩的性能较差,易风化,长期受水作用会软化,甚至松散,在建筑中一般不用。砂岩的性能及用途见表 1.3.6。

表 1.3.6　砂岩的性能及用途

主要质量指标		主要用途
项目	指标	
表观密度/(kg·m^{-3})	2 200 ~ 2 500	基础、墙身、衬面、阶石、人行道、纪念碑及其他装饰石材等
强度/MPa　抗压	47.0 ~ 140.0	
强度/MPa　抗折	3.5 ~ 14.0	
强度/MPa　抗剪	8.5 ~ 18.0	
吸水率/%	<10	
线膨胀系数/(10^{-6}/℃)	9.02 ~ 11.2	
平均韧性/cm	10	
平均质量磨耗率/%	12	
耐用年限/年	20 ~ 200	

由于砂岩的胶结物和构造的不同,其性能波动很大,抗压强度为 47 ~ 140 MPa。同一产地的砂岩,性能也有很大差异。建筑上可根据砂岩技术性能的高低,使用于基础、勒脚、墙体、衬面、踏步等处。

砂岩产地分布极广,我国各地均有,以山东掖县产硅质砂岩质地较纯,俗称白玉石,常当做白色大理石用于雕刻装饰制品。

任务4 天然石材的评定和选择

4.1 石材的加工类型

建筑上使用的天然石材常加工为散粒状、块状,或形状规则的石块、石板,或形状特殊的石制品等。

4.1.1 砌筑块材

砌筑用块状石材分为毛石、料石两类。

1. 毛石

毛石(又称片石或块石)是在采石场爆破后直接得到的形状不规则的石块。按其表面的平整程度分为乱毛石和平毛石两类。乱毛石是形状不规则的毛石;平毛石是乱毛石略经加工后,形状较整齐,大致有两个平行面的毛石。建筑用毛石,一般要求石块中部厚度不小于150 mm,长度为 300 ~ 400 mm,质量为 20 ~ 30 kg,其强度不宜小于 10 MPa,软化系数不应小于0.75。毛石常用于砌筑基础、勒脚、墙身、堤坝、挡土墙等,也可配制片石混凝土等。

2. 料石

料石(又称条石)是用毛料加工成的较为规则,具有一定规格的六面体石材。按料石表面加工的平整程度可分为以下四种。

①毛料石:一般不加工或仅稍加凿琢修整,为外形大致方正的石块。其厚度不应小于200 mm,长度常为厚度的 1.5 ~ 3 倍,叠砌面凸凹深度不应大于 25 mm。

②粗料石:外形较方正,截面的宽度、高度不应小于 200 mm,而且不小于长度的 1/4,叠砌面凸凹深度不应大于 20 mm。

③半细料石:外形方正,规格尺寸同粗料石,但叠砌面凸凹深度不应大于 15 mm。

④细料石:经过细加工,外形规则,规格尺寸同粗料石,其叠砌面凸凹深度不应大于10 mm。制作为长方形的称做条石,长、宽、高大致相等的称为方料石,楔形的称为拱石。

料石常用致密的砂岩、石灰岩、花岗岩等开采凿制,至少应有一个面的边角整齐,以便相互合缝。料石常用于砌筑墙身、地坪、踏步、拱和纪念碑等;形状复杂的料石制品可用于柱头、柱基、窗台板、栏杆和其他装饰品等。

4.1.2 板材

板材是用结构致密的岩石经凿平或锯解而成的、厚度一般为 20 mm 的板状石材。饰面用的板材,常用大理石或花岗石加工制成。饰面板材要求耐久、耐磨、色泽美观、无裂缝。根据用途和加工方法,板材分为:剁斧板材(表面粗糙,具有规则的条状斧纹);机刨板材(表面平整,具有互相平行的刨纹);粗磨板材(表面平整光滑,但无光泽);磨光板材(表面光亮平整,有镜面感)。

1. 大理石板材

它是用大理石荒料经锯切、研磨、抛光等加工后的石板,可分为普通型板材(N)和异型板材(S),按产品质量又分为优等品(A)、一等品(B)和合格品(C)三个等级。各等级质量要求可见《天然大理石板材》(JC 79—1992)标准的规定。大理石板材主要用于建筑物室内饰面,如墙面、地面、柱面、台面、栏杆、踏步等。当用于室外时,因大理石抗风化能力差,易受空气中二氧化硫的腐蚀,而使表面层失去光泽、变色并逐渐破损。通常,只有汉白玉、艾叶青等少数几种致密、质纯的品种可用于室外。

2. 花岗石板材

它是由火成岩中的花岗岩、闪长岩、辉长岩、辉绿岩等荒料加工而成的石板。该类板材的品种、质地、花色繁多。按形状花岗石板材可分为普通板材(N)和异型板材(S);按表面加工程度又分为细面板(RB)、镜面板(PL)和粗面板(RH);按产品质量分为优等品(A)、一等品(B)和合格品(C)。各等级的技术要求可见《天然花岗石建筑板材》(JC 205—1992)的规定。由于花岗石板材质感丰富,具有华丽高贵的装饰效果,且质地坚硬、耐久性好,所以是室内外高级饰面材料,可用于各类高级建筑物的墙、柱、地、楼梯、台阶等的表面装饰及服务台、展示台及家具等。

我国主要花岗石及大理石等天然石材品种的命名及产地等可参阅《天然石材统一编号》(GB/T 17670—1999)。

4.1.3 颗粒状石料

1. 碎石

天然岩石经人工或机械破碎而成的粒径大于 5 mm 的颗粒状石料称为碎石。其性质取决于母岩的品质,主要用于配制混凝土或作道路、基础等的垫层。

2. 卵石

母岩经自然条件风化、磨蚀、冲刷等作用而形成的表面较光滑的颗粒状石料称为卵石。其用途同碎石一样,还可作为装饰混凝土(如粗露石混凝土等)的骨料和园林庭院地面的铺砌材料等。

3. 石渣

用天然大理石或花岗石等的残碎料加工而成的具有多种颜色和装饰效果的颗粒状石料称

为石渣。它可作人造大理石、水磨石、斩假石、水刷石等的骨料,还可用于制作干粘石制品。

4.2　石材的选用

4.2.1　石材的选用原则

在建筑设计和施工中,应根据建筑物类型、环境条件、使用要求等选择适用和经济的石材。一般应考虑以下几点。

1. 适用性

通常主要考虑石材的技术性质是否能满足使用要求。可根据石材在建筑物中的用途和部位及所处环境,选定主要技术性质能满足要求的岩石。如对承重用的石材(基础、勒脚、柱、墙等),主要应考虑强度等级、耐久性、抗冻性等;对围护结构用的石材,应考虑是否具有良好的绝热性能和耐久性;对用做地面、台阶等的石材,应考虑坚韧性和耐磨性;对装饰用的构件(饰面板、拉杆、扶手等),需考虑石材本身的色彩与环境的协调及可加工性等;对处在高温、高湿、严寒等特殊条件下的构件,还要分别考虑所用石材的耐久性、耐水性、抗冻性及耐化学侵蚀性等。

2. 经济性

天然石材的密度大,运输不便、运费高,应综合考虑地方资源,尽可能做到就地取材。难于开采和加工的石料,将使材料成本提高,选材时应加以注意。

3. 安全性

由于天然石材是构成地壳的基本物质,因此可能存在含有放射性的物质。石材中的放射性物质主要是指镭、钍等放射性元素,在衰变中会产生对人体有害的物质。经国家质量技术监督部门对全国花岗石、大理石等天然石材的放射性抽查结果表明,其合格率为73.1%。其中,花岗石的放射性较高,大理石较低。从颜色上看,红色、深红色的超标较多。因此,在选用天然石材时,应有放射性检验合格证明或检测鉴定。根据《天然石材产品放射性防护分类控制标准》(JC 518—1993),天然石材按放射性水平分为 A、B、C 三类。A 类最安全,可在任何场合下使用;B 类的放射性高于 A 类,不可用于居室的内饰面,但可用于其他一切建筑物的内外饰面;C 类放射性较高,只可用于建筑物的外饰面;放射性超过 C 类标准控制的石材,只可用于海堤、桥墩及碑石等远离密集人群的地方。

4.2.2　天然石材的破坏及其防护

天然石材在使用过程中受周围环境的影响,如水分的浸渍与渗透,空气中有害气体的侵蚀及光、热、生物或外力的作用等,会发生风化而逐渐破坏。

水是石材发生破坏的主要原因,它能软化石材并加剧其冻害,且能与有害气体结合成酸,使石料发生分解与溶蚀。大量的水流还能对石材起冲刷与冲击作用,从而加速石材的破坏。因此,使用石材时应特别注意水的影响。为了减轻与防止石材的风化与破坏,可以采取以下防护措施。

1. 合理选材

石材的风化与破坏速度主要取决于石材抵抗破坏因素的能力,所以合理选用石材品种是防止破坏的关键。对于重要的结构工程,应该选用结构致密、耐风化能力强的石材,而且其外露的表面应光滑,以便迅速排掉水分。

2. 表面处理

可在石材表面涂刷憎水性涂料,如各种金属皂、石蜡等,使石材表面由亲水性变为憎水性,并与大气隔绝,以延缓风化过程的发生。

任务5　人造石材的评定和选择

人造石材主要是以大理石、花岗石为碎料,石英砂、石渣等为骨料,用树脂或水泥等有机或无机胶结料、矿物质原料以及各种外加剂,经拌和、成型、聚合或养护后,研磨抛光、切割而成的。可以人为控制其性能、形状、花色图案等,具有类似天然石材的性质、纹理、质感和装饰效果,并具有质量轻、强度高、耐腐蚀、耐污染、施工方便等优点。随着合成高分子材料的兴起,作为装饰材料的人造石材,如人造大理石、花岗石等,也得到极大的发展和应用。

5.1　人造石材的类型

根据人造石材使用的胶结材料的不同,目前常用的人造石材可分为下述四类。

1. 水泥型人造石材

水泥型人造石材是以白色、彩色水泥和硅酸盐、铝酸盐水泥为胶结料,砂为细骨料,碎大理石、花岗石或工业废渣等为粗骨料,必要时再加入适量的耐碱颜料,经配料、搅拌、成型和养护硬化后,再进行磨平抛光而制成的,如各种水磨石制品。该类产品的规格、色泽、性能等均可根据使用要求制作。

2. 聚酯型人造石材

聚酯型人造石材是以不饱和聚酯为胶结料,加入石英砂、大理石渣、方解石粉等无机填料和颜料,经配制、混合搅拌、浇筑成型、固化、烘干、抛光等工序制成的。

目前,国内外人造大理石、花岗石以聚酯型为多。该类产品光泽好、颜色浅,可调制成各种鲜明的花色图案。由于不饱和聚酯的黏度低,易于成型,且在常温下固化较快,便于制作形状复杂的制品。与天然大理石相比,聚酯型人造石材具有强度高、密度小、厚度薄、耐酸碱腐蚀及美观等优点。但其耐老化性能不及天然花岗石,故多用于室内装饰。

3. 复合型人造石材

复合型人造石材是由无机胶结料(各类水泥、石膏等)和有机胶结料(不饱和聚酯或单体)

共同组合而成的。例如,可在廉价的水泥型板材(不需磨平抛光)上复合聚酯型薄层,组成复合型板材,以获得最佳的装饰效果和经济指标;也可将水泥型人造石材浸渍于具有聚合性能的有机单体中并加以聚合,以提高制品的性能和档次。有机单体可用苯乙烯、甲基丙烯酸甲酯、醋酸乙烯、丙烯氰、二氯乙烯、丁二烯等。

4. 烧结型人造石材

这种人造石材的生产工艺与陶瓷相似,即将斜长石、石英、辉石石粉和赤铁矿以及高岭土等混合成矿粉,再配以40%左右的黏土混合制成泥浆,经制坯、成型和艺术加工后,再经1 000 ℃左右的高温焙烧而成。如仿花岗石瓷砖和仿大理石陶瓷艺术板等。

5.2　人造石材的性能

在以上四类人造石材中,聚酯型人造石材是目前国内外使用较多的一种人造石材,其主要性能如下。

①色彩、花纹仿真性强,质感和装饰效果可以和天然石材媲美。

②质量轻,强度高,不易碎,便于粘贴施工和降低建筑结构的自重。

③具有良好的耐酸碱性、耐腐蚀性和抗污染性。聚酯型人造石材的物理性能见表1.5.1。

表1.5.1　聚酯型人造石材的物理性能

抗压强度 /MPa	抗折强度 /MPa	抗冲击强度 /($J \cdot cm^{-2}$)	体积密度 /($kg \cdot m^{-3}$)	莫氏硬度	光泽度	吸水率 /%	线膨胀系数 /($10^{-6}/℃$)
80～120	25～40	>0.1	2 100～2 300	32～45HB	60～90	<0.1	2～3

④可加工性好,比天然石材易于锯切、钻孔,便于安装施工。

⑤易老化。聚酯型人造石材由于采用了有机胶结料,在大气中长期受到光、热、氧、水分等综合作用后,会逐渐产生老化,使表面褪色、失去光泽而降低装饰效果。

与天然石材相比,人造石材有几项性能指标优于天然石材,如聚酯型人造石材的抗折强度大大高于天然石材,适合在受力大的拐角、踏步、厨房操作台、卫浴间等处应用。人造石材的推广有利于节约石材资源,保护环境。人造石材与天然花岗石、大理石部分性能对比见表1.5.2。

表1.5.2　人造石材与天然花岗石、大理石部分性能对比

性能指标	花岗石	大理石	聚酯型人造石材	水泥型人造石材
抗折强度/MPa	16～20	11～13	29～30	8～10
抗压强度/MPa	160～200	120～130	73～75	60～65
吸水率/%	0.05～0.08	0.1～0.4	0.01～0.05	2.0～4.0
密度/($g \cdot cm^{-3}$)	2.5～3.0	2.4～2.8	2.5	2.6～2.7

任务 6　拓展知识

6.1　特殊条件下土的密度

1. 土的干密度 ρ_d

土单位体积中固体颗粒部分的质量,称为土的干密度 ρ_d,即:

$$\rho_d = \frac{m_s}{V} \tag{1.6.1}$$

在工程上常把干密度作为评定土体紧密程度的标准,尤其以控制填土工程的施工质量最为常见。

2. 土的饱和密度 ρ_{sat}

土孔隙中充满水时的单位体积质量,称为土的饱和密度 ρ_{sat},即:

$$\rho_{sat} = \frac{m_s + V_v \rho_w}{V} \tag{1.6.2}$$

式中:ρ_w——为水的密度,近似等于 $\rho_{w1} = 1\ \text{g/cm}^3$。

3. 土的浮密度 ρ'

在地下水位以下,土单位体积中土粒的质量与同体积水的质量之差,称为土的浮密度 ρ',即:

$$\rho' = \frac{m_s - V_s \rho_w}{V} \tag{1.6.3}$$

土的三项比例指标中的质量密度指标共有四个:土的密度 ρ、干密度 ρ_d、饱和密度 ρ_{sat} 和浮密度 ρ'。与之对应,土的重力密度(简称重度,用符号 γ 表示)指标也有四个:土的天然重度、干重度、饱和重度和浮重度。其定义不言自明,可分别按下列公式计算:$\gamma = \rho g$、$\gamma_d = \rho_d g$、$\gamma_{sat} = \rho_{sat} g$、$\gamma' = \rho' g$,式中重力加速度 $g = 9.807\ \text{m/s}^2 \approx 10.0\ \text{m/s}^2$。在国际单位体系中,质量密度的单位是 kg/m^3;重力密度的单位是 N/m^3。但在国内的工程实践中,分别取 g/cm^3 和 kN/m^3。

各密度或重度指标,在数值上有如下关系:$\rho_{sat} \geqslant \rho \geqslant \rho_d \geqslant \rho'$ 或 $\gamma_{sat} \geqslant \gamma \geqslant \gamma_d \geqslant \gamma'$。

6.2　描述土的孔隙体积相对含量的指标

1. 土的孔隙比 e

土的孔隙比是土中孔隙体积与土粒体积之比,即:

$$e = \frac{V_v}{V_s} \tag{1.6.4}$$

孔隙比用小数表示。它是一个重要的物理性质指标,可以用来评价天然土层的密实程度。一般 $e < 0.6$ 的土是密实的低压缩性土,$e > 1.0$ 的土是疏松的高压缩性土。

2. 土的孔隙率 n

土的孔隙率是土中孔隙所占体积与土的总体积之比,以百分数表示,即:

$$n = \frac{V_v}{V} \times 100\% \tag{1.6.5}$$

3. 土的饱和度 S_r

土中被水充满的孔隙体积与孔隙总体积之比,称为土的饱和度,以百分数表示,即:

$$S_r = \frac{V_w}{V_v} \times 100\% \tag{1.6.6}$$

土的饱和度 S_r 与含水量 w 均为描述土中含水程度的三相比例指标,根据饱和度 $S_r(\%)$,砂土的湿度可分为三种状态:稍湿($S_r \leqslant 50\%$);很湿($50\% < S_r \leqslant 80\%$);饱和($S_r > 80\%$)。

本学习情境小结

本学习情境是本课程的重要组成部分,以回填土和天然石材为学习重点。土方的回填与压实是土方工程、基础工程中的重点,要能正确选择回填土的填方土料及填筑和压实方法;能分析影响填土压实的主要因素;能正确使用填土压实质量的检查方法。在土建工程中,石材用途较广,可就地取材,是一种用量较大的建筑材料。要准确表述岩石的形成条件对石材的结构及性能的影响;要求重点掌握石材的技术性能以及工程中常用天然岩石的主要技术指标,要将其合理地应用于工程实际中。

教学评估表

学习情境名称:_____　班级:_____　姓名:_____　日期:_____

1. 本表主要用于对课程授课情况的调查,可以自愿选择署名或匿名方式填写问卷。根据自己的情况在相应的栏目打"√"。

评估等级　　　评估项目	非常赞成	赞　成	不赞成	非常不赞成	无可奉告
(1)我对本学习情境学习很感兴趣					
(2)教师的教学设计好,有准备并阐述清楚					
(3)教师因材施教,运用了各种教学方法来帮助我的学习					
(4)学习内容、课内实训内容能提升我对建筑工程材料的检测和选择技能					

评估项目 \ 评估等级	非常赞成	赞成	不赞成	非常不赞成	无可奉告
(5)有实物、图片、音像等材料,能帮助我更好理解学习内容					
(6)教师知识丰富,能结合材料取样和抽检进行讲解					
(7)教师善于活跃课堂气氛,设计各种学习活动,利于学习					
(8)教师批阅、讲评作业认真、仔细,有利于我的学习					
(9)我理解并能应用所学知识和技能					
(10)授课方式适合我的学习风格					
(11)我喜欢这门课中的各种学习活动					
(12)学习活动有利于我学习该课程					
(13)我有机会参与学习活动					
(14)每个活动结束都有归纳与总结					
(15)教材编排版式新颖,有利于我学习					
(16)教材使用的文字、语言通俗易懂,有对专业词汇的解释、提示和注意事项,利于我自学					
(17)教材为我完成学习任务提供了足够信息,并提供了查找资料的渠道					
(18)教材通过讲练结合使我增强了技能					
(19)教学内容难易程度合适,紧密结合施工现场,符合我的需求					
(20)我对完成今后的典型工作任务更有信心					

2. 您认为教学活动使用的视听教学设备和实训设备:

合适 □   太多 □   太少 □

3. 教师安排边学、边做、边互动的比例:

讲太多 □   练习太多 □   活动太多 □   恰到好处 □

4. 教学进度:

太快 □   正合适 □   太慢 □

5. 活动安排的时间长短：

太长　☐　　　　　　　正合适　☐　　　　　　太短　☐

6. 我最喜欢本学习情境的教学活动是：

7. 我最不喜欢本学习情境的教学活动是：

8. 本学习情境我最需要的帮助是：

9. 我对本学习情境改进教学活动的建议是：

学习情境2 砌体材料的检测、评定与选择

【学习目标】

知识目标	能力目标	权重
能正确表述砌墙砖和砌块的种类、主要组成材料、主要性质和应用	能正确选择砌墙砖和砌块	0.10
能正确表述砌墙砖和砌块抽样方法、测试内容和评定标准	能正确进行砌墙砖和砌块抽样测试和评定	0.10
能基本正确表述砂的级配的概念、表观密度测试方法、堆积密度测试方法和评定标准	能正确进行砂的级配、表观密度测试、堆积密度测试和评定;能根据需要正确选择砂的种类和颗粒级配等	0.10
能正确陈述硅酸盐水泥的组成材料、技术性质、技术标准,常用水泥的特性和适用范围;能正确陈述专用水泥、特性水泥的特性和适用范围	能根据工程的需要正确地选择水泥的种类;能根据水泥的特点正确地指导施工,包括采购验收、保存、运输、使用等	0.25
能正确陈述水泥细度测试、标准稠度用水量测试、静浆凝结时间测定、安定性测试、水泥胶砂强度测试方法和步骤	能正确进行水泥抽样测试、细度测试、标准稠度用水量测试、静浆凝结时间测定、安定性测试、水泥胶砂强度测试	0.15
能正确陈述石灰、石膏、水玻璃等胶凝材料的性质及选用	能根据工程的需要正确选择石灰、石膏、水玻璃等胶凝材料	0.10
能正确陈述砌筑砂浆的组成材料、技术性质、配合比设计步骤、其他水泥砂浆的性质和适用范围,石灰砂浆、混合砂浆、聚合物砂浆性质和适用范围	能正确选择砌筑砂浆	0.10
能正确陈述砂浆试样的试配、稠度测试、保水率测试、抗压强度测试和评定标准	能正确进行砂浆试样的试配、稠度测试、保水率测试、抗压强度测试和评定	0.10
合　计		1.00

【教学准备】

准备标准砖等砌墙砖、水泥、砂、石膏、水玻璃、外加剂等物品,各种砌体施工实训基地或过程图片,检测仪器设备,任务单等。

【教学建议】

在一体化教室或多媒体教室,采用教师示范、学生测试、分组讨论、集中讲授、完成任务单等方法教学。

【建议学时】

10(5)学时。

任务 1　砌墙砖和砌块的选用

砌体材料是房屋建筑材料中的重要部分,因为它是组成建筑的基本材料。砌筑工程所用材料主要是砖、石或砌块以及砌筑砂浆。本单元重点介绍砌墙砖和砌块的种类和基本性能。

1.1　砌墙砖

凡是由黏土、工业废料或其他地方资源为主要原料,以不同工艺制成的,在建筑中用于砌筑承重和非承重墙体的砖,统称砌墙砖。砌墙砖按生产工艺可分为烧结砖和非烧结砖两大类。

烧结砖是经焙烧而制成的砖;非烧结砖是经蒸压或蒸养而制成的砖。蒸养砖是经常压蒸汽养护硬化而成的砖,如蒸养粉煤灰砖等;蒸压砖是经高压蒸汽养护硬化而成的砖,如蒸压灰砂砖等。

砖按孔洞率可分为:实心砖、微孔砖、多孔砖和空心砖。

1.1.1　烧结砖

烧结砖是指以黏土、页岩、粉煤灰、煤矸石等为主要原料,经焙烧而制成的孔洞率小于15%的砖。

1. 烧结砖的分类和产品标记

(1)按生产原料分类

烧结砖按主要生产原料可分为黏土砖(N)、页岩砖(Y)、煤矸石砖(M)和粉煤灰砖(F)。

1)黏土砖(N)

烧结黏土砖是以砂质黏土为原料制坯,当砖坯在窑内被烧到一定温度后烧结而成。

2）页岩砖（Y）

烧结页岩砖是以页岩为主要原料,经破碎、粉磨、成型、制坯、干燥和焙烧等工艺制成的。生产这种砖可完全不用黏土,配料时所需水分较少,有利于砖坯的干燥,且制品收缩小。这种砖颜色与普通砖相似,但表观密度较大,为 1 500 ~ 2 750 kg/m^3,抗压强度为 15 ~ 75 MPa,吸水率为 20% 左右,可代替普通黏土砖应用于建筑工程。为减轻自重,还可制成空心烧结页岩砖。

3）煤矸石砖（M）

煤矸石是开采煤炭时剔除出来的废料。烧结煤矸石砖是以煤矸石为原料,经配料、粉碎、磨细、成型、焙烧而制得的。焙烧时基本不需外投煤,因此生产煤矸石砖不仅节省了大量的黏土原料,减少了废渣的占地,而且节省了大量燃料。烧结煤矸石砖的表观密度一般为 1 500 kg/m^3 左右,比普通砖轻,抗压强度一般为 10 ~ 20 MPa,吸水率为 15% 左右,抗风化性能优良。

4）粉煤灰砖（F）

烧结粉煤灰砖是以粉煤灰为主要原料,掺入适量黏土（两者体积比为 1∶1 ~ 1.25）或膨润土等无机复合掺和料,经均化配料、成型、制坯、干燥、焙烧而制成的。由于粉煤灰中存在部分未燃烧的碳,使能耗降低,因此这种砖也称为半内燃砖。其表观密度为 1 400 kg/m^3 左右,抗压强度为 10 ~ 15 MPa,吸水率为 20% 左右,颜色从淡红至深红,能经受 15 次冻融循环而不被破坏。这种砖可代替普通黏土砖,常用于一般的工业与民用建筑中。

（2）按砖外形分类

烧结砖按砖的外形可分为烧结普通砖和烧结装饰砖、配砖。

烧结普通砖的外形为直角六面体,其常用标准尺寸为:240 mm × 115 mm × 53 mm。

烧结装饰砖是指经烧结而成用于清水墙的砖或带有装饰面的砖（以下简称装饰砖）。主规格同烧结普通砖,为增强装饰效果,装饰砖可制成本色、一色或多色,装饰面也可具有砂面、光面、压花等起墙面装饰作用的图案。配砖常用规格为:175 mm × 115 mm × 53 mm。

（3）按窑中焙烧气氛分类

当焙烧窑中为氧化气氛时,可烧得红砖;若焙烧窑中为还原气氛,红色的高价氧化铁被还原为青灰色的低价氧化铁时,则所烧得的砖呈现青色,青砖较红砖耐碱,耐久性较好。

（4）按火候分类

烧结砖按火候可分为正火砖、欠火砖和过火砖。

由于砖在焙烧时窑内温度分布（火候）难于绝对均匀,因此,除了正火砖（合格品）外,还常出现欠火砖和过火砖。欠火砖色浅、敲击发声哑、吸水率大、强度低、耐久性差;过火砖色深、敲击时声音清脆、吸水率低、强度较高,但有弯曲变形。欠火砖和过火砖均属不合格产品。

烧结普通砖的产品标记常按产品名称、类别、强度等级、质量等级和标准编号顺序编写。例如,烧结普通砖的强度等级 MU15 一等品的黏土砖,其标记为:烧结普通砖 N－MU15－B－GB5101。

2. 现行标准与技术要求

《烧结普通砖》（GB 5101—2003）的规定,适用于以黏土、页岩、煤矸石、粉煤灰为主要原料经焙烧而成的普通砖(以下简称砖)。其中规定的主要技术要求如下。

(1) 强度等级

烧结普通砖根据抗压强度分为 MU30、MU25、MU20、MU15、MU10 五个强度等级。强度实验按《砌墙砖实验方法》(GB/T 2542—2003)的规定进行,抽取 10 块砖试样进行抗压强度试验,根据试验结果,按平均值减去标准值的方法(变异系数 $\delta \leq 0.21$ 时)或平均值减去最小值的方法(变异系数 $\delta > 0.21$ 时)评定砖的强度等级,强度要求应符合表 2.1.1 的规定。

表 2.1.1　烧结普通砖强度

强度等级	抗压强度平均值 f/MPa	变异系数 $\delta \leq 0.21$	变异系数 $\delta > 0.21$
		强度标准值 f_k/MPa	单块最小抗压强度值 f_{min}/MPa
MU30	≥30.0	≥22.0	≥25.0
MU25	≥25.0	≥18.0	≥22.0
MU20	≥20.0	≥14.0	≥16.0
MU15	≥15.0	≥10.0	≥12.0
MU10	≥10.0	≥6.5	≥7.5

(2) 抗风化性能

风化区用风化指数进行划分。风化指数是指日气温从正温降至负温或负温升至正温的每年平均天数与每年从霜冻之日起至消失霜冻之日止这一期间降雨总量(以 mm 计)的平均值的乘积。风化指数大于等于 12 700 的地区为严重风化区,风化指数小于 12 700 的地区为非严重风化区。全国风化区划分见表 2.1.2。各地如有可靠数据,也可按计算的风化指数划分本地区的风化区。

表 2.1.2　风化区划分

严重风化区	非严重风化区
1. 黑龙江省 2. 吉林省 3. 辽宁省 4. 内蒙古自治区 5. 新疆维吾尔自治区 6. 宁夏回族自治区 7. 甘肃省 8. 青海省 9. 陕西省 10. 山西省 11. 河北省 12. 北京市 13. 天津市	1. 山东省 2. 河南省 3. 安徽省 4. 江苏省 5. 湖北省 6. 江西省 7. 浙江省 8. 四川省 9. 贵州省 10. 湖南省 11. 福建省 12. 台湾省 13. 广东省 14. 广西壮族自治区 15. 海南省 16. 云南省 17. 西藏自治区

砖的抗风化性能用抗冻融试验或吸水率试验来衡量。严重风化区中的 1、2、3、4、5 地区的砖必须进行冻融试验,其他地区砖的抗风化性能符合表 2.1.3 规定时可不作冻融试验,否则必须进行冻融试验。冻融试验后,每块砖样不允许出现裂纹、分层、掉皮、缺棱、掉角等冻坏现象;质量损失不得大于 2%。

表 2.1.3　抗风化性能

种类	严重风化区				非严重风化区			
	5 h 沸煮吸水率/%		饱和系数		5 h 沸煮吸水率/%		饱和系数	
	平均值	单块最大值	平均值	单块最大值	平均值	单块最大值	平均值	单块最大值
黏土砖	≤18	≤20	≤0.85	≤0.87	≤19	≤20	≤0.88	≤0.90
粉煤灰砖	≤21	≤23			≤23	≤25		
页岩砖 煤矸石砖	≤16	≤18	≤0.74	≤0.77	≤18	≤20	≤0.78	≤0.80

注:粉煤灰掺入量(体积比)小于30%时,按黏土砖规定判定。

（3）放射性物质

对煤矸石砖、粉煤灰砖以及掺加工业废渣的砖,应进行放射性物质检测。当砖产品堆垛表面 γ 照射量率小于或等于 200 nGy/h(含本底)时,该产品使用不受限制;当砖产品堆垛表面 γ 照射量率大于 200 nGy/h(含本底)时,必须进行放射性物质镭 – 226、钍 – 232、钾 – 40 比活度的检测,并应符合GB 6763的规定。

（4）质量等级

强度等级、抗风化性能和放射性物质合格的砖,根据尺寸偏差、外观质量、泛霜和石灰爆裂等情况分为优等品(A)、一等品(B)、合格品(C)三个质量等级,见表2.1.4。

表 2.1.4　质量等级要求

项　目		优等品		一等品		合格品	
		样本平均偏差	样本极差	样本平均偏差	样本极差	样本平均偏差	样本极差
尺寸偏差/mm	长度240	±2.0	≤6	±2.5	≤7	±3.0	≤8
	宽度115	±1.5	≤5	±2.0	≤6	±2.5	≤7
	高度53	±1.5	≤4	±1.6	≤5	±2.0	≤6
外观质量	两条面高度差/mm	≤2		≤3		≤4	
	弯曲长度/mm	≤2		≤3		≤4	
	杂质凸出高度/mm	≤2		≤3		≤4	
	缺棱掉角度三个破坏尺寸不得同时大于/mm	5		20		30	
	裂纹长度　①大面上宽度方向及其延伸至条面上水平裂纹的长度/mm	≤30		≤60		≤80	

项　　目		优等品	一等品	合格品
外观质量	裂纹长度	②大面上长度方向及其延伸至顶面或条顶面上水平裂纹的长度/mm	≤50	≤80	≤100
	完整面	不得少于两条面和两顶面	不得少于一条面和一顶面	—
	颜色	基本一致	—	—
泛霜		无泛霜	不允许出现中等泛霜	不允许出现严重泛霜
石灰爆裂		不允许出现最大破坏尺寸大于 2 mm 的爆裂区域	①最大破坏尺寸大于 2 mm 且小于或等于 10 mm 的爆破区域,每组砖样不得多于 15 处 ②不允许出现最大破坏尺寸大于 10 mm 的爆裂区域	①最大破坏尺寸大于 2 mm 且小于或等于 15 mm 的爆破区域,每组砖样不得多于 15 处,其中 10 mm 的不得多于 7 处 ②不允许出现最大破坏尺寸大于 15 mm 的爆裂区域
欠火砖、酥砖和螺旋纹砖		不允许	不允许	不允许

3. 应用

烧结普通砖具有一定的强度和较好的耐久性,是应用最久、应用范围最为广泛的墙体材料。其中的实心黏土砖由于有破坏耕地、能耗高、绝热性能差等缺点,国务院办公厅《关于进一步推进墙体材料革新和推广节能建筑的通知》要求到 2010 年底,所有城市都要禁止使用实心黏土砖。

烧结普通砖目前可用来砌筑柱、拱、烟囱、地面及基础等。还可与轻骨料混凝土、加气混凝土、岩棉等复合砌筑成各种轻质墙体,在砌体中配置适当钢筋或钢丝网制作柱、过梁等,可代替钢筋混凝土柱、过梁使用。烧结普通砖优等品用于清水墙的砌筑,一等品、合格品可用于混水墙的砌筑。中等泛霜的砖不能用于潮湿部位。

1.1.2　烧结多孔砖和多孔砌块

1. 烧结多孔砖的分类和产品标记

烧结多孔砖是孔洞率等于或大于 15%,孔的尺寸小而数量多的烧结砖,常用于建筑物承重部位。烧结多孔砖的生产工艺与烧结普通砖基本相同,但对原材料的可塑性要求较高。根据主要原料的不同,烧结多孔砖也可分为黏土砖(N)、页岩砖(Y)、煤矸石砖(M)、粉煤灰砖(F)和烧结淤泥砖(U)。烧结多孔砖应按产品名称、品种、规格、强度等级、质量等级和标准编号顺序编写。

例如,规格尺寸290 mm×140 mm×90 mm、强度等级为MU25的优等品黏土多孔砖,其标记为:烧结多孔砖N-(290×140×90)-MU25-A-GB13544。

2. 现行标准与技术要求

烧结多孔砖的技术性能应满足国家规范《烧结多孔砖和多孔砌块》(GB 13544—2011)的要求。其具体规定如下。

(1)规格与孔洞尺寸要求

多孔砖的外形为直角六面体,其外形如图2.1.1。常用规格的长度、宽度与高度尺寸分别为:290,240,190,180,140,115,90。

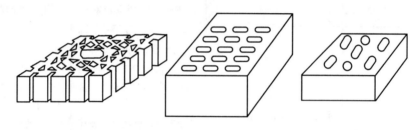

图2.1.1 烧结多孔砖外形

孔洞尺寸应符合下列要求:非圆孔内切圆直径小于等于15 mm,手抓孔一般为(30~40)mm×(75~85)mm。

(2)烧结多孔砖的强度等级和质量等级

根据抗压强度平均值和抗压强度标准值或抗压强度最小值分为MU30、MU25、MU20、MU15、MU10共五个强度等级,强度指标见表2.1.5。

表2.1.5 烧结多孔砖强度等级指标

强度等级	抗压强度平均值f/MPa	变异系数$\delta \leqslant 0.21$
		强度标准值f_k/MPa
MU30	≥30.0	≥22.0
MU25	≥25.0	≥18.0
MU20	≥20.0	≥14.0
MU15	≥15.0	≥10.0
MU10	≥10.0	≥6.5

表 2.1.6　烧结多孔砖质量等级要求

项　　目		指标	
		样本平均偏差	样本极差
尺寸偏差/mm	长度 240	±2.0	≤6
	宽度 115	±1.5	≤5
	高度 53	±1.5	≤4
外观质量	颜色(一条面和一顶面)	一致	
	完整面数	不得少于一条面和一顶面	
	缺棱掉角三个破坏尺寸不得同时大于/mm	30	
	裂纹长度 ①大面上深入孔壁 15 mm 以上宽度方向及其延伸至条面的长度/mm	≤80	
	裂纹长度 ②大面上深入孔壁 15 mm 以上长度方向及其延伸至顶面的长度/mm	≤100	
	裂纹长度 ③条面上的水平裂纹长度/mm	≤100	
杂质在砖面上造成的凸出高度/mm		≤5	
泛霜		不允许出现严重泛霜	
石灰爆裂		①最大破坏尺寸 >2 mm 且 ≤15 mm 的爆破区域,每组砖样不得多于 15 处,其中 10 mm 的不得多于 7 处 ②不允许出现最大破坏尺寸 >15 mm 的爆裂区域	

3. 应用

烧结多孔砖由于具有较好的保温性能,对黏土的消耗相对减少,是目前一些实心黏土砖的替代产品。其设计施工可参照《模数多孔砖建筑抗震设计与施工要点》。地面以下或室内防潮层以下的砌体不得使用多孔砖。常温砌筑应提前 1~2 d 浇水湿润,砌筑时砖的含水率宜控制在 10%~15% 范围内。

1.1.3　烧结空心砖和空心砌块

1. 烧结空心砖和空心砌块的分类和产品标记

烧结空心砖和空心砌块是经焙烧而制成的孔洞率大于或等于25％的砖或砌块,其孔尺寸大而数量少,且平行于大面和条面,一般用于砌筑填充墙或非承重墙,如图2.1.2所示。空心砌块与空心砖的主要区别在于前者尺寸较大。

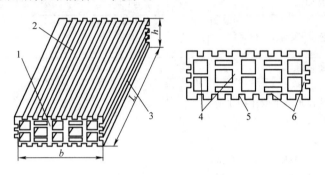

图 2.1.2　烧结空心砖的外形

1—顶面;2—大面;3—条面;4—肋;5—凹线槽;6—外壁;L—长度;b—宽度;h—高度

砖和砌块的外形为直角六面体,其长度、宽度、高度尺寸应符合下列要求:390,290,240,190,180(175),140,115,90。

烧结空心砖和空心砌块按主要原料分为黏土砖和砌块(N)、页岩砖和砌块(Y)、煤矸石砖和砌块(M)、粉煤灰砖和砌块(F)。

空心砖和砌块的产品标记按产品名称、类别、规格、密度等级、强度等级、质量等级和标准编号顺序编写。例如,规格尺寸 290 mm × 190 mm × 90 mm、密度 800 级、强度等级 MU7.5 优等品的页岩空心砖,其标记为:烧结空心砖 Y-(290×190×90)-800-MU7.5-A-GB13545。又如,规格尺寸 290 mm × 290 mm × 190 mm、密度 1 000 级、强度等级 MU2.5 一等品的黏土空心砌块,其标记为:烧结空心砌块 N-(290×290×190)-1 000-MU2.5-B-GB13545。

2. 现行标准与技术要求

烧结空心砖和空心砌块的技术要求应符合《烧结空心砖和空心砌块》(GB 13545—2003)的规定,其具体内容如下。

(1)密度等级

烧结空心砖和空心砌块根据密度分为800、900、1 000、1 100 四个密度等级,见表2.1.7。

表 2.1.7　密度等级

密度级别	五块密度平均值/(kg·m⁻³)	密度级别	五块密度平均值/(kg·m⁻³)
800	≤800	1 000	901 ~ 1 000
900	801 ~ 900	1 100	1 001 ~ 1 100

（2）强度等级

烧结空心砖和空心砌块根据抗压强度分为 MU10.0、MU7.5、MU5.0、MU3.5、MU2.5 五个强度等级,见表 2.1.8。

表 2.1.8　强度等级

强度等级	抗压强度平均值 f/MPa	变异系数 $\delta \leqslant 0.21$ 强度标准值 f_k/MPa	变异系数 $\delta > 0.21$ 单块最小抗压强度值 f_{min}/MPa	密度等级范围 /(kg·m^{-3})
MU10.0	≥10.0	≥7.0	≥8.0	
MU7.5	≥7.5	≥5.0	≥5.8	
MU5.0	≥5.0	≥3.5	≥4.0	≤1 100
MU3.5	≥3.5	≥2.5	≥2.8	
MU2.5	≥2.5	≥1.6	≥1.8	≤800

（3）抗风化性能

全国风化区的划分见表 2.1.2。严重风化区中的 1、2、3、4、5 地区的砖和砌块必须进行冻融试验,其他地区砖和砌块的抗风化性能符合表 2.1.9 规定时可不作冻融试验,否则必须进行冻融试验。冻融试验后,每块砖或砌块不允许出现裂纹、分层、掉皮、缺棱掉角等冻坏现象。

表 2.1.9　抗风化性能

分类	饱和系数			
	严重风化区		非严重风化区	
	饱和系数平均值	饱和系数单块最大值	饱和系数平均值	饱和系数单块最大值
黏土砖和砌块	≤0.85	≤0.87	≤0.88	≤0.90
粉煤灰砖和砌块				
页岩砖和砌块	≤0.74	≤0.77	≤0.78	≤0.80
煤矸石砖和砌块				

（4）质量等级

密度等级、强等级度和抗风化性能合格的砖和砌块,根据尺寸偏差、外观质量、孔洞及其结构、泛霜、石灰爆裂、吸水率等情况分为优等品(A)、一等品(B)和合格品(C)三个质量等级,如表 2.1.10 和表 2.1.11。

表 2.1.10　尺寸允许偏差　　　　　　　　　　　　　　　　（mm）

尺寸	优等品		一等品		合格品	
	样本平均偏差	样本极差	样本平均偏差	样本极差	样本平均偏差	样本极差
>300	±2.5	≤6.0	±3.0	≤7.0	±3.5	≤8.0
200～300	±2.0	≤5.0	±2.5	≤6.0	±3.0	≤7.0
200～100	±1.5	≤4.0	±2.0	≤5.0	±2.5	≤6.0
<100	±1.5	≤3.0	±1.7	≤4.0	±2.0	≤5.0

表 2.1.11　外观质量　　　　　　　　　（mm）

项　目		优等品	一等品	合格品
弯曲长度		≤3	≤4	≤5
缺棱掉角度三个破坏尺寸不得同时大于		15	30	40
垂直度差		≤3	≤4	≤5
未贯穿裂纹长度	A 大面上宽度方向及其延伸到条面的长度	不允许	≤100	≤120
	B 大面上长度方向或条面上水平方向的长度	不允许	≤120	≤140
贯穿裂纹长度	A 大面上宽度方向及其延伸到条面的长度	不允许	≤40	≤60
	B 壁、肋沿长度方向、宽度方向及其水平方向的长度	不允许	≤40	≤60
肋、壁内残缺长度		不允许	≤40	≤60
完整面		不少于一条面和一大面	不少于一条面或一大面	—
泛霜		无泛霜	不允许出现中等泛霜	不允许出现严重泛霜
石灰爆裂		不允许出现最大破坏尺寸大于 2 mm 的爆裂区域	① 最大破坏尺寸大于 2 mm 且小于或等于 10 mm 的爆破区域，每组砖样不得多于 15 处 ② 不允许出现最大破坏尺寸大于 10 mm 的爆裂区域	① 最大破坏尺寸大于 2 mm 且小于或等于 15 mm 的爆破区域，每组砖样不得多于 15 处，其中 10 mm 的不得多于 7 处。 ② 不允许出现最大破坏尺寸大于 15 mm 的爆裂区域

注:凡有下列缺陷之一者,不能称为完整面:缺损在大面、条面上造成的破坏面尺寸同时大于 20 mm×30 mm;大面、条面上裂纹宽度大于 1 mm,长度超过 70 mm;压陷、黏底、焦花在大面、条面上的凹陷或凸出超过 2 mm,区域尺寸同时大于 20 mm×30 mm。

（5）孔洞及其结构

孔洞率和孔洞排数应符合表 2.1.12 的规定。

表 2.1.12　孔洞及其结构

等级	孔洞排列	孔洞排数		孔洞率/%
		宽度方向	高度方向	
优等品	有序交错排列	≥7(b≥200 mm) ≥5(b<200 mm)	≥2	≥40
一等品	有序排列	≥5(b≥200 mm) ≥4(b<200 mm)	≥2	
合格品	有序排列	≥3	—	—

注:b 为宽度的尺寸。

（6）吸水率

每组砖和砌块的吸水率平均值应符合表 2.1.13 规定。

表 2.1.13　吸水率

等级	吸水率	
	黏土砖和砌块、页岩砖和砌块、煤矸石砖和砌块/%	粉煤灰砖和砌块/%
优等品	≤16.0	≤20.0
一等品	≤18.0	≤22.0
合格品	≤20.0	≤24.0

注：粉煤灰掺入量（体积比）小于 30% 时，按黏土砖和砌块规定判定。

3. 应用

空心砖墙宜采用全顺侧砌，上下皮缝相互错开 1/2 砖长。地面以下或室内防潮层以下的基础不得使用空心砖砌筑，空心墙中不能够用整砖部分，宜用无齿锯加工制作非整砖块，不得用砍凿方法将砖打断。空心墙底部至少砌 3 皮普通砖，在门窗洞口两侧一砖范围内，需用普通砖实砌。

1.2　砌块

砌块是用于砌筑的形体大于砌墙砖的人造块材，一般为直角六面体，按产品主规格的尺寸，可分为大型砌块（高度大于 980 mm）、中型砌块（高度为 380～980 mm）和小型砌块（高度大于 115 mm，小于 380 mm）。砌块高度一般不大于长度或宽度的 6 倍，长度不超过高度的 3 倍，根据需要也可生产各种异形砌块。

砌块是一种新型砌体材料，可以充分利用地方资源和工业废渣，并可节省黏土资源和改善环境。它具有生产工艺简单，原料来源广，适应性强，制作及使用方便，可改善墙体功能等特点，因此发展较快。

砌块的分类方法很多，若按用途可分为承重砌块和非承重砌块；按有无孔洞可分为实心砌块（无孔洞或空心率小于 25%）和空心砌块（空心率大于 25%）；按材质又可分为硅酸盐砌块、轻骨料混凝土砌块、加气混凝土砌块、混凝土砌块等。本节主要简介几种常用砌块。

1.2.1　普通混凝土小型空心砌块

普通混凝土小型空心砌块是以水泥、砂子、石子、水为原料，经搅拌、成型、养护而成的空心砌块。砌块的空心率不小于 25%，主规格为 390 mm×190 mm×190 mm，配以 3～4 种辅助规格，即可组成墙用砌块基本系列，常用普通混凝土小型空心砌块的类型如图 2.1.3。

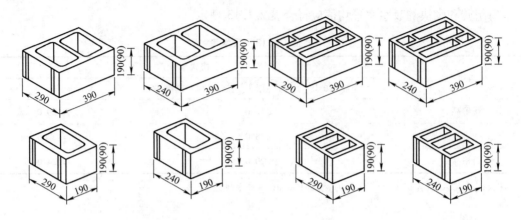

图 2.1.3　普通混凝土小型空心砌块类型

1. 普通混凝土小型空心砌块的产品标记

根据《普通混凝土小型空心砌块》(GB 8239—1997)的规定,普通混凝土小型空心砌块按其尺寸偏差、外观质量分为优等品(A)、一等品(B)及合格品(C)共三个质量等级。

按其强度分为 MU3.5、MU5.0、MU7.5、MU10.0、MU15.0、MU20.0 共六个强度等级。

按产品名称(代号 NHB)、强度等级、外观质量等级和标准编号的顺序进行标记。例如,强度等级为 MU7.5、外观质量为优等品(A)的砌块,其标记为:NHB-MU7.5-A-GB8239。

2. 现行标准与技术要求

(1) 尺寸规格

主规格尺寸为 390 mm×190 mm×190 mm,其他规格尺寸可由供需双方协商。最小外壁厚应不小于 30 mm。最小肋厚应不小于 25 mm。空心率应不小于 25%。尺寸允许偏差与外观质量应符合表 2.1.14 规定。

表 2.1.14　尺寸允许偏差与外观质量

项目名称		优等品(A)	一等品(B)	合格品(C)
尺寸允许偏差/mm	长度	±2	±3	±3
	宽度	±2	±3	±3
	高度	±2	±3	+3, −4
弯曲长度/mm		≤2	≤2	≤3
缺棱掉角	个数	≤0	≤2	≤2
	三个方向投影尺寸的最小值/mm	≤0	≤20	≤30
裂纹延伸到投影尺寸累计/mm		≤0	≤20	≤30

（2）强度等级

砌块抗压强度等级应符合表 2.1.15 的规定。

表 2.1.15　强度等级

强度等级	砌块抗压强度/MPa	
	平均值	单块最小值
MU3.5	≥3.5	≥2.8
MU5.0	≥5.0	≥4.0
MU7.5	≥7.5	≥6.0
MU10.0	≥10.0	≥8.0
MU15.0	≥15.0	≥12.0
MU20.0	≥20.0	≥16.0

（3）相对含水率

砌块相对含水率应符合表 2.1.16 规定。

表 2.1.16　相对含水率

使用地区	潮湿地区	中等地区	干燥地区
相对含水率/%	≤45	≤40	≤35

注:潮湿地区指年平均相对湿度大于 75% 的地区;中等地区指年平均相对湿度为 50% ~75% 的地区;干燥地区指年平均相对湿度小于 50% 的地区。

（4）抗渗性

小砌块的抗渗性与建筑物外墙体的渗漏关系十分密切,特别是对于清水墙砌块的抗渗性要求更高,国家标准《普通混凝土小型空心砌块》(GB 8239—1997)中规定试块按规定方法测试时,其水面下降高度在三块试件中任一块不大于 10 mm。

（5）抗冻性

普通混凝土小型空心砌块的抗冻性应符合表 2.1.17 的规定。

表 2.1.17　抗冻性

使用环境条件		抗冻标号	指标
非采暖地区		不规定	—
采暖地区	一般环境	D15	强度损失不大于 25%
	干湿交替环境	D25	质量损失不大于 5%

注:非采暖地区指最冷月份平均气温高于 −5 ℃ 的地区;采暖地区指最冷月份平均气温低于或等于 −5 ℃ 的地区。

3. 应用

混凝土小型空心砌块一般用于地震设计烈度为 8 度或 8 度以下的建筑物墙体。在砌块的空洞内可浇筑配筋芯柱,能提高建筑物的延性。

1.2.2　粉煤灰砌块

粉煤灰砌块是以粉煤灰、石灰、石膏和骨料(炉渣、矿渣)等为原料,经配料、加水搅拌、振动成型、蒸汽养护而制成的密实砌块。

1. 粉煤灰砌块的产品标记

砌块的主规格外形尺寸为 880 mm × 380 mm × 240 mm 或 880 mm × 430 mm × 240 mm。砌块端面应加灌浆槽,坐浆面宜设抗剪槽。

砌块按其产品名称(代号为 FB)、规格、强度等级、产品等级和标准编号顺序进行标记。例如,砌块的规格尺寸为 880 mm × 380 mm × 240 mm、强度等级为 10 级、产品等级为一等品(B)时,标记为:FB-(880 × 380 × 240)-MU10-B-JC 238。

2. 现行标准与技术要求

根据《粉煤灰砌块》(JC 238—91)的规定:砌块按其立方体抗压强度、碳化后强度、抗冻性能和密度分为 10 级和 13 级两个强度等级,具体指标详见表 2.1.18;按外观质量、尺寸偏差和干缩性能分为一等品(B)和合格品(C)两个质量等级。

表 2.1.18　砌块的立方体抗压强度、碳化后强度、抗冻性能和密度

项目	指标	
	10 级	13 级
抗压强度/MPa	3 块试件平均值不小于 10.0,单块最小值 8.0	3 块试件平均值不小于 13.0,单块最小值 10.5
人工碳化后强度/MPa	不小于 6.0	不小于 7.5
抗冻性	冻融循环结束后,外观无明显疏松、剥落或裂缝,强度损失不大于20%	
密度/(kg/m³)	不超过设计密度10%	

3. 应用

粉煤灰砌块主要用于工业与民用建筑的墙体和基础,但不适用于有酸性侵蚀介质的密封性要求高的、易受较大震动的建筑物以及受高温受潮的承重墙。

1.2.3　蒸压加气混凝土砌块

1. 蒸压加气混凝土砌块的分类和产品标记

蒸压加气混凝土砌块是以钙质材料(水泥、石灰等)和硅质材料(砂、矿渣、粉煤灰等)以及加气剂(铝粉)等,经配料、搅拌、浇筑、发气(由化学反应形成孔隙)、预养切割、蒸汽养护等工艺过程制成的多孔硅酸盐砌块。

按养护方法分为蒸养加气混凝土砌块和蒸压加气混凝土砌块两种。砌块产品标记按产品名称(代号 ACB)、强度级别、体积密度级别、规格尺寸、产品等级和标准编号的顺序进行标记。例如,强度级别为 A3.5、体积密度级别为 B05、优等品、规格尺寸为 600 mm × 200 mm × 250 mm 的蒸压加气混凝土砌块,其标记为:ACB – A3.5 – B05 –（600 × 200 × 250）– A – GB11968。

2. 现行标准与技术要求

（1）尺寸规格

根据《蒸压加气混凝土砌块》(GB 11968—2006)的规定,砌块的尺寸规格见表 2.1.19。

表 2.1.19　尺寸规格

长度 L/mm	宽度 B/mm	高度 H/mm
600	100、120、125、150、180、200、240、250、300	200、240、250、300

（2）尺寸允许偏差和外观质量

砌块的尺寸允许偏差和外观质量应符合表 2.1.20 的规定。

表 2.1.20　尺寸允许偏差和外观质量

项　目		指标	
		优等品(A)	合格品(C)
尺寸允许偏差 /mm	长度 L	±3	±4
	宽度 B	±1	±2
	高度 H	±1	±2
缺棱掉角	最小尺寸/mm	≤0	≤30
	最大尺寸/mm	≤0	≤70
	大于以上尺寸的缺棱掉角个数,不多于/个	0	2
	贯穿一棱二面的裂纹长度不得大于裂纹所在面的裂纹方向尺寸总和的	0	1/3
	任一面的裂纹长度不得大于裂纹方向尺寸的	0	1/2
	大于以上尺寸的裂纹条数,不多于/条	0	2
爆裂、黏膜和损坏深度不得大于/ mm		10	30
平面弯曲		不允许	
表面疏松、层裂		不允许	
表面油污		不允许	

（3）抗压强度和强度级别

砌块按抗压强度分为 A1.0、A2.0、A2.5、A3.5、A5.0、A7.5、A10.0 共七个强度级别,见表

2.1.21 和表 2.1.22。

表 2.1.21 蒸压加气混凝土砌块的抗压强度

强度级别		A1.0	A2.0	A2.5	A3.5	A5.0	A7.5	A10.0
立方体抗压强度/MPa	平均值	≥1.0	≥2.0	≥2.5	≥3.5	≥5.0	≥7.5	≥10.0
	最小值	≥0.8	≥1.6	≥2.0	≥2.8	≥4.0	≥6.0	≥8.0

表 2.1.22 蒸压加气混凝土砌块的强度级别

干密度级别		B03	B04	B05	B06	B07	B08
强度级别	优等品（A）	A1.0	A2.0	A3.5	A5.0	A7.5	A10.0
	合格品（C）			A2.5	A3.5	A5.0	A7.5

（4）砌块的干密度

砌块按干密度分为 B03、B04、B05、B06、B07、B08 六个密度级别，见表 2.1.23。

表 2.1.23 蒸压加气混凝土砌块的干密度

干密度级别		B03	B04	B05	B06	B07	B08
干密度/(kg/m³)	优等品（A）	≤300	≤400	≤500	≤600	≤700	≤800
	合格品（B）	≤325	≤425	≤525	≤625	≤725	≤825

（5）砌块的干燥收缩、抗冻性和热导率

砌块的干燥收缩、抗冻性和热导率（干态）应符合 2.1.24 的规定。

表 2.1.24 砌块的干燥收缩、抗冻性和热导率

干密度级别			B03	B04	B05	B06	B07	B08
干燥收缩值	标准法/（mm/m）		≤0.50					
	快速法/（mm/m）		≤0.80					
抗冻性	质量损失/%		≤5.0					
	冻后强度/MPa	优等品（A）	≥0.8	≥1.6	≥2.8	≥4.0	≥6.0	≥8.0
		合格品（B）			≥2.0	≥2.8	≥4.0	≥6.0
热导率（干态）/（W/（m·K））			≤0.10	≤0.12	≤0.14	≤0.16	≤0.18	≤0.20

3. 应用

蒸压加气混凝土砌块质量轻，表观密度约为黏土砖的1/3，具有保温、隔热、隔音性能好，抗震性强（自重小），热导率低（0.10～0.28 W/（m·K）），耐火性好，易于加工，施工方便等特点，是应用较多的轻质墙体材料之一。它适用于低层建筑的承重墙、多层建筑的间隔墙和高层框架结构的填充墙，也可用于一般工业建筑的围护墙。作为保温、隔热材料也可用于复合墙板和屋面结构中。在无可靠的防护措施时，该类砌块不得用在处于水中或高湿度和有侵蚀介质的环境中,也不得用于建筑物的基础和温度长期高于80 ℃的建筑部位。

任务2　对砌墙砖和砌块抽样检测和评定

建筑材料是实践、试验性很强的学科。建筑材料试验是建筑材料的重要组成部分,同时也是学习和研究建筑材料的重要方法。通过试验,预期达到三个目的:一是熟悉、验证、巩固所学的理论知识;二是了解所使用的仪器设备,掌握所学建筑材料的试验方法;三是进行科学研究的基本训练,培养分析问题和解决问题的能力。

2.1　烧结普通砖试验

2.1.1　尺寸偏差检测

1. 试验目的

测定烧结普通砖的尺寸偏差,评定质量等级。

2. 试验原理

利用砖用卡尺的支脚与垂直尺之间的高差来测量。

3. 主要仪器

检测仪器主要为砖用卡尺(如图2.2.1),分度值为0.5 mm。

4. 试样制备

检验样品数为20块,其中每一尺寸测量不足0.5 mm的按0.5 mm计,每一方向尺寸以两个测量值的算术平均值表示。

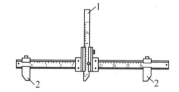

图2.2.1　砖用卡尺
1—垂直尺;2—支脚

5. 试验步骤

长度应在砖的两个大面的中间处分别测量两个尺寸;宽度应在砖的两个大面的中间处分别测量两个尺寸;高度应在两个条面的中间处分别测量两个尺寸。当被测处有缺损或凸出时,可在其旁边测量,但应选择不利的一侧。尺寸量法如图2.2.2所示。

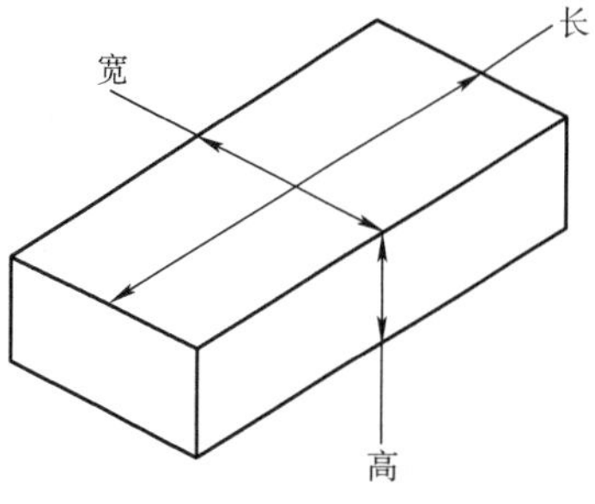

6. 结果评定

每一方向尺寸最终以两个测量值的算术平均值表示。

图2.2.2　尺寸量法

样本平均偏差是20块试样同一方向40个测量尺寸的算术平均值减去其公称尺寸的差

值,样本平均偏差是抽检的 20 块试样中同一方向 40 个测量尺寸中最大测量值与最小测量值之差值。

2.1.2　外观质量检查

1. 试验目的

进行烧结普通砖的外观质量检查,评定质量等级。

2. 试验原理

利用砖用卡尺的支脚与垂直尺之间的高差来测量。

3. 主要仪器

①砖用卡尺(如图 2.1.1),分度值为 0.5 mm。

②钢直尺,分度值为 1 mm。

4. 试样制备

检验样品数为 20 块,其中每一尺寸测量不足 0.5 mm 的按 0.5 mm 计,每一方向尺寸以两个测量值的算术平均值表示。

5. 实验步骤

(1)缺损

缺棱掉角在砖上造成的破损程度,以破损部分对长宽高三个棱边的投影尺寸来度量,称为破会尺寸。缺损造成的破坏面是指缺损部分对条、顶面的投影面积。缺棱掉角破坏尺寸量法如图 2.2.3 所示。

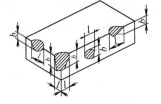

图 2.2.3　缺棱掉角破坏尺寸量法

(2)裂纹

裂纹分为长度方向、宽度方向和水平方向三种,以被测方向的投影长度表示。如果裂纹从一个面延伸至其他面上时,则累计其延伸的投影长度。裂纹量法如图 2.2.4 所示。

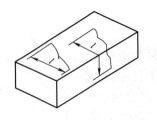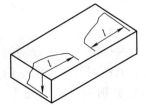

图 2.2.4　裂纹量法

(3)弯曲

分别在大面和条面上测量弯曲时,将砖用卡尺的两支脚沿棱边两端放置,择其弯曲最大处将垂直尺推至砖面,但不应将因杂质或碰伤造成的凹处计算在内。以弯曲中测得的较大者作为测量结果。

（4）杂质凸出高度

杂质在砖面上造成的凸出高度,以杂质距砖面的最大距离表示。测量时将砖用卡尺的两支脚置于凸出两边的砖平面上,以垂直尺测量。

（5）色差

装饰面朝上随机分两排并列,在自然光下距离砖样2 m处目测。

6. 结果处理

外观测量以毫米为单位,不足1 mm者按1 mm计。

2.1.3 抗压强度试验

1. 试验目的

测定烧结普通砖的抗压强度,确定砖的使用范围。

2. 试验原理

测定受压面积,然后用材料试验机测出最大荷载,通过计算得出单位面积荷载即抗压强度。

3. 主要仪器

（1）材料试验机

试验机的示值相对误差不大于±1%,其下加压板应为球绞支座,预期最大破坏荷载应为量程的20%~80%。

（2）抗折夹具

抗折试验的加荷形式为三点加荷,其上压辊和下支辊的曲率半径为15 mm,下支辊应有一个为绞接固定。

（3）抗压制备平台

试件制备平台必须平整水平,可用金属或其他材料制作。

（4）水平尺

水平尺规格为250~300 mm。

（5）钢直尺

钢直尺分度值为1 mm。

4. 试样制备

①将试样切断或锯成两个半截砖,断开的半截砖长不得小于100 mm,如果不足100 mm,应另取备用试件补足。

②试件制备平台上,将已断开的半截砖放入室温的净水中浸10~20 min后取出,并以断口相反方向叠放,两者中间抹以厚度不超过5 mm的用强度等级为MU32.5的普通硅酸盐水泥调制的稠度适宜的水泥净浆来黏结,上下两面用厚度不超过3 mm的同种水泥浆抹平。制成的试件上下两面须相互平行,并垂直于侧面。试样如图2.2.5所示。

③试件养护,普通制样法制成的抹面试件应置于不低于 10 ℃的不通风室内养护 3 d;模具制样的试件连同模具在不低于 10 ℃的不通风室内养护 24 h 后脱模,再在相同条件下养护 48 h;再进行试验。

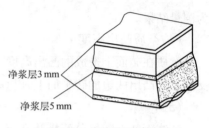

净浆层 3 mm
净浆层 5 mm

图 2.2.5　烧结普通砖试样

5. 试验步骤

①测量每个试件连接面或受压面的长、宽尺寸各两个,分别取其平均值,精确至 1 mm。

②将试件平放在加压板的中央,垂直于受压面加荷,应均匀平稳,不得发生冲击或振动。加荷速度以 (5 ± 0.5) kN/s 为宜,直至试件破坏为止,记录最大破坏荷载 F。试件受荷如图 2.2.6 所示。

6. 试验结果

①每块试件的抗压强度按式(2.2.1)计算(精确至 0.1 MPa):

$$f_i = F/A \qquad (2.2.1)$$

②试验后分别按式(2.2.2)和式(2.2.3)计算出强度变异系数 δ、标准差 S:

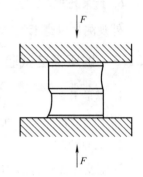

图 2.2.6　试件受荷示意图

$$\delta = S/f \qquad (2.2.2)$$

$$S = \sqrt{\frac{\sum_{i=1}^{n} f_i^2 - n\bar{f}^2}{n - 1}} \qquad (2.2.3)$$

式中:f——10 块砖样抗压强度算术平均值,MPa;

f_i——单块砖样抗压强度的测定值,MPa;

S——10 块砖样的抗压强度标准差,MPa。

平均值 - 标准值方法评定:变异系数 $\delta \leq 0.21$ 时,按抗压强度平均值 f、强度标准值 f_k 评定砖的强度等级。样本量 $n = 10$ 时的强度标准值按式(2.2.4)计算(精确至 0.1 MPa):

$$f_k = f - 1.8S \qquad (2.2.4)$$

平均值 - 最小值方法评定:变异系数 $\delta > 0.21$ 时,按抗压强度平均值 f、单块最小抗压强度值 f_{min} 评定砖的强度等级,单块最小抗压强度值精确至 0.1 MPa。

2.2　混凝土小型空心砌块试验

2.2.1　抗压强度试验

1. 试验目的

通过对混凝土小型空心砌块的抗压强度的测试,评定混凝土小型空心砌块的力学性能。

该试验方法依据《混凝土小型空心砌块试验方法》(GB/T 4111—1997),适用于墙体用的以各种混凝土制成的小型空心砌块。

2. 试验原理

测定受压面积及试块破坏时最大荷载,通过计算得出试块的抗压强度。

3. 主要仪器

①材料试验机:示值误差应不大于2%,其量程选择应能使试件的预期破坏荷载在满量程的20%～80%。

②钢板:厚度不小于10 mm,平面尺寸应大于440 mm×240 mm。钢板的一面需平整,精度要求在长度方向范围内的平面度不大于0.1 mm。

③玻璃平板:厚度不小于6 mm,平面尺寸与钢板的要求相同。

④水平尺。

4. 试样制备

①试件数量为5个砌块。

②分别处理试件的坐浆面和铺浆面,使之成为互相平行的平面。将钢板置于稳固的底座上,平整面向上,用水平尺调至水平。在钢板上先薄薄地涂一层机油,或铺一层湿纸,然后铺一层1:2.5的水泥砂浆,将试件的坐浆面湿润后平稳地压入砂浆层内,使砂浆层尽可能均匀,厚度为3～5 mm。

③静置24 h后,再按以上方法处理试件的铺浆面。在温度10 ℃以上不通风的室内养护3 d后作抗压强度试验。

5. 试验步骤

①测量每个试件的长度和宽度,每项在对应两面中心各测一次,精确至1 mm,然后分别求出各方向的平均值。

②将试件置于试验机承压板上,使试件的轴线与试验机压板的压力中心重合,以10～30 kN/s的速度加荷,直至试件破坏。记录最大破坏荷载 F。

③若试验机压板不足以覆盖试件受压面时,可在试件的上、下承压面加辅助钢压板。辅助钢压板的表面光洁度应与试验机原压板相同,其厚度至少为原压板边至辅助钢压板最远角距离的三分之一。

6. 结果评定

①每个试件的抗压强度按式(2.2.5)计算:

$$R = \frac{F}{LB} \tag{2.2.5}$$

式中:R——试件的抗压强度,MPa;

F——最大破坏荷载,N;

L、B——试件受压面的长度和宽度,mm。

②抗压强度的计算精确至 0.1 MPa。试验结果以 5 个试件抗压强度的算术平均值和单块最小值表示。

2.2.2 抗折强度试验

1. 试验目的

通过对混凝土小型空心砌块的抗折强度的测试,评定混凝土小型空心砌块的力学性能。

2. 主要仪器

①该试验中材料试验机技术要求同抗压强度试验。

②钢棒直径 35 ~ 40 mm,长度 210 mm,数量为三根。

③抗折支座由安放在底板上的两根钢棒组成,其中至少有一根是可以自由滚动的,如图 2.2.7 所示。

3. 试样制备

试件数量及制备方法同抗压强度试件。

4. 试验步骤

①测量每个试件的高度和宽度,分别求出各个方向的平均值。

②将抗折支座置于材料试验机承压板上,调整钢棒轴线间的距离,使其等于试件长度减一个坐浆面处的肋厚,再使抗折支座的中线与试验机压板的压力中心重合。

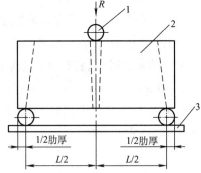

图 2.2.7 抗折强度示意图
1—钢棒;2—试件;3—抗折支座

③将试件的坐浆面置于抗折支座上。

④在试件的上部二分之一长度处放置一根钢棒。

⑤以 250 N/s 的速度加荷直至试件破坏,记录最大破坏荷载 F。

5. 结果计算与评定

①每个试件的抗折强度按式(2.2.6)计算,精确至 0.1 MPa。

$$R_z = \frac{3FL}{2BH^2}$$ (2.2.6)

式中:R_z——试件的抗折强度,MPa;

F——破坏荷载,N;

L——抗折支座上两钢棒轴心间距,mm;

B——试件宽度,mm;

H——试件高度,mm。

②试验结果以5个试件抗折强度的算术平均值和单块最小值表示,精确至0.1 MPa。

观察与思考:

(1)烧结普通砖的强度等级是如何确定的?共分为几个等级?

(2)测定烧结普通砖强度时,为何要在砖的上、下表面及两块砖的结合面抹水泥净浆?

任务3 砂的级配、表观密度测试、堆积密度测试和评定

3.1 砂

混凝土用砂按《普通混凝土用砂、石质量及检验方法标准》(JGJ 52—2006)可分为天然砂、人工砂两种。其种类及特性见表2.3.1。

表2.3.1 混凝土用砂的种类及特性

分类	定义	组成	特性
天然砂	由自然条件作用而成的,公称粒径小于5.00 mm的岩石颗粒	河砂、海砂	长期受水流的冲刷作用,颗粒表面比较光滑,且产源较广,与水泥黏结性差,用它拌制的混凝土流动性好,但强度低。海砂中常含有贝壳碎片及可溶性盐类等有害杂质,不利于混凝土结构
		山砂	表面粗糙、棱角多,与水泥黏结性好,但含泥量和有机质含量多
人工砂	岩石经除土开采、机械破碎、筛分而成的,公称粒径小于5.00 mm的岩石颗粒	机制砂	颗粒富有棱角,比较洁净,但砂中片状颗粒及细粉含量较多,且成本较高
		混合砂	由机制砂、天然砂混合制成的砂。当仅靠天然砂不能满足用量需求时,可采用混合砂

3.1.1 颗粒级配及粗细程度

在混凝土拌和物中,水泥浆包裹砂子的表面,并填充砂的空隙,为了节省水泥,降低成本,并使混凝土结构达到较高密实度,选择骨料时,应尽可能选用总表面积小、空隙率小的骨料。

而砂子的总表面积与粗细程度有关,空隙率则与颗粒级配有关。

1. 颗粒级配

颗粒级配是指粒径大小不同的砂粒互相搭配的情况。同样粒径的砂空隙率最大,如图 2.3.1(a)所示,若两种不同粒径的砂搭配起来,空隙率减小,如图 2.3.1(b)所示;若三种不同粒径的砂搭配起来,逐级填充使砂形成较密实的体积,空隙率更小,如图 2.3.1(c)所示。级配良好的砂,不仅节省水泥,而且混凝土结构密实,和易性、强度、耐久性得以加强,还可减少混凝土的干缩及徐变。

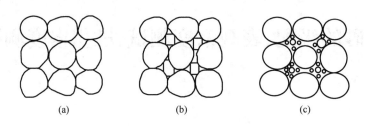

图 2.3.1 砂的颗粒级配

(a)同种粒径级配 (b)两种不同粒径级配 (c)三种不同粒径级配

2. 粗细程度

粗细程度是指不同粒径砂粒混合在一起的总体粗细程度。在相同质量的条件下,粗砂的总表面积小,包裹砂表面所需的水泥浆就少;反之细砂总表面积大,包裹砂表面所需的水泥浆就多。因此,在和易性要求一定的条件下,采用粗砂配制混凝土,可减少拌和用水量,节约水泥用量。但砂过粗,易使混凝土拌和物产生分层、离析和泌水等现象。一般采用中砂拌制混凝土较好。

在拌制混凝土时,应同时考虑砂的粗细程度和颗粒级配。当砂含有较多的粗颗粒,并以适当的中颗粒及少量的细颗粒填充其空隙,则既具有较小的空隙率又具有较小的总表面积,不仅水泥用量少,而且还可以提高混凝土的密实性与强度。

3. 砂的粗细程度与颗粒级配的评定

通常用筛分析方法测定砂子的粗细程度和颗粒级配,并以细度模数 μ_f 表示砂的粗细程度,用级配区表示颗粒级配。

筛分析方法采用一套标准的正方形方孔筛,方孔筛筛孔边长依次为 0.15 mm、0.3 mm、0.6 mm、1.18 mm、2.36 mm、4.75 mm。称取试样 500 g,将试样倒入从上到下按孔径从大到小组合的套筛(附筛底)上,然后进行筛分,称取留在各筛上的筛余量,计算各筛上的分计筛余百分数 a_1、a_2、a_3、a_4、a_5、a_6(各筛上的筛余量占砂样总质量的百分数)及累计筛余百分数 A_1、A_2、A_3、A_4、A_5、A_6(该筛和比该筛粗的所有分计筛余百分数之和)。累计筛余百分数与分计筛余百分数的关系如表 2.3.2 所示。

表2.3.2 累计筛余与分计筛余的计算关系

筛孔边长/mm	筛余量/g	分计筛余百分数/%	累计筛余百分数/%
4.75	m_1	$a_1 = (m_1/500) \times 100\%$	$A_1 = a_1$
2.36	m_2	$a_2 = (m_2/500) \times 100\%$	$A_2 = a_1 + a_2$
1.18	m_3	$a_3 = (m_3/500) \times 100\%$	$A_3 = a_1 + a_2 + a_3$
0.6	m_4	$a_4 = (m_4/500) \times 100\%$	$A_4 = a_1 + a_2 + a_3 + a_4$
0.3	m_5	$a_5 = (m_5/500) \times 100\%$	$A_5 = a_1 + a_2 + a_3 + a_4 + a_5$
0.15	m_6	$a_6 = (m_6/500) \times 100\%$	$A_6 = a_1 + a_2 + a_3 + a_4 + a_5 + a_6$

细度模数 μ_f 的计算如下：

$$\mu_f = \frac{A_2 + A_3 + A_4 + A_5 + A_6 - 5A_1}{100 - A_1} \qquad (2.3.1)$$

式中：μ_f——细度模数；

$A_6 \sim A_1$——分别为 0.15 mm、0.3 mm、0.6 mm、1.18 mm、2.36 mm、4.75 mm 筛的累计筛余百分数。

细度模数 μ_f 越大表示砂越粗，普通混凝土用砂的细度模数范围一般在 0.7～3.7，其中 3.1～3.7 为粗砂；2.3～3.0 为中砂；1.6～2.2 为细砂；0.7～1.5 为特细砂。

对细度模数为 1.6～3.7 的普通混凝土用砂，根据 0.6 mm 筛的累计筛余百分数，可将砂子分成三个级配区，见表2.3.3，每个级配区对不同孔径的累计筛余百分数均要求在规定的范围内(特殊情况见表中注解)。

表2.3.3 砂的颗粒级配

累计筛余百分数/%　级配区　　筛孔边长/mm	Ⅰ区	Ⅱ区	Ⅲ区
4.75	10～0	10～0	10～0
2.36	35～5	25～0	15～0
1.18	65～35	50～10	25～0
0.6	85～71	70～41	40～16
0.3	95～80	92～70	85～55
0.15	100～90	100～90	100～90

注：①砂的实际颗粒级配与表中所列数字相比，除4.75 mm和0.6 mm筛挡外，可以略有超出，但超出总量应小于5%。

②当天然砂的实际颗粒级配不符合要求时，宜采取相应的技术措施，并经试验证明能确保混凝土质量后，方允许使用。

为了更直观地反映砂的颗粒级配,可将表2.3.3的数据绘成级配曲线图,其纵坐标为累计筛余百分数,横坐标为筛孔尺寸,如图2.3.2所示。

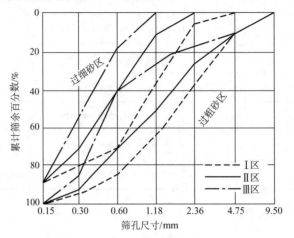

图2.3.2 级配曲线

一般处于Ⅰ区的砂较粗,属于粗砂,其保水性较差,应适当提高砂率,并保证足够的水泥用量,以满足混凝土的和易性;Ⅲ区砂细颗粒多,配制混凝土的黏聚性、保水性易满足,但混凝土干缩性大,容易产生微裂缝,宜适当降低砂率;Ⅱ区砂粗细适中,级配良好,拌制混凝土时宜优先选用。另外可根据筛分曲线偏向情况大致判断砂的粗细程度,当筛分曲线偏向右下方时,表示砂较粗;筛分曲线偏向左上方时,表示砂较细。用特细砂配制的混凝土拌和物黏度较大,因此,主要结构部位的混凝土必须采用机械搅拌和振捣。搅拌时间要比中、粗砂配制的混凝土延长 $1 \sim 2$ min。

如果砂的自然级配不符合要求,应采用人工掺配的方法来改善。最简单的措施是将粗、细砂按适当比例进行掺配,或砂过筛后剔除过粗或过细颗粒。

【例3.1】 某砂样经筛分析试验,其结果如表2.3.4,试分析该砂的粗细程度与颗粒级配并计算细度模数 μ_f。

表2.3.4 砂样筛分结果

筛孔边长/mm	筛余量/g	分计筛余百分数/%	累计筛余百分数/%
4.75	8	1.6	1.6
2.36	82	16.4	18
1.18	70	14	32
0.6	98	19.6	51.6
0.3	124	24.8	76.4
0.15	106	21.2	97.6
<0.15	12	2.4	100

$$\mu_f = \frac{A_2 + A_3 + A_4 + A_5 + A_6 - 5A_1}{100 - A_1} = \frac{18 + 32 + 51.6 + 76.4 + 97.6 - 5 \times 1.6}{100 - 1.6} = 2.72$$

结论:此砂属中砂,将表 2.3.4 计算出的累计筛余百分数与表 2.3.3 作对照,得出此砂级配属于Ⅱ区砂,级配合格。

3.1.2 砂的含泥量、石粉含量和泥块含量

含泥量是指天然砂中公称粒径小于 80 μm 的颗粒含量;泥块含量是指砂中公称粒径大于 1.25 mm,经水浸洗、手捏后变成小于 630 μm 的颗粒含量。

天然砂中的泥土颗粒极细,通常包裹在砂颗粒表面,妨碍了水泥浆与砂的黏结,使混凝土的强度降低。除此之外,泥的表面积较大,含量多会降低混凝土拌和物的流动性,或者在保持相同流动性的条件下,增加水和水泥用量,从而导致混凝土的强度、耐久性降低,干缩、徐变增大;当砂中夹有泥块时,会形成混凝土中的薄弱部分,对混凝土质量影响更大,更应严格控制其含量。

石粉含量是指人工砂中公称粒径小于 80 μm 的颗粒含量。在生产人工砂的过程中会产生一定量的石粉,石粉的粒径虽小于 80 μm,但与天然砂中的泥土成分不同,粒径分布不同,因而在混凝土中的作用也不同。一般认为过多的石粉含量会妨碍水泥与骨料的黏结,对混凝土无益,但适量的石粉对混凝土质量是有益的。人工砂由机械破碎制成,其颗粒尖锐,有棱角,这对骨料和水泥之间的结合是有利的,但对混凝土和砂浆的和易性是不利的,特别是强度等级低的混凝土和水泥砂浆的和易性很差,而适量石粉的存在,则弥补了这一缺陷。此外,石粉主要由 40~80 μm 的微细粒组成,它的掺入对完善混凝土细骨料的级配,提高混凝土密实性都是有益的,进而提高混凝土的综合性能。因此,人工砂石粉含量比天然砂中含泥量放宽要求。为防止人工砂在开采、加工等中间环节掺入过量泥土,测石粉含量前必须先通过亚甲蓝试验检验。

亚甲蓝 MB 值的检验或快速检验是专门用于检测小于 80 μm 的物质是纯石粉还是泥土。亚甲蓝 MB 值检验合格的人工砂,石粉含量按 5.0%、7.0%、10.0% 控制使用;亚甲蓝 MB 值不合格的人工砂石粉含量按 2.0%、3.0%、5.0% 控制使用。这就避免了因人工砂石粉中泥土含量过多而给混凝土带来的负面影响。

3.1.3 砂的有害物质含量

配制混凝土的砂子要求清洁、不含杂质以保证混凝土的质量。国家标准规定砂中不应混有草根、树叶、树枝、塑料、煤块等杂物,并对云母、轻物质、有机物杂质硫化物及硫酸盐、氯盐及海砂中贝壳等含量作了规定。

云母呈薄片状,表面光滑,与水泥黏结力差,且本身强度低,会导致混凝土的强度、耐久性降低;轻物质是表观密度小于 2 000 kg/m³ 的物质,与水泥黏结力差,影响混凝土的强度、耐久

性;有机物杂质易于腐烂,腐烂后析出的有机酸对水泥石有腐蚀作用;硫化物及硫酸盐对水泥石有腐蚀作用;氯盐的存在会使钢筋混凝土中的钢筋锈蚀,因此必须对 Cl⁻ 严格限制;贝壳是指公称粒径在 4.75 mm 以下被破碎了的贝壳。海砂中的贝壳对混凝土的和易性、强度及耐久性均有不同程度的影响,特别是对 C40 以上的混凝土,两年后混凝土强度会产生明显下降。对低等级混凝土影响较小,因此 C10 和 C10 以下的混凝土用砂的贝壳含量可不予规定。各有害物质含量须满足表 2.3.5 的规定,贝壳含量须满足表 2.3.6 的规定。

表 2.3.5 有害物质含量

项 目	质量指标
云母(按质量计)/%	≤2.0
轻物质(按质量计)/%	≤1.0
硫化物及硫酸盐(按 SO₂ 质量计)/%	≤1.0
有机物(比色法)	颜色不应深于标准色,当颜色深于标准色时,应按水泥胶砂强度试验方法进行强度对比试验,抗压强度比不应低于 0.95
氯化物(以氯离子占干砂质量百分数)	对于钢盘混凝土用砂,其氯离子含量不得大于 0.06%;对于预应力混凝土用砂,其氯离子含量不得大于 0.02%

表 2.3.6 海砂中贝壳含量

混凝土强度等级	≥C40	C35 ~ C30	C25 ~ C15
贝壳含量(按质量计)/%	≤3	≤5	≤8

3.1.4 砂的坚固性

砂的坚固性是指砂在自然风化和其他外界物理、化学因素作用下,抵抗破坏的能力。砂的坚固性应采用硫酸钠溶液法进行检验,砂样经 5 次循环后,其质量损失应符合规范的要求。

人工砂采用压碎指标值来判断砂的坚固性。称取 300 g 单粒级试样(0.30 ~ 0.60 mm、0.60 ~ 1.18 mm、1.18 ~ 2.36 mm 及 2.36 ~ 4.75 mm 四个粒级)倒入已组装的受压钢模内,以每秒钟 500 N 的速度加荷,加荷至 25 kN 时稳荷 5 s 后以同样速度卸荷。倒出压过的试样,然后用该粒级的下限筛(如粒级为 2.36 ~ 4.75 mm,则其下限筛为孔径 2.36 mm)进行筛分,称出试样的筛余量和通过量,第 i 级砂样的压碎指标按式(2.3.2)计算:

$$\delta_i = \frac{m_0 - m_i}{m_0} \times 100\% \qquad (2.3.2)$$

式中:δ_i——第 i 级单粒级压碎指标,%;

m_0——第 i 单级试样的质量,g;

m_i——第i单级试样的压碎试验后筛余的试样质量,g。

根据单级砂样的压碎指标按式(2.3.3)计算四级砂样总的压碎指标。

$$\delta_{sa} = \frac{a_1\delta_1 + a_2\delta_2 + a_3\delta_3 + a_4\delta_4}{a_1 + a_2 + a_3 + a_4} \tag{2.3.3}$$

式中:　　　　δ_{sa}——总的压碎指标,%;

δ_1、δ_2、δ_3、δ_4——筛孔尺寸分别为 2.36 mm、1.18 mm、0.6 mm、0.3 mm 各号筛的压碎指标,%;

a_1、a_2、a_3、a_4——以上提到的四种单粒级试样分计筛余百分数,%。

人工砂的总压碎指标应小于30%。压碎指标越小,表示砂抵抗压碎破坏能力越强,砂子越坚固。

3.1.5　砂的表观密度、堆积密度、空隙率

砂的表观密度、堆积密度、空隙率应符合如下规定:表观密度大于 2 500 kg/m³;松散堆积密度大于 1 350 kg/m³;空隙率小于47%。

3.1.6　碱–骨料反应

碱–骨料反应是指混凝土原材料水泥、外加剂、混合材料和水中的碱(Na_2O 或 K_2O)与骨料中的活性成分逐渐反应,在混凝土浇筑成型后若干年内,反应生成物吸水膨胀使混凝土产生应力,膨胀开裂,导致混凝土失去设计功能。

对于长期处于潮湿环境的重要混凝土结构用砂,应采用砂浆棒(快速法)或砂浆长度法进行骨料的碱活性检验。经上述检验判断为有潜在危害时,应控制混凝土中的碱含量不超过3 kg/m³,或采用能抑制碱–骨料反应的有效措施。

3.2　砂的试验与评定

3.2.1　砂的颗粒级配和粗细程度试验

1. 试验目的

评定普通混凝土用砂的颗粒级配,计算砂的细度模数并评定其粗细程度。

2. 试验原理

将砂样通过一套由不同孔径组成的标准套筛,测定砂样中不同粒径砂的颗粒含量,以此判定砂的粗细程度和颗粒级配。

3. 主要仪器

(1)方孔筛

应满足 GB/T 6003.1—1997 和 GB/T 6003.2—1997 中方孔试验筛的规定,孔径为 0.15 mm、0.30 mm、0.60 mm、1.18 mm、2.36 mm、4.75 mm 及 9.50 mm 的筛各一只,并附有筛底和筛盖。

（2）天平

称量 1 000 g,感量 1.0 g。

（3）鼓风烘箱

能使温度控制在(105 ±5) ℃。

（4）其他仪器

摇筛机,浅盘和硬、软毛刷等。

4. 试样制备

按缩分法将试样缩分至约 1 100 g,放在烘箱中于(105 ±5) ℃下烘干至恒重,待冷却至室温后,筛除大于 9.50 mm 的颗粒(并计算出其筛余百分数),并分为大致相等的两份备用。

5. 试验步骤

①称取烘干试样 500 g(特细砂可称 250 g)。将试样倒入按孔径大小从上到下(大孔在上,小孔在下)组合的套筛(附筛底)上,然后进行筛分。

②将套筛置于摇筛机上,摇 10 min 后取下套筛,按筛孔大小顺序再逐个用手筛,筛至每分钟通过量小于试样总量的 0.1% 为止。通过的试样并入下一号筛中,并和下一号筛中的试样一起过筛,这样顺序进行,直至各号筛全部筛完为止。

③称出各号筛的筛余量,精确至 1 g。试样在各号筛上的筛余量不得超过按式(2.3.4)计算出的量,超过时应按下列方法之一处理。

$$G = \frac{A \times d^{1/2}}{200} \tag{2.3.4}$$

式中:G——在一个筛上的筛余量,g;

$\quad\quad A$——筛面面积,mm^2;

$\quad\quad d$——筛孔尺寸,mm。

将该粒级试样分成少于按上式计算出的量,分别筛分,并以筛余量之和作为该号筛的筛余量。将该粒级及以下各粒级的筛余混合均匀,称其质量,精确至 1 g,再用四分法缩分为大致相等的两份,取其中一份,称出其质量,精确至 1 g,继续筛分。

计算该粒级及以下各粒级的分计筛余量时,应根据缩分比例进行修正。

6. 结果计算与评定

①计算分计筛余百分数:分计筛余百分数为各号筛的筛余量与试样总量之比,计算精确至 0.1%。

②计算累计筛余百分数:累计筛余百分数为该号筛的分计筛余百分数加上该号筛以上各筛的分计筛余百分数之和,计算精确至 0.1%。筛分后,如每号筛的筛余量与筛底的剩余量之和同原试样质量之差超过 1% 时,需重新试验。

③根据各筛的累计筛余百分数,评定颗粒级配。

④砂的细度模数 μ_f 按式(2.3.5)计算,精确至 0.01。

$$\mu_f = \frac{A_2 + A_3 + A_4 + A_5 + A_6 - 5A_1}{100 - A_1} \tag{2.3.5}$$

式中,A_1、A_2、A_3、A_4、A_5、A_6 分别为4.75 mm、2.36 mm、1.18 mm、0.60 mm、0.30 mm、0.15 mm筛的累计筛余百分数,代入公式计算时,A_i 不带%。

⑤累计筛余百分数取两次试验结果的算术平均值,精确至1%。细度模数取两次试验结果的算术平均值,精确至0.1;如两次试验的细度模数之差超过0.20时,需重新试验。

3.2.2 砂的表观密度试验(标准法)

1. 试验目的

测定砂的表观密度,为计算砂的空隙率和混凝土配合比设计提供依据。

2. 试验原理

用天平测出砂的质量,通过排液体体积法测定砂的表观体积,再按砂表观密度的计算公式计算得出。

3. 主要仪器

①天平:称量1 000 g,感量1 g。

②容量瓶:500 mL。

③鼓风烘箱:能使温度控制在(105 ±5)℃。

④干燥器、搪瓷盘、滴管、毛刷等。

4. 试样制备

将缩分至650 g左右的试样在烘箱中于(105 ±5)℃下烘干至恒重,放在干燥器中冷却至室温后,分为大致相等的两份备用。

5. 试验步骤

①称取试样300 g(m_0),精确至1 g。将试样装入容量瓶,注入冷开水至接近500 mL的刻度处,用手旋转摇动容量瓶,使砂样充分摇动,排除气泡,塞紧瓶盖,静置24 h。然后用滴管小心加水至容量瓶500 mL刻度处,塞紧瓶塞,擦干瓶外水分,称出其质量 m_1,精确至1 g。

②倒出瓶内水和试样,洗净容量瓶,再向容量瓶内注水至500 mL刻度处,水温与上次水温相差不超过2 ℃,并在15 ~25 ℃范围内,塞紧瓶塞,擦干瓶外水分,称出其质量 m_2,精确至1 g。

6. 试验结果

①砂的表观密度 ρ_0 按式(2.3.6)计算,精确至10 kg/m^3。

$$\rho_0 = \left(\frac{m_0}{m_0 + m_2 - m_1} - a_t \right) \times \rho_{水} \tag{2.3.6}$$

式中:$\rho_{水}$——水的密度,kg/m^3;

m_0——烘干试样的质量,g;

m_1——试样、水及容量瓶的总质量,g;

m_2——水及容量瓶的总质量,g;

a_t——水温对表观密度影响的修正系数。当温度是15 ℃、16 ℃、17 ℃、18 ℃、19 ℃、

20 ℃、21 ℃、22 ℃、23 ℃、24 ℃、25 ℃时,对应的修正系数分别是 0.002、0.003、0.003、0.004、0.004、0.005、0.005、0.006、0.006、0.007、0.008。

②表观密度取两次试验结果的算术平均值,精确至 10 kg/m³;如两次试验结果之差大于 20 kg/m³,须重新试验。

3.2.3 砂的堆积密度试验

1. 试验目的

测定砂的堆积密度,为计算砂的空隙率和混凝土配合比设计提供依据。

2. 试验原理

通过测定装满规定容量筒的砂的质量和体积(自然堆积状态下)计算堆积密度及空隙率。

3. 主要仪器

①鼓风烘箱:能使温度控制在(105 ± 5)℃。

②秤:称量 5 kg,感量 5 g。

③容量筒:圆柱形金属筒,内径 108 mm,净高 109 mm,壁厚 2 mm,筒底厚约 5 mm,容积为 1 L。

④直尺、漏斗或料勺、搪瓷盘、毛刷、垫棒等。

4. 试样制备

按规定的取样方法取样,用搪瓷盘装取试样约 3 L,放在烘箱中于(105 ± 5)℃下烘干至恒重,待冷却至室温后,筛除公称直径大于 5.00 mm 的颗粒,分为大致相等的两份备用。

5. 试验步骤与试验结果

砂的堆积密度的测定包括松散堆积密度和紧密堆积密度的测定,其试验步骤与试验结果参考建筑材料的基本性质试验中堆积密度试验。

3.2.4 砂的含水率试验

1. 试验目的

测定砂的含水率,为混凝土配合比设计提供依据。

2. 试验原理

通过测定湿砂和干砂的质量,计算出砂的含水率。试验方法有两种:标准方法和快速方法。

(1)标准方法

标准方法按以下内容进行。

1)主要仪器

①烘箱:能使温度控制在(105 ± 5)℃。

②天平:称量 1 000 g,感量 0.1 g。

③浅盘、烧杯等。

（2）试验步骤

①将自然潮湿状态下的试样用四分法缩分至约 1 100 g,拌匀后分为大致相等的两份备用。

②称取一份试样的质量为 m_1,精确至 0.1 g。将试样倒入已知质量的烧杯中,放在烘箱中于(105 ± 5)℃下烘干至恒重。待冷却至室温后,再称出其质量 m_2,精确至 0.1 g。

3）试验结果

①砂的含水率 W_{wc} 按式(2.3.7)计算,精确至 0.1%。

$$W_{wc} = \frac{m_1 - m_2}{m_2 - m_0} \times 100\% \qquad (2.3.7)$$

式中：m_0——炒盘质量,g;

$\quad m_1$——未烘干的试样与炒盘总质量,g;

$\quad m_2$——烘干后的试样与炒盘总质量,g。

②以两次测定结果的算术平均值作为试验结果,精确至 0.1%。

（2）快速方法

快速方法按以下内容进行。本方法对含泥量过大及有机杂质含量较高的砂不适用。

1）主要仪器

①天平：称量 1 000 g,感量 0.1 g。

②电炉(或火炉)、炒盘(铁或铝制)、油灰铲、毛刷等。

2）试验步骤

①向已知质量为 m_1 的干净炒盘中加入约 500 g 试样,称取试样与炒盘的总质量 m_2。

②置炒盘于电炉(或火炉)上,用小铲不断地翻拌试样,到试样表面全部干燥后,切断电源(或移出火外),再继续翻拌 1 min,稍予冷却(以免损坏天平)后,称量干燥试样与炒盘的总质量 m_3。

3）试验结果

①砂的含水率 W_{wc} 按式(2.3.7)计算,精确至 0.1%。

②以两次测定结果的算术平均值作为试验结果。

任务4　水泥的选用

4.1　水泥的分类

水泥自问世以来,以其独有的特性被广泛地应用在建筑工程中。它用量大,应用范围广,且品种繁多。

1. 按照用途与性能分类

按照用途与性能分，水泥可分为通用水泥、专用水泥、特性水泥。

（1）通用水泥

通用水泥是一般土木建筑工程中通常使用的水泥。例如，硅酸盐水泥、普通硅酸盐水泥或矿渣硅酸盐水泥、火山灰质硅酸盐水泥、粉煤灰硅酸盐水泥和复合硅酸盐水泥等。

（2）专用水泥

专用水泥是指有专门用途的水泥。例如，油井水泥、大坝水泥、砌筑水泥、道路水泥等。

（3）特性水泥

特性水泥是指某种性能比较突出的水泥。例如，快硬硅酸盐水泥、低热矿渣硅酸盐水泥、膨胀硫铝酸盐水泥等。

2. 按水硬性物质分类

按水硬性物质又分为硅酸盐系列水泥、铝酸盐系列水泥、硫铝酸盐系列水泥、氟铝酸盐系列水泥、铁铝酸盐系列水泥、以火山灰性或潜在水硬性材料以及其他活性材料为主要组分的水泥。

4.2 通用水泥

4.2.1 硅酸盐水泥

《通用硅酸盐水泥》（GB 175—2007）中规定，通用硅酸盐水泥是以硅酸盐水泥熟料、适量石膏和混合材料制成的水硬性胶凝材料。它包括普通硅酸盐水泥、矿渣硅酸盐水泥、火山灰硅酸盐水混、粉煤灰硅酸盐水泥和复合硅酸盐水泥。新标准取消了各品种水泥的定义，规定了硅酸盐水泥熟料的定义。本章内容均采用《通用硅酸盐水泥》新国标。

硅酸盐水泥分两种类型：不掺加混合材料的称Ⅰ型硅酸盐水泥，代号 P·Ⅰ。在硅酸盐水泥粉磨时掺加不超过水泥质量5%石灰石或粒化高炉矿渣混合材料的称Ⅱ型硅酸盐水泥，代号P·Ⅱ。

1. 硅酸盐水泥的生产工艺概述

硅酸盐水泥的生产工艺，可以简称为"两磨一烧"，即生料制备、熟料煅烧和水泥粉磨三个过程，如图2.4.1所示。

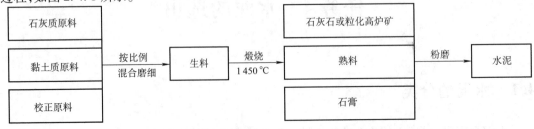

图 2.4.1　硅酸盐水泥的生产工艺

硅酸盐水泥的生产原料有石灰质原料、黏土质原料和少量校正原料。校正原料有铁质校正原料和硅质校正原料。原料经破碎,按一定比例配合、磨细,并调配均匀的过程,称为生料制备;生料在水泥窑内煅烧至约 1 450 ℃,部分熔融得到以硅酸钙为主要成分的硅酸盐水泥熟料,称为熟料煅烧;熟料加适量石膏,有时还加入适量的混合材料共同磨细成水泥,称为水泥粉磨。

2. 硅酸盐水泥的组成材料

（1）硅酸盐水泥熟料

硅酸盐水泥熟料简称为熟料,经高温烧结而成,主要矿物组成是硅酸三钙（$3CaO \cdot SiO_2$,简式 C_3S）、硅酸二钙（$2CaO \cdot SiO_2$,简式 C_2S）、铝酸三钙（$3CaO \cdot Al_2O_3$,简式 C_3A）、铁铝酸四钙（$4CaO \cdot Al_2O_3 \cdot Fe_2O_3$,简式 C_4AF）。水泥在水化过程中,四种矿物组成表现出不同的反应特性,如表 2.4.1 所示。

表 2.4.1　硅酸盐水泥熟料矿物组成特性

矿物组成	硅酸三钙（C_3S）	硅酸二钙（C_2S）	铝酸三钙（C_3A）	铁铝酸四钙（C_4AF）
含量/%	37～60	15～37	7～15	10～18
水化速度	中	慢	快	中
水化热	中	低	高	中
强度	高	早期低,后期高	低	低
耐化学腐蚀性	中	良	差	优
干缩性	中	小	大	小

水泥是由多种矿物成分组成的,不同的矿物组成有不同的特性,改变生料配料及各种矿物组成的含量比例,可以生产出各种性能的水泥。

（2）石膏

一般水泥熟料磨成细粉与水相遇会很快凝结,无法施工。水泥磨制过程中加入适量的石膏主要起到缓凝作用,同时还有利于提高水泥早期强度、降低干缩变形等性能。石膏主要采用天然石膏和工业副产石膏两种。

（3）混合材料

为了达到改善水泥某些性能和增产水泥的目的,生产水泥过程中有时还要加入混合材料。按照矿物材料的性质,混合材料可划分为活性混合材料和非活性混合材料。

活性混合材料是指具有火山灰性或潜在水硬性的混合材料,如粒化高炉矿渣、火山灰质混合材料以及粉煤灰等。

粒化高炉矿渣是冶炼生铁时的副产品,即冶炼生铁时浮在铁水上面的熔融渣由排渣口排出后经急冷处理而成的粒状颗粒。粒化高炉矿渣的主要成分是 CaO、Al_2O_3、SiO_2,具有较高的化学潜能,但稳定性差。

凡天然的或人工的以 SiO_2、Al_2O_3 为主要成分的矿物质原料,磨成细粉加水后,本身并不硬化,但与石灰混合后加水能起胶凝作用的,称为火山灰质混合材料。火山灰质混合材料按成因可以分为天然的和人工的两类。天然的火山灰质混合材料有火山灰、凝灰岩、浮石、沸石岩、硅藻土等。人工的火山灰质混合材料有烧黏土、烧页岩、煤渣、煤矸石等。

粉煤灰是火力发电厂用煤粉做燃料时排出的细颗粒废渣,含有较多的 SiO_2、Al_2O_3 和少量的 CaO,具有较高的活性。

非活性混合材料在水泥中主要起填充作用,本身不具有(或具有微弱的)潜在的水硬性或火山灰性,但可以调节水泥强度,增加水泥产量,降低水化热。常用的非活性混合材料有磨细的石灰石、石英岩、黏土、慢冷矿渣及高硅质炉灰等。

3. 硅酸盐水泥的凝结硬化

(1)硅酸盐水泥的水化

1)硅酸三钙的水化

在常温下,C_3S 的水化可用下列方程式表示:

$$2(3CaO \cdot SiO_2) + 6H_2O === 3CaO \cdot 2SiO_2 \cdot 3H_2O + 3Ca(OH)_2$$

水化硅酸钙　　　　　氢氧化钙

上式表明其水化产物是水化硅酸钙和氢氧化钙。

2)硅酸二钙的水化

C_2S 的水化过程和 C_3S 极为相似,水化反应可用下列方程式表示:

$$2(2CaO \cdot SiO_2) + 4H_2O === 3CaO \cdot 2SiO_2 \cdot 3H_2O + Ca(OH)_2$$

3)铝酸三钙的水化

在不同的温度和湿度下,C_3A 的水化产物有 C_4AH_{19}、C_4AH_{13}、C_2AH_8、C_3AH_6 等。在常温下 C_3A 快速水化生成 C_3AH_6,并接着与石膏反应,方程式表示为:

$$3CaO \cdot Al_2O_3 + 6H_2O === 3CaO \cdot Al_2O_3 \cdot 6H_2O$$

水化铝酸钙

$$3CaO \cdot Al_2O_3 \cdot 6H_2O + 3(CaSO_4 \cdot 2H_2O) + 19H_2O === 3CaO \cdot Al_2O_3 \cdot 3CaSO_4 \cdot 31H_2O$$

水化铝酸钙　　　　　　石膏　　　　　　高硫型水化硫铝酸钙

水化产物为高硫型水化硫铝酸钙($C_3A \cdot 3CS \cdot H_{31}$,以 AFt 表示),又称钙矾石。当石膏耗尽时,部分高硫型水化硫铝酸钙会逐渐转变为单硫型水化硫铝酸钙($C_3A \cdot CS \cdot H_{12}$,以 AFm 表示),延长了水化产物的析出,从而延缓了水泥的凝结。

4)铁铝酸四钙的水化

C_4AF 的水化反应及其水化产物与 C_3A 极为相似,其水化产物为 $C_4(A,F)H_{13}$、$C_4(A,F)H_6$,与石膏作用进一步反应生成钙矾石型固溶体 $C_3(A,F) \cdot 3CS \cdot H_{31}$ 和单硫型固溶体($C_3A \cdot CS \cdot H_{12}$)。

（2）硅酸盐水泥的凝结和硬化

水泥水化后,生成各种水化产物,随着时间推移,水泥浆的塑性逐渐失去,而成为具有一定强度的固体,这一过程称为水泥的凝结硬化。历史上有过多种关于水泥凝结硬化的理论。洛赫尔等人从水泥水化产物的形成及其发展的角度,提出整个硬化过程可分为三个阶段。

第一阶段,大约从水泥拌水起至初凝时止,C_3S 和水迅速反应生成 $Ca(OH)_2$。同时,石膏也很快进入溶液和 C_3A 反应生成细小的钙矾石晶体。这一阶段,由于水化产物尺寸细小,数量较少,故水泥浆呈塑性状态。

第二阶段,大约从初凝起至 24 h 止,水泥水化加速,生成较多的 $Ca(OH)_2$ 和钙矾石晶体,以及水化硅酸钙凝胶。由于这些产物的大量形成,各种颗粒连接成网,使水泥凝结。

第三阶段,指从 24 h 以后,直到水化结束。一般情况下,石膏已经耗尽,钙矾石开始转化为单硫型水化硫铝酸钙,还可能形成 $C_4(A,F)H_{13}$。随着水化的进行,$3CaO \cdot 2SiO_2 \cdot 3H_2O$、$Ca(OH)_2$、$C_3A \cdot CS \cdot H_{12}$、$C_4(A,F)H_{13}$ 等水化产物数量不断增加,结构更加致密,强度不断提高。

实际上,水化过程在不同的情况下会有不同的水化机理;不同的矿物在不同的阶段,水化机理也不完全相同。

4. 硅酸盐水泥的技术性质

（1）实际密度、堆积密度、细度

硅酸盐水泥的密度主要取决于其熟料矿物组成,一般为 $3.05 \sim 3.20$ g/cm^3。同时,也与储存时间和条件等有关,受潮水泥的密度有所降低。在进行混凝土配合比计算时,通常采用 3.10 g/cm^3。

硅酸盐水泥的堆积密度,除与矿物组成及细度有关外,还主要取决于水泥堆积时的紧密程度,疏松堆积时为 $1\ 000 \sim 1\ 100$ kg/m^3,紧密堆积时可达 $1\ 600$ kg/m^3。在混凝土配合比计算中,通常采用 $1\ 300$ kg/m^3。

细度是指水泥颗粒粗细的程度,它是影响水泥性能的重要指标。颗粒越细,与水反应的表面积越大,因而水化反应的速度越快,水泥石的早期强度越高,但硬化收缩也越大,且水泥在储运过程中易受潮而降低活性。因此,水泥细度应适当,根据国家标准《硅酸盐水泥、普通硅酸盐水泥（GB 175—2007）规定,硅酸盐水泥比表面积应大于 300 m^2/kg。

（2）氧化镁、三氧化硫、碱及不溶物含量

水泥中氧化镁（MgO）含量不得超过 5%。如果水泥经蒸压安定性试验合格,则允许放宽到 6%。三氧化硫（SO_3）的含量不得超过 3.5%。

水泥中碱含量用 $Na_2O + 0.658K_2O$ 计算值来表示。水泥中碱含量过高,则在混凝土中遇到活性骨料,易产生碱 – 骨料反应,对工程造成危害。若使用活性骨料,用户要求提供低碱水泥时,水泥中碱含量不得大于 0.60% 或由供需双方商定。

不溶物的含量,在Ⅰ型水泥中不得超过 0.75%,在Ⅱ型水泥中不得超过 1.5%。

（3）烧失量

烧失量指水泥在一定灼烧温度和时间内,烧失质量占原质量的百分数。Ⅰ型水泥的烧失量不得大于 3.0%,Ⅱ型水泥的烧失量不得大于 3.5%。

（4）标准稠度及其用水量

水泥净浆标准稠度是指在测定水泥的凝结时间、体积安定性等性能时，为使其具有准确的可比性，水泥净浆以标准方法测试所达到统一规定的浆体可塑性程度。

水泥净浆标准稠度用水量是指拌制水泥净浆时为达到标准稠度所需的加水量。它以水与水泥质量之比的百分数表示。

常用规定的仪器和《水泥标准稠度用水量、凝结时间、安定性检验方法》（GB/T 1346—2011）规定的方法测定。

（5）凝结时间

凝结时间是指水泥从加水开始到失去流动性，即从可塑状态发展到固体状态所需的时间。凝结时间分为初凝时间和终凝时间。初凝时间为水泥从开始加水拌和起至水泥浆开始失去可塑性所需的时间；终凝时间是从水泥开始加水拌和起至水泥浆完全失去可塑性，并开始产生强度所需的时间。按《水泥标准稠度用水量、凝结时间、安定性检验方法》（GB/T 1346—2011）规定的方法测定。

水泥的凝结时间对施工有重大意义。水泥的初凝不宜过早，以便在施工时有足够的时间完成混凝土或砂浆的搅拌、运输、浇捣和砌筑等操作；水泥的终凝不宜过迟，以免拖延施工工期。国家标准规定：硅酸盐水泥初凝时间不得早于 45 min；终凝时间不得迟于 6.5 h。

（6）体积安定性

水泥体积安定性是表征水泥硬化后，体积变化均匀性的物理性质指标。水泥硬化后，如果其中某些有害成分的含量超出某一限度，就会产生不均匀的体积变化，使结构物产生开裂，甚至崩塌。影响体积安定性的主要因素有水泥中游离氧化镁、游离氧化钙的含量过多或三氧化硫的含量过多。体积安定性不合格的水泥不能用于工程中。

检验安定性主要采用沸煮法。按我国现行试验方法，具体可采用试饼法或雷氏法。

目前，水泥标准稠度用水量、凝结时间、安定性的检验方法，执行我国现行试验方法《水泥标准稠度用水量、凝结时间、安定性检验方法》（GB/T 1346—2011）。

（7）强度

水泥强度是表征水泥力学性质的重要指标。我国采用水泥胶砂来评定水泥的强度。水泥的强度除了与水泥本身的性质（矿物组成、细度等）有关外，还与水胶比、试件制作方法、养护条件和养护时间等有关。按照我国现行标准《水泥胶砂强度检验方法（ISO）法》（GB/T 17671—1999）规定，以水泥和标准砂为 1∶3，水胶比为 0.5 的配合比，用标准制作方法制成 40 mm×40 mm×160 mm 的棱柱体。在标准养护条件下养护，测定其达到规定龄期（3 d、28 d）的抗折和抗压强度，按国家标准《通用硅酸盐水泥》（GB 175—2007）规定的最低强度值来划分水泥的强度等级。

1）水泥强度等级

按规定龄期抗压强度和抗折强度来划分，各龄期强度不得低于表 2.4.2 规定的数值。硅酸盐水泥可划分为 42.5、42.5R、52.5、52.5R、62.5、62.5R 等强度等级。

2）水泥型号

为提高水泥的早期强度，我国现行标准将水泥分为普通型和早强型（R 型）两个型号。早强型水泥的 3 d 抗压强度可以达到 28 d 抗压强度的 50%；同强度等级的早强型水泥，3 d 抗压强度较普通型的可以提高 10% ~ 24%。

表 2.4.2　硅酸盐水泥的技术标准

技术性质	比表面积/（m^2/kg）	凝结时间/min		安定性（沸煮法）	不溶物/%		MgO含量/%	SO_3含量/%	烧失量/%		碱含量/%
		初凝	终凝		Ⅰ型	Ⅱ型			Ⅰ型	Ⅱ型	
指标	≥300	≥45	≤390	必须合格	≤0.75	≤1.50	≤5.0①	≤3.5	≤3.0	≤3.5	≤0.60②
强度等级	抗压强度/MPa						抗折强度/MPa				
	3 d		28 d				3 d		28 d		
42.5	≥17.0		≥42.5				≥3.5		≥6.5		
42.5R	≥22.0		≥42.5				≥4.0		≥6.5		
52.5	≥23.0		≥52.5				≥4.0		≥7.0		
52.5R	≥27.0		≥52.5				≥5.0		≥7.0		
62.5	≥28.0		≥62.5				≥5.0		≥8.0		
62.5R	≥32.0		≥62.5				≥5.5		≥8.0		

　　注：①如果水泥经压蒸安定性试验合格，则水泥中氧化镁的含量允许放宽到 6.0%。
　　②水泥中碱含量用 $Na_2O + 0.658K_2O$ 计算值来表示。若使用活性骨料，用户要求提供低碱水泥时，水泥中碱含量不得大于 0.60% 或由供需双方商定。

　　5. 硅酸盐水泥的技术标准

　　按我国现行国标《通用硅酸盐水泥》（GB 175—2007）的有关规定，将硅酸盐水泥的技术标准汇总于表 2.4.2。

　　我国现行国标《通用硅酸盐水泥》（GB 175—2007）规定，水泥中凡氧化镁、三氧化硫、初凝时间、安定性中任一项不符合标准有关规定时，均为废品。凡细度、终凝时间、不溶物和烧失量中的任一项不符合标准规定，或混合材料掺加量超过最大限量和强度低于商品强度等级的指标时，为不合格品。废品水泥在工程中严禁使用。

　　硅酸盐水泥可以用于地上、地下和水中的混凝土。钢筋混凝土和预应力混凝土结构，包括受冻融作用的结构和具有早强要求的结构，不适用于大体积工程、受侵蚀及耐热环境。

4.2.2　掺混合材料的硅酸盐水泥

　　为了改善硅酸盐水泥的某些性能，增加产量和降低成本，在硅酸盐水泥熟料中掺加适量的混合材料，并与石膏共同磨细得到的水硬性胶凝材料，称为掺混合材料的硅酸盐水泥。掺混合材料的硅酸盐水泥有普通硅酸盐水泥、矿渣硅酸盐水泥、火山灰质硅酸盐水泥、粉煤灰硅酸盐水泥及复合硅酸盐水泥。

　　1. 普通硅酸盐水泥

　　凡由硅酸盐水泥熟料、6% ~ 15% 混合材料、适量石膏磨细制成的水硬性胶凝材料，称为普通硅酸盐水泥,简称普通水泥,代号为 P·O。

掺混合材料时,最大掺加量不得超过 15%,其中允许用不超过水泥质量 5% 的窑灰或不超过水泥质量 10% 的非活性混合材料来代替;掺非活性混合材料时,最大掺加量不得超过水泥质量的 10%。由于普通水泥中混合材料的掺加数量少,因此其性质与硅酸盐水泥相近。

按照国标《通用硅酸盐水泥》(GB 175—2007)规定,普通水泥的强度等级分为 42.5、42.5R、52.5、52.5R。其技术标准见表 2.4.3。

2. 矿渣硅酸盐水泥

凡由硅酸盐水泥熟料和粒化高炉矿渣、适量石膏磨细制成的水硬性胶凝材料称为矿渣硅酸盐水泥,简称矿渣水泥,代号为 P·S。水泥中粒化高炉矿渣掺加量为 20%~70%,允许用石灰石、窑灰、粉煤灰和火山灰质混合材料中的一种材料代替矿渣,代替数量不得超过水泥质量的 8%,替代后水泥中粒化高炉矿渣不得少于 20%。

粒化高炉矿渣中含有活性 SiO_2 和活性 Al_2O_3,易与 $Ca(OH)_2$ 作用而且具有强度。但矿渣水泥的水化,首先是水泥熟料矿物的水化,然后矿渣才参与反应。而且在矿渣水泥中,由于掺加了大量的混合材料,相对减少了水泥熟料矿物的含量,因此矿渣水泥的凝结稍慢,早期强度较低。但在硬化后期,28 d 以后的强度发展将超过硅酸盐水泥。

表 2.4.3　普通水泥技术标准

技术性质	80μm 方孔筛筛余百分数/%	凝结时间/min		安定性(沸煮法)	MgO 含量/%	SO₃含量/%	烧失量/%	碱含量/%
		初凝	终凝					
指标	≤10.0	≥45	≤600	必须合格	≤5.0	≤3.5	≤5.0	≤0.60
强度等级	抗压强度/MPa				抗折强度/MPa			
	3 d		28 d		3 d		28 d	
42.5	≥17.0		≥42.5		≥3.5		≥6.5	
42.5R	≥22.0		≥42.5		≥4.0		≥6.5	
52.5	≥23.0		≥52.5		≥4.0		≥7.0	
52.5R	≥27.0		≥52.5		≥5.0		≥7.0	

注:普通水泥的适用范围与硅酸盐水泥基本相同。

在应用上与普通硅酸盐水泥相比较,矿渣水泥主要特点及适用范围如下。

①与普通硅酸盐水泥一样,能应用于任何地上工程,配制各种混凝土及钢筋混凝土,但在施工时要严格控制混凝土用水量,并尽量排除混凝土表面泌水,加强养护工作,否则不但强度过早停止发展,而且产生较大干缩,导致开裂。拆模时间应适当延长。

②适用于地下或水中工程以及经常受较高水压的工程。对于要求耐淡水侵蚀和耐硫酸盐侵蚀的水工或海工建筑尤其适宜。

③因水化热较低,适用于大体积混凝土工程。

④最适用于蒸汽养护的预制构件。矿渣水泥经蒸汽养护后,不但能获得较好的力学性能,

而且浆体结构的微孔变细,能改善制品和构件的抗裂性和抗冻性。

⑤适用于受热(200 ℃以下)的混凝土工程。还可掺加耐火砖粉等耐热材料,配制成耐热混凝土。

但矿渣水泥不适用于早期强度要求较高的混凝土工程;不适用受冻融或干湿交替环境中的混凝土;对低温(10 ℃以下)环境中需要强度发展迅速的工程,如不能采取加热保温或加速硬化等措施时,亦不宜使用。

3. 火山灰质硅酸盐水泥

凡由硅酸盐水泥熟料和火山灰质混合材料、适量石膏磨细制成的水硬性胶凝材料,称为火山灰质硅酸盐水泥,简称火山灰水泥,代号为 P·P。水泥中火山灰质混合材料掺加量为 20% ~50%。

火山灰水泥的技术性质与矿渣水泥比较接近,与普通水泥相比较,其主要适用范围如下。

①最适宜用在地下或水中工程,尤其是需要抗渗性、抗淡水及抗硫酸盐侵蚀的工程中。

②可以与普通水泥一样用在地面工程,但用软质混合材料的火山灰水泥,由于干缩变形较大,不宜用于干燥地区或高温车间。

③适宜用蒸汽养护生产混凝土预制构件。

④由于水化热较低,所以宜用于大体积混凝土工程。

但是,火山灰水泥不适用于早期强度要求较高、耐磨性要求较高的混凝土工程;其抗冻性较差,不宜用于受冻部位。

4. 粉煤灰硅酸盐水泥

凡由硅酸盐水泥熟料和粉煤灰、适量石膏磨细制成的水硬性胶凝材料,称为粉煤灰硅酸盐水泥,简称粉煤灰水泥,代号为 P·F。水泥中粉煤灰掺加量为 20% ~40%。

粉煤灰水泥与火山灰水泥有许多相同的特点,但由于掺加的混合材料不同,因此亦有不同之处,粉煤灰水泥的适用范围如下。

①除使用于地面工程外,还非常适用于大体积混凝土以及水中结构工程等。

②粉煤灰水泥的缺点是泌水较快,易引起失水裂缝,因此在混凝土凝结期间宜适当增加抹面次数,在硬化期应加强养护。

5. 复合硅酸盐水泥

凡由硅酸盐水泥熟料、两种或两种以上规定的混合材料、适量的石膏磨细制成的水硬性胶凝材料,称为复合硅酸盐水泥,简称复合水泥,代号为 P·C。水泥中混合材料总掺加量为 15% ~50%。水泥中允许用不超过 8% 的窑灰代替部分混合材料,掺矿渣时,混合材料掺加不得与矿渣水泥重复。

按照《通用硅酸盐水泥》(GB 175—2007)规定,复合硅酸盐水泥的氧化镁含量、三氧化硫含量、细度、凝结时间和安定性等指标与火山灰水泥和粉煤灰水泥的技术要求相同。强度等级分为 32.5、32.5R、42.5、42.5R、52.5、52.5R,其技术标准列入表 2.4.4。

表2.4.4　矿渣水泥、火山灰水泥、粉煤灰水泥、复合水泥的技术标准

技术性质	80μm 方孔筛筛余百分数/%	凝结时间/min		安定性（沸煮法）	MgO含量/%	SO₃含量/%		碱含量/%
		初凝	终凝			火山灰、粉煤灰、复合水泥	矿渣水泥	
指标	≤10.0	≥45	≤600	必须合格	≤5.0①	≤3.5	≤5.0	供需双方商定②

强度等级	抗压强度/MPa		抗折强度/MPa	
	3 d	28 d	3 d	28 d
32.5	≥10.0	≥32.5	≥2.5	≥5.5
32.5R	≥15.0	≥32.5	≥3.5	≥5.5
42.5	≥15.0	≥42.5	≥3.5	≥6.5
42.5R	≥19.0	≥42.5	≥4.0	≥6.5
52.5	≥21.0	≥52.5	≥4.0	≥7.0
52.5R	≥23.0	≥52.5	≥4.5	≥7.0

注：①如果水泥经压蒸安定性试验合格，则熟料中氧化镁的含量允许放宽到6.0%。熟料中氧化镁的含量为5.0% ~ 6.0%时，如矿渣水泥中混合材料总掺加量大于40%或火山灰水泥和粉煤灰水泥中混合材料掺加量大于30%，制成的水泥可不作压蒸试验。

②水泥中碱含量用 $Na_2O + 0.658K_2O$ 计算值来表示。若使用活性骨料，用户要求提供低碱水泥时，水泥中碱含量不得大于0.60%或由供需双方商定。

4.2.3　通用水泥的特性

通用水泥在目前土建工程中应用最广，用量最大。为了便于查阅和选用，现将其主要技术性质、特性及选用原则列出供参考，见表2.4.5和表2.4.6。

表2.4.5　水泥的选用

混凝土工程特点及所处环境条件			优先选用	可以选用	不宜选用
普通混凝土	1	在一般气候环境中的混凝土	普通水泥	矿渣水泥、火山灰水泥、粉煤灰水泥、复合水泥	
	2	在干燥环境中的混凝土	普通水泥	矿渣水泥	火山灰水泥、粉煤灰水泥
	3	在高温高湿环境中或长期处于水中的混凝土	矿渣水泥、火山灰水泥、粉煤灰水泥、复合水泥	普通水泥	
	4	厚大体积的混凝土	矿渣水泥、火山灰水泥、粉煤灰水泥、复合水泥		硅酸盐水泥

混凝土工程特点及所处环境条件			优先选用	可以选用	不宜选用
有特殊要求的混凝土	1	要求快硬、高强（>C40）的混凝土	硅酸盐水泥	普通水泥	矿渣水泥、火山灰水泥、粉煤灰水泥、复合水泥
	2	严寒地区的露天混凝土	普通水泥	矿渣水泥（等级大于32.5）	火山灰水泥、粉煤灰水泥
	3	严寒地区处于水位升降范围的混凝土	普通水泥（等级大于42.5）		矿渣水泥、火山灰水泥、粉煤灰水泥、复合水泥
	4	有抗渗要求的混凝土	普通水泥、火山灰水泥	矿渣水泥（等级大于32.5）	矿渣水泥
	5	有耐磨要求的混凝土	硅酸盐水泥、普通水泥		火山灰水泥、粉煤灰水泥
	6	受侵蚀介质作用的混凝土	矿渣水泥、火山灰水泥、粉煤灰水泥、复合水泥		硅酸盐水泥

4.2.4　通用水泥的包装、标志和运输

水泥可以采用袋装或散装,袋装水泥每袋净含量 50 kg,且不得少于标志质量的 98%,随机抽取 20 袋总质量不得少于 1 000 kg。

表 2.4.6　常用水泥的主要技术性能

水泥品种（代号） 性能与应用		硅酸盐水泥（P·Ⅰ、P·Ⅱ）	普通水泥（P·O）	矿渣水泥（P·S）	火山灰水泥（P·P）	粉煤灰水泥（P·F）	复合水泥（P·C）
水泥中混合材料掺加量		0%～5%石灰石或粒化高炉矿渣	6%～15%混合材料	20%～70%粒化高炉矿渣	20%～50%火山灰质混合材料	20%～40%粉煤灰	15%～50%两种或两种以上混合材料
密度/(g·cm⁻³)		3.0～3.15		2.8～3.1			
堆积密度/(g·cm⁻³)		1 000～1 600		1 000～1 200	900～1 000		1 000～1 200
细度		比表面积>300 m²/kg	80 µm 方孔筛筛余百分数≤10.0%				
凝结时间	初凝	≥45 min					
	终凝	≤390 min	≤600 min				
体积安定性	CaO	沸煮法必须合格（如试饼法和雷氏法两者有争议,以雷氏法为准）					
	MgO	含量小于5.0%					
	SO₃	含量小于3.5%（矿渣水泥中含量小于4.0%）					

水泥品种（代号）\\ 性能与应用	硅酸盐水泥（P·Ⅰ、P·Ⅱ）	普通水泥（P·O）	矿渣水泥（P·S）	火山灰水泥（P·P）	粉煤灰水泥（P·F）	复合水泥（P·C）
强度等级	42.5、42.5R、52.5、52.5R、62.5、62.5R	32.5、32.5R、42.5、42.5R、52.5、52.5R				
碱含量	用户要求低时，用 $Na_2O + 0.658K_2O$ 计算的碱含量不得大于 0.60%，或由供需双方商定					
特性	①凝结硬化快，早期强度高 ②水化热大 ③抗冻性好 ④耐腐蚀与耐软水侵蚀性差 ⑤耐热性差	①凝结硬化较快，早期强度较高 ①水化热较大 ③抗冻性较好 ④耐腐蚀与耐软水侵蚀性较差 ⑤耐热性较差	①凝结硬化较慢，早期强度较低，后期强度增长较快 ②水化热较小 ③抗冻性较差 ④耐腐蚀与耐软水侵蚀性较好 ⑤耐热性较好 ⑥泌水性较差 ⑦干缩性大	抗渗性好，其他性能同 P·S	干缩性较小，其他性能同 P·S	特性与 P·S、P·P、P·F 相似，并取决于所掺混合材料的种类及相对比例

水泥袋上应清楚标明：产品名称、代号、净含量、强度等级；生产许可证编号；生产者名称和地址；出厂编号；执行标准号；包装年、月、日；主要混合材料名称。掺火山灰质混合材料的普通水泥与矿渣水泥还应标上"掺火山灰"的字样。包装袋两侧应印有水泥名称和强度等级。硅酸盐水泥和普通水泥的印刷采用红色；矿渣水泥的印刷采用绿色；火山灰水泥和粉煤灰水泥采用黑色。

散装运输时应提交与袋装标志相同内容的卡片。水泥在运输和储存时不得受潮和混入杂物，不同品种和强度等级的水泥应分别储存，不得混杂。使用时应考虑先存先用，不可储存过久。

储存水泥的库房必须干燥，库房地面应高出室外地面 30 cm。若地面有良好的防潮层并以水泥砂浆抹面，可直接存放，否则应用木料垫高地面 20 cm。袋装水泥堆垛不宜过高，一般为 10 袋，如储存时间短、包装袋质量好，可堆至 15 袋。袋装水泥垛一般应离开墙壁和窗户 30 cm 以上。水泥垛应设立标识牌，注明生产厂家、水泥品种、强度等级、出厂日期等。应尽量缩短水泥的储存期，通用水泥不宜超过 3 个月，否则应重新测定强度等级，按实测强度使用。

露天临时储存袋装水泥，应选择地势高、排水好的场地，并应进行覆盖处理，以防受潮。

4.2.5　水泥石的腐蚀与防止

1. 水泥石的腐蚀

硅酸盐水泥配制成各种混凝土,用于不同的工程结构,在正常的环境条件下水泥石的强度会不断增长,具有较好的耐久性。但某些不良的环境条件,会引起水泥石强度降低,甚至引起严重的破坏,这种现象称为水泥石的腐蚀。引起水泥石腐蚀的原因很多,亦很复杂,现将几种主要的腐蚀因素简述如下。

(1)软水腐蚀

软水是指重碳酸盐含量较小的水。硅酸盐水泥属于水硬性胶凝材料,应有足够的抗水能力。但是硬化后,如果不断受到淡水的侵袭时,水泥的水化产物就将按照溶解度的大小,依次逐渐被水溶解,产生溶出性侵蚀,最终导致水泥石破坏。

在各种水化产物中,$Ca(OH)_2$ 的溶解度最大,所以首先被溶解。如果水量不多,水中的 $Ca(OH)_2$ 溶液很快就达到饱和而停止溶出。但是在流动水中,特别在有水压作用,且混凝土的渗透性又较大的情况下,$Ca(OH)_2$ 会不断地被溶出带走,这不仅增加了混凝土的孔隙率,使水更易渗透,而且液相中 $Ca(OH)_2$ 浓度降低,还会使其他水化产物发生分解。

对于长期处于淡水环境(雨水、雪水、冰川水、河水等)的混凝土,表面会产生一定的破坏。但对抗渗性良好的水泥石,淡水的溶出过程一般发展很慢,几乎可以忽略不计。

(2)酸类腐蚀

当水中溶有一些无机酸或有机酸时,硬化水泥石就受到溶析和化学溶解双重作用。酸类分解出来的 H^+ 离子和酸根 R^- 离子,分别与水泥石中 $Ca(OH)_2$ 的 OH^- 和 Ca^{2+} 结合成水和钙盐。

$$H^+ + OH^- \longrightarrow H_2O$$
$$Ca^{2+} + 2R^- \longrightarrow CaR_2$$

在大多数天然水及工业污水中,由于大气中的 CO_2 的溶入,常会产生碳酸侵蚀。首先,碳酸与水泥石中的 $Ca(OH)_2$ 作用,生成不溶于水的碳酸钙。然后,水中的碳酸还要与碳酸钙进一步作用,生成易溶性的碳酸氢钙。

$$CO_2 + H_2O \longrightarrow H_2CO_3$$
$$H_2CO_3 + Ca(OH)_2 \longrightarrow CaCO_3 + 2H_2O$$
$$CaCO_3 + 2H_2CO_3 \longrightarrow Ca(HCO_3) + H_2O + CO_2$$

(3)盐类腐蚀

绝大部分硫酸盐对水泥石都有明显的侵蚀作用。SO_4^{2-} 离子主要存在于海水、地下水以及某些工业污水中。当溶液中 SO_4^{2-} 大于一定浓度时,碱性硫酸盐就能与水泥石中的 $Ca(OH)_2$ 发生反应,生成硫酸钙 $CaSO_4 \cdot 2H_2O$,并结晶析出。硫酸钙进一步与水化铝酸钙反应生成钙矾石,体积膨胀,使水泥石产生膨胀开裂以致毁坏。以硫酸钠为例,其作用如下式。

$$Ca(OH)_2 + Na_2SO_4 \cdot 10H_2O === CaSO_4 \cdot 2H_2O + 2NaOH + 8H_2O$$
$$3CaO \cdot Al_2O_3 \cdot 6H_2O + 3(CaSO_4 \cdot 2H_2O) + 19H_2O === 3CaO \cdot Al_2O_3 \cdot 3CaSO_4 \cdot 31H_2O$$

镁盐腐蚀亦是一种盐类腐蚀形式,主要存在于海水及地下水中。镁盐主要是硫酸镁和氯化镁,与水泥石中的 $Ca(OH)_2$ 发生置换反应。

$$MgSO_4 + Ca(OH)_2 + 2H_2O \Longrightarrow CaSO_4 \cdot 2H_2O + Mg(OH)_2$$

$$MgCl_2 + Ca(OH)_2 \Longrightarrow CaCl_2 + Mg(OH)_2$$

反应产物氢氧化镁的溶解度极小,极易从溶液中析出而使反应不断向右进行。氢氧化镁松软而无胶凝能力,氯化钙和硫酸钙易溶于水,尤其硫酸钙($CaSO_4 \cdot 2H_2O$)会继续产生硫酸盐的腐蚀。因此,硫酸镁对水泥石的破坏极大,起着双重腐蚀作用。

(4)强碱腐蚀

水泥石在一般情况下能够抵抗碱类的侵蚀,但是如果长期处于浓度较高的碱溶液中,也会受到腐蚀,而且随着温度升高,侵蚀作用加快。这类侵蚀主要包括化学侵蚀和物理析晶两类作用。

化学侵蚀是指强碱溶液与水泥石中水泥水化产物发生化学反应,生成的产物胶结力差,且易为碱液溶析。如:

$$2CaO \cdot SiO_2 \cdot nH_2O + 2NaOH \Longrightarrow 2Ca(OH)_2 + Na_2O \cdot SiO_2 + (n-1)H_2O$$

$$3CaO \cdot Al_2O_3 \cdot 6H_2O + 2NaOH \Longrightarrow 3Ca(OH)_2 + Na_2O \cdot Al_2O_3 + 4H_2O$$

结晶侵蚀则是因碱液渗入水泥石孔隙,然后又在空气中干燥呈结晶析出,由结晶产生压力所引起的胀裂现象。

$$NaOH + CO_2 + H_2O \Longrightarrow Na_2CO_3 \cdot 10H_2O$$

2. 水泥石腐蚀的防止

为防止或减轻水泥石的腐蚀,通常采用下列措施:①根据腐蚀环境特点,合理选用水泥品种;②提高水泥石的密实度;③敷设耐蚀保护层(耐酸石料、耐酸陶瓷、玻璃、塑料或沥青等)。

4.3 专用水泥

专用水泥是指有专门用途的水泥,如砌筑水泥、道路水泥、大坝水泥、油井水泥等。

4.3.1 砌筑水泥

凡由活性混合材料或具有水硬性的工业废料为主要原料,加入少量硅酸盐水泥熟料和石膏经磨细制成的工作性能较好的水硬性胶凝材料,称为砌筑水泥,代号 M。

现行国标《砌筑水泥》(GB 3183—2003)规定,砌筑水泥的技术要求如下。

①细度:80 μm 方孔筛筛余百分数不得超过 10.0%。

②凝结时间:初凝不得早于 45 min,终凝不得迟于 12 h。

③安定性:用沸煮法检验必须合格,水泥中 SO_3 含量不得超过 4.0%。

④强度:分为 12.5、22.5 两个等级。各龄期强度不得低于表 2.4.7 规定的数值。

⑤保水率:保水率应不小于 80%。

表 2.4.7　砌筑水泥强度最低值

水泥标号	抗压强度/MPa		抗折强度/MPa	
	7 d	28 d	7 d	28 d
12.5	≥7.0	≥12.5	≥1.5	≥3.0
22.5	≥10.0	≥22.5	≥2.0	≥4.0

砌筑水泥利用大量的工业废渣作为混合材料,降低了水泥成本,而且砌筑水泥等级较低,配制砌筑砂浆节约水泥,避免浪费。砌筑水泥主要用于砌筑和抹面砂浆、垫层混凝土等,不应用于结构混凝土。

4.3.2　道路水泥

以适当成分的生料烧至部分熔融,所得以硅酸钙为主要成分和较多量铁铝酸盐的硅酸盐水泥熟料,称为道路硅酸盐水泥熟料。由道路硅酸盐水泥熟料、0% ~ 10% 活性混合材料和适量石膏磨细制成的水硬性胶凝材料,称为道路硅酸盐水泥,简称道路水泥。

现行国标《道路硅酸盐水泥》(GB 13693—2005)规定,道路水泥的技术要求如下。

1. 化学性质

①氧化镁含量:道路水泥中氧化镁含量不得超过 5.0% 。

②三氧化硫含量:道路水泥中三氧化硫含量不得超过 3.5% 。

③烧失量:道路水泥中烧失量不得大于 3.0% 。

④游离氧化钙含量:道路水泥熟料中的游离氧化钙含量,旋窑生产不得大于 1.0% ;立窑生产不得大于 1.8% 。

⑤碱含量:如用户提出要求时,由供需双方商定。但按《水泥混凝土路面工程及验收规范》(GB J97—1987)规定,碱含量不得大于 0.6% 。

2. 矿物组成

①铝酸三钙:道路水泥熟料中铝酸三钙的含量不得大于 5.0% 。

②铁铝酸四钙:道路水泥熟料中铁铝酸四钙的含量不得小于 16.0% 。

3. 物理力学性质

①细度:80 μm 筛的筛余百分数不得大于 10% 。

②凝结时间:初凝不得早于 1 h,终凝不得迟于 10 h 。

③安定性:安定性用沸煮法测试必须合格。

④干缩性:28 d 干缩率不得大于 0.10% 。

⑤耐磨性:磨损率不得大于 3.6 kg/m^2 。

⑥强度:道路水泥分为 425、525 和 625 三个标号,各标号 3 d 和 28 d 强度不得低于表2.4.8 所规定数值。

表 2.4.8　道路水泥各龄期强度

水泥标号	抗压强度/MPa		抗折强度/MPa	
	3 d	28 d	3 d	28 d
425	≥22.0	≥42.5	≥4.0	≥7.0
525	≥27.0	≥52.5	≥5.0	≥7.5
625	≥32.0	≥62.5	≥5.5	≥8.5

　　道路水泥是一种强度高(尤其是抗折强度高)、耐磨性好、干缩性小、抗冲击性好、抗冻性和抗硫酸性比较好的专用水泥。它适用于道路路面、机场道面、城市广场等工程,具有耐久性好、裂缝和磨耗病害少等显著特点。

4.3.3　大坝水泥

　　大坝水泥又称中热硅酸盐水泥,简称中热水泥,是以适当成分的硅酸盐水泥熟料,加入适量石膏,经磨细制成的具有中等水化热的水硬性胶凝材料。中热水泥分 42.5、52.5 两个强度等级。

　　低热矿渣硅酸盐水泥,简称低热矿渣水泥,是以适当成分的硅酸盐水泥熟料,加入矿渣、适量石膏,经磨细制成的具有低水化热的水硬性胶凝材料。水泥中矿渣掺加量为 20% ~ 60%,允许用不超过混合材料总量 50% 的磷渣或粉煤灰代替部分矿渣。低热矿渣水泥分 32.5、42.5 两个强度等级。国家标准《中热硅酸盐水泥、低热硅酸盐水泥、低热矿渣硅酸盐水泥》(GB 200—2003)中给出了各龄期强度,见表 2.4.9。

表 2.4.9　中、低热水泥各龄期强度

品种	强度等级	抗压强度/MPa			抗折强度/MPa		
		3 d	7 d	28 d	3 d	7 d	28 d
中热水泥	42.5	≥15.7	≥24.5	≥42.5	≥3.3	≥4.5	≥6.3
	52.5	≥20.6	≥31.4	≥52.5	≥4.1	≥5.3	≥7.1
低热矿渣水泥	32.5	—	≥13.7	≥32.5	—	≥3.2	≥5.4
	42.5	—	≥18.6	≥42.5	—	≥4.1	≥6.3

　　熟料中铝酸三钙含量对于中热水泥不得超过 6%,对于低热矿渣水泥不得超过 8%;熟料中硅酸三钙含量对于中热水泥不得超过 55%。水泥中三氧化硫含量不得超过 3.5%,初凝不得早于 1 h,终凝不得迟于 12 h,在 50 μm 方孔筛的筛余不得超过 12%。各龄期水化热不得超过表 2.4.10 规定的数值。

表 2.4.10　中、低热水泥各龄期水化热

水泥强度等级	中热水泥/(kJ/kg)		低热矿渣水泥/(kJ/kg)	
	3 d	7 d	3 d	7 d
32.5	—	—	≤188	≤230
42.5	≤251	≤293	≤197	≤230
52.5	≤251	≤293	—	—

注:水化热的测定按《水泥水化热的测定方法》(GB/T 12959—2008)进行。

中、低热水泥适用于要求水化热较低的大体积混凝土,如大坝、大体积建筑物和厚大的基础等工程中。它可以克服因水化热引起的温度应力而导致的混凝土破坏。

4.4 特性水泥

特性水泥是某种性能比较突出的一类水泥,如快硬硅酸盐水泥、快凝快硬硅酸盐水泥、抗硫酸盐硅酸盐水泥、白色硅酸盐水泥、铝酸盐水泥、膨胀水泥和自应力水泥等。

4.4.1 快硬硅酸盐水泥

凡以硅酸盐水泥熟料和适量石膏磨细制成的,以3 d抗压强度表示标号的水硬性胶凝材料,称为快硬硅酸盐水泥,简称快硬水泥。快硬水泥标号分为325、375和425。

我国现行国标《快硬硅酸盐水泥》(GB 199—1990)规定,快硬水泥的技术要求如下。

①氧化镁含量:熟料中氧化镁含量不得超过5.0%,如水泥压蒸安定性试验合格,则熟料中氧化镁的含量允许放宽到6.0%。

②三氧化硫含量:水泥中三氧化硫含量不得超过4.0%。

③细度:0.080 μm方孔筛的筛余百分数不得超过10%。

④凝结时间:初凝不早于45 min,终凝不得迟于10 h。

⑤安定性:沸煮法检验必须合格。

⑥强度:各龄期强度均不得低于表2.4.11规定的数值。

表2.4.11 快硬硅酸盐水泥强度标准

标号	抗压强度/MPa			抗折强度/MPa		
	1 d	3 d	28 d[①]	1 d	3 d	28 d
325	≥15.0	≥32.5	≥52.5	≥3.5	≥5.0	≥7.2
375	≥17.0	≥37.5	≥57.5	≥4.0	≥6.0	≥7.6
425	≥19.0	≥42.5	≥62.5	≥4.5	≥6.4	≥8.0

注:①仅供供需双方参考。

快硬水泥具有早期强度增进率高的特点,其3 d抗压强度可达到标号,后期强度仍有一定增长。因此,它适用于紧急抢修工程、军事工程、冬期施工工程,也适用于制造预应力钢筋混凝土或混凝土预制构件。

快硬水泥易受潮变质,故运输、保存时,须特别注意防潮。应及时使用,不宜久储。从出厂日期起超过一个月,应重新检验,检验合格后方可使用。

4.4.2 快凝快硬硅酸盐水泥

快凝快硬硅酸盐水泥是以硅酸三钙、氟铝酸钙为主的熟料,加入适量的硬石膏、粒化高炉矿渣、无水硫酸钠,经过磨细制成的一种凝结快、小时强度增长快的水硬性胶凝材料,简称双快水泥。

根据《快凝快硬硅酸盐水泥》(JC 314—1982)规定,双快水泥的比表面积不得低于

4 500 cm²/g;水泥中三氧化硫含量不得超过 9.5%;初凝不得早于 10 min,终凝不得迟于 60 min。双快水泥分为双快 – 150、双快 – 200 两个标号,各龄期强度不得低于表 2.4.12 规定的数值。

表 2.4.12 双快水泥各龄期的强度标准

标号	抗压强度/MPa			抗折强度/MPa		
	4 h	1 d	28 d	4 h	1 d	28 d
双快 – 150	≥14.7	≥18.6	≥31.9	≥2.75	≥3.43	≥5.39
双快 – 200	≥19.6	≥24.5	≥41.7	≥3.33	≥4.51	≥6.27

双快水泥的特点为凝结很快,早期强度增长很快,主要用于军事工程、机场跑道、桥梁、隧道和涵洞等紧急抢修工程,以及冬期施工、堵漏等工程。施工时不得与其他水泥混合使用。

4.4.3 抗硫酸盐硅酸盐水泥

抗硫酸盐硅酸盐水泥是由以硅酸钙为主的特定矿物组成的熟料,加入适量石膏,经过磨细制成的具有一定抗硫酸盐侵蚀性能的水硬性胶凝材料,简称抗硫酸盐水泥。

我国现行国标《抗硫酸盐硅酸盐水泥》(GB 748—1996)规定,抗硫酸盐水泥的游离氧化钙含量不得大于 1.0%;氧化镁含量不得大于 5.0%;三氧化硫含量不得大于 2.5%;初凝不得早于 45 min,终凝不得迟于 12 h;0.08 μm 方孔筛的筛余百分数不得超过 10%;体积安定性必须合格。抗硫酸盐水泥分为 325、425、525 三个标号,各龄期的强度不得低于表 2.4.13 规定数值。

表 2.4.13 抗硫酸盐水泥的强度标准

标号	抗压强度/MPa		抗折强度/MPa	
	3 d	28 d[①]	3 d	28 d
325	≥12.0	≥32.5	≥2.5	≥5.5
425	≥16.0	≥42.5	≥3.5	≥6.5
525	≥22.0	≥52.5	≥4.0	≥7.0

注:①仅供供需双方参考。

抗硫酸盐水泥具有较高的抗硫酸盐侵蚀的性能,水化热较低,适用于受硫酸盐侵蚀的海港、水利、地下隧涵、引水、道路与桥梁基础等工程。

4.4.4 白色硅酸盐水泥

白色硅酸盐水泥熟料是以适当成分的生料烧至部分熔融,所得以硅酸钙为主要成分、氧化铁含量少的熟料。以白色硅酸盐水泥熟料加入适量石膏,经过磨细制成的水硬性胶凝材料,称为白色硅酸盐水泥,简称白水泥。

硅酸盐水泥呈暗灰色,主要原因是含 Fe_2O_3 较多(Fe_2O_3 含量为 3% ~4%)。当 Fe_2O_3 含量在 0.5% 以下,则水泥接近白色。此外,生产原料应采用纯净的石灰石、纯石英砂、高岭土。生产过程应严格控制 Fe_2O_3,并尽可能减少 MnO、TiO_2 等着色氧化物。因此,白水泥生产成本较高。

现行国标《白色硅酸盐水泥》(GB/T 2015—2005)规定,氧化镁、三氧化硫、细度、凝结时间、安定性指标与普通水泥相近。

白水泥分为 325、425、525 三个标号,各龄期强度不得低于表 2.4.14 规定的数值。

表 2.4.14　白水泥的强度标准

标号	抗压强度/MPa		抗折强度/MPa	
	3 d	28 d	3 d	28 d
325	≥12.0	≥32.5	≥3.0	≥6.0
425	≥17.0	≥42.5	≥3.5	≥6.5
525	≥22.0	≥52.5	≥4.0	≥7.0

水泥白度值应不低于 87。

白水泥粉磨时加入碱性矿物颜料可制成彩色水泥。白水泥和彩色水泥主要用于建筑装饰工程及装饰制品。

4.4.5　铝酸盐水泥

铝酸盐水泥以铝矾土和石灰石为原料,经煅烧(或熔融状态)得到以铝酸钙为主、氧化铝的质量分数大于 50% 的熟料,磨细制成的水硬性胶凝材料。它是一种快硬、高强、耐腐蚀、耐热的水泥。

铝酸盐水泥的主要矿物成分为铝酸一钙($CaO \cdot Al_2O_3$,简写 CA)及其他的铝酸盐,如 $CaO \cdot 2Al_2O_3$(简写 CA_2)、$2CaO \cdot Al_2O_3 \cdot SiO_2$:(简写 C_2AS)、$12CaO \cdot 7Al_2O_3$(简写 $C_{12}A_7$)等,有时还含很少量的 $2CaO \cdot SiO_2$ 等。

铝酸盐水泥的水化和硬化,主要就是铝酸一钙的水化及其水化物的结晶。一般认为水化反应随温度的不同而产生不同的水化产物。

铝酸盐水泥常为黄褐色,也有呈灰色的。铝酸盐水泥的密度和堆积密度与普通硅酸盐水泥相近。按照《铝酸盐水泥》(GB 201—2000)规定,铝酸盐水泥根据 Al_2O_3 的质量分数分为 CA-50、CA-60、CA-70、CA-80 四类。对其物理性能的要求如下。

①细度:比表面积不小于 300 m^2/kg 或 0.045 μm 方孔筛筛余百分数不大于 20%。

②凝结时间:CA-50、CA-70、CA-80 的胶砂初凝时间不得早于 30 min,终凝时间不得迟于 6 h;CA-60 的胶砂初凝时间不得早于 1 h,终凝时间不得迟于 8 h。

③强度:各龄期的强度不得低于表 2.4.15 所列数值。

表 2.4.15　铝酸盐水泥的 Al_2O_3 的质量分数和各龄期强度要求

水泥类型	Al_2O_3 的质量分数/%	抗压强度/MPa				抗折强度/MPa			
		6 h	1 d	3 d	28 d	6 h	1 d	3 d	28 d
CA - 50	50 ~ 60	≥20	≥40	≥50	—	≥3.0	≥5.5	≥6.5	—
CA - 60	60 ~ 70	—	≥20	≥45	≥80	—	≥2.5	≥5.0	≥10.0
CA - 70	70 ~ 77	—	≥30	≥40	—	—	—	≥5.0	≥6.0
CA - 80	≤77	—	≥25	≥30	—	—	—	≥4.0	≥5.0

　　铝酸盐水泥具有快凝、早强、高强、低收缩性、耐热性好和耐硫酸盐腐蚀性强等特点,可用于工期紧急的工程、抢修工程、冬季施工的工程,以及配制耐热混凝土及耐硫酸盐混凝土。但高铝水泥的水化热大,耐碱性差,长期强度会降低,使用时应予以注意。

4.4.6　膨胀水泥和自应力水泥

　　膨胀水泥是一种在水化过程中体积产生膨胀的水泥,它通常由胶凝材料和膨胀剂混合而成。膨胀剂在水化过程中形成膨胀物质(水化硫铝酸钙)导致体积膨胀。由于这一过程发生在浆体完全硬化之前,所以能使水泥石的结构密实而不致引起破坏。

　　按水泥主要成分可分为硅酸盐、铝酸盐和硫铝酸盐型膨胀水泥。根据水泥的膨胀值及用途又可分为收缩补偿水泥和自应力水泥两类。硅酸盐膨胀水泥是以硅酸盐为主要组分,外加铝酸盐水泥和石膏配制而成的一种水硬性胶凝材料。这种水泥的膨胀作用主要表现在铝酸盐水泥中的铝酸盐矿物和石膏遇水后化合形成具有膨胀性的钙矾石($3CaO \cdot Al_2O_3 \cdot 3CaSO_4 \cdot 31H_2O$)晶体,其膨胀值的大小可通过改变铝酸盐水泥和石膏的含量来调节。例如,用 85% ~ 88% 的硅酸盐水泥熟料、6% ~ 7.5% 的铝酸盐水泥、6% ~ 7.5% 的二水石膏可配制成收缩补偿水泥,用这种水泥配制的混凝土可做屋面刚性防水层、锚固地脚螺栓或修补等用。如适当提高其膨胀组分即可增加膨胀量,配制成自应力水泥。自应力硅酸盐水泥应满足我国现行建材行业标准《自应力硅酸盐水泥》(JC/T 218—1995)的规定,即比表面积大于 340 m^2/kg,初凝时间不得早于 45 min,终凝时间不得迟于 6.5 h,28 d 自由膨胀率不得大于 3%,膨胀稳定期不得迟于 28 d,28 d 抗压强度不得低于 10 MPa。自应力硅酸盐水泥常用于制造钢筋混凝土压力管及配件。

　　自应力铝酸盐水泥是以一定量的铝酸盐水泥熟料和二水石膏粉磨细制成的大膨胀率的胶凝材料,应满足我国现行建材行业标准《自应力铝酸盐水泥》(JC 214—1991)的规定。该水泥具有自应力值高、抗渗、气密性好等优点,并且制造工艺较易控制,质量较稳定,可制作大口径或较高压力的压力管。但成本高,膨胀稳定期较长。

　　自应力硫铝酸盐水泥(S·SAC)是以无水硫铝酸钙和硅酸二钙为主要矿物成分的熟料,加适量石膏磨细制成的强膨胀性水硬性胶凝材料,其技术要求应满足《硫铝酸盐水泥》(GB 20472—2006)的规定。该水泥比表面积大于 370 m^2/kg,初凝时间不得早于 40 min,终凝时间不得迟于 4 h,28 d 自由膨胀率不得大于 1.75%,膨胀稳定期不得迟于 28 d,28 d 抗压强度不得低于42.5 MPa。可制作大口径或较高压力的压力管。石膏掺加量较少时,可用做收缩补偿混凝土。

任务5　对水泥抽样测试

水泥试验主要包括细度试验、标准稠度用水量试验、静浆凝结时间试验、安定性试验、水泥胶砂强度试验。今后工作中需要其他试验时,可参观有关标准规范和资料。

5.1　水泥细度试验

5.1.1　试验目的

测定水泥的细度情况,以判断水泥的技术性质。

5.1.2　仪器设备

1. 负压筛

负压筛由圆形框和筛网组成,筛网为金属丝编织方孔筛,方孔边长有80 μm和45 μm两种。负压筛应附有透明筛盖,筛盖与筛上口应有良好的密封性;筛网应紧绷在筛框上,筛网和筛框处应用防水胶密封,防止水泥嵌入。

2. 负压筛析仪

负压筛析仪由筛座、负压筛、负压源及吸尘器组成,其中筛座由转速为(30 ± 2) r/min的喷气嘴、负压表、控制板、微电机及壳体等部分构成;筛析仪负压可调范围4 000 ~ 6 000 Pa;负压源和吸尘器,由功率600 W的工业吸尘器和小型旋风收尘筒或由其他具有相当功能的设备组成。

3. 天平

天平的分度值不大于0.01 g。

5.1.3　试验步骤

1. 负压筛法

①筛析试验前,应把负压筛放在筛座上,盖上筛盖,接通电源,检查控制系统,调节负压至4 000 ~ 6 000 Pa范围内。

②称取试样25 g,置于洁净的负压筛中,盖上筛盖,放在筛座上,开动筛析仪连续筛析2 min,在此期间如有试样附着在筛盖上,可轻轻地敲击,使试样落下。筛毕,用天平称取筛余物。

当工作负压小于 4 000 Pa 时,应清理吸尘器内水泥,使负压恢复正常。

2. 干筛法

在没有负压筛析仪和水筛的情况下,允许用手工干筛法。采用方孔边长 0.08 mm 的铜丝网筛布。筛框有效直径 150 mm、高 50 mm。筛布应紧绷在筛框上,接缝处必须严密,并附有筛盖。试验步骤如下:称取水泥试样 50 g 倒入干筛内;用一只手执筛往复摇动,另一只手轻轻拍打,拍打速度每分钟约 120 次,每 40 次向同一方向转动 60°,使试样均匀分布在筛网上,直到每分钟的试样量不超过 0.05 g 为止;称量筛余物,按式(2.5.1)计算实验结果。

5.1.4 结果整理

水泥试样筛余百分数 A 按下式计算:

$$A = m_0/m \times 100\% \qquad (2.5.1)$$

式中:m_0——水泥筛余物的质量,g;

m——水泥试样的质量,g,计算结果精确至 0.1%。

5.1.5 试验记录

将每次测得的数据填入表 2.5.1 中。

表 2.5.1　水泥细度试验记录

试样方法	试验次数	筛析用试样质量/g	0.08 mm 筛上筛余物质量/g	筛余百分数/%

试验者_____计算者_____校核者_____试验日期_____

注:负压筛法与水筛法或手工干筛法测定的结果不一致时,以负压筛法为准。

5.2　水泥标准稠度用水量与凝结时间试验

5.2.1 目的与适用范围

检验水泥的凝结时间与体积安定性时,水泥浆的稠度会影响试验结果。为便于比较,规定用标准稠度的水泥净浆试验。所以,测定凝结时间与安定性之前,先要测定水泥的标准稠度用水量。

水泥凝结时间的长短与施工关系密切。初凝过早,给施工造成困难,终凝太迟,将影响施工进度。因此必须了解水泥的凝结时间。

5.2.2　仪器设备

1. 水泥净浆标准稠度与凝结时间测定仪

仪器构造如图 2.5.1 所示,该仪器由铁座与可以自由滑动的金属圆棒构成。用松紧螺丝调整金属棒的高低。金属棒上附有指针,利用量程为 0 ~ 75 mm 的标尺指示金属棒的下降距离。

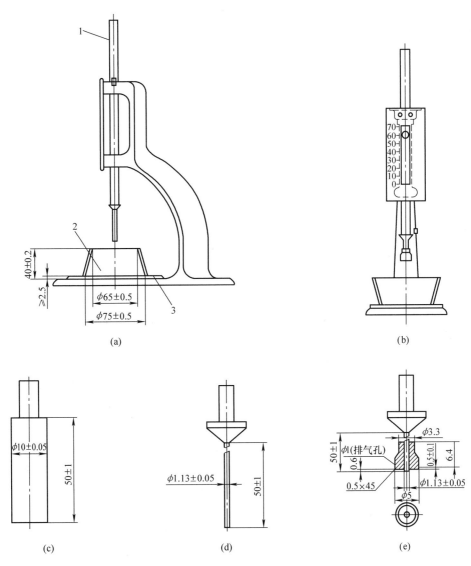

图 2.5.1　水泥标准稠度与凝结时间测定仪

(a)初凝时间测定用立式试模的侧视图　(b)终凝时间测定用反转试模的前视图
(c)标准稠度试杆　(d)初凝用试针　(e)终凝用试针
1—滑动杆;2—试模;3—玻璃板

标准稠度测定用试杆有效长度为(50±1)mm,由直径(10±0.05)mm 的圆柱形耐腐蚀金属制成。

测定凝结时间时,取下试杆,换上试针。试针由钢制成,其有效长度(50±1)mm、终凝针为(30±1) mm,直径为(1.13±0.05)mm。装净浆的圆模由耐腐蚀的、有足够硬度的金属制成。试模为深(40±0.2)mm、上部内径为(65±0.5)mm、下部内径为(75±0.5)mm 的截顶圆锥体。每个试模应配备一个边长或直径约100 mm、厚度4～5 mm 的平板玻璃底板或金属底板。标准稠度及凝结时间测定仪的滑动部分总质量为(300±1)g。与试杆、试针连接的滑动杆表面应光滑,能靠重力自由下落,不得有紧涩和晃动现象。

2. 净浆搅拌机

净浆搅拌机要符合《水泥物理检验仪器水泥净浆搅拌机》(GB 3350.8)的要求。

3. 湿汽养护箱

应使温度控制在(20±3)℃,相对湿度大于90%。

4. 天平

最大称量不小于1 000 g,称量精确至1 g。

5. 量水器

最小刻度为0.5 mL,精度1%。

5.2.3 试验步骤

1. 测定水泥标准稠度用水量

①试验前检查维卡的滑动杆能自由滑动;试模和玻璃板用湿布擦拭,将试模放在地板上;调整试杆接触至圆模顶面位置时,指针应对准标尺零点;搅拌机应运转正常。

②水泥净浆用水泥净浆搅拌机搅拌,搅拌锅和搅拌叶片先用湿棉布擦过,将拌和水倒入搅拌锅内,然后在5～10 s 内小心将称好的500 g 水泥试样加入水中,防止水和水泥溅出;拌和时,先将锅放在搅拌机的锅座上,升至搅拌位置,启动搅拌机,低速搅拌120 s,停拌15 s,同时将叶片和锅壁上的水泥浆刮入锅中间,接着高速搅拌120 s 后停机。

③拌和结束后,立即取适量水泥净浆一次性将其装入已置于玻璃底板上的试模中,浆体超过试模上端,用宽约25 mm 的直边刀轻轻拍打超出试模部分的浆体5 次以排除浆体中的孔隙,然后在试模上表面约1/3 处,略倾斜于试模分别向外轻轻锯掉多余净浆,再从试模边沿轻抹顶部一次,使净浆表面光滑。在锯掉多余净浆和抹平的操作过程中,注意不要压实净浆。抹平后迅速将试模和底板移至维卡仪上,并将其中心定在试杆下,降低试杆直至与水泥净浆表面接触,拧紧螺丝1～2 s 后,突然放松,使试杆垂直自由地沉入水泥净浆中。在试杆停止沉入或释放试杆30 s 时记录试杆距底板之间的距离,升起试杆后,立即擦净;整个操作应在搅拌后1.5 min 内完成。以试杆沉入净浆并距底板(6±1)mm 的水泥净浆为标准稠度净浆。其拌和水量为该水泥的标准稠度用水量(P),按水泥的质量百分比计。

④采用代用法测定水泥标准稠度用水量可用调整水量和不变水量两种方法中的任一种测

定。采用调整水量方法时拌和水量按经验找水,采用不变水量方法时拌和水量用 142.5 mL。水泥浆的拌制同③。拌和结束后,立即取将拌制好的水泥净浆装入锥模中,用宽约 25 mm 的直边刀在浆体表面轻轻插捣 5 次,再轻振 5 次,刮去多余净浆,抹平后迅速放到试锥下面固定位置上,将试锥降至净浆表面拧紧螺丝,然后突然放松,让试锥自由沉入净浆中,到试锥停止下沉时记录试锥下沉深度。整个操作应在搅拌后 1.5 min 内完成。

⑤用调整水量法测定时,以试锥下沉深度(30 ± 1) mm 时的净浆为标准稠度净浆,其拌和水量为该水泥的标准稠度用水量(P),按水泥质量的百分比计。如下沉深度超出范围,须另称试样,调整水量,重新试验,直至达到(30 ± 1) mm 时为止。

⑥用不变水量法测定时,根据测得的试锥下沉深度 S(mm)按下式计算标准稠度用水量 P(%)。

$$P = 33.4 - 0.185S$$

当试锥下沉深度小于 13 mm 时,应改用调整水量方法测定。

注:试验用水必须是洁净的淡水,如有争议时,也可用蒸馏水。

5.2.4　试验记录

表 2.5.2　水泥标准稠度用水量试验记录表

试验次数	水泥用量(g)	用水量(mL)	试杆(锥)下沉深度(mm)	标准稠度用水量(%)

试验者____计算者____校核者____试验日期____

5.3　水泥安定性试验

5.3.1　试验目的

由于水泥中含有游离氧化钙、氧化镁及三氧化硫等,这些成分在水泥硬化过程中熟化缓慢,当混凝土产生强度后,仍继续熟化,引起混凝土膨胀而使建筑物开裂。本试验可检定由游离氧化钙引起的水泥体积变化,以检验水泥体积安定性是否合格。

安定性的测定方法可以用饼法,也可以用雷氏法,有争议时以雷氏法为准。饼法是观察水泥净浆试饼沸煮后的外形变化来检验水泥的体积安定性;雷氏法是测定水泥净浆在雷氏夹中沸煮后的膨胀值。

5.3.2　仪器设备

1. 沸煮箱

沸煮箱有效容积约为 410 mm×240 mm×310 mm,篦板结构应不影响试验结果,篦板与加热器之间的距离大于 50 mm。箱的内层由不易锈蚀的金属材料制成,能在(30±5) min 内将箱内的试验用水由室温升至沸腾并可保持沸腾状态 3 h 以上,整个过程中不需补充水量。

2. 雷氏夹

雷氏夹由铜质材料制成,其结构如图 2.5.2 所示。当一根指针的根部先悬挂在一根金属丝或尼龙丝上,另一根指针的根部再挂上 300 g 的砝码时,两根指针的针尖距离增加应在 (17.5±2.5) mm 范围之内,即 $2x$:(17.5±2.5) mm(图 2.5.3),当去掉砝码后针尖的距离能恢复至挂砝码前的状态。

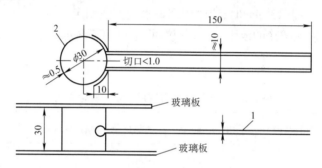

图 2.5.2　雷氏夹

1—指针;2—圆模;

3. 雷氏夹膨胀值测定仪

雷氏夹膨胀值测定仪如图 2.5.4 所示,标尺最小刻度为 1 mm。

4. 其他设备

其他设备有玻璃板、抹刀、直尺等。

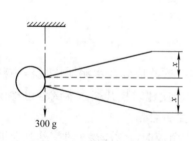

图 2.5.3　雷氏夹受力示意图

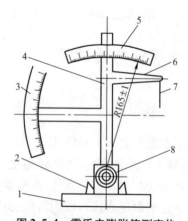

图 2.5.4　雷氏夹膨胀值测定仪

1—底座;2—模子座;3—测弹性标尺;4—立柱;
5—测膨胀值标尺;6—悬臂;7—悬丝;8—弹簧顶钮

5.3.3 试验步骤

①采用雷氏夹测定时,每个雷氏夹需配两块边长或直径约 80 mm、厚度 4 ~ 5 mm 的玻璃板;若采用饼法测定,需准备两块约 100 mm × 100 mm 的玻璃板。每种方法每个试样需成型两个试件。与水泥净浆接触的玻璃板和雷氏夹表面都要稍稍涂上一层油。

②以标准稠度用水量加水,按水泥净浆的拌制方法制备标准稠度净浆。

③若采用饼法测定时,将制好的净浆取出一部分分成两等份,使之呈球形,放在预先准备好的玻璃板上,轻轻振动玻璃板并用湿布擦净的小刀由边缘向中央抹动,做成直径70 ~ 80 mm、中心厚约 10 mm、边缘渐薄、表面光滑的试饼,接着将试饼放入湿汽箱中养护(24 ± 2) h。采用雷氏法测定时,将预先准备好的雷氏夹放在已稍擦油的玻璃上,并将已制好的标准稠度净浆装满试模。装模时一只手轻轻扶持试模,另一只手用宽约 25 mm 的直边刀在浆体表面轻轻插捣 3 次,盖上稍涂油的玻璃板,接着立刻将试模移至湿汽养护箱内养护(24 ± 2) h。

④调整好沸煮箱内的水位,使之在整个沸煮过程中都能没过试件,不需中途添补试验用水,同时保证水在(30 ± 5) min 内能沸腾。脱去玻璃板取下试件:用饼法测定时,先检查试饼是否完整(如已开裂、翘曲,要检查原因,确定无外因时,该试饼即属不合格品,不必沸煮),在试饼无缺陷的情况下,将试饼放在沸煮箱的水中箅板上,然后在(30 ± 5) min 内加热至水沸腾,并恒沸(180 ± 5) min;当用雷氏法测定时,先测量试件指针尖端间的距离(A),精确到0.5 mm,接着将试件放入水中箅板上,指针朝上,试件之间互不交叉,然后在(180 ± 5) min 内加热水至沸腾,并恒沸(180 ± 5) min。

⑤沸煮结束后,放掉箱中的热水,打开箱盖,待箱体冷却至室温,取出试件进行判别:若为饼法,目测未发现裂缝,用直尺检查也没有弯曲的试饼为安定性合格,反之为不合格,当两个试饼判别结果有矛盾时,该水泥的安定性为不合格;若为雷氏法,测量煮沸后试件指针尖端间的距离(C),精确至 0.5 mm,当两个试件沸煮后增加距离(C − A)的平均值不大于 5.0 mm 时,即认为该水泥安全性合格,当两个试件的(C − A)值相差超过 4 mm 时,应用同一样品立即重做一次试验。

5.3.4 试验记录

将试验数据填入表2.5.3。

2.5.3 水泥安定性试验记录表

试验次数	标准稠度用水量/%	煮沸前指针尖端距离 A/mm	煮沸后指针尖端距离 C/mm	煮沸后增加距离(C − A)/mm	安定性观察情况
				平均	

试验者____计算者____校核者____试验日期____

注:试验用水必须是洁净的淡水,如有争议时也可用蒸馏水。

5.4 水泥胶砂强度试验

5.4.1 试验目的

测定水泥的强度等级。

5.4.2 仪器设备

1. 胶砂搅拌机

胶砂搅拌机是一种工作时搅拌叶片既绕自身轴线自转又沿搅拌锅周边公转,运动轨迹似行星的搅拌机。如图 2.5.5 所示,它由胶砂搅拌锅和搅拌叶片及相应的机构组成。搅拌锅可以随意挪动,但可以很方便地固定在锅座上,而且搅拌时也不会明显晃动和转动。搅拌叶片呈扇形,搅拌时除顺时针自转外还沿锅周边逆时针公转,并且具有高低两种速度,属行星式搅拌机。

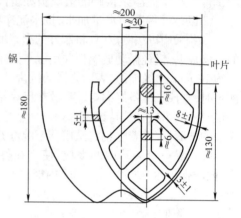

图 2.5.5 胶砂搅拌机

2. 胶砂振实台

它由可以跳动的台盘和使其跳动的凸轮等组成(见图 2.5.6)。台盘上有固定试模用的卡具,并连有两根起稳定作用的臂,凸轮由电机带动,通过控制器控制按一定的要求转动并保证使台盘平稳上升至一定高度后自由下落,其中心恰好与止动器撞击。卡具与模套连成一体,可沿与臂杆垂直方向向上转动不小于 100°。

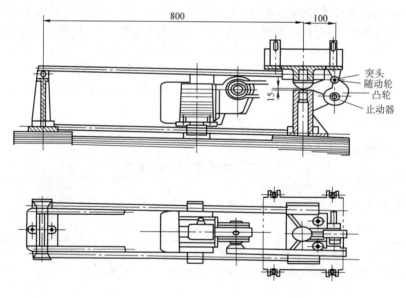

图 2.5.6 典型的振实台

3. 试模

胶砂试模是同时可成型三条 40 mm × 40 mm × 160 mm 棱柱体的可拆卸试模,由隔板、端板、底座、紧固装置及定位销组成。

4. 抗折试验机

抗折试验机一般采用双杠杆的,也可采用性能符合要求的其他试验机。

5. 抗压试验机和抗压夹具

抗压试验机以 200~300 kN 为宜,误差不得超过 ±2.1%。抗压夹具由硬质钢材制成,上、下压板长度为 (40±0.1)mm,面积为 40 mm×40 mm。

5.4.3 试验步骤

1. 试件成型

①成型前将试模擦净,四周的模板与底座的接触面上应涂干黄油,紧密装配,防止漏浆,内壁均匀地刷一薄层机油。

②胶砂的质量配合比应为一份水泥、三份标准砂和半份水(水胶比为0.5),一锅胶砂成三条试体,每锅材料需要量如表 2.5.4 所示。

表 2.5.4 每锅胶砂的材料用量

材料量 / 水泥品种	水泥/g	标准砂/g	水/mL
硅酸盐水泥			
普通硅酸盐水泥	450±2	1 350±5	225±1
矿渣硅酸盐水泥			
粉煤灰硅酸盐水泥			
复合硅酸盐水泥	450±2	1 350±5	225±1
火山灰硅酸盐水泥			

③每锅胶砂用搅拌机进行机械搅拌,先使搅拌机处于待工作状态,然后按以下的程序操作:把水加入锅里,再加入水泥,把锅放在固定架上,上升至固定位置;然后立即开动机器,低速搅拌 30 s 后,在第二个 30 s 开始的同时均匀地将砂子从搅拌机口入;当各级砂石分装时,从最粗粒级开始一次将所需的每级砂量加完,把机器转至高速再拌 30 s;停拌 90 s,在第一个 15 s 内用一胶皮刮具将叶片和锅壁上的胶砂刮入锅中间,再在高速下继续搅拌 60 s,各个搅拌阶段时间误差控制在 ±1 s 以内。

④用振实台成型。胶砂制备后立即进行成型,将空试模和模套固定在振实台上,用一个勺子直接从搅拌锅里将胶砂分两层装入试模,装第一层时,每个槽里约放 300 g 胶砂,用大播料器垂直架在模套顶部,沿每个模槽来回一次将料层播干,接着振实 60 次。再装入第二层胶砂,用小播料器播平,再振实 60 次,移走模套,从振实台上取下试模,用一金属直尺以近似 90°的角度架在试模顶的一端,然后沿试模长度方向以横向锯割动作慢慢向另一端移动,一次将超过试模部分的胶砂刮去,并用同一直尺以近乎水平的状态将试体表面抹平。

⑤在试模上作标记或加字条标明试件编号和试件相对于振实台的位置。

2. 养护

(1)脱模

对于 24 h 龄期的试件,应在破型试验前 20 min 内脱模;对于 24 h 以上龄期的试件,应在成型后 20~24 h 内脱模。

(2)水中养护

将做好标记的试件立即水平或竖直放在(20±1)℃水中养护,水平放置时刮平面应朝上。把试件放在不易腐烂的篦子上,并使彼此间保持一定距离,以让水与试件的六个面接触,养护期间试件之间间隔或试体上表面的水深不得小于 5 mm。

每个养护池只养护同一类型的水泥试件。最初用自来水装满养护池,随后随时加水,保持适当的恒定水位,不允许在养护期间全部换水。

3. 强度试验

试件龄期是从水泥加水搅拌开始试验时算起,不同龄期强度的试验时间如表 2.5.5 所示。

表 2.5.5　不同龄期强度的试验时间

龄期	试验时间	龄期	试验时间	龄期	试验时间
1 d	24 h±15 min	3 d	72 h±45 min	28 d	>28 d±8 h
2 d	48 h±30 min	7 d	7 d±2 h		

把试件从水中取出后,在强度试验前应用湿布覆盖。

(1)抗折强度试验

①将试件一个侧面放在试验机支撑圆柱上;试件长轴垂直于支撑圆柱,通过加荷圆柱以(50±10)N/s 的速度均匀地将荷载垂直地加在棱柱体相对侧面上,直至折断。

②保持两个半截棱柱体处于潮湿状态直至抗压试验。

③抗折强度 R_f 按式(2.5.2)计算:

$$R_f = 1.5 F_f L/b^3 \tag{2.5.2}$$

式中:R_f——抗折强度,MPa;

F_f——折断时施加于棱柱体中部的荷载,N;

L——支撑圆柱之间的距离,mm;

b——棱柱体正方形截面的边长,mm。

④抗折强度的评定:以一组三个棱柱体抗折强度结果的平均值作为试验结果。当三个强度值中有超出平均值±10%时,应剔除后再取平均值作为抗折强度试验结果。

(2)抗压强度试验

①对抗折试验后的两个断块应立即进行抗压试验,抗压试验必须用抗压夹具进行,试件受压面为 40 mm×40 mm。试验时以半截棱柱体的侧面作为受压面,试件的底面靠近夹具定位销,并使夹具对准压力机压板中心。

②压力机加荷速度应控制在(2 400±200) N/s 的速度均匀地加荷直至试件破坏。

③抗压强度按式(2.5.3)计算:

$$R_c = F_c / A \qquad (2.5.3)$$

式中：R_c——抗压强度，MPa；

F_c——破坏时的最大荷载，N；

A——受压部分面积，mm^2。

④抗压强度的评定：以一组三个棱柱体上得到的六个抗压强度测定值的算术平均值作为试验结果。如六个测定值中有一个超出平均值的 ±10%，就应剔除这个结果，而以剩下五个数取平均值，如果五个测定值中再有超过它们平均值 ±10% 的，则此结果作废。

5.4.4 试验记录

通过试验后，把试验数据填入表 2.5.6 中。

表 2.5.6 强度试验记录表

试体编号	试体龄期/d	抗折强度					抗压强度			水泥强度等级
		破坏荷载	支点距离 L/mm	试体尺寸		抗折强度 R_f/MPa	破坏荷载 F_c/N	受压面积 A/mm²	抗折强度 R_c/MPa	
				宽度 b/mm	高度 h/mm					
1										
2										
3										

任务 6 其他胶凝材料的检测及选用

6.1 石灰

石灰是建筑工程中使用时间较长的一种气硬性胶凝材料，由于原料来源广、生产工艺简单、成本低等优点，至今仍在广泛使用。

6.1.1 石灰的生产

1. 石灰的原料及生产

生产石灰的原料是以碳酸钙为主要成分的天然矿石，如石灰石、白垩、白云石等。将原料在高温下煅烧，即可得到石灰（块状生石灰），其主要成分为氧化钙。由于原料中同时含有一定量的碳酸镁，在高温下会分解为氧化镁，因此生成物中也会有氧化镁存在。

石灰的生产过程就是将石灰石等矿石进行煅烧，使其分解为生石灰和二氧化碳的过程，这

一反应可表示为:

$$CaCO_3 \xrightarrow{900 \sim 1\,100\ \text{℃}} CaO + CO_2 \uparrow$$

在正常温度煅烧时,所煅烧的石灰具有多孔、颗粒细小、体积密度小、与水反应速度快等特点,这种石灰称为正火石灰。而在实际生产过程中,由于煅烧温度过低(或时间不足)或温度过高,会产生欠火石灰或过火石灰。欠火石灰中含有未分解完的碳酸钙,会降低石灰的利用率。过火石灰结构致密,孔隙率小,体积密度大,晶粒粗大,易被玻璃物质包裹,因此它与水的化学反应速度极慢。当正火石灰已经水化,并且开始凝结硬化时,过火石灰才开始进行水化,且水化后的产物较反应前体积膨胀,导致已硬化后的结构产生裂纹或崩裂、隆起等现象,这对石灰的使用是非常不利的。

2. 石灰的品种

通常情况下,建筑工程中所使用的石灰是生石灰(块状生石灰、粉状生石灰)。目前应用最广泛的是将生石灰粉碎、筛选制成灰钙粉,用于腻子等材料中。此外,还有主要成分为氢氧化钙的熟石灰(消石灰)和含有过量水的熟石灰(石灰膏)。

根据石灰中氧化镁含量的不同,生石灰可分为钙质生石灰(w(MgO)≤5%)和镁质生石灰(w(MgO)>5%)。将消石灰粉分为钙质消石灰粉(w(MgO)<4%)、镁质消石灰粉(4%≤w(MgO)<24%)和白云石消石灰粉(24%≤w(MgO)<30%)。

6.1.2 石灰的熟化和硬化

1. 石灰的熟化

石灰的熟化是指生石灰(氧化钙)与水发生水化反应,生成熟石灰(氢氧化钙)的过程。这一过程也叫做石灰的消解或消化。其反应方程式为:

$$CaO + H_2O \longrightarrow Ca(OH)_2 + 64.8\ \text{kJ/moL}$$

通过对反应式的分析,可以得出生石灰熟化具有如下特点。

①水化放热量大,放热速度快。这主要是由生石灰的多孔结构及细小晶粒决定的。最初1 h放出的热量是硅酸盐水泥水化1 d放出热量的9倍。

②水化过程中体积膨胀。生石灰在熟化过程中外观体积可增大1~2.5倍,这是引起过火石灰危害的主要原因。

生石灰的熟化主要是通过以下过程来完成的。首先,将生石灰块置于化灰池中,加入生石灰量的3~4倍的水熟化成石灰乳,通过筛网过滤渣子后流入储灰池,经沉淀除去表层多余水分后得到的膏状物称为石灰膏,石灰膏含水约50%,密度为1 300~1 400 kg/m³。一般1 kg生石灰可熟化成1.5~3 L的石灰膏。为了消除过火石灰在使用过程中造成的危害,通常将石灰膏在储灰池中存放两周以上,使过火石灰在这段时间内充分地熟化,这一过程叫做"陈伏"。

陈伏期间,石灰膏表面应覆盖一层水以隔绝空气,防止石灰浆表面碳化。

消石灰粉的熟化方法是:每半米高的生石灰块,淋适量的水(生石灰量的60%~80%),直至数层。经熟化得到的粉状物称为消石灰粉。加水量以消石灰粉略湿,但不成团为宜。

2. 石灰的硬化

石灰的硬化过程主要有结晶硬化和碳化硬化两个过程。

(1)结晶硬化

这一过程也可称为干燥硬化过程,在这一过程中,随着石灰浆体水分的蒸发,氢氧化钙从饱和溶液中逐渐结晶出来。最终,干燥和结晶使氢氧化钙产生一定的强度。

(2)碳化硬化

碳化硬化过程实际上是水与空气中的二氧化碳首先生成碳酸,然后再与氢氧化钙反应生成碳酸钙,同时析出多余水分蒸发,这一过程的反应式为:

$$Ca(OH)_2 + CO_2 + nH_2O \Longrightarrow CaCO_3 + (n+1)H_2O$$

从结晶硬化和碳化硬化的两个过程可以看出,在石灰浆体的内部主要进行结晶硬化过程,而在浆体表面与空气接触的部分进行的是碳化硬化过程,由于外部碳化硬化形成的碳酸钙膜达一定厚度时就会阻止外界的二氧化碳向内部渗透和内部水分向外蒸发,再加上空气中二氧化碳的浓度较低,所以碳化过程一般较慢。

6.1.3 石灰的技术要求和技术标准

根据现行行业标准《建筑生石灰》(JC/T 479—1992),建筑生石灰的技术要求包括有效氧化钙和氧化镁含量、未消化残渣含量(即欠火石灰、过火石灰及杂质的含量)、二氧化碳含量(欠火石灰含量)、产浆量(指1 kg生石灰生成石灰膏的升数),并由此划分为优等品、一等品、合格品,各等级的技术指标见表2.6.1。根据行业标准《建筑生石灰粉》(JC/T 480—1992)的规定,建筑生石灰粉可分为优等品、一等品、合格品,其技术指标见表2.6.2。

表2.6.1 建筑生石灰各等级的技术指标(JC/T 479—1992)

项目	钙质生石灰			镁质生石灰		
	优等品	一等品	合格品	优等品	一等品	合格品
(CaO + MgO 含量)/%	≥90	≥85	≥80	≥85	≥80	≥75
未消化残渣含量 (5 mm 圆孔筛余百分数)/%	≤5	≤10	≤15	≤5	≤10	≤15
CO$_2$ 含量/%	≤5	≤7	≤9	≤6	≤8	≤10
产浆量/L	≥2.8	≥2.3	≥2.0	≥2.8	≥2.3	≥2.0

表 2.6.2　建筑生石灰粉各等级的技术指标（JC/T 480—1992）

项目		钙质生石灰			镁质生石灰		
		优等品	一等品	合格品	优等品	一等品	合格品
（CaO + MgO）含量/%		≥85	≥80	≥75	≥80	≥75	≥70
CO_2 含量/%		≤7	≤9	≤11	≤8	≤10	≤12
细度	0.9 mm 筛余百分数/%	≤0.2	≤0.5	≤1.5	≤0.2	≤0.5	≤1.5
	0.125 mm 筛余百分数/%	≤7.0	≤12.0	≤18.0	≤7.0	≤12.0	≤18.0

根据《建筑消石灰粉》（JC/T 481—1992）的规定，按技术指标可将钙质消石灰粉、镁质消石灰粉和白云石消石灰粉分为优等品、一等品和合格品三个等级，其具体指标详见表 2.6.3。

表 2.6.3　建筑消石灰粉各等级的技术指标（JC/T 481—1992）

项目		钙质消石灰粉		镁质消石灰粉				白云石消石灰粉		
		优等品	一等品	优等品	一等品	合格品	合格品	优等品	一等品	合格品
（CaO + MgO）含量/%		≥70	≥65	≥60	≥65	≥60	≥55	≥65	≥60	≥55
游离水含量/%		0.4~2	0.4~2	0.4~2	0.4~2	0.4~2	0.4~2	0.4~2	0.4~2	0.4~2
体积安定性		合格	合格	合格	合格	—	—	合格	合格	—
细度	0.9 mm 筛余量/%	≤0	≤0	≤0.5	≤0	≤0	≤0.5	≤0	≤0	≤0.5
	0.125 mm 筛余量/%	≤3	≤10	≤15	≤1	≤10	≤15	≤3	≤10	≤15

6.1.4　石灰的应用及储运

1. 石灰的技术性质

（1）保水性、可塑性好

材料的保水性就是材料保持水分不泌出的能力。石灰加水后，由于氢氧化钙的颗粒细小，其表面吸附一层厚厚的水膜，而这种颗粒数量多，总表面积大，所以，石灰具有很好的保水性。又由于颗粒间的水膜导致颗粒间的摩擦力较小，石灰浆也具有良好的保水性。石灰的这种性质常用来改善水泥砂浆的和易性。

（2）凝结硬化慢，强度低

由于石灰是一种气硬性胶凝材料，因此它只能在空气中硬化，而空气中 CO_2 含量低，且碳化后形成较硬的 $CaCO_3$ 薄膜阻止外界 CO_2 向内部渗透，同时又阻止了内部水分向外蒸发，结果导致 $CaCO_3$ 及 $Ca(OH)_2$ 晶体生成的量少且速度慢，使硬化体的强度较低。此外，虽然理论上生石灰消化需要约 32.13% 的水，而实际上用水最却很大，多余的水分蒸发后在硬化体内留下大量孔隙，这也是硬化后石灰强度很低的一个原因。经测定石灰砂浆（1：3）的 28 d 抗压强度仅为 0.2~0.5 MPa。

（3）耐水性差

由于石灰是一种气硬性胶凝材料，因此它不能在水中硬化，而硬化后的浆体由于其主要成份为微溶于水的 $Ca(OH)_2$，从而使硬化体溃散，所以说石灰硬化体的耐水性差。

（4）体积收缩大

石灰浆体在硬化过程中因蒸发失去大量水分,从而引起体积收缩,因此除用石灰浆做粉刷外,不宜单独使用,常掺入砂、麻刀、无机纤维等,以抵抗收缩引起的开裂。

（5）吸湿性强

生石灰吸湿性强,保水性好,是一种传统的干燥剂。

（6）化学稳定性差

石灰是一种碱性物质,遇酸性物质时易发生化学反应,生成新物质。

2. 石灰的应用

（1）室内粉刷

将石灰加水调制成石灰乳,可用于粉刷室内墙壁。

（2）拌制建筑砂浆

将消石灰粉与砂子、水混合拌制石灰砂浆或将消石灰粉与水泥、砂子、水混合拌制石灰水泥混合砂浆,用于抹灰或砌筑。

（3）配制三合土和灰土

将生石灰粉、黏土、砂按1∶2∶3的比例配合,并加水拌和得到的混合料叫做三合土,可夯实后作为路基或垫层。而将生石灰粉、黏土按1∶（2~4）的比例配合,并加水拌和得到的混合料叫做灰土,如工程中的三七灰土、二八灰土等,夯实后可以作为建筑物的基础、道路路基及垫层。

（4）生产硅酸盐混凝土及制品

将石灰与硅质原料（石英砂、粉煤灰、矿渣等）混合磨细,经成型、养护等工序后可制得人造石材,由于它主要以水化硅酸钙为主要成分,因此又叫做硅酸盐混凝土。这种人造石材可以被加工成各种砖及砌块。

（5）地基加固

对于含水的软弱地基,可以将生石灰块溁入地基的桩孔捣实,利用石灰消化时体积膨胀所产生的巨大膨胀压力将土壤挤密,从而使地基土获得加固效果,俗称为石灰桩。

【石灰应用现象①】　某工程室内抹面采用了石灰水泥混合砂浆,经干燥硬化后,墙面出现了表面开裂及局部脱落现象,请分析原因。

【原因分析】　出现上述现象主要是由于存在过火石灰而石灰又未能充分熟化。在砌筑或抹面工程中,石灰必须充分熟化后,才能使用,若有未熟化的颗粒（即过火石灰存在）,正常石灰硬化后过火石灰继续发生反应,产生体积膨胀,就会出现上述现象。

【石灰应用现象②】　某工程在配制石灰砂浆时,使用了潮湿且长期暴露于空气中的生石灰粉,施工完毕后发现建筑的内墙所抹砂浆出现大面积脱落,请分析原因。

【原因分析】　由于石灰在潮湿环境中吸收了水分,转变成消石灰,同时又和空气中的二氧化碳发生反应生成了碳酸钙,因此失去了胶凝性,从而导致了墙体抹灰的大面积脱落。

3. 石灰的储运

鉴于石灰的性质,它必须在干燥的条件下运输和储存,且不宜久存。具体而言,生石灰长时间存放必须密闭防水、防潮;消石灰储存时应包装密封,以隔绝空气,防止碳化。

6.2　石膏

石膏是以硫酸钙为主要成分的气硬性胶凝材料。当石膏中硫酸钙含有的结晶水数量不同时,可形成多种性能不同的石膏。

根据生产原料不同,石膏可分为天然石膏(N)和工业副产石膏,如脱硫建筑石膏(S)、磷建筑石膏(P),本章主要介绍天然建筑石膏。

6.2.1　天然石膏的原料及生产

1. 石膏的原料

生产石膏的原料有天然二水石膏、天然无水石膏和化工石膏等。

天然二水石膏的主要成分是含两个结晶水的硫酸钙($CaSO_4 \cdot 2H_2O$)。二水石膏晶体无色、透明,当含有少量杂质时,呈灰色、淡黄色或淡红色,其密度为 $2.2 \sim 2.4 \ g/cm^3$,难溶于水。它是生产建筑石膏的主要原料。

天然无水石膏是以无水硫酸钙为主要成分的沉积岩,其结晶紧密、质地较硬,仅用于生产无水石膏水泥。

化工石膏是含硫酸钙的化工副产品和废渣(如磷石膏、氟石膏、硼石膏等)。使用化工石膏作为建筑石膏的原料,可扩大石膏的来源,充分利用工业废料,达到综合利用的目的。

2. 石膏的生产

(1)建筑石膏

将天然石膏入窑经低温煅烧后,磨细即得建筑石膏,其反应式如下:

$$CaSO_4 \cdot 2H_2O \xrightarrow{107 \sim 170 \ ℃} CaSO_4 \cdot \frac{1}{2}H_2O + \frac{3}{2}H_2O$$

天然石膏的成分为二水硫酸钙,建筑石膏的成分为半水硫酸钙,由此可见建筑石膏是天然石膏脱去部分结晶水得到的 β 型半水石膏。建筑石膏为白色粉末,松散堆积密度为 800 ~ 1 000 kg/m^3,密度为 2 500 ~ 2 800 kg/m^3。

(2)高强石膏

将二水石膏置于蒸压锅内,经 0.13 MPa 的水蒸气(125 ℃)蒸压脱水,得到的晶粒比 β 型半水石膏粗大的产品,称为 α 型半水石膏,将此石膏磨细得到的白色粉末称为高强石膏。其反应式如下:

$$CaSO_4 \cdot 2H_2O \xrightarrow{125 \ ℃} CaSO_4 \cdot \frac{1}{2}H_2O + \frac{3}{2}H_2O$$

高强石膏由于晶体颗粒较粗,表面积小,拌制相同稠度时需水量比建筑石膏少(约为建筑石膏的一半),因此该石膏硬化后结构密实、强度高,7 d 可达 15 ~ 40 MPa。高强石膏生产成本较高,主要用于室内高级抹灰、装饰制品和石膏板等。

6.2.2　石膏的水化、凝结硬化

建筑石膏的凝结与硬化是在其水化的基础上进行的。也就是说,首先将建筑石膏与水拌和

形成浆体,然后水分逐渐蒸发,浆体失去可塑性,逐渐形成具有一定强度的固体。其反应式为:

$$CaSO_4 \cdot \frac{1}{2}H_2O + \frac{3}{2}H_2O \Longleftrightarrow CaSO_4 \cdot 2H_2O$$

这一反应是建筑石膏生产的逆反应,其主要区别在于此反应是在常温下进行的。另外,由于半水石膏的溶解度高于二水石膏,所以,上述可逆反应总体表现为向右进行,即表现为沉淀反应。就其物理过程来看,随着二水石膏沉淀的不断增加出现结晶。结晶体的不断生成和长大,晶体颗粒之间便产生了摩擦力和黏结力,造成浆体的塑性开始下降,这一现象称为石膏的初凝。而后,随着晶体颗粒间摩擦力和黏结力的增大,浆体的塑性很快下降,直至消失,这种现象称为石膏的终凝。整个过程称为石膏的凝结。石膏终凝后,其晶体颗粒仍在不断长大和连生,形成相互交错且孔隙率逐渐减小的结构,其强度也会不断增大,直至水分完全蒸发,形成硬化后的石膏结构,这一过程称为石膏的硬化。建筑石膏的水化、凝结及硬化是一个连续的、不可分割的过程,也就是说,水化是前提,凝结、硬化是结果。

6.2.3　石膏的技术标准

根据《建筑石膏》(GB/T 9776—2008)规定,建筑石膏的主要技术要求为细度、凝结时间和强度,据此可分为三个等级。具体指标见表2.6.4。

表2.6.4　建筑石膏等级标准(GB/T 9776—2008)

技术指标		3.0 级	2.0 级	1.6 级
强度/MPa	抗折强度	≥3.0	≥2.0	≥1.6
	抗压强度	≥6.0	≥4.0	≥3.0
细度	0.2 mm 方孔筛筛余百分数/%	≤10.0		
凝结时间/min	初凝时间	≥3		
	终凝时间	≤30		

注:指标中有一项不合格者,应予以降级或报废。

浆体开始失去可塑性的状态称为浆体初凝,从加水至初凝的这段时间称为初凝时间;浆体完全失去可塑性,并开始产生强度的状态称为浆体终凝,从加水至终凝的时间称为浆体的终凝时间。

6.2.4　石膏的性质

1. 凝结、硬化快

建筑石膏初凝不小于 6 min,终凝不大于 30 min,在自然干燥条件下,一周左右可完全硬化。由于石膏的凝结速度太快,为方便施工,常掺加硼砂、骨胶等缓凝剂来延缓其凝结速度。

2. 体积微膨胀

建筑石膏硬化后的膨胀率为 0.05% ~ 0.15%。正是石膏的这一特性使得它的制品表面光滑、尺寸精确、装饰性好。

3. 孔隙率大

建筑石膏的水化反应理论上需水量仅为石膏的 18.6%,但在搅拌时为了使石膏充分溶解、水化并使得石膏浆体具有施工要求的流动度,实际加水量达 50% ~70%,而多余的水分蒸发后,在石膏硬化体的内部将留下大量的孔隙,其孔隙率可达 50% ~60%。由于这一特性,石膏制品热导率小(仅为 0.121 ~0.205 W/(m·K)),保温隔热性能好,但强度较低(一般抗压强度为 3 ~5 MPa),耐水性差,吸湿性强。建筑石膏水化后生成的二水石膏结晶体会溶于水,长时间浸泡会使石膏制品产生破坏。

4. 具有一定的调湿作用

由于建筑石膏制品内部的大量毛细孔隙对空气中水分具有较强吸附能力,在干燥时又可释放水分。因此,当它用于室内工程中时,可对室内空气产生一定调节湿度的作用。

5. 防火性好,耐火性差

建筑石膏制品的热导率小,传热速度慢,且二水石膏受热脱水产生的水蒸气可以阻碍火势的蔓延,但二水石膏脱水后强度下降,因此不耐火。

6. 装饰性好,可加工性好

建筑石膏制品表面平整,色彩洁白,并可以进行锯、刨、钉、雕刻等加工,具有良好的装饰性和可加工性。

6.2.5 石膏的应用

1. 室内抹灰及粉刷

由于建筑石膏的上述特性,它可被用于室内的抹灰及粉刷。建筑石膏加水、砂及缓凝剂拌和成石膏砂浆,用于室内抹灰或作为油漆打底使用,其特点是隔热保温性能好,热容量大,吸湿性强,因此可以一定程度地调节室内温度、湿度,保持室温的相对稳定。此外,这种抹灰墙面还具有阻火、吸声、施工方便、凝结硬化快、黏结牢固等特点,因此可称其为室内高级粉刷及抹灰材料。石膏砂浆也作为油漆等的打底层,并可直接涂刷油漆或粘贴墙布或墙纸等。

目前有一种新型粉刷石膏,是在石膏中掺入优化性能的辅助材料及外加剂配制而成的抹灰材料,按用途可分为面层粉刷石膏、底层粉刷石膏和保温层粉刷石膏三类。

2. 石膏板

随着框架轻板结构的发展,石膏板的生产和应用也发展很快。由于石膏板具有原料来源广泛、生产工艺简便、轻质、保温、隔热、吸声、不燃及可锯可钉性等,因此它被广泛应用于建筑行业。

常用的石膏板有纸面石膏板、纤维石膏板、装饰石膏板、空心石膏板、吸声用穿孔石膏板等。这里值得注意的是通常装饰石膏板所用的原料是磨得很细的建筑石膏即模型石膏。

石膏容易与水发生反应。因此,石膏在运输储存的过程中应注意防水、防潮。另外,长期储存会使石膏的强度下降很多(一般储存三个月后,强度会下降 30% 左右)。因此,建筑石膏不宜长期储存,一旦储存时间过长应重新检验确定等级。

【石膏应用现象】 某剧场采用石膏板做内部装饰,由于冬季剧场内暖气管爆裂,大量热水流过剧场,一段时间后发现石膏制品出现了局部变形,表面出现霉斑。请分析原因。

【原因分析】　石膏是一种气硬性胶凝材料。它不能在水中硬化,也就是说石膏不适合在潮湿环境中使用。

6.3　水玻璃

6.3.1　水玻璃的组成

水玻璃俗称泡花碱,是由碱金属氧化物和二氧化硅按不同比例化合而成的一种可溶于水的硅酸盐。常用的水玻璃有硅酸钠($Na_2O \cdot nSiO_2$)(水溶液也叫钠水玻璃)和硅酸钾($K_2O \cdot nSiO_2$)(水溶液也叫钾水玻璃)。水玻璃分子式中 SiO_2 与 Na_2O(或 K_2O)的分子数比值 n 叫做水玻璃的模数。水玻璃的模数越大,越难溶于水,越容易分解硬化,硬化后黏结力、强度、耐热性与耐酸性越高。

水玻璃的生产有干法和湿法两种方法。干法是以石英岩和纯碱为原料,磨细拌匀后,在熔炉内于 $1\,300 \sim 1\,400\ ℃$ 温度下熔化。按下式反应生成固体水玻璃,将其溶解于水而制得液体水玻璃。

$$Na_2CO_3 + nSiO_2 \xrightarrow{1\,300\,\sim\,1\,400\ ℃} Na_2O \cdot nSiO_2 + CO_2 \uparrow$$

湿法生产是以石英岩粉和烧碱为原料,在高压蒸锅内,$2 \sim 3$ 大气压下进行压蒸反应,直接生成液体水玻璃。建筑上常用的钠水玻璃为无色、青绿色或棕色的黏稠状液体,模数 n 为 $2.5 \sim 3.5$,密度为 $1.3 \sim 1.4\ g/cm^3$。

6.3.2　水玻璃的硬化

水玻璃溶液在空气中吸收 CO_2 气体,析出无定形二氧化硅凝胶(硅胶)并逐渐干燥硬化,反应式为:

$$Na_2O \cdot nSiO_2 + CO_2 + mH_2O \longrightarrow nSiO_2 \cdot mH_2O + Na_2CO_3$$

由于空气中 CO_2 浓度较低,为加速水玻璃的硬化,可加入氟硅酸钠(Na_2SiF_6)作为促硬剂,以加速硅胶的析出,反应式为:

$$2Na_2O \cdot nSiO_2 + Na_2SiF_6 + mH_2O \longrightarrow (2n+1)SiO_2 \cdot mH_2O + 6NaF$$

氟硅酸钠的适宜加入量为水玻璃质量的 $12\% \sim 15\%$,加入氟硅酸钠后,水玻璃的初凝时间可缩短到 $30 \sim 50\ min$,终凝时间可缩短到 $4 \sim 6\ h$,$7\ d$ 基本达到最高强度。

6.3.3　水玻璃的性质

1. 黏结力强

水玻璃硬化中析出的硅酸凝胶具有很强的黏附性,因而水玻璃有良好的黏结能力。

2. 耐酸性好

硅酸凝胶不与酸类物质反应,因而水玻璃具有很好的耐酸性。可抵抗除氢氟酸、过热磷酸以外的几乎所有的无机和有机酸。

3. 耐热性好

硅酸凝胶在高温干燥条件下强度会增强,因而水玻璃具有很好的耐热性。

4. 抗渗性和抗风化能力

硅酸凝胶能堵塞材料毛细孔并在表面形成连续封闭膜,因而具有很好的抗渗性和抗风化能力。

6.3.4 水玻璃的用途

1. 配制耐酸混凝土、耐酸砂浆、耐酸胶泥等

水玻璃具有较高的耐酸性。用水玻璃和耐酸粉料经粗细集料配合,可制成防腐工程的耐酸胶泥、耐酸砂浆和耐酸混凝土。

2. 配制耐热混凝土、耐热砂浆及耐热胶泥

水玻璃硬化后形成的 SiO_2 具有非晶态空间网状结构,具有良好的耐火性。因此,可与耐热集料一起配制成耐热砂浆及耐热混凝土。

3. 涂刷材料表面,提高材料的抗风化能力

硅酸凝胶可填充材料的孔隙,使材料致密,提高了材料的密实度、强度、抗渗性、抗冻性及耐水性等,从而提高材料的抗风化能力。但不能用以涂刷或浸渍石膏制品,因两者会发生反应,在制品孔隙中生成硫酸钠结晶,使体积膨胀,将制品胀裂。

4. 配制速凝防水剂

水玻璃加两种、三种或四种矾,即可配制成二矾、三矾、四矾速凝防水剂,从而提高砂浆的防水性。这种防水剂因为凝结迅速,可调配水泥防水砂浆,适用于堵塞漏洞、缝隙等局部抢修。

5. 加固土壤

水玻璃与氯化钙溶液分别压入土壤中后相遇会发生反应生成硅酸凝胶,包裹土壤颗粒,填充空隙、吸水膨胀,可以防止水分透过,加固土壤。

【水玻璃应用现象】 以一定密度的水玻璃浸渍或涂刷黏土砖、水泥混凝土、石材等多孔材料,可提高材料的密实度、强度、抗渗性、抗冻性及耐水性。请分析原因。

【原因分析】 这是因为水玻璃与空气中的二氧化碳反应生成硅酸凝胶,同时水玻璃也与材料中的氢氧化钙反应生成硅酸钙凝胶,两者填充于材料的孔隙,使材料致密。

任务7 砂浆的选用

建筑砂浆由胶凝材料、细骨料、掺加料和水按一定的比例配制而成。根据所使用胶凝材料的不同,砂浆分为水泥砂浆、石灰砂浆和混合砂浆等;根据用途又分为砌筑砂浆、抹面砂浆、防水砂浆及特种砂浆。

7.1　砌筑砂浆

将砖、石、砌块等黏结成为砌体的砂浆称为砌筑砂浆。砌筑砂浆的作用主要是:把分散的块状材料胶结成坚固的整体,提高砌体的强度、稳定性;使上层块状材料所受的荷载能够均匀传递到下层;填充块状材料之间的缝隙,提高建筑物的保温、隔音、防潮等性能。

7.1.1　砌筑砂浆的组成材料

1. 胶凝材料

砌筑砂浆主要的胶凝材料是水泥,常用的有普通水泥、矿渣水泥、火山灰水泥、粉煤灰水泥和砌筑水泥等。砌筑砂浆用水泥的强度等级,应根据砂浆品种及强度等级的要求进行选择。M15 及以下的砌筑砂浆宜选用 32.5 级的通用硅酸盐水泥或砌筑水泥;M15 以上强度等级的砌筑砂浆宜选用 42.5 级的通用硅酸盐水泥。

石灰、石膏也可作为砂浆的胶凝材料,还可与水泥混合使用配制混合砂浆,以节约水泥并改善砂浆的和易性。

2. 砂(细骨料)

砌筑砂浆用砂应符合建筑用砂的技术要求。由于砂浆层较薄,对砂子的最大粒径应有限制。砌筑毛石砌体宜选用粗砂,砂的最大粒径应小于砂浆层厚度的 1/5 ~ 1/4;砖砌体用砂宜选用中砂,最大粒径不大于 2.5 mm;抹面及勾缝的砂浆应使用细砂。为保证砂浆的质量,应选用洁净的砂,砂中黏土杂质的含量不宜过大。一般规定砂的含泥量不应超过 5%。其中强度等级为 M2.5 的水泥混合砂浆,砂的含泥量不应超过 10%。

3. 水

拌和砂浆用水应符合《混凝土用水标准》(JGJ 63—2006)的规定。应选用不含有害杂质的洁净水来拌和砂浆。

4. 掺加料及外加剂

为了改善砂浆的和易性和节约水泥,可在砂浆中加入一些无机掺加料,如石灰膏、黏土膏、电石膏、粉煤灰等。掺加料应符合下列规定。

①生石灰熟化成石灰膏时,应用孔径不大于 3 mm × 3 mm 的网过滤,熟化时间不得少于7 d;磨细生石灰粉的熟化时间不得少于 2 d。沉淀池中储存的石灰膏,应采取防止干燥、冻结和污染的措施。严禁使用脱水硬化的石灰膏,消石灰粉不得直接用于砌筑砂将中。

②采用黏土或亚黏土制备黏土膏时,宜用搅拌机加水搅拌,通过孔径不大于 3 mm × 3 mm的网过滤。用比色法鉴定黏土中的有机物含量时,测得颜色深度应浅于标准色。

③制作电石膏的电石渣应用孔径不大于 3 mm × 3 mm 的网过滤,检验时应加热至 70 ℃并保持 20 min,并应在乙炔挥发完后再使用。

④消石灰粉不得直接用于砌筑砂浆中。

⑤石灰膏、黏土膏和电石膏试配时的稠度,应为(120 ± 5) mm。

⑥粉煤灰的品质指标和粒化高炉矿渣粉应符合国家标准《用于水泥和混凝土中的粉煤

灰》(GB 1596)及《用于水泥和混凝土中的粒化高炉矿渣粉》(GB/T 18046)的要求。

为了使砂浆具有良好的和易性及其他施工性能,可在砂浆中掺入某些外加剂(如有机塑化剂、引气剂、早强剂、缓凝剂、防冻剂等)。外加剂应具有法定检测机构出具的该产品砌体强度型式检验报告,并经砂浆性能试验合格后,方可使用。

7.1.2 砌筑砂浆的技术性质

1. 新拌砂浆的密度

水泥砂浆拌和物的密度不宜小于 1 900 kg/m³;水泥混合砂浆拌和物的密度不宜小于 1 800 kg/m³。

2. 砂浆的和易性

新拌砂浆的和易性是指砂浆易于施工并能保证质量的综合性质。和易性好的砂浆不仅在运输和施工过程中不易产生分层、离析、泌水,而且能在粗糙的砖、石基面上铺成均匀的薄层,与基层保持良好的黏结,便于施工操作。和易性包括流动性和保水性两个方面。

(1)流动性

砂浆的流动性(又称稠度),是指砂浆在自重或外力作用下产生流动的性能。流动性的大小用"沉入度"表示,通常用砂浆稠度测定仪测定。

砂浆流动性的选择与砌体种类、施工方法及天气情况有关。流动性过大,砂浆太稀,过稀的砂浆不仅铺砌困难,而且硬化后强度降低;流动性过小,砂浆太稠,难于铺平。一般情况下用于多孔吸水的砌体材料或干热的天气,流动性应选得大些;用于密实不吸水的材料或湿冷的天气,流动性应选得小些。砂浆流动性可按表 2.7.1 选用。

表 2.7.1 砌筑砂浆的稠度选择(JGJ 98—2010)

砌体种类	砂浆稠度/mm
烧结普通砖砌体、粉煤灰砖砌体	70~90
混凝土砖砌体、普通混凝土小型空心砌块砌体、灰砂砖砌体	50~70
烧结多孔砖砌体、烧结空心砖砌体、轻集料混凝土小型空心砌块砌体、蒸压加气混凝土砌块砌体	60~80
石砌体	30~50

技术提示:一般而言,抹面砂浆、多孔吸水的砌体材料、干燥气候和手工操作的砂浆,流动性应大些;而砌筑砂浆、密实的砌体材料、寒冷气候和机械施工的砂浆,流动性应小些。

(2)保水性。新拌砂浆能够保持内部水分不泌出流失的能力,称为砂浆保水性。保水性良好的砂浆水分不易流失,易于摊铺成均匀密实的砂浆层;反之,保水性差的砂浆,在施工过程中容易泌水、分层离析,使流动性变差;同时由于水分易被砌体吸收,影响胶凝材料的正常硬化,从而降低砂浆的黏结强度。

砂浆的保水性用保水率(%)表示。《砌筑砂浆配合比设计规程》(JGJ 98—2010)规定砌筑砂浆的保水率见表 2.7.2。

表 2.7.2　砌筑砂浆的保水率(%)

砂浆种类	保水率
水泥砂浆	≥80
水泥混合砂浆	≥84
预拌砌筑砂浆	≥88

3. 砂浆的强度和强度等级

砂浆的强度是以六个 70.7 mm × 70.7 mm × 70.7 mm 的立方体试块,在标准条件下养护 28 d 后,用标准方法测得的抗压强度(MPa)平均值来评定的。砂浆的强度等级分为 M5、M7.5、M10、M15、M20、M25、M30 七个等级。

砌筑砂浆的强度等级应根据工程类别及砌体部位选择。在一般建筑工程中,办公楼、教学楼及多层商店等宜用 M5 ~ M10 的砂浆;平房宿舍、商店等多用 M5 的砂浆;食堂、仓库、地下室及工业厂房等多用 M10 的砂浆;检查井、雨水井、化粪池等可用 M5 砂浆。特别重要的砌体才使用 M10 以上的砂浆。

4. 砂浆的黏结力

砌筑砂浆应有足够的黏结力,以便将块状材料黏结成坚固的整体。一般来说,砂浆的抗压强度越高,黏结力越强。此外,黏结力大小还与砌筑底面的润湿程度、清洁程度及养护条件等因素有关。粗糙的、洁净的、湿润的表面黏结力较好。

5. 砂浆的耐久性

耐久性指砂浆在使用条件下经久耐用的性质。砂浆有良好的抗冻性。有抗冻性要求的砌体工程,砌筑砂浆应进行冻融试验,经冻融试验后,质量损失率不得大于 5%,强度损失率不得大于 25%。

7.1.3　砌筑砂浆的配合比设计

砌筑砂浆应根据工程类别及砌体部位的设计要求,选择砂浆的强度等级,再按所选强度等级确定其配合比。一般情况可查阅相关手册或资料来选择。重要工程用砂浆或无参考资料时,可根据《砌筑砂浆配合比设计规程》(JGJ 98—2010)按下列步骤计算。

1. 现场配制水泥混合砂浆的试配

(1)配合比

配合比应按下列步骤进行计算:

①计算砂浆试配强度($f_{m,0}$);

②计算每立方米砂浆中的水泥用量(Q_C);

③计算每立方米砂浆中的石灰膏用量(Q_D);

④确定每立方米砂浆的砂用量(Q_S);

⑤按砂浆稠度选每立方米砂浆的用水量(Q_W)。

(2)砂浆的试配强度

砂浆的试配强度应按下式计算:

$$f_{m,0} = kf_2 \tag{2.7.1}$$

式中：$f_{m,0}$——砂浆的试配强度,精确至 0.1 MPa;

f_2——砂浆强度等级值,精确至 0.1 MPa;

k——系数,按表 2.7.3 取值。

表 2.7.3　砂浆强度标准差 σ 及 k 值

施工水平 \ 强度等级	砂浆强度等级							k
	M5.0	M7.5	M10	M15	M20	M25	M30	
优良	1.00	1.50	2.00	3.00	4.00	5.00	6.00	1.15
一般	1.25	1.88	2.50	3.75	5.00	6.25	7.50	1.20
较差	1.50	2.25	3.00	4.50	6.00	7.50	9.00	1.25

（3）砂浆强度标准差的确定

砂浆强度标准差的确定应符合下列规定。

①当有统计资料时,砂浆强度标准差应按下式计算:

$$\sigma = \sqrt{\dfrac{\sum\limits_{i=1}^{n} f_{m,i}^2 - n\mu_{fm}^2}{n-1}} \tag{2.7.2}$$

式中：$f_{m,i}$——统计周期内同一品种砂浆第 i 组试件的强度,MPa;

μ_{fm}——统计周期内同一品种砂浆 n 组试件强度的平均值,MPa;

n——统计周期内同一品种砂浆试件的总组数,$n \geqslant 25$。

②当无统计资料时,砂浆强度标准差 σ 可按表 2.7.3 取值。

（4）水泥用量的计算

水泥用量的计算应符合下列规定。

①每立方米砂浆中的水泥用量,应按下式计算:

$$Q_C = \dfrac{1\,000(f_{m,0} - \beta)}{\alpha \cdot f_{ce}} \tag{2.7.3}$$

式中：Q_C——每立方米砂浆的水泥用量,kg,精确至 1 kg;

f_{ce}——水泥的实测强度,精确至 0.1 MPa;

α,β——砂浆的特征系数,其中 $\alpha = 3.03$,$\beta = -15.09$。各地区也可用本地区试验资料确定 α,β 值,统计用的试验组数不得少于 30 组。

②在无法取得水泥的实测强度值时,可按下式计算:

$$f_{ce} = \gamma_c \cdot f_{ce,k} \tag{2.7.4}$$

式中：$f_{ce,k}$——水泥强度等级值,MPa;

γ_c——水泥强度等级值的富余系数,宜按实际统计资料确定,无统计资料时可取 1.0。

（5）掺加料用量计算

$$Q_D = Q_A - Q_C \tag{2.7.5}$$

式中：Q_D——每立方米砂浆的掺加料用量,精确至 1 kg;石灰膏、黏土膏使用时的稠度为（120 ± 5）mm;

Q_A——每立方米砂浆中水泥和掺加料的总量,精确至 1 kg,可为 350 kg;

Q_C——每立方米砂浆的水泥用量,精确至 1 kg。

(6)确定砂子用量

每立方米砂浆中的砂子用量,应以干燥状态(含水率小于0.5%)的堆积密度值作为计算值(kg)。

(7)每立方米砂浆中的用水量,可根据砂浆稠度等要求选用 210~310 kg。

注:①混合砂浆的用水量,不包括石灰膏中的水;

②当采用细砂或粗砂时,用水量分别取上限或下限;

③稠度小于 70 mm 时,用水量可小于下限;

④施工现场气候炎热或干燥季节,可酌量增加用水量。

2. 现场配制水泥砂浆的试配

(1)水泥砂浆的材料用量

水泥砂浆的材料用量可按表2.7.4选用。

表 2.7.4　每立方米水泥砂浆材料用量

强度等级	水泥用量／kg	砂子用量／kg	用水量／kg
M5	200~230		
M7.5	230~260		
M10	260~290		
M15	290~330	1 m³砂子的堆积密度值	270~330
M20	340~400		
M25	360~410		
M30	430~480		

注:①M15 及 M15 以下强度等级的水泥砂浆,水泥强度等级为 32.5 级,M15 以上强度等级的水泥砂浆,水泥强度等级为 42.5 级;

②当采用细砂或粗砂时,用水量分别取上限或下限;

③稠度小于 70 mm 时,用水量可小于下限值;

④施工现场气候炎热或干燥季节,可酌量增加用水量;

⑤试配强度应按公式计算。

(2)水泥粉煤灰砂浆的材料用量

水泥粉煤灰砂浆的材料用量可按表2.7.5选用。

表 2.7.5　每立方米水泥粉煤灰砂浆材料用量

强度等级	水泥和粉煤灰总量/kg	粉煤灰	砂/kg	用水量/kg
M5	210~240			
M7.5	240~270	粉煤灰掺量		
M10	270~300	可占胶凝材料	砂的堆积密度值	270~330
M15	300~330	总量的15%~25%		

注:①表中水泥强度等级为 32.5 级;

②当采用细砂或粗砂时,用水量分别取上限或下限;

③稠度小于 70 mm 时,用水量可小于下限值;

④施工现场气候炎热或干燥季节,可酌量增加用水量;

⑤试配强度应按公式计算。

3. 配合比试配与调整

按计算或查表所得配合比,采用工程实际使用材料进行试拌时,应测定其拌和物的稠度和保水率,当不能满足要求时,应调整材料用量,直到符合要求为止。然后确定为试配时的砂浆基准配合比。

试配时至少应采用 3 个不同的配合比,其中一个为基准配合比,其他配合比的水泥用量应按基准配合比分别增加和减少 10%。在保证稠度、保水性合格的条件下,可将用水量或掺加料用量作相应调整。

对 3 个不同配合比进行调整后,应按现行的行业标准《建筑砂浆基本性能试验方法标准》(JGJ/T 70—2009)的规定成型试件,测定砂浆强度,并选用符合试配强度要求且水泥用量最低的配合比作为砂浆配合比。

【例题 7-1】 某砌筑工程,砌围墙采用水泥石灰混合砂浆,要求设计用于砌筑砖墙的水泥混合砂浆配合比。设计强度等级为 M5.0,稠度为 70~90 mm。所用原材料为 32.5 级矿渣硅酸盐水泥;中砂,堆积密度为 1 450 kg/m^3,含水率 2%;石灰膏,稠度 120 mm;施工水平一般。

【解】 (1)计算试配强度 $f_{m,0}$

根据施工水平一般,查表 2.7.3 得 $k = 1.20$

$$f_{m,0} = kf_2 = 1.20 \times 5.0 = 6.0$$

(2)计算水泥用量 Q_C

砂浆的特征系数:$\alpha = 3.03$,$\beta = -15.09$;$f_{ce} = 32.5$ MPa

$$Q_C = \frac{1\ 000(f_{m,0} - \beta)}{\alpha \cdot f_{ce}} = \frac{1\ 000(6.0 - 15.09)}{3.03 \times 32.5} = 92 \text{ kg/m}^3$$

(3)计算石灰膏用量 Q_D

选用 $Q_A = 350$ kg/m^3

$$Q_D = Q_A - Q_C = 350 - 92 = 258 \text{ kg/m}^3$$

(4)计算砂子用量 Q_S

$$Q_S = 1\ 450 \text{ kg/m}^3$$

(5)用水量选择 Q_W

根据砂浆稠度 70~90 mm,选择用水量 $Q_W = 300$ kg/m^3

(6)砂浆配合比确定

水泥:石灰膏:砂:水 = 92:258:1 450:300 = 1:2.80:15.76:3.26

【砌筑砂浆实例现象】 某工地采用 M10 砌筑砂浆砌筑砖墙,施工中将水泥直接倒在砂堆上,采用人工拌和。该砌体灰缝饱满度及黏结性均差。试分析原因。

【原因分析】 砂浆的均匀性可能有问题。水泥直接倒在砂堆上采用人工拌和的方法导致混合不够均匀,宜采用机械搅拌;仅以水泥与砂配制砌筑砂浆,使用少量水泥虽可满足强度要求,但往往流动性及保水性较差,而使砌体饱满度及黏结性较差,影响砌体强度,可掺入少量石灰膏、石灰粉或微沫剂等以改善砂浆的和易性。

7.2 抹面砂浆与防水砂浆

抹面砂浆也称抹灰砂浆,是指以薄层涂抹在建筑物内外表面的砂浆。它既可以保护墙体不受风雨、潮气等侵蚀,提高墙体的耐久性;同时也使建筑表面平整、光滑、清洁美观。与砌筑砂浆不同,对抹面砂浆的要求不是抗压强度,而是和易性以及与基底材料的黏结力。

7.2.1 普通抹面砂浆

为了保证抹灰层表面平整,避免开裂脱落,通常抹面砂浆分为底层、中层和面层。各层抹面的作用和要求不同,每层所用的砂浆性质也应各不相同。

底层砂浆的作用是与基层牢固地黏结,因此要求砂浆具有良好的工作性和黏结力,并具有较好的保水性,以防止水分被基层吸收而影响黏结。砖墙底层抹灰多用石灰砂浆;有防水、防潮要求时用水泥砂浆;混凝土底层抹灰多用水泥砂浆或混合砂浆;板条墙及顶棚的底层抹灰多用混合砂浆或石灰砂浆。

中层抹灰主要起找平作用,多用混合砂浆或石灰砂浆,有时可省略。

面层砂浆主要起保护装饰作用,多用细砂配制的混合砂浆、麻刀石灰砂浆、纸筋石灰砂浆;在容易碰撞或潮湿的部位的面层,如墙裙、踢脚板、雨篷、水池、窗台等均应采用细砂配制的水泥砂浆。

普通抹面砂浆的配合比,可参考表 2.7.6。

表 2.7.6　各种抹面砂浆配合比

材料	配合比范围	应用范围
$V($石灰$):V($砂$)$	$(1:2) \sim (1:4)$	用于砖石墙表面(檐口、勒脚、女儿墙以及潮湿的房间除外)
$V($石灰$):V($黏土$):V($砂$)$	$(1:1:4) \sim (1:1:8)$	用于干燥环境墙表面
$V($石灰$):V($石膏$):V($砂$)$	$(1:0.4:2) \sim (1:1:3)$	用于不潮湿房间的墙及天花板
$V($石灰$):V($石膏$):V($砂$)$	$(1:2:2) \sim (1:2:4)$	用于不潮湿房间的线脚及其他装饰工程
$V($石灰$):V($水泥$):V($砂$)$	$(1:0.5:4) \sim (1:1:5)$	用于檐口、勒脚、女儿墙以及比较潮湿的部位
$V($水泥$):V($砂$)$	$(1:3) \sim (1:2.5)$	用于浴室、潮湿车间等墙裙、勒脚或地面基层
$V($水泥$):V($砂$)$	$(1:2) \sim (1:1.5)$	用于地面、天棚或墙面面层
$V($水泥$):V($石膏$):V($砂$):V($锯末$)$	$(1:1) \sim (3:5)$	用于吸音粉刷
$V($水泥$):V($石子$)$	$(1:2) \sim (1:1)$	用于水磨石(打底用 1:2.5 水泥砂浆)
$V($水泥$):V($石子$)$	$1:1.5$	用于斩假石(打底用 1:2.5 水泥砂浆)
$m($白灰$):m($麻刀$)$	$100:2.5$	用于板条天棚底面
$m($石灰膏$):m($麻刀$)$	$100:1.3$	用于板条天棚面层(或 100 kg 石灰膏加 3.8 kg 纸筋)
$V($纸筋$):V($白灰浆$)$	灰膏 0.1 m³,纸筋 0.36 kg	用于较高级墙板、天棚

7.2.2　装饰抹面砂浆

涂抹在建筑物内外墙表面,以增加建筑物美观效果的砂浆称为装饰砂浆。装饰砂浆与抹面砂浆的主要区别在面层。装饰砂浆的面层应选用具有一定颜色的胶凝材料和集料并采用特殊的施工操作方法,以使表面呈现出各种不同的色彩线条和花纹等装饰效果。

装饰砂浆常用的胶凝材料有白水泥和彩色水泥以及石灰、石膏等。集料常用大理石、花岗岩等带颜色的细石渣或玻璃、陶瓷碎粒等。几种常用装饰砂浆的工艺做法如下。

1. 水刷石

水刷石是将水泥和粒径为 5 mm 左右的石渣按比例配制成砂浆,涂抹成型待水泥浆初凝后,以硬毛刷蘸水刷洗,或以清水冲洗,冲洗掉石渣表面的水泥浆,使石渣半露出来。水刷石饰面具有石料饰面的质感效果,如再结合适当的艺术处理,可使饰面获得自然美观、明快庄重、秀丽淡雅的艺术效果,且经久耐用,不需维护。

2. 水磨石

水磨石是用普通水泥、白水泥或彩色水泥和有色石渣或白色大理石碎粒做面层,硬化后用机械磨平抛光表面而成。它不仅美观而且有较好的防水、耐磨性能。水磨石分现制和预制两种:现制多用于地面装饰;预制件多用做楼梯踏步、踢脚板、地面板、柱面、窗台板、台面等。

3. 斩假石

斩假石又称剁斧石,是在水泥砂浆基层上涂抹水泥石粒浆,待硬化有一定强度时,用钝斧及各种凿子等工具,在表面剁斩出类似石材经雕琢的纹理效果,既具有真实的质感,又有精工细作的特点,给人以朴实、自然、素雅、庄重的感觉,主要用于室内外柱面、勒脚、栏杆、踏步等处的装饰。

7.2.3　防水砂浆

用做防水层的砂浆叫做防水砂浆,砂浆防水层又称为刚性防水层,适用于不受振动和具有一定刚度的混凝土或砖石砌体工程,如地下室、水塔、水池工程等的防水。

防水砂浆可以采用普通水泥砂浆,通过人工多层抹压法,以减少内部连通毛细孔隙,增大密实度,达到防水效果,也可以掺加防水剂来制作防水砂浆。常用的防水剂有氯化物金属盐类防水剂、水玻璃防水剂和金属皂类防水剂等。在水泥砂浆中掺入防水剂,可促使砂浆结构密实,填充和堵塞毛细管道和孔隙,提高砂浆的抗渗能力。

配制防水砂浆,宜选用强度等级 32.5 级以上的普通硅酸盐水泥或微膨胀水泥,砂子宜采用洁净的中砂,水胶比控制在 0.50 ~ 0.55,体积配合比(V(水泥):V(砂))控制在 1:2.5 ~ 1:3。

防水砂浆的施工操作要求较高,配制防水砂浆时先将水泥和砂子干拌均匀,再把量好的防水剂溶于拌和水中,与水泥、砂搅拌均匀后即可使用。涂抹时,每层厚度约 5 mm,共涂抹 4 ~ 5 层,厚度 20 ~ 30 mm。在涂抹前先在润湿清洁的底面上抹一层纯水泥浆,然后抹一层厚 5 mm 的防水砂浆,在初凝前用木抹子压实一遍,第二、三、四层都是同样的操作方法,最后一层进行压光。抹完后应加强养护。

7.3　新型砂浆与特种砂浆

7.3.1　保温砂浆

保温砂浆是用水泥、石灰、石膏等胶凝材料与膨胀蛭石或陶粒砂等轻质多孔骨料按一定比例配制而成的,质轻,具有良好的保温性能。

水泥膨胀珍珠岩砂浆宜采用普通硅酸盐水泥,水泥与轻质骨料的体积比约为1:12,可用于砖及混凝土内墙表面抹灰或喷涂。水泥、石灰膏、膨胀蛭石砂浆体积比为1:5:8,可用于平屋顶保温层及顶棚、内墙抹灰。

7.3.2　吸声砂浆

吸声砂浆与保温砂浆类似,由轻质多孔骨料配制而成,有良好的吸声性能,用于室内墙壁和吊顶的吸音处理。也可采用水泥、石膏、砂、锯末(体积比约为1:1:3:5)配制吸声砂浆,还可在石灰、石膏砂浆中掺入玻璃纤维、矿物棉等松软纤维材料配制吸声砂浆。

7.3.3　防辐射砂浆

防辐射砂浆是指在水泥浆中加入重晶石粉、砂配制而成的具有防辐射能力的砂浆。按水泥、重晶石粉、重晶石砂体积比1:0.25:(4~5)配制的砂浆具有防X射线辐射的能力。若在水泥砂中掺入硼砂、硼酸可配制具有防中子辐射能力的砂浆。这类砂浆用于射线防护工程中。

7.3.4　聚合物砂浆

在水泥砂浆中加入有机聚合物乳液配制成的砂浆称为聚合物砂浆。聚合物砂浆一般具有黏结力强、干缩率小、脆性低、耐蚀性好等特点,主要用于提高装饰砂浆的黏结力、填补钢筋混凝土构件的裂缝、制作耐磨及耐侵蚀的修补和防护工程。常用的聚合物乳液有氯丁橡胶乳液、丁苯橡胶乳液、丙烯酸树脂乳液等。

7.3.5　耐酸砂浆

在水玻璃和氟硅酸钠配制的耐酸涂料中,掺入适量由石英岩、花岗岩、铸石等加工成的粉状细骨料可配制成耐酸砂浆。耐酸砂浆多用做耐酸地面和耐酸容器的内壁防护层。

7.3.6　干混砂浆

干混砂浆又称为干粉料、干混料或干粉砂浆。它是由胶凝材料、细骨料、外加剂(有时根据需要加入一定量的掺和料)等固体材料组成,经工厂准确配料和均匀混合而制成的砂浆半成品,不含拌和水。拌和水在施工现场搅拌时加入。

干混砂浆分为普通干混砂浆和特种干混砂浆。

普通干混砂浆又分为砌筑工程用的干混砌筑砂浆和抹灰工程用的干混砂浆两种。

干混砌筑砂浆具有优异的黏结能力和保水性,使砂浆在施工中凝结得更为密实,在干燥砌块基面都能保证砂浆的有效黏结;具有干缩率低的特性,能够最大限度地保证墙体尺寸的稳定性;胶凝后具有刚中带韧的特性,提高建筑物的安全性能。

抹灰工程用的干混抹灰砂浆能承受一系列外部作用;有足够的抗水冲能力,可用在浴室和其他潮湿的房间抹灰工程中;减少抹灰层数,提高工效;具有良好的和易性,使施工好的基面光滑平整、均匀;具有良好的抗流挂性能、对抹灰工具的低黏性、易施工性;具有更好的抗裂、抗渗性能。

特种干混砂浆指对性能有特殊要求的专用建筑、装饰类干混砂浆,如瓷砖黏结砂浆、聚苯板(EPS)黏结砂浆、外保温抹面砂浆等。

瓷砖黏结砂浆:节约材料用量,可实现薄层黏结;黏结力强,减少分层和剥落,避免空鼓、开裂;操作简单方便,施工质量和效率得到大幅提高。

聚苯板(EPS)黏结砂浆:对基底和聚苯乙烯板有良好的黏结力;有足够的变形能力(柔性)和良好的抗冲击性;自身质量轻,对墙体要求低,能直接在混凝土和砖墙上使用;环保无毒,节约大量能源;有极佳的黏结力和表面强度;低收缩,不开裂,不起壳,具有长期的耐候性与稳定性;加水即用,避免现场搅拌砂浆的随意性,质量稳定,有良好的施工性能,耐碱、耐水、抗冻融、快干、早强、施工效率高。

外保温抹面砂浆是指由聚苯乙烯颗粒添加纤维素、胶粉、纤维等添加剂制成的具有保温隔热性能的砂浆产品。它加水即可使用,施工方便;黏结强度高,不易空鼓、脱落;物理力学性能稳定,收缩率低,可防止收缩开裂或龟裂;可在潮湿基面上施工;干燥硬化块,施工周期短;绿色环保,隔热效果卓越;密度小,可减轻建筑自重,有利于结构设计。

干混砂浆的特点是集中生产,性能优良,质量稳定,品种多样,运输、储存和使用方便。储存期可达3个月至半年。

干混砂浆的使用,有利于提高砌筑、抹灰、装饰、修补工程的施工质量,改善砂浆现场施工条件。

任务8 砂浆试样的试配、测试和评定

8.1 试验依据及试样制备

8.1.1 试验依据

试验依据是国家标准《建筑砂浆基本性能试验方法》(JGJ 70—2009)。

8.1.2 砂浆拌和物取样及试样制备

1. 砂浆拌和物取样方法

①建筑砂浆试验用料应根据不同要求,可从一盘搅拌机或同一车运送的砂浆中取出;在试验室取样时,可从机械或人工拌和的砂浆中取出。

②施工中取样进行砂浆试验时,其取样方法和原则按相应的施工验收规范执行。应在使

用地点的砂浆槽、砂浆运送车或搅拌机出料口,至少从三个不同部位集取。所取试样的数量应多于试验用料的1~2倍。

③砂浆拌和物取样后,应尽快进行试验,试验前应经人工再翻拌,以保证其质量均匀。

2. 砂浆拌和物试验室制备方法

(1)主要仪器

①砂浆搅拌机。

②磅秤:称量50 kg,感量50 g。

③台秤:称量10 kg,感量5 g。

④其他:拌和铁板、拌铲、抹刀、量筒等。

(2)一般要求

①试验室拌制砂浆进行试验时,对拌和用的材料要求提前运入室内,拌和时试验室的温度应保持在(20±5)℃。需要模拟施工条件所用的砂浆时,试验室原材料的温度宜保持与施工现场一致。

②试验用水泥和其他原材料应与现场使用材料一致。水泥如有结块应充分混合均匀,以0.9 mm筛过筛,砂也应以5 mm筛过筛。

③试验室拌制砂浆时,材料用量应以质量计。称量精度:水泥、外加剂等为±0.5%;砂、石灰膏、黏土膏、粉煤灰和磨细生石灰粉为±1%。

④试验室用搅拌机搅拌砂浆时,搅拌的用量不宜少于搅拌机容量的20%,搅拌时间不宜少于2 min。

(3)机械搅拌法

①先拌适量砂浆(应与试验用砂浆配合比相同),使搅拌机内壁黏附一层砂浆,以保证正式拌和时的砂浆配合比准确。

②称出各材料用量,将砂、水泥装入搅拌机内。

③开动搅拌机,将水缓缓加入(混合砂浆需将石灰膏等用水稀释成浆状加入),搅拌约3 min。

④将砂浆拌和物倒在拌和铁板上,用拌铲翻拌约两次,使之均匀。

(4)人工搅拌法

①将称量好的砂子倒在拌和板上,然后加入水泥,用拌铲拌和至混合物颜色均匀为止。

②将混合物堆成堆,在中间作一凹坑,将称好的石灰膏倒入凹坑(若为水泥砂浆,将称量好的水的一半倒入坑中),再倒入适量的水将石灰膏等调稀,然后与水泥、砂共同拌和,逐次加水,仔细拌和均匀。每翻拌一次,需用铁铲将全部砂浆压切一次。一般需拌和3~5 min(从加水完毕时算起),直至拌和物颜色均匀。

8.2　砂浆稠度试验

8.2.1　试验目的

本方法用于确定砂浆配合比或在施工过程中控制砂浆的稠度,以达到控制用水量的目的。

8.2.2　主要仪器

①砂浆稠度测定仪,由试锥、容器和支座三部分组成。试锥由钢材或铜材制成,其高度为145 mm,锥底直径为75 mm,试锥连同滑杆的质量应为300 g;圆锥筒由钢板制成,筒高为180 mm,锥底内径为150 mm;支座分底座、支架及稠度显示刻度盘三个部分,由铸铁、钢或其他金属制成。

②捣棒、拌铲、抹刀、秒表等。

8.2.3　试验步骤

①将砂浆拌和物一次装入圆锥筒,使砂浆表面低于容器口约10 mm,用捣棒自容器中心向边缘插捣25次,然后轻轻地将容器摇动或敲击5～6下,使砂浆表面平整,随后将圆锥筒置于稠度测定仪的底座上。

②拧开试锥滑杆的制动螺丝,向下移动滑杆,当试锥尖端与砂浆表面刚接触时,拧紧制动螺丝,使齿条测杆下端刚接触滑杆上端,并将指针对准零点上。

③拧开制动螺丝,同时计时间,待10 s立即固定螺丝,将齿条测杆下端接触滑杆上端,从刻度盘上读出下沉深度,精确至1 mm,即为砂浆的稠度值。

④圆锥筒内的砂浆,只允许测定一次稠度,重复测定时,应重新取样测定。

8.2.4　试验结果

①砂浆稠度值取两次试验结果的算术平均值,计算精确至1 mm。

②两次试验值之差如大于20 mm,则应另取砂浆搅拌后重新测定。

8.3　密度试验

8.3.1　试验目的

本方法用于测定砂浆拌和物捣实后的质量密度,以确定每立方米砂浆拌和物中各组成材料的实际用量。

8.3.2　主要仪器

①容量筒:由金属制成,内径108 mm,净高109 mm,筒壁厚2 mm,容积1 L。

②托盘天平:称量5 kg,感量5 g。

③钢制捣棒:直径10 mm,长350 mm,端部磨圆。

④砂浆稠度仪。

⑤水泥胶砂振动台:振幅(0.85±0.05)mm,频率(50±3)Hz。

⑥秒表。

8.3.3　试验步骤

①首先将拌好的砂浆按稠度试验方法测定稠度。当砂浆稠度大于50 mm时,应采用插捣

法;当砂浆稠度不大于 50 mm 时,宜采用振动法。采用插捣法时,将砂浆拌和物一次装满容量筒,使稍有富余,用捣棒均匀插捣 25 次,插捣过程中如砂浆沉落到低于筒口,则应随时添加砂浆,然后再敲击 5~6 下;采用振动法时,将砂浆拌和物一次装满容量筒连同漏斗,在振动台上振动 10 s,振动过程中如砂浆沉入到低于筒口则应随时添加砂浆。

②试验前称出容量筒重,精确至 1 g,然后将容量筒的漏斗套上,将砂浆拌和物装满容量筒并略有富余,根据稠度选择试验方法。

③捣实或振动后,将筒口多余的砂浆拌和物刮去,使表面平整,然后将容量筒外壁擦净,称出砂浆与容量筒总重,精确至 5 g。

8.3.4　试验结果

①按砂浆拌和物的质量密度公式计算。

②质量密度由二次试验结果的算术平均值确定,计算精确至 10 kg/m³。

8.4　建筑砂浆保水率试验

8.4.1　工作原理

砂浆保水率就是吸水处理后砂浆中保留的水的质量,用原始水量的质量百分数表示。

8.4.2　砂将保水率测定仪器

①刚性试模,圆形,内径(100±1)mm,内部有效深度(25±1)mm;

②刚性底板,圆形,无孔,直径(100±5)mm,厚度(5±1)mm;

③干燥滤纸,慢速定量滤纸,直径(110±1)mm;

④金属滤网,网格尺寸 45 μm;

⑤金属刮刀;

⑥电子天平,称量 2 kg,质量 0.1 g;

⑦铁,质量为 2 kg。

8.4.3　砂将保水率测定操作步骤

①将空的干燥的试模称量,精确到 0.1 g;将 8 张未使用的滤纸称量,精确到 0.1 g。

②称取(450±2)g 水泥(1 350±5)g ISO 标准砂,量取(225±1)mL 水,按 GB/T 17671 制备砂浆,并按 GB/T 2419 测定砂浆的流动度,调整水量以水泥胶砂流动度在 180~190 mm 范围内为准。

③当砂浆流动度在 180~190 mm 范围内时,将搅拌锅中剩余的砂浆在低速下重新搅拌15 s,然后用刮刀将砂浆装满试模并抹平表面。

④将装满砂浆的试模称量,精确到 0.1 g。用滤网盖住砂浆表面,并在滤网顶部放上 8 张已称量的滤纸,滤纸上放上刚性底板,将试模翻转 180°,在翻转的试模底板上放上质量为 2 kg 的铁砣。5 min±5 s 后拿掉铁砣,再倒放回去,去掉刚性底板、滤纸和滤网,并称量滤纸精确到 0.1 g。

8.4.4　砂浆保水率的计算

①按公式(2.8.1)计算吸水前砂浆中的水量(Z)：

$$Z = [Y \times (W - U)] / (1\,350 + 450 + Y) \qquad (2.8.1)$$

式中：U——空模的质量,g；

　　W——装满砂浆的试模的质量,g；

　　Y——制备流动度值为 180～190 mm 的砂浆的用水量,g。

②按公式(2.8.2)计算保水率(R)

$$R = [Z - (X - V)] \times 100 / Z \qquad (2.8.2)$$

式中：V——吸水前 8 张滤纸的质量,g；

　　X——吸水后 8 张滤纸的质量,g；

　　Z——吸水前砂浆中的水量,g。

砂浆保水率测定应计算两次试验保水率的平均值,精确到整数。如果两个试验值与平均值的偏差大于 2%,重新试验,再用一批新拌的砂浆做两组试验。

8.5　砂浆立方体抗压强度试验

8.5.1　试验目的

测定砂浆的强度,确定砂浆是否达到设计要求的强度等级。

8.5.2　主要仪器

①试模:由铸铁或钢制成的立方体,内壁边长为 70 mm,应具有足够的刚度并拆装方便。

②压力试验机:采用精度(示值的相对误差)不大于 ±2% 的试验机,其量程应能使试件的预期破坏荷载值不小于全量程的 20%,也不大于全量程的 80%。

③捣棒、刮刀等。

8.5.3　试件制作及养护

①制作砌筑砂浆试件时,将无底试模放在预先铺上吸水性较好的纸的普通黏土砖上,试模内壁事先涂刷薄层机油或脱模剂。放于砖上的湿纸,应为湿的新闻纸(或其他未粘过胶凝材料的纸),纸的大小要以能盖过砖的四边为准,砖的使用面要求平整,凡砖四个垂直面粘过水泥或其他胶结材料后,不允许再使用。

②向试模内一次注满砂浆,用捣棒均匀由外向里按螺旋方向插捣 25 次,为了防止低稠度砂浆插捣后,可能留下孔洞,允许用油灰刀沿模壁插数次,使砂浆高出试模顶面 6～8 mm。

③当砂浆表面开始出现麻斑状态时(15～30 min),将高出部分的砂浆沿试模顶面削去抹平。

④试件制作后应在(20 ±5) ℃环境下停置(24 ±2) h,当气温较低时,可适当延长时间,但不应超过两昼夜,然后对试件进行编号并拆模。试件拆模后,应在标准条件下继续养护至

28 d,然后进行试压。

　　⑤标准养护条件是:对于水泥混合砂浆,温度(20±3)℃,相对湿度60%~80%;对于水泥砂浆和微沫砂浆,温度(20±3)℃,相对湿度90%以上。养护期间,试件彼此间隔不少于10 mm。

　　⑥当无标准养护条件时,可采用自然养护。水泥混合砂浆应在正温度,相对湿度为60%~80%的条件下(如养护箱中或不通风的室内)养护;水泥砂浆和微沫砂浆应在正温度并保持试块表面湿润的状态下(如湿砂堆中)养护。养护期间必须作好温度记录。在有争议时,以标准养护条件为准。

8.5.4   试验步骤

　　①试件从养护地点取出后,应尽快进行试验。试验前先将试件擦拭干净,测量尺寸,并检查其外观。尺寸测量精确至1 mm,并据此计算试件的承压面积$A(mm^2)$。如实测尺寸与公称尺寸之差不超过1 mm,可按公称尺寸进行计算。

　　②将试件安放在试验机的下压板(或下垫板)上,其承压面应与成型时的顶面垂直,试件中心应与试验机下压板(或下垫板)中心对准。

　　③开动试验机,当上压板与试件接近时,调整球座,使接触面均衡受压。承压试验应连续而均匀地加荷,加荷速度应为0.5~1.5 kN/s(砂浆强度5 MPa及5 MPa以下时,取下限为宜,砂浆强度5 MPa以上时,取上限为宜)。

　　④当试件接近破坏而开始迅速变形时,停止调整试验机油门,直至试件破坏,记录破坏荷载。

8.5.5   试验结果

　　①砂浆立方体抗压强度。按强度公式计算,精确至0.1 MPa。

　　②以六个试件测定值的算术平均值作为该组试件的抗压强度值,计算精确至0.1 MPa。当最大值或最小值与平均值之差超过20%时,以中间四个试件测定值的平均值作为抗压强度值。

　　观察与思考:砂浆分层度太大或太小分别说明什么? 是不是越小越好?

本学习情境小结

　　本学习情境是本课程的重要内容之一,以砌体工程施工过程为导线,逐一学习了砌体工程施工过程中所用到的材料。各种材料之间相互独立,若在学习过程中将材料与施工联系起来,本学习情境内容才显得生动和有意义。砌体材料品种多,应用广泛,应能根据工程需要选择所需要的砌体材料;水泥的性能是本学习情境的重点内容,这是由其在建筑工程中的地位决定的,应能表述硅酸盐水泥的组成材料、技术性质、技术标准以及常用水泥的特性和适用范围。应能正确陈述专用水泥、特性水泥的特性和适用范围。建筑材料是实践、试验性很强的学科。建筑材料试验是建筑材料的重要组成部分,同时也是学习和研究建筑材料的重要方法。应能够独立进行砌体材料、沙、水泥以及砂浆的性能检测,并能够根据现行标准判断检测结果是否合格。

教学评估表

学习情境名称:＿＿＿＿＿＿＿＿ 班级:＿＿＿＿＿＿＿＿ 姓名:＿＿＿＿＿＿＿＿ 日期:＿＿＿＿＿＿＿＿

1. 本表主要用于对课程授课情况的调查,可以自愿选择署名或匿名方式填写问卷。根据自己的情况在相应的栏目打"√"。

评估项目 ＼ 评估等级	非常赞成	赞 成	不赞成	非常不赞成	无可奉告
(1)我对本学习情境学习很感兴趣					
(2)教师的教学设计好,有准备并阐述清楚					
(3)教师因材施教,运用了各种教学方法来帮助我的学习					
(4)学习内容、课内实训内容能提升我对建筑工程材料的检测和选择技能					
(5)有实物、图片、音像等材料,能帮助我更好理解学习内容					
(6)教师知识丰富,能结合材料取样和抽检进行讲解					
(7)教师善于活跃课堂气氛,设计各种学习活动,利于学习					
(8)教师批阅、讲评作业认真、仔细,有利于我的学习					
(9)我理解并能应用所学知识和技能					
(10)授课方式适合我的学习风格					
(11)我喜欢这门课中的各种学习活动					
(12)学习活动有利于我学习该课程					
(13)我有机会参与学习活动					
(14)每个活动结束都有归纳与总结					
(15)教材编排版式新颖,有利于我学习					
(16)教材使用的文字、语言通俗易懂,有对专业词汇的解释、提示和注意事项,利于我自学					
(17)教材为我完成学习任务提供了足够信息,并提供了查找资料的渠道					
(18)教材通过讲练结合使我增强了技能					
(19)教学内容难易程度合适,紧密结合施工现场,符合我的需求					
(20)我对完成今后的典型工作任务更有信心					

2. 您认为教学活动使用的视听教学设备和实训设备：

合适　□　　　　　　太多　□　　　　　　太少　□

3. 教师安排边学、边做、边互动的比例：

讲太多　□　　　　练习太多　□　　　　活动太多　□　　　　恰到好处　□

4. 教学进度：

太快　□　　　　　正合适　□　　　　太慢　□

5. 活动安排的时间长短：

太长　□　　　　　正合适　□　　　　太短　□

6. 我最喜欢本学习情境的教学活动是：

7. 我最不喜欢本学习情境的教学活动是：

8. 本学习情境我最需要的帮助是：

9. 我对本学习情境改进教学活动的建议是：

学习情境3 混凝土材料的检测、评定与选择

【学习目标】

知识目标	能力目标	权重
能正确表述普通混凝土组成材料的品种、性质要求、技术要求、测定方法、对混凝土性能的影响及选用	能熟练测试和选用混凝土的组成材料,包括砂、石子、水泥、水、外加剂	0.10
能正确表述混凝土拌和物和易性的含义、影响混凝土和易性的因素、改善和易性的措施,混凝土强度等级的确定方法,影响混凝土强度的因素,提高混凝土强度的措施,混凝土耐久性的内容,影响耐久性的因素,提高耐久性的措施,混凝土强度的评定及质量控制方法,混凝土变形的类别及产生的原因,混凝土质量控制意义及方法,混凝土强度保证率、标准差、变异系数的计算方法	能正确运用普通混凝土有关特性,并据此正确检测、选用和使用普通混凝土	0.45
能正确表述普通混凝土配合比设计的方法和步骤	能正确进行普通混凝土配合比设计和试配、正确进行施工配合比换算	0.20
能基本正确表述混凝土常用外加剂的性能及应用,理解减水剂、早强剂、引气剂等在混凝土中的技术经济效果,了解高性能混凝土的实现途径	能正确选择、运用和检测其他混凝土特性	0.15
能正确表述混凝土及其组成材料的保管和储存方法	能正确保管和储存混凝土和其组成材料	0.10
合　　计		1.00

【教学准备】

准备水泥、砂、石子、外加剂等物品,各种混凝土制品实物或图片,保存和运输设备的图片,检测仪器,任务单、建材陈列室等。

【教学建议】

在一体化教室或多媒体教室,采用教师示范、学生测试、分组讨论、集中讲授、完成任务单等方法教学。

【建议学时】

18(5)学时。

任务1　测试和选用混凝土的组成材料

从广义上讲,混凝土是由胶凝材料与粗、细骨料和水,有时掺入外加剂和掺和料,按适当比例搅拌均匀制成的具有一定可塑性的浆体,再经硬化而成的具有一定强度的人造石材。

根据所用胶凝材料、用途、强度等级的不同,混凝土可分为以下几类。

①按用途分:结构混凝土、抗渗混凝土、抗冻混凝土、大体积混凝土、水工混凝土、耐热混凝土、耐酸混凝土、装饰混凝土等。

②按所用胶结材料分:水泥混凝土(又称普通混凝土)、石膏混凝土、水玻璃混凝土、沥青混凝土、聚合物混凝土等。

③按表观密度分:重混凝土($> 2\ 800\ kg/m^3$)、普通混凝土($2\ 000 \sim 2\ 800\ kg/m^3$)、轻混凝土($< 1\ 950\ kg/m^3$)。

④按强度等级分:普通混凝土($< 60\ MPa$)、高强混凝土($\geqslant 60\ MPa$)、超高强混凝土($\geqslant 100\ MPa$)。

⑤按施工工艺分:喷射混凝土、泵送混凝土、碾压混凝土、压力灌浆混凝土、离心混凝土、真空脱水混凝土。

混凝土可由水泥、砂、石子、水、外加剂、掺和料等多种材料组成,前四种材料是组成混凝土所必需的材料,后两种材料可根据混凝土性能的需要,有选择性地添加。水泥是胶凝材料;水的作用是使水泥水化并使混凝土具有流动性;砂是细骨料;石子是粗骨料。水泥与水组成水泥浆,水泥浆填充砂子空隙并包裹砂子形成砂浆,砂浆填充石子空隙并包裹石子成为混凝土。硬化后,水泥浆成为水泥石,将砂、石胶结成一个整体。混凝土中砂、石一般不与水泥起化学反应,仅构成混凝土骨架。加入外加剂、掺和料,起改善混凝土某些性能或节省水泥的作用。混凝土结构如图3.1.1所示。

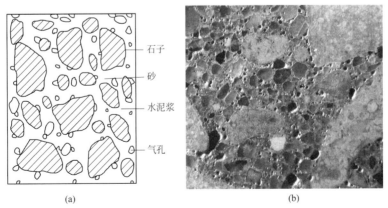

(a)　　　　　　　　　　　　(b)

图3.1.1　混凝土结构图

(a)硬化混凝土结构示意图　(b)混凝土实物剖面

混凝土的技术性质在很大程度上是由原材料性质及其相对含量决定的,同时与施工工艺(搅拌、振捣、养护等)有关。因此我们必须了解原材料性质及其质量要求,合理选用材料,这样才能保证混凝土的质量。

1.1 水泥的检测与选择

水泥是混凝土组成材料中最重要的材料,也是成本支出最多的材料,更是影响混凝土强度、耐久性的最重要影响因素,应高度重视。配制混凝土所用的水泥应符合国家现行标准有关规定。除此之外,在配制时应合理选择水泥品种和强度等级。

配制混凝土所用水泥参照标准有《通用硅酸盐水泥》(GB/T 175—2007)、《普通混凝土力学性能试验方法》(GB/T 50081—2002)、《普通混凝土配合比设计规程》(JGJ 55—2011)、《普通混凝土拌和物性能试验方法标准》(GB/T 50080—2002)。

1. 水泥检验的取样方法

(1)范围

水泥检验的取样应为进场水泥。

(2)标准

①《硅酸盐水泥、普通硅酸盐水泥》(GB 175—2007)。

②《快硬硅酸盐水泥》(GB 199—1990)。

③《矿渣硅酸盐水泥、火山灰质硅酸盐水泥及粉煤灰硅酸盐水泥》(GB 175—2007)。

④《水泥取样方法》(GB 12573—1990)。

(3)方法和数量

①袋装水泥的取样方法和数量。在袋装水泥堆场取样,对同一水泥厂生产的同期出厂的同品种、同强度等级水泥,以一次进场的同一出厂编号的水泥为一批,且一批的总量不得超过200 t,随机选择不少于20袋(每袋重(50±1)kg),从袋中不同部位各取等量水泥。可用袋装水泥取样管插入水泥适当深度,用大姆指按住气孔,小心地抽出取样管,将所取试样放入洁净、干燥、不易受污染的容器中,经混拌搅匀后,从中称取12 kg作为水泥检验试样。

②散装水泥的取样方法和数量。在散装水泥卸料处或输送水泥运输机具上取样,对同一水泥厂生产的同期出厂的同品种、同强度等级水泥,以一次进场的同一出厂编号的水泥为一批,且一批的总量不得超过500 t,随机地从不少于3个罐中采取等量水泥。当所取水泥深度不超过2 m时,可用散装水泥取样管取样;当所取水泥深度超过2 m时,则通过转动取样器内管控制开关,在适当位置插入水泥一定深度,关闭后小心抽出。将所取试样放入洁净、干燥、不易受污染的容器中,经混拌搅匀后,再从中称取12 kg作为水泥检验试样。

③进场的水泥需作混凝土配合比时,取样数量应根据试配项目而定。

(4)样品的包装与储存

①样品取得后应存放在密封的金属容器中,加封条。容器应洁净、干燥、防潮、密闭、不易破损,不与水泥发生反应。

②用于水泥检验的12 kg试样应分成两份,一份为封存样,一份为试验样。封存样应密封

保管 3 个月,以备疑问时用于复验。试验样亦应妥善保管。

③存放样品的容器应至少在一处加盖清晰、不易擦掉的标有编号、取样时间、地点、人员的密封印,如只在一处标示应标示在容器壁上。

④封存样应储存在干燥、通风的环境中。

2. 水泥品种的选用

应根据工程性质与特点、所处的环境条件及施工所处条件及水泥特性合理选择水泥品种。

配制一般的混凝土可以选用硅酸盐水泥、普通硅酸盐水泥、矿渣硅酸盐水泥、火山灰质硅酸盐水泥及粉煤灰硅酸盐水泥、复合硅酸盐水泥等通用水泥。常用水泥特性及品种选择见表 3.1.1。

表 3.1.1　常用水泥特性及品种选择

项目	硅酸盐水泥 (P·Ⅰ、P·Ⅱ)	普通水泥 (P·O)	矿渣水泥 (P·S)	火山灰水泥 (P·P)	粉煤灰水泥 (P·F)	复合水泥 (P·C)
特性	①早期强度较高 ②水化热大 ③抗冻性较好 ④耐热性较差 ⑤耐腐蚀性较差		①早期强度低,后期强度增长较快 ②水化热较低 ③抗冻性差,易碳化 ④耐热性较好 ⑤耐腐蚀性好	抗渗性较好,耐热性不及矿渣水泥,其他同矿渣水泥	干缩性较小,抗裂性较好,其他同矿渣水泥	3 d 龄期强度高于矿渣水泥,其他同矿渣水泥
适用范围	①要求快硬、高强的混凝土 ②有耐磨要求的、严寒地区反复遭受冻融的混凝土 ③抗碳化性要求高的混凝土 ④掺混合材料的混凝土		①潮湿环境或处于水中的混凝土 ②厚大体积混凝土 ③受侵蚀性介质作用的混凝土 ④一般气候环境中的混凝土			
不宜使用	①大体积混凝土工程 ②受化学及海水侵蚀的工程 ③耐热要求高的工程 ④有流动水及压力水作用的工程		①要求快硬、高强的混凝土 ②有抗渗要求的混凝土 ③有抗冻要求的混凝土	①干燥环境中的混凝土 ②寒冷地区水位变化部位的混凝土 ③有耐磨要求的混凝土 ④要求快硬、高强的混凝土		

注:从表 3.1.1 中可以得出:有抗冻要求的混凝土应优先选用硅酸盐水泥或普通硅酸盐水泥,不得使用火山灰质硅酸盐水泥;有抗磨要求的混凝土应优先选用硅酸盐水泥或普通硅酸盐水泥;高强混凝土应优先选用硅酸盐水泥或普通硅酸盐水泥;泵送混凝土应选用硅酸盐水泥、普通硅酸盐水泥、矿渣硅酸盐水泥和粉煤灰硅酸盐水泥,不宜采用火山灰质硅酸盐水泥;大体积混凝土应选用水化热低、凝结时间长的水泥,优先选用大坝水泥、矿渣硅酸盐水泥、粉煤灰硅酸盐水泥、火山灰质硅酸盐水泥;当环境水对混凝土可能发生较严重的硫酸盐侵蚀时,应选用抗硫酸盐硅酸盐水泥。

【案例分析 3-1】　某电厂锅炉房施工使用火山灰质硅酸盐水泥配制混凝土,投入使用一段时间后,发现室内混凝土结构出现了"起粉"现象,而使用同样混凝土的冷却水池却没有出现该现象。

【分析】 火山灰质硅酸盐水泥的保水性好,干缩特别大,在干燥高温的环境中,与空气中的 CO_2 反应使水化硅酸钙分解成碳酸钙和氧化硅,因此出现了"起粉"现象。而火山灰质水泥水化生成的水化硅酸钙凝胶较多,所以水泥石致密,从而提高了火山灰质水泥石的抗渗性,因此它特别适用于水中的混凝土工程。

3. 水泥强度等级的选择

应根据混凝土强度的要求来确定水泥强度等级,低强度混凝土应选择低强度等级的水泥,高强度混凝土应选择高强度等级的水泥。因为若采用低强度等级的水泥配制高强度混凝土,不仅会使水泥的用量过大而不经济,而且水泥用量过多还会引起混凝土的收缩和水化热增大;若采用高强度等级的水泥配制低强度混凝土,会因水泥用量过少而影响混凝土拌和物的和易性(不便于施工操作)和密实度,导致混凝土的强度及耐久性降低。一般情况下,对于中、低强度的混凝土(≤C30),水泥强度等级为混凝土强度等级的 1.5~2.0 倍;对于高强度混凝土,水泥强度等级与混凝土强度等级之比可小于 1.5,但不能低于 0.8。配制混凝土常选用的水泥强度等级见表 3.1.2。

表 3.1.2　配制混凝土所用的水泥强度等级

混凝土强度等级	C7.5~C25	C30	C35~C45	C50~C60	C65	C70~C80
所选水泥强度等级	32.5	32.5,42.5	42.5	52.5	52.5,62.5	62.5

【教学建议】

可在一体化实训室上课,讲解、取样、检测相结合。

1.2　细骨料(砂)的检测与选择

混凝土中大小不等的颗粒性材料称为骨料。骨料按其粒径的大小不同分为粗骨料和细骨料,粒径在 0.15~4.75 mm 的岩石颗粒称为细骨料;粒径大于 4.75 mm 的岩石颗粒称为粗骨料。由于骨料在混凝土中起到骨架的作用,在混凝土中所占比例很大(占混凝土总体积的 70%~80%),所以骨料性能、质量会极大地影响混凝土强度及耐久性。一般情况下,当水泥强度等级一定时,骨料的强度越高,所配制的混凝土强度等级也越高。

《普通混凝土用砂、石质量及检测方法标准》(JGJ 52—2006)中对混凝土用砂的取样方法、砂的种类及质量要求进行了规定。

(1)适用范围

该试验适用于工业与民用建筑和构筑物中水泥混凝土及其制品和建筑砂浆所用砂,也适用于道路工程和水利工程等用砂。

(2)引用标准

①《建筑用砂》(GB/T 14684—2011)。

②《普通混凝土用砂质量标准及检验方法》(JGJ 52—2006)。

③《公路工程集料试验规程》(JTGE 42—2005)。

④《混凝土结构工程施工质量验收规范》(GB 50204—2011)。

(3)验收批规定

供货单位应提供产品合格证或质量检验报告。购货单位应按同产地、同规格分批验收。用大型工具(如火车、货船、汽车)运输时,以 400 m³ 或 600 t 为一验收批。不足上述数量者也以一批计。

(4)取样方法及数量

①每验收批取样方法应按以下规定执行:在料堆取样时,取样部位应均匀分布,取样前先将取样部位表层铲除,自上而下从料堆不同方向均匀抽取数量大致相等的砂子 8 份,经混拌均匀后组成一组砂子检验试样;在通往料仓或料堆的皮带运输机的整个宽度上及机尾的出料处,用接料器按一定时间间隔抽取数量大致相等的砂子 4 份,经混拌均匀后组成一组砂子检验试样;从火车、汽车、货船上取样时,应从不同部位和深度抽取数量大致相等的砂子 9 份,经混拌均匀后组成一组砂子检验试样。

②每组砂子试样的取样数量。对每一单项试验,应不少于表 3.1.3 所规定的最少取样数量。须作几项试验时,如确能保证试样经一项试验后不致影响另一项试验的结果,可用同一组试样进行几项不同的试验。

表 3.1.3 每一试验项目所需砂的最少取样数量

试验项目	最少取样数量/g
筛分析	4 400
表观密度	2 600
吸水率	4 000
紧密密度和堆积密度	5 000
含水率	1 000
含泥量	4 400
泥块含量	10 000
有机质含量	2 000
云母含量	600
轻物质含量	3 200
坚固性	分成 4.75 ~ 2.50、2.50 ~ 1.25、1.25 ~ 0.630、0.63 ~ 0.315 mm 四个粒级,各需 100 g
硫化物及硫酸盐含量	50
氯离子含量	2 000
碱活性	7 500

注意:关于砂的种类和砂的质量要求等内容,参见学习情况 2 的任务 3。

【案例分析 3-2】 甲、乙两种砂,各取样 500 g,筛分结果如下表所示。

筛孔尺寸/mm	分计筛余量/g	
	甲砂	乙砂
4.75	0	30
2.36	0	170
1.18	30	120
0.60	80	90
0.30	140	50
0.15	210	30
<0.15	40	10

①分别计算甲、乙两种砂的细度模数。

②欲将甲、乙两种砂混合配制出细度模数为 2.7 的砂,问两种砂的比例应各占多少?

【分析】

①分别计算出甲砂和乙砂的累计筛余率。

筛孔尺寸/ mm	甲砂			乙砂		
	分计筛余量 /g	分计筛余百分数 /%	累计筛余百分数 /%	分计筛余量 /g	分计筛余百分数 /%	累计筛余百分数 /%
4.75	0	0	0	30	6	6
2.36	0	0	0	170	34	40
1.18	30	6	6	120	24	64
0.60	80	16	22	90	18	82
0.30	140	28	50	50	10	92
0.15	210	42	92	30	6	98
<0.15	40	8	100	10	2	100

根据式(2.3.1),甲砂细度模数为:

$$\mu_f = \frac{0 + 6 + 22 + 50 + 92 - 5 \times 0}{100 - 0} = 1.7$$

乙砂细度模数为:

$$\mu_f = \frac{40 + 64 + 82 + 92 + 98 - 5 \times 6}{100 - 6} = 3.68$$

②设混合砂中甲砂所占比例为 Y,则

$$1.7 \times Y + 3.68 \times (1 - Y) = 2.7$$
$$Y = 0.49 = 49\%$$

所以,如果甲砂掺入 49%,乙砂掺入 51%,混合砂的细度模数则为 2.7。

注意:在施工现场,经常会遇见单独使用某一种砂时,其级配不合格的情况,这时需要用两种砂进行人工掺配使用。

1.3 粗骨料(石子)的检测与选择

公称粒径大于4.75 mm的岩石颗粒称为粗骨料,常用碎石和卵石两种。碎石由天然岩石或卵石经机械破碎、筛分而成;卵石由自然条件作用形成,卵石按产源不同可分为河卵石、海卵石、山卵石等。碎石与卵石相比,表面比较粗糙,多棱角,表面积大,空隙率大,与水泥的黏结强度较高。因此,在水胶比相同条件下,用碎石拌制的混凝土流动性较小,但强度较高,而卵石则正好相反。因此,在配制高强度混凝土时,宜采用碎石。

《普通混凝土用砂、石质量及检验方法标准》(JGJ 52—2006)对粗骨料的取样方法、技术要求规定如下。

1. 粗骨料(碎石、卵石)检验的取样方法

(1)适用范围

它适用于工业与民用建筑和构筑物中水泥混凝土及制品用的碎石和卵石,也适用于道路工程与水利工程用的碎石和卵石。

(2)引用标准

①《建筑用碎石、卵石》(GB/T 14685—2011)。

②《普通混凝土用碎石或卵石质量标准及检验方法》(JGJ 52—2006)。

③《公路工程集料试验规程》(JTGE 42—2005)。

(3)验收批规定

供货单位提供产品合格证及质量检验报告。购货单位应按同产地、同规格分批验收。用大型工具(如火车、货船或汽车)运输的,以400 m³或600 t为一验收批;用小型工具(如马车等)运输的,以200 m³或300 t为一验收批。不足上述数量者以一验收批计。

(4)取样方法及数量

①每验收批的取样方法应按下列规定进行:在堆料厂取样时,取样部位应均匀分布,取样前先将取样部位表面铲除,然后在堆料的顶部、中部和底部各由均匀分布的五个不同部位抽取数量大致相等的石子15份,经混拌均匀后组成一组石子检验试样;从火车、汽车、货船上取样时,应从不同部位和深度抽取数量大致相等的石子16份,经混拌均匀后组成一组石子检验试样。经观察,如认为各节车皮间(车辆间、船只间)材料质量相差甚为悬殊时,应对质量可疑的每节车皮(车辆、船只)分别取样和验收。

②每组石子试样的取样数量。对每一单项试验,应不少于表3.1.4所规定的数量。须作几项试验时,如能保证样品经一项试验后不致影响另一项试验的结果,也可用同一组样品进行

几项不同的试验。

③应妥善包装每组试样,以避免材料散失或遭受污染,并应附有卡片,标明试样名称、编号、取样的时间、产地、规格、试样所代表的验收批的质量或体积、要求检验的项目和取样方法等。

表 3.1.4 每一试验项目所需碎石或卵石的最少取样数量 （kg）

试验项目	最大粒径/mm							
	10	16	20	25	31.5	40	63	80
筛分析	10	15	20	30	30	40	60	80
表观密度	8	8	8	12	12	16	24	24
含水率	2	2	2	3	3	3	4	6
吸水率	8	8	16	16	16	24	24	32
堆集密度、紧密密度	40	40	40	80	80	80	120	120
含泥量	8	8	24	40	40	40	80	80
泥块含量	8	8	24	40	40	40	80	80
针状、片状颗粒含量	1.2	4	8	20	20	40		
硫化物、硫酸盐	1.0							

注:对有机物含量、坚固性、压碎指标值及碱 - 骨料反应检验,应按试验要求的粒级及数量取样。

2. 粗骨料的技术要求

(1)泥、泥块及有害物质的含量

粗骨料中含泥量是指公称粒径小于 80 μm 的颗粒含量;泥块含量指石中公称粒径大于 5.00 mm,经水洗、手捏后变成小于 2.50 mm 的颗粒含量。粗骨料中泥、泥块含量应符合表 3.1.5 规定。

表 3.1.5 粗骨料的含泥量和泥块含量

混凝土强度等级	≥C60	C55 ~ C30	≤C25
含泥量(按质量计)/%	≤0.5	≤1.0	≤2.0
泥块含量(按质量计)/%	≤0.2	≤0.5	≤0.7

注:①对于有抗冻、抗渗或其他特殊要求的混凝土,其所用碎石或卵石中含泥量不应大于 1.0%;当碎石或卵石是非黏土质的石粉时,其含泥量可分别提高到 1.0%、1.5%、3.0%。

②对于有抗冻、抗渗或其他特殊要求的强度等级小于 C30 的混凝土,其所用碎石或卵石中泥块含量不应大于 0.5%。

注意:粗骨料中泥、泥块及有害物质对混凝土性质的影响与细骨料相同,但由于粗骨料的粒径大,因而造成的缺陷或危害更大。

碎石或卵石中的硫化物和硫酸盐含量及卵石中有机物等有害物质含量,应符合表3.1.6的规定。

表3.1.6　碎石或卵石中的有害物质含量

项　目	质量要求
硫化物及硫酸盐含量(折算成SO₃,按质量计)/%	≤1.0
卵石中有机物含量(用比色法试验)	颜色不深于标准色。当颜色深于标准色时,应配制混凝土进行强度对比试验,抗压强度比应不低于0.95

（2）颗粒形状

卵石及碎石的形状以接近卵形或立方体为较好。针状颗粒和片状颗粒不仅本身容易折断,而且使空隙率增大,影响混凝土的质量。粗骨料中针状、片状颗粒的含量不应大于表3.1.7的规定。

注意:针状颗粒是指颗粒长度大于该颗粒所属粒级平均粒径的2.4倍;平均粒径是指一个粒级下限和上限粒径的平均值。片状颗粒是指厚度小于平均粒径的0.4倍的颗粒。

表3.1.7　粗骨料的针、片状颗粒含量

混凝土强度等级	≥C60	C55 ~ C30	≤C25
针状、片状颗粒含量(按质量计)/%	≤8	≤15	≤25

（3）强度

为保证混凝土的强度,粗骨料必须具有足够的强度。粗骨料的强度指标有两个:一是岩石抗压强度;二是压碎指标值。

注意:当水泥强度等级一定时,粗骨料强度越高,所配制的混凝土强度也越高。

①岩石抗压强度是将母岩制成边长为50 mm的正方体试件或φ50 mm × 50 mm的圆柱体试件,在水中浸泡48 h以后,取出试件并擦干表面水分,测得其在饱和水状态下的抗压强度值。JGJ 52—2006中规定岩石的抗压强度应比所配制的混凝土强度至少高20%。当混凝土强度等级不小于C60时,应进行岩石抗压强度检验。

②压碎指标值是将3 000 g气干状态下公称粒径为10.0 ~ 20.0 mm的颗粒装入压碎值测定仪内,放好压头置于压力机上,开动压力机,在160 ~ 300 s内均匀地加荷到200 kN并稳荷5 s,卸荷后,用孔径2.36 mm的筛筛除被压碎的细粒,称出留在筛上的试样质量,按下式计算出的结果。

$$\delta_e = \frac{m_0 - m_i}{m_0} \times 100\%$$
（3.1.1）

式中:δ_e——压碎指标值,%;

   m_0——试样的质量,g;

   m_i——压碎试验后筛余的试样质量,g。

压碎指标值是测定碎石或卵石抵抗压碎的能力,可间接地推测其强度的高低,压碎指标值应满足表 3.1.8 的规定。

表 3.1.8　碎石、卵石的压碎指标值

岩石品种	沉积岩		变质岩或深成的火成岩		喷出的火成岩		卵石	
混凝土强度等级	C60 ~ C40	≤C35	C60 ~ C40	≤C35	C60 ~ C40	≤C35	C60 ~ C40	≤C35
压碎指标值/%	≤10	≤16	≤12	≤20	≤13	≤30	≤12	≤16

注意:岩石立方体强度比较直观,但试件加工困难,其抗压强度反映不出石子在混凝土中的真实强度,所以对经常性的生产质量控制常用压碎指标值。而在选采石场或对粗骨料强度有严格要求时,当对其质量有争议时,宜采用岩石抗压强度作检验。

(4)坚固性

有抗冻性要求的混凝土所用粗骨料,要求测定其坚固性。坚固性是指卵石、碎石在自然风化和其他外界物理化学作用下抵抗破裂的能力。对粗骨料坚固性要求及检验方法与细骨料基本相同,采用硫酸钠溶液法进行试验,碎石和卵石经 5 次循环后,其质量损失应符合表 3.1.9 的规定。

表 3.1.9　碎石、卵石的坚固性指标

混凝土所处的环境条件及其性能要求	5 次循环后的质量损失/%
在严寒及寒冷地区室外使用,并经常处于潮湿或干湿交替状态下的混凝土;有腐蚀介质作用或经常处于水位变化区的地下结构混凝土;有抗疲劳、耐磨、抗冲击要求的混凝土	≤8
其他条件下使用的混凝土	≤12

(5)碱 – 骨料反应

对长期处于潮湿环境的重要结构混凝土所使用的碎石或卵石,应进行碱活性检验。进行碱活性检验时,首先应采用岩相法检验碱活性骨料的品种、类型和数量。当检验出骨料中含有活性二氧化硅时,应采用快速砂浆棒法或砂浆长度法进行碱活性检验;当检验出骨料中含有活性碳酸盐时,应采用岩石柱法进行碱活性检验。

经上述检验,当判定骨料存在潜在碱 – 碳酸盐反应危害时,不宜用做混凝土骨料,否则应通过专门的混凝土试验,作最后评定。当判定骨料存在碱－硅反应危害时,应控制混凝土中的碱含量($\leq 3 \text{ kg/m}^3$),或采用能抑制碱的有效措施。

（6）颗粒级配和最大粒径

1）颗粒级配

粗骨料颗粒级配的判定也是通过筛分析方法进行的。取一套筛孔边长为 2.36 mm、4.75 mm、9.50 mm、16.0 mm、19.0 mm、26.5 mm、31.5 mm、37.5 mm、53.0 mm、63.0 mm、75.0 mm 及 90.0 mm 的标准方孔筛进行试验,按各筛上的累计筛余百分数划分级配。各粒级石子的累计筛余百分数必须满足表 3.1.10 的规定。

表 3.1.10　碎石、卵石的颗粒级配范围

级配情况	公称粒径 / mm	累计筛余百分数/%											
		方孔筛筛孔边长/mm											
		2.36	4.75	9.50	16.0	19.0	26.5	31.5	37.5	53.0	63.0	75.0	90.0
连续粒级	5～10	95～100	80～100	0～15	0	—	—	—	—	—	—	—	—
	5～16	95～100	85～100	30～60	0～10	0	—	—	—	—	—	—	—
	5～20	95～100	90～100	40～80	—	0～10	0	—	—	—	—	—	—
	5～25	95～100	90～100	—	30～70	—	0～5	0	—	—	—	—	—
	5～31.5	95～100	90～100	70～90	—	15～45	—	0～5	0	—	—	—	—
	5～40	—	95～100	70～90	—	30～65	—	—	0～5	0	—	—	—
单粒级	10～20	—	95～100	85～100	—	0～15	0	—	—	—	—	—	—
	16～31.5	—	95～100	—	85～100	—	—	0～10	—	0	—	—	—
	20～40	—	—	95～100	—	80～100	—	—	0～10	0	—	—	—
	31.5～63	—	—	—	95～100	—	—	75～100	45～75	—	0～10	0	—
	40～80	—	—	—	—	95～100	—	—	70～100	—	30～60	0～10	0

粗骨料的颗粒级配按供应情况分连续粒级和单粒级。连续粒级是指颗粒由小到大连续分级,每一级粗骨料都占有一定的比例,且相邻两级粒径差较小(比值小于2)。连续粒级的颗粒大小搭配合理,配制的混凝土拌和物和易性好,不易发生分层、离析现象,且水泥用量小,目前多采用连续粒级。

单粒级是从 1/2 最大粒径至最大粒径,粒径大小差别小。单粒级一般不单独使用,主要与连续粒级混合使用,用以改善级配或配成较大粒度的连续粒级,这种专门组配的骨料级配易于保证混凝土质量,便于大型搅拌站使用。

注意:粗骨料的颗粒级配对混凝土性能的影响与细骨料相同,且其影响程度大。良好的粗骨料,对提高混凝土强度、耐久性,节约水泥用量是极为有利的。

2）最大粒径

公称粒径的上限称为该粒级的最大粒径。如 5 ~ 31.5 mm 粒级的粗骨料,其最大粒径为 31.5 mm。最大粒径用来表示粗骨料的粗细程度,最大粒径增大则其总表面积减小,包裹粗骨料所需的水泥浆就少。在和易性及水泥用量一定时,能减少用水量而提高混凝土强度。

注意:对中低强度的混凝土,尽量选择最大粒径较大的粗骨料,但一般不超过 40 mm;配制高强度混凝土时最大粒径不宜大于 20 mm。《混凝土结构工程施工质量验收规范》(GB 50204—2011)规定,混凝土用粗骨料的最大粒径不得超过结构截面最小尺寸的 1/4,不得超过钢筋最小净距的 3/4;对于实心板,不得超过板厚的 1/3 且不得超过 40 mm;对于泵送混凝土,最大粒径与输送管道内径之比,碎石不宜大于 1:3,卵石不宜大于 1:2.5。

【教学建议】

粗骨料的讲授、取样及检测可在一体化教室进行。

1.4 混凝土用水的检测与选择

混凝土用水包括混凝土拌制用水和养护用水,按水源不同分为饮用水、地表水、地下水、海水及经处理过的工业废水。地表水和地下水常溶有较多的有机质和矿物盐类;海水中含有较多硫酸盐,会降低混凝土后期强度,且影响抗冻性,同时,海水中含有大量氯盐,对混凝土中钢筋锈蚀有加速作用。

拌制用水所含物质对混凝土、钢筋混凝土和预应力钢筋混凝土不应产生以下有害作用:影响混凝土的和易性及凝结;损害混凝土强度的发展;降低混凝土的耐久性,加快钢筋锈蚀及导致预应力钢筋脆断;污染混凝土表面。

《混凝土结构工程施工质量验收规范》(GB 50204—2011)规定,混凝土用水应优先采用符合国家标准的饮用水。在节约用水、保护环境的原则下,鼓励采用检验合格的中水(净化水)拌制混凝土。混凝土用水的水质应符合《混凝土用水标准》(JGJ 63—2006)的规定,水中各杂质的含量应符合表 3.1.11 的规定。

表 3.1.11　混凝土用水中的物质限制值(JGJ 63—2006)

项目	预应力混凝土	钢筋混凝土	素混凝土
pH 值	≥5	≥4.5	≥4.5
不溶物/$(mg \cdot L^{-1})$	≤2 000	≤2 000	≤5 000
可溶物/$(mg \cdot L^{-1})$	≤2 000	≤5 000	≤10 000
氯化物(以 Cl^- 计)/$(mg \cdot L^{-1})$	≤500	≤1 200	≤3 500
硫酸盐(以 SO_4^{2-} 计)/$(mg \cdot L^{-1})$	≤600	≤2 700	≤2 700
硫化物(以 S^{2-} 计)/$(mg \cdot L^{-1})$	≤100	—	—

1.5　混凝土掺和料的检测与选择

混凝土掺和料是指在混凝土搅拌前或搅拌过程中,为改善混凝土性能、调节混凝土强度、节约水泥,与混凝土其他组分一起,直接加入的矿物材料或工业废料,其掺加量一般大于水泥质量的 5%。

1. 掺和料检验的取样方法

(1)适用范围

掺和料检验适用于混凝土掺和料、水泥净浆或水泥砂浆用掺和料的取样。

(2)引用标准

①《用于水泥或混凝土中的粉煤灰》(GB 1596—2005)。

②《粉煤灰混凝土应用技术规范》(GBJ 146—90)。

③《用于水泥或混凝土中的粒化高炉矿渣粉》(GB/T 18046—2008)。

④《铁路混凝土与砌体工程施工质量验收标准》(TB 10424—2010)。

(3)验收批规定

普通混凝土掺和料按同生产厂家、同品种、同规格、同批号且连续进场的掺和料,每 200 t 为一验收批。高性能混凝土用掺和料按同生产厂家、同品种、同规格、同批号且连续进场的掺和料,每 30 t 硅灰或 120 t 其他掺和料为一验收批。

(4)取样方法

①粉煤灰:从运输工具、储灰库或堆料场中的不同部位取 15 份试样,每份 1~3 kg,混合拌匀,按四分法取出比试验所需量大一倍的试样(称为平均样)。

②粒化高炉矿渣粉等掺和料取样:从运输工具、储灰库或堆料场中 20 个以上不同部位取等量样品至少 20 kg,混合拌匀,按四分法取出比试验所需量大一倍的试样(称为平均样)。

2. 掺和料的种类及质量要求

常用的矿物掺和料有粉煤灰、硅灰、粒化高炉矿渣粉、沸石粉、磨细自然煤矸石粉及其他工业废渣。粉煤灰是目前用量最大、使用范围最广的一种掺和料。

(1)粉煤灰

从煤粉炉烟道气体中收集的粉末称为粉煤灰。按其排放方式的不同,粉煤灰分为干排灰与湿排灰两种。湿排灰含水量大,活性降低较多,质量不如干排灰。按收集的方法不同,粉煤灰分为静电收尘和机械收尘两种。静电收尘灰颗粒细、质量好。

《用于水泥和混凝土中的粉煤灰》(GB/T 1596—2005)规定,粉煤灰分为Ⅰ、Ⅱ、Ⅲ三个等级,相应的技术要求符合表 3.1.12 的规定。

表 3.1.12　粉煤灰的技术要求

项　目		技术要求		
		Ⅰ	Ⅱ	Ⅲ
细度(0.045 mm 方孔筛筛余百分数)/%	F 类粉煤灰	≤12.0	≤25.0	≤45.0
	C 类粉煤灰			
烧失量/%	F 类粉煤灰	≤5.0	≤8.0	≤15.0
	C 类粉煤灰			
需水量比/%	F 类粉煤灰	≤95	≤105	≤115
	C 类粉煤灰			
三氧化硫含量/%	F 类粉煤灰	≤3.0		
	C 类粉煤灰			
含水量/%	F 类粉煤灰	≤1.0		
	C 类粉煤灰			
游离氧化钙含量/%	F 类粉煤灰	≤1.0		
	C 类粉煤灰	≤4.0		
安定性(雷氏夹沸煮后增加距离)/mm	C 类粉煤灰	≤5.0		

注:F 类粉煤灰是指无烟煤或烟煤锻烧收集的粉煤灰;C 类粉煤灰是指由褐煤或次煤锻烧收集的粉煤灰,其氧化钙一般大于 10%。

（2）硅灰

在冶炼铁合金或工业硅时,由烟道排出的硅蒸气经收尘装置收集而得的粉尘称为硅尘。它由非常细的玻璃质颗粒组成,平均粒径为 $0.1 \sim 0.2~\mu m$,是水泥颗粒粒径的1/100 ~ 1/50,其比表面积约为 $20\ 000~m^2/kg$,其中 SiO_2 含量高。掺入少量硅粉,可使混凝土致密、耐磨,增强其耐久性。由于硅灰比表面积大,因而其需水量很大,将其作为混凝土掺和料,必须配以减水剂,方可保证混凝土的和易性。

（3）沸石粉

沸石粉是天然沸石岩磨细而成的一种火山灰质铝酸盐矿物掺和料,含有一定活性的 SiO_2 和 Al_2O_3,能与水泥水化析出的 $Ca(OH)_2$ 反应,形成胶凝物质。沸石粉具有很大的内表面积和开放性孔结构,用做混凝土掺和料可改善混凝土拌和物的和易性,提高混凝土强度、抗渗性和抗冻性,抑制碱 – 骨料反应。

沸石粉主要用于配制高强混凝土、流态混凝土及泵送混凝土。

（4）粒化高炉矿渣粉

粒化高炉矿渣粉(简称矿渣粉)是指将粒化高炉矿渣经干燥、磨细达到相当细度且符合相应活性指数的粉状材料,细度大于 $350~m^2/kg$,其活性比粉煤灰高,掺加量也比粉煤灰大,在国外已大量应用于工程,在我国尚处于研究开发阶段。

3. 掺和料的选择

掺和料售价低,具有一定的水化活性,能替代部分水泥,在保证强度和其他性能的情况下,应多掺矿物细掺料,使混凝土的成本降低;需水量比小(＜100％),颗粒级配合理能提高拌合物的流动性;合理使用不同品种的细掺料,配制 C60 以下的流态混凝土时采用Ⅱ级粉煤灰,C60～C80 采用Ⅰ级粉煤灰或磨细矿渣,100 MPa 以上的高性能混凝土掺硅粉。

1.6　混凝土外加剂的检测与选择

1. **外加剂检验的取样方法**

(1)适用范围

外加剂检验适用于混凝土外加剂、水泥净浆或水泥砂浆用外加剂的取样。

(2)引用标准

①《混凝土外加剂的定义、分类、命名和术语》(GB/T 8075—2005)。

②《混凝土外加剂》(GB 8076—2008)。

③《铁路混凝土与砌体工程施工质量验收标准》(TB 10424—2010)。

(3)验收批规定

普通混凝土外加剂、水泥净浆或水泥砂浆用外加剂按同生产厂家、同批号、同品种、同出厂日期且连续进场的外加剂,每 50 t 为一验收批,不足 50 t 也按一批计。高性能混凝土用外加剂按同生产厂家、同批号、同品种、同出厂日期且连续进场的硅灰及其复合矿物外加剂每 30 t 为一验收批,其他矿物外加剂每 120 t 为一验收批。

(4)取样方法

试样应从不少于 3 个部位等量抽取。每一编号取样量不少于 0.2 t 水泥所需的外加剂量,并应充分混匀,分为两等份。一份按规定项目进行试验,另一份要密封保存半年,以备有疑问时提交指定的有资质的检验机构复验或仲裁。

复验以封存样进行。如要求现场取样,应事先在供货合同中规定,并在生产和使用单位人员在场的情况下现场取平均样,复验按照型式检验项目检验(详见 GB 8076—2008)。

2. **外加剂的分类**

(1)按外加剂的主要功能分类

《混凝土外加剂的定义、分类、命名和术语》(GB/T 8075—2005)中将外加剂按照其主要功能工分为以下八类。

①高性能减水剂。高性能减水剂是国内外近年来开发的新型外加剂品种。其主要特点为:掺加量低,减水率高;混凝土拌和物工作性较好;外加剂中氯离子和碱含量较低;用其配制的混凝土收缩性较小,可改善混凝土的体积稳定性和耐久性;对水泥的适应性较好;生产和使用过程中不污染环境,是环保型的外加剂。

②高效减水剂。高效减水剂不同于普通减水剂,具有较高的减水率和较低引气量,是我国使用量大、面广的外加剂品种。目前,我国使用的高效减水剂主要有萘系减水剂、氨基磺酸盐系减水剂、脂肪族(醛酮缩合物)减水剂、密胺系及改性密胺系减水剂、蒽系减水剂、洗油系减水剂等六种。

③普通减水剂。常用的普通减水剂有木钙、木钠和木镁,具有一定的缓凝、减水和引气作用,如早强型、标准型和缓凝型的减水剂。

④引气减水剂。引气减水剂是兼有引气和减水功能的外加剂。

⑤泵送剂。泵送剂是改善混凝土泵送性能的外加剂。它由减水剂、调凝剂、引气剂、润滑剂等多种组分复合而成。

⑥早强剂。早强剂是能加速水泥水化和硬化,促进混凝土早期强度增长的外加剂。可缩短混凝土养护龄期,加快施工进度,提高模板和场地周转率。早强剂主要是无机盐类、有机物等,但现在越来越多地使用复合型早强剂。

⑦缓凝剂。缓凝剂是可在较长时间内保持混凝土工作性,延缓混凝土凝结和硬化时间的外加剂。其种类较多,主要有无机和有机两大类。常见的有糖类及碳水化合物(如淀粉、纤维素的衍生物等)、羟基羟酸(如柠檬酸、酒石酸、葡萄糖酸及其盐类)、可溶硼酸盐和磷酸盐等。

⑧引气剂。引气剂是一种在搅拌过程中在砂浆或混凝土中引入大量均匀分布的微气泡,而且在硬化后能使其保留在其中的一种外加剂。其种类较多,主要有可溶性树脂酸盐(松香酸)、文沙尔树脂、皂化的吐尔油、十二烷基磺酸钠、十二烷基苯磺酸钠、磺化石油羟类的可溶性盐等。

(2)按外加剂的主要使用功能分类

根据 GB/T 8075—2005 规定,混凝土外加剂按其主要使用功能分为以下四类:

①改善混凝土拌和物流变性的外加剂,包括减水剂、泵送剂等;

②调节混凝土凝结时间、硬化性能的外加剂,包括缓凝剂、速凝剂、早强剂等;

③改善混凝土耐久性的外加剂,包括引气剂、防水剂、阻锈剂和矿物外加剂等;

④改善混凝土其他性能的外加剂,包括加气剂、膨胀剂、防冻剂和着色剂等。

(3)按化学成分分类

①无机物外加剂:包括各种无机盐类、一些金属单质和少量氢氧化物等,如氯化钙、硫酸钠、铝粉、氢氧化铝等。

②有机物外加剂:这类外加剂占混凝土外加剂的绝大部分,种类极多,大部分属于表面活性剂,其中以阴离子表面活性剂应用最多,除此之外,还有阳离子型、非离子型表面活性剂。

3. 外加剂的选择

(1)减水剂的选择

减水剂是指在保持混凝土稠度不变的条件下,能减少拌和用水量的外加剂。根据作用效果及功能,减水剂可分为普通减水剂、高效减水剂、引气减水剂、缓凝减水剂、早强减水剂等。其质量应符合《混凝土外加剂》(GB 8076—2008)的规定。

1)减水剂的作用机理

水泥加水拌和后,由于水泥颗粒间分子凝聚力等因素,会形成絮凝结构,如图 3.1.2(a)所示,在这些絮凝结构中包裹着部分拌和水,这些水由于被包裹而起不到赋予混凝土拌和物流动性的作用,致使混凝土拌和物的流动性较低。

减水剂多为阴离子型表面活性剂,由亲水基团和憎水基团组成,亲水基团能电离出正离子,本身带负电荷。混凝土掺入减水剂后,如图 3.1.2(b)所示,其亲水基团指向水,憎水基团

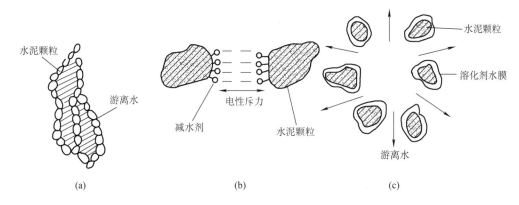

图 3.1.2　水泥浆的絮凝结构和减水剂作用示意图
(a)絮凝结构　(b)电子间作用　(c)游离水释放

指向水泥颗粒,定向吸附在水泥颗粒表面,形成单分子吸附膜,降低了水泥颗粒的黏结能力,使之易于分散;水泥颗粒表面带有相同的电荷,产生静斥力,使水泥颗粒相互分散;同时,亲水基团吸附了大量的极性水分子,增加了水泥颗粒表面水膜厚度,润滑能力增强,水泥颗粒间更宜于滑动。综合上述因素,减水剂在不增加用水量的情况下,提高了混凝土拌和物的流动性,或在不影响拌和物流动性的情况下,起到了减水作用。

2)减水剂的主要经济技术效果

①提高流动性。在用水量及水泥用量不变的条件下,混凝土拌和物的坍落度可增大100～200 mm,流动性明显提高,而且不影响混凝土的强度。泵送混凝土或其他流动性混凝土均需掺入高效减水剂。

②提高混凝土强度。在保持混凝土拌和物流动性不变的情况下,可减少用水量10%～20%,若水泥用量也不变,则可降低水胶比,提高混凝土的强度,特别是可大大提高混凝土的早期强度。掺入高效减水剂是制备早强、高强、高性能混凝土的技术措施之一。

③节约水泥。在保持流动性及强度不变的情况下,可以在减少拌和用水量的同时,相应减少水泥用量,节约水泥用量5%～20%,降低混凝土成本。

④改善混凝土的耐久性。减水剂的掺入,减少了拌和物的泌水、离析现象,还显著改善了混凝土的孔结构,使混凝土的密实度提高,透水性降低,从而提高混凝土抗渗、抗冻、抗腐蚀等能力。

3)减水剂的常用品种与选择

减水剂是使用最广泛、效果最显著的一种外加剂,其常用品种与选择如表3.1.13所示。

表 3.1.13　常用减水剂与选择

种　　类	木质素系	萘系	树脂系	糖蜜系
类　　别	普通减水剂	高效减水剂	早强减水剂	缓凝减水剂
主要品种	木质素磺酸钙(木钙粉、M减水剂)、木钠、木镁等	NNO、NF、FDN、UNF、JN、HN、MF 等	SM	长城牌、天山牌

续表

种 类	木质素系	萘系	树脂系	糖蜜系
适宜掺加量/%	0.2～0.3	0.2～1.2	0.5～2	0.1～3
减水量	10%～11%	12%～25%	20%～30%	6%～10%
早强效果	—	显著	显著(7 d可达28 d强度)	—
缓凝效果	1～3 h	—	—	3 h以上
引气效果	1%～2%	<2%(对部分品种)	—	—
适用范围	一般混凝土工程及大模板、滑模、泵送、大体积及夏季施工的混凝土工程	适用于所有混凝土工程,更适于配制高强混凝土及流态混凝土、泵送混凝土、冬季施工混凝土	因价格昂贵,宜用于有特殊要求的混凝土工程,如高强混凝土、早强混凝土、流态混凝土等	一般混凝土工程

（2）早强剂的选择

早强剂的质量应符合《混凝土外加剂》（GB 8076—2008）的规定。早强剂在混凝土中的掺加量不应大于规定。目前,常用的早强剂有氯盐类、硫酸盐类、有机胺类以及以它们为基础的复合早强剂。

注意:从混凝土开始拌和到凝结硬化形成一定的强度需要一段较长的时间,为了缩短施工周期,例如加速模板及台座的周转、缩短混凝土的养护、快速达到混凝土冬季施工的临界强度等,常需要掺入早强剂。

1）氯盐类早强剂

氯盐类早强剂主要有氯化钙和氯化钠,其中氯化钙是国内外应用最为广泛的一种早强剂。$CaCl_2$的适宜掺加量为1%～2%,可使2～3 d的强度提高40%～100%,7 d的强度提高25%,但掺加量过多会引起水泥快凝,不利施工。氯化钙具有促凝、早强作用外,还具有降低冰点的作用,但其最大的缺点是 Cl^- 会加快钢筋锈蚀。因此《混凝土外加剂应用技术规范》（GB 50119—2011）规定,在钢筋混凝土中,氯化钙掺加量不大于1%;在无筋混凝土中,掺加量不大于3%;在使用冷拉或冷拔低碳钢筋混凝土结构、大体积混凝土结构、骨料具有碱活性的混凝土结构、预应力结构中,不允许掺入氯盐早强剂。

为了抑制氯化钙对钢筋的腐蚀作用,常将氯化钙与阻锈剂 $NaNO_2$ 复合作用。

2）硫酸盐类早强剂

硫酸盐类早强剂包括硫酸钠（Na_2SO_4）、硫代硫酸钠（$Na_2S_2O_3$）、硫酸钙（$CaSO_4$）、硫酸钾（K_2SO_4）、硫酸铝（$Al_2(SO_2)_3$）等,其中 Na_2SO_4 应用最广。

硫酸钠掺加量应有一个最佳控制量,一般为1%～3%,掺加量低于1%时早强作用不明显,掺加量过多则后期强度损失也大,另外还会引起硫酸盐腐蚀。

3）有机胺类早强剂

有机胺类早强剂有三乙醇胺、三异丙醇胺等。最常用的是三乙醇胺,它是一种表面活性剂,能降低水溶液的表面张力,使水泥颗粒更易于润湿,且可增加水泥的分散程度,因而加快了水泥的水化速度,对水泥的水化起到催化作用,水化产物增多,使水泥石的早期强度提高。掺加量一般为 0.02% ~ 0.05% ,可使 3 d 强度提高 20% ~ 40% ,对后期强度影响较小,使水泥抗冻、抗渗等性能有所提高,对钢筋无锈蚀作用,但会增大干缩。

4）复合早强剂

以上三类早强剂复合使用效果更佳。复合早强剂往往比单组分早强剂具有更优良的早强效果,掺加量也比单组分早强剂有所降低。众多复合型早强剂中,以三乙醇胺与无机盐类复合早强剂效果最好,应用最广。

（3）引气剂的选择

引气剂质量应符合《混凝土外加剂》(GB 8076—2008)的规定。加入引气剂的混凝土强度有所降低。

注意:引气剂是在混凝土搅拌过程中,能引入大量分布均匀、稳定、微小的气泡,以改善和易性,并能显著提高混凝土抗冻性的外加剂。

1）引气剂的作用机理

引气剂是表面活性剂。当搅拌混凝土拌和物时,会混入一些气体,引气剂分子定向排列在气泡上,形成坚固、不易破碎的液膜,故可在混凝土中形成稳固、封闭球形气泡,直径为 0.05 ~ 1.0 mm,均匀分散,可使混凝土的很多性能得到改善。

2）引气剂的作用效果

①改善混凝土拌和物的和易性。气泡具有滚珠作用,能够减小拌和物的摩擦阻力从而提高流动性;同时气泡的存在阻止固体颗粒的沉降和水分的上升,从而减少了拌和物的分层、离析和泌水,使混凝土的和易性得到明显改善。

②显著提高混凝土的抗冻性和抗渗性。大量均匀分布的封闭气泡一方面阻塞了混凝土中毛细管渗水的通路,另一方面起到缓解水分结冰产生的膨胀压力的作用,从而提高了混凝土的抗渗性和抗冻性。

③降低弹性模量及强度。由于气泡的弹性变形,混凝土弹性模量降低。另外,气泡的存在使混凝土强度降低,含气量每增加 1% ,强度要损失 3% ~ 5% ,但是由于和易性的改善,可以通过保持流动性不变减少用水量,使强度不降低或部分得到补偿。

3）引气剂的品种及选用

引气剂主要有松香树脂类、烷基苯磺酸盐类和脂醇磺酸盐类,其中松香树脂类中的松香热聚物和松香皂应用最多。引气剂的掺加量一般只有水泥质量的万分之几,含气量控制在3% ~ 6% 为宜。含气量太小时,对混凝土耐久性改善不大;含气量太大时,会使混凝土强度下降过多。

引气剂适用于配制抗冻混凝土、泵送混凝土、港口混凝土、防水混凝土以及骨料质量差、泌水严重的混凝土,不适合配制蒸汽养护的混凝土。

（4）缓凝剂的选择

缓凝剂质量应符合《混凝土外加剂》（GB 8076—2008）的规定。其品种有糖类（如糖钙）、木质素磺酸盐类（如木质素磺酸盐钙）、羟基羧酸及其盐类（如柠檬酸、酒石酸钾钠等）、无机盐类（如锌盐、硼酸盐）等。

注意:缓凝剂指能延缓混凝土凝结时间,并对混凝土后期强度无影响的外加剂。掺加量不宜过多,否则会引起强度降低,甚至长时间不凝结。

缓凝剂适用于长时间运输的混凝土、高温季节施工的混凝土、泵送混凝土、滑模施工混凝土、大体积混凝土、分层浇筑的混凝土等。不适用于 5 ℃以下施工的混凝土,也不适用于有早强要求的混凝土及蒸养混凝土。

（5）防冻剂的选择

防冻剂质量应符合《混凝土防冻剂》（JC 475—2004）的规定。常用防冻剂有四种:氯盐类,包括氯化钙、氯化钠等;氯盐阻锈类;以氯盐与阻锈剂（亚硝酸钠）为主复合的外加剂;无氯盐类,包括硝酸盐、亚硝酸盐、乙酸钠、尿素等。

为提高防冻剂的防冻效果,目前工程上使用的防冻剂都是复合外加剂,由防冻组分、早强组分、引气组分、减水组分复合而成。

注意:防冻剂是指能显著降低混凝土的冰点,使混凝土在负温下硬化,并在一定时间内获得预期强度的外加剂。

（6）速凝剂的选择

速凝剂质量应符合《喷射混凝土用速凝剂》（JC 477—2005）的规定。速凝剂适宜掺加量为 2.5% ~4.0% ,能使混凝土在 5 min 内初凝,10 min 内终凝,1 h 产生强度,但有时后期强度会降低。速凝剂主要用于喷射混凝土、堵漏等。

注意:速凝剂是指使混凝土迅速凝结硬化的外加剂。

4. 外加剂的使用

工程中选用外加剂时,除应满足前面所述有关国家标准或行业标准外,还应符合《混凝土外加剂中释放氨的限量》（GB 18588—2001）的规定,混凝土外加剂中释放的氨量必须小于或等于 0.10%（质量分数）。该标准适用于各类具有室内使用功能的混凝土外加剂,而不适用于桥梁、公路及其他室外工程用混凝土外加剂。

混凝土中应用外加剂时,须满足《混凝土外加剂应用技术规范》（GB 50119—2011）等的规定。另外,还应注意以下几点。

（1）外加剂品种的选择

外加剂品种、品牌很多，效果各异，尤其是对不同水泥效果不同。选择外加剂时，应根据工程需要、现场的材料条件、产品说明书通过试验确定。

（2）外加剂掺加量的确定

混凝土外加剂均有适宜掺加量。掺加量过小，往往达不到预期效果；掺加量过大，则会影响混凝土质量，甚至造成质量事故。因此，须通过试验试配，确定最佳掺加量。

（3）外加剂的掺加方法

外加剂的掺加量很少，必须保证其均匀分散，一般不能直接加入混凝土搅拌机内。对于可溶于水的外加剂，应先配成一定浓度的溶液，使用时连同拌和水一起加入搅拌机内。对于不溶于水的外加剂，应与适量水泥或砂混合均匀后，再加入搅拌机内。

外加剂的掺入时间，对其效果的发挥也有很大影响，如减水剂有同掺法、后掺法、分掺法三种方法。同掺法是减水剂在混凝土搅拌时一起掺入；后掺法是搅拌好混凝土后间隔一定时间，然后再掺入；分掺法是一部分减水剂在混凝土搅拌时掺入，另一部分间隔一段时间后再掺入。实践证明，后掺法最好，能充分发挥减水剂的功能。

【案例分析 3-3】　某工程队于 7 月份在重庆某工地施工，经现场试验确定了一个掺木质素磺酸钠的混凝土配合比，由商品混凝土搅拌站供应，经使用 2 个月情况均正常。该工程后因资金问题暂停 4 个月，随后继续使用原混凝土配合比开工。发觉混凝土的凝结时间明显延长，影响了工程进度。请分析原因，并提出解决办法。

【分析】　木质素磺酸钠有缓凝作用，重庆的 7、8 月份气温较高，水泥水化速度快，适当的缓凝作用是有益的。但到冬季，气温明显下低，故凝结时间就大为延长，解决的办法可考虑改换早强型减水剂或适当减少减水剂用量。

任务 2　混凝土的选用

要合理选用混凝土，必须要了解混凝土的主要技术性质和影响技术性质的因素。

2.1　普通混凝土

2.1.1　普通混凝土的组成材料

普通混凝土的组成材料有水泥、砂、石子和水，另外还常加少量的外加剂或掺和料。混凝土的质量主要取决于组成材料的性质与用量，同时也受施工因素（如搅拌、运输、浇筑、振捣、养护等）的影响。

普通混凝土的表观密度为 2 000 ~ 2 800 kg/m³，常采用普通的天然砂石为骨料与水泥配制而成。普通混凝土广泛用于建筑、桥梁、道路、水利、码头、海洋等工程。

2.1.2 普通混凝土的主要技术性质

普通混凝土的主要技术性质是指混凝土拌和物的和易性、强度、变形和耐久性等。

1. 混凝土拌和物的和易性

混凝土中的各种组成材料按比例配合,经搅拌形成的混合物称为混凝土拌和物,又称新拌混凝土。

(1)混凝土拌和物的和易性概念

混凝土拌和物易于各工序施工操作(搅拌、运输、浇筑、振捣、成型等),并能获得质量稳定、整体均匀、成型密实的混凝土性能,这称为混凝土拌和物的和易性。和易性是满足施工工艺要求的综合性质,包括流动性、黏聚性和保水性。

流动性是指混凝土拌和物在自重或机械振动时能够产生流动的性质。流动性的大小反映了混凝土拌和物的稀稠程度。流动性良好的拌和物,易于浇筑、振捣和成型。

黏聚性是指混凝土组成材料间具有一定的黏聚力,在施工过程中混凝土能保持整体均匀的性能。黏聚性反映了混凝土拌和物的均匀性,黏聚性良好的拌和物易于施工操作,不会产生分层和离析的现象。黏聚性差时,会造成混凝土质地不均,振捣后易出现蜂窝、空洞等现象,影响混凝土的强度及耐久性。

保水性是指混凝土拌和物在施工过程中具有一定的保持内部水分而抵抗泌水的能力。保水性反映了混凝土拌和物的稳定性。保水性差的混凝土拌和物会在混凝土内部形成透水通道,影响混凝土的密实性,并降低混凝土的强度及耐久性。

混凝土拌和物和易性良好(即流动性、黏聚性和保水性均好)是保证混凝土施工质量的技术基础,也是混凝土适合泵送施工等现代化施工工艺的技术保证。在保证施工质量的前提下,具有良好的和易性,才能形成均匀、密实的硬化混凝土结构。

(2)混凝土拌和物和易性的评定

混凝土拌和物的和易性是一项满足施工工艺要求的综合性质,目前还很难用单一的指标来评定。通常测定和易性以流动性为主,兼顾黏聚性和保水性。流动性常用坍落度法(适用于坍落度不小于 10 mm)和维勃稠度法(适用于坍落度小于10 mm)进行测定。

1)坍落度法

在平整、洁净且不吸水(可先用湿布擦拭,以防吸水)的操作面上放置坍落度筒,将混凝土拌和物分三次装入坍落度筒,每层各插捣 25 次,然后刮平,垂直提起坍落度筒,混凝土拌和物靠自重作用而坍落,量出筒高与坍落后混凝土试体最高点之间的高度差(mm)即为混凝土拌和物的坍落度,如图 3.2.1 所示。

用捣棒在已坍落的混凝土拌和物锥体侧面轻轻敲打,若拌和物整体下落,说明黏聚性良好;若部分迸裂,则黏聚性差。再观察拌和物四周是否有液态水流出,若没有,则保水性良好;反之,保水性差。在整个测定过程中,流动性若满足设计要求,且黏聚性、保水性均好,则可确定混凝土拌和物的和易性良好,若三项中有一项不好,则和易性就差。

坍落度数值越大,表明混凝土拌和物流动性越大。根据坍落度值的大小,可将混凝土分为四级:大流动性混凝土(坍落度大于 160 mm)、流动性混凝土(坍落度在 100~150 mm)、塑性

(a)

(b)

(c)

(d)

图 3.2.1 坍落度试验

（a）拌和混凝土 （b）用捣棒刮平混凝土表面并观察保水性 （c）向上提取坍落度筒 （d）测定并读取坍落度数值

混凝土（坍落度在 10 ~ 90 mm）和干硬性混凝土（坍落度小于 10 mm）。

　　施工中可依据构件截面尺寸的大小、钢筋的疏密程度和施工方法等选择坍落度。对于无筋厚大的混凝土结构、钢筋配置稀疏易于施工的结构，为了节约水泥，尽量选择较小的坍落度。对于构件尺寸较小、钢筋配置较密、施工条件（如人工捣实）较差时，可选择较大的坍落度。混凝土的坍落度可参考表 3.2.1。

表 3.2.1 混凝土浇筑时的坍落度（GB 50204—2002）

项目	结构种类	坍落度 / mm
1	基础或地面等的垫层、无筋大体积结构及配筋稀疏结构	10 ~ 30
2	板、梁和大型及中型截面的柱子等	30 ~ 50
3	配筋较密结构（如薄壁、筒仓、细柱等）	50 ~ 70
4	配筋特密的结构	70 ~ 90

　　表 3.2.1 系采用机械振捣的坍落度，若采用人工振捣可适当增大。若采用泵送混凝土拌和物时，则要求混凝土拌和物具有高流动性，可通过掺入高效减水剂等方法，使坍落度提高到 80 ~ 180 mm。

2)维勃稠度法

对于坍落度小于10 mm的混凝土拌和物的流动性,需用维勃稠度法测定,以维勃稠度值(时间:s)表示。此法适用于骨料最大粒径不超过40 mm,维勃稠度值为5～30 s的混凝土拌和物。干硬性混凝土拌和物按维勃稠度值可分为半干硬(5～10 s)混凝土、干硬性(11～20 s)混凝土、特干硬性(21～30 s)混凝土、超干硬性(≥31 s)混凝土四个等级。

维勃稠度法是将坍落度筒置于维勃稠度仪上的容器内,并固定在规定的振动台上。把拌制好的混凝土拌和物装满坍落度筒,提起坍落度筒,将维勃稠度仪上的透明圆盘转至试体顶面,与试体轻轻接触。开动振动台,同时用秒表计时,当振动至透明圆盘底面被水泥浆布满的瞬间关闭振动台,停止秒表,在秒表上读出的时间即该拌和物的维勃稠度值。维勃稠度值越小,表明拌和物的流动性越大。

(3)影响混凝土拌和物和易性的主要因素

1)水泥浆的稠度(水胶比)

水泥浆的稀稠是由水胶比的大小来决定的,水的质量与水泥的质量之比称为水胶比(W/C)。在水泥用量不变时,水泥浆的稠度由拌和用水量来定;当混凝土的组成材料确定时,为使混凝土拌和物具有一定的流动性,所需的拌和用水量就是一个定值。

所以,应该在保持水胶比不变的情况下,用增加水和水泥用量(即增加水泥浆用量)的方法来增加混凝土拌和物的流动性。

注意:在施工过程中,不能单独靠增加拌和用水量来提高流动性,因为水泥用量没有增加,会导致水胶比增大,造成强度下降,耐久性变差。

2)水泥浆的数量

当水胶比不变时,水泥浆数量越多,拌和物的流动性越大,但水泥浆过多,不仅浪费水泥,而且还会导致流浆现象,造成混凝土拌和物的和易性变差,这对混凝土的强度及耐久性还会造成不利影响;若水泥浆过少,水泥浆的作用不能充分发挥(如骨料的包裹层变薄、润滑作用变差、不能填满空隙等),黏聚性变差。所以,要保证混凝土拌和物具有良好的和易性,混凝土拌和物中的水泥浆数量应以满足施工时和易性要求为准。

3)砂率

在混凝土中砂的质量占砂、石总质量的百分数称为砂率。改变砂率时,会引起骨料间空隙率和骨料总表面积的改变,所以,当水泥浆用量一定时,改变砂率对混凝土拌和物的和易性也会产生显著影响。在水泥浆用量一定时,砂率过大,骨料总表面积增大,会导致水泥浆量不足,降低了混凝土拌和物的流动性;若砂率过小,则水泥砂浆量不足,包裹粗骨料表面的水泥砂浆层变薄,造成粗骨料间摩擦力增大,使混凝土拌和物的流动性变差。因此,砂率过大或过小,对和易性来说都是不利的,所以应该选择合理的砂率,只有这样,才能既满足混凝土拌和物的和易性要求,又不浪费水泥,如图3.2.2和图3.2.3所示。合理砂率是指在水泥浆量一定的条件下,能满足混凝土拌和物和易性的砂率。

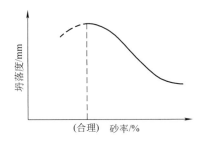

图3.2.2　砂率与坍落度的关系曲线
（水与水泥用量一定）

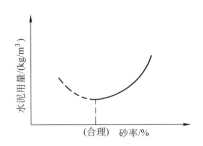

图3.2.3　砂率与水泥用量的关系曲线
（达到相同的坍落度）

4）水泥品种和骨料性质

水泥对和易性的影响主要表现在不同品种的水泥的吸水性不同。例如吸水性大的水泥，要达到相同的坍落度，则需水量较大。通用水泥中，普通水泥所配制的混凝土拌和物的流动性和保水性较好。矿渣水泥、火山灰质混合材料对水泥的需水量都有影响，矿渣水泥配制的混凝土拌和物的流动性较大，但黏聚性较差，易泌水。火山灰水泥则需水量大，在拌和用水量相同时，用火山灰水泥配制的混凝土拌和物影响更大。级配良好的砂、石骨料配制的混凝土拌和物，和易性好，因为空隙率低，当水泥浆量一定时，富余的水泥浆使骨料的包裹层变厚，减小了骨料间的摩擦力，增大了混凝土拌和物的流动性。另外，当水泥浆量一定时，骨料的品种、砂的粗细等对和易性也有影响，如碎石拌制的混凝土的和易性略差于卵石拌制的混凝土，细砂配制的混凝土比中、粗砂配制的混凝土拌和物的流动性略差。

5）外加剂

在拌制混凝土时，在不增加水泥浆用量的条件下，掺入少量的外加剂（如减水剂、引气剂等），也可明显地改善混凝土拌和物的和易性（不仅增大了流动性，也改善了混凝土拌和物的黏聚性和保水性），而且在混凝土配合比不变的情况下，还能提高其强度和耐久性。

6）温度和湿度

环境的温度升高，导致水泥水化速度加快，从而加快了混凝土的凝结硬化速度，使混凝土拌和物的流动性降低，尤其在夏季高温季节施工，上述现象更为明显。

空气中的湿度对拌和物和易性的影响也不能低估，由于湿度小，拌和物中的水分蒸发较快，也降低了拌和物的流动性。

7）时间（龄期）

混凝土拌和后，水泥接触到水即开始水化，随着时间的延长（水化产物数量逐渐增加），水泥浆变得干稠，混凝土拌和物的流动性变差（即坍落度损失），导致和易性变差。所以，混凝土拌和物搅拌均匀后，应尽快完成施工操作。

（4）提高混凝土拌和物和易性的措施

提高混凝土拌和物的和易性的措施有四项。一是采用合理砂率。二是改善砂石的级配。三是掺外加剂或掺和料。四是根据环境条件，注意坍落度的现场控制，当混凝土拌和物坍落度太小时，保持水胶比不变，适当增加水泥浆用量；当坍落度太大时，保持砂率不变，适量增加砂、石用量。

2. 混凝土的强度

（1）混凝土立方体抗压强度和强度等级

1）混凝土立方体抗压强度

混凝土的抗压强度是混凝土结构设计的主要技术参数，也是混凝土质量评定的重要技术指标。

注意：工程中提到的混凝土强度，一般指的是混凝土立方体抗压强度。

按照标准制作方法制成边长为 150 mm 的标准立方体试件，在标准条件（温度（20 ± 2）℃，相对湿度为 95% 以上）下养护 28 d，然后采用标准试验方法测得的抗压强度值，称为混凝土的立方体抗压强度，用 f_{cu} 表示。测定混凝土立方体抗压强度时，也可采用非标准试件，然后将测定结果换算成相当于标准试件的强度值。其试件尺寸换算系数如表 3.2.2 所示。

表 3.2.2 混凝土立方体试件尺寸选用及换算系数

试件尺寸/(mm × mm × mm)	100 × 100 × 100	150 × 150 × 150	200 × 200 × 200
骨料最大粒径/mm	31.5	40	63
换算系数	0.95	1	1.05

注：C50 及以上的混凝土试件宜用 150 mm × 150 mm × 150 mm 试模成型。

测定混凝土立方体抗压强度时，需制作三组试件，每组试件各三个，分别测定 3 d、7 d、28 d 的抗压强度，以三个试件抗压强度测定值的算术平均值作为该组试件的抗压强度值，精确至 0.1 MPa。三个测定值中的最大值或最小值中如有一个与中间值的差值超过中间值的 15%，则取中间值作为该组试件的抗压强度值；如最大值和最小值与中间值的差值均超过中间值的 15%，则该组试件的试验结果无效。

注意：施工现场可采用同样条件养护。

【案例分析 3-4】 现场质量检测取样一组边长为 100 mm 的混凝土立方体试件，将它们在标准养护条件下养护至 28 d，测得混凝土试件的破坏荷载分别为 306、286、270 kN。试确定该组混凝土的标准立方体抗压强度。

【分析】 中间值为 286 kN，它与最大值 306 kN、最小值 270 kN 之间的差值均没超过中间值的 15%。

所以，边长 100 mm 的混凝土立方体非标准试件平均强度为：

$$\overline{f_{cu}} = \frac{F}{A} = \frac{(306 + 286 + 270) \times 1\ 000}{3 \times 100 \times 10^{-3} \times 100 \times 10^{-3}} = 28.7(\text{MPa})$$

换算为标准立方体抗压强度：

$$f_{15} = 28.7 \times 0.95 = 27.3(\text{MPa})$$

2）混凝土的强度等级

混凝土的强度等级是混凝土工程结构设计、混凝土的配合比设计、混凝土施工质量检验与验收的重要依据。《普通混凝土力学性能试验方法标准》(GB/T 50081—2002)规定,混凝土的强度等级按照混凝土立方体抗压强度标准值(按标准方法制作,边长为 150 mm 的标准立方体试件,在标准条件下养护 28 d,采用标准试验方法测得的具有 95% 强度保证率的抗压强度值)确定,共划分为 C7.5、C10、C15、C20、C25、C30、C35、C40、C45、C50、C55、C60、C65、C70、C75、C80 共十六个强度等级。其中"C"表示混凝土,C 后面的数字表示混凝土立方体抗压强度标准值($f_{cu,k}$)。如 C30 表示混凝土立方体抗压强度标准值 $f_{cu,k}$ = 30 MPa。

(2)混凝土轴心抗压强度

混凝土的强度等级是用立方体试件确定的,但在实际工程中,混凝土结构构件大部分是棱柱体或圆柱体。为了能更好地反映混凝土的实际抗压性能,在计算钢筋混凝土构件承载力时,常采用混凝土的轴心抗压强度作为设计依据。

混凝土的轴心抗压强度是采用 150 mm × 150 mm × 300 mm 的棱柱体作为标准试件。在标准条件(温度为(20 ± 2)℃,相对湿度为95%以上)下养护 28 d,然后采用标准试验方法测得的抗压强度值,称为混凝土的棱柱体抗压强度,用 f_{cp} 表示。在立方体抗压强度为 10 ~ 55 MPa 范围内,f_{cp} = (0.7 ~ 0.8)f_{cu}。

(3)混凝土的抗拉强度

混凝土的抗拉强度很低,只有抗压强度的 1/20 ~ 1/10,并且随着混凝土强度等级的提高而降低。常用直接轴心受拉试验和劈裂试验来测得混凝土的抗拉强度。直接轴心受拉试验时,荷载不易对准轴线,夹具处常发生局部破坏,导致测值不准,因此,我国目前常采用劈裂试验方法测定混凝土的抗拉强度。劈裂试验方法采用边长为 150 mm 的立方体标准试件,按规定的劈裂拉伸试验方法测定混凝土的劈裂抗拉强度。其劈裂抗拉强度计算公式如下:

$$f_{ts} = \frac{2F}{\pi A} = 0.637 \frac{F}{A} \qquad (3.2.1)$$

式中:f_{ts}——混凝土的劈裂抗拉强度,MPa;

F——破坏荷载,N;

A——试件劈裂面积,mm^2。

确定混凝土的抗拉强度时,以三个试件抗拉强度测定值的算术平均值作为该组试件的劈裂抗拉强度值,精确至 0.1 MPa。三个测定值中的最大值或最小值中如有一个与中间值的差值超过中间值的 15%,则取中间值作为该组试件的劈裂抗拉强度值;如最大值和最小值与中间值的差值均超过中间值的 15%,则该组试件的试验结果无效。

注意:混凝土在工作时一般不依靠抗拉强度。但抗拉强度对评定混凝土的抗裂性很重要,是结构设计中确定混凝土抗裂度的重要技术指标,可用来衡量混凝土与钢筋的黏结强度。

(4)影响混凝土强度的主要因素

1)水泥强度等级和水胶比

当设计混凝土配合比时,水泥强度等级越高,所配制的混凝土强度也就越高,当水泥强度等级相同时,混凝土的强度主要取决于水胶比。从理论上讲,水泥水化的需水量,一般只占水泥质量的23%左右,但拌制混凝土拌和物时,为了满足拌和物的流动性,常需多加一些水(例如塑性混凝土的水胶比一般为0.40~0.80)。这样,在混凝土硬化时多余的水蒸发后就会留下气孔或通道,造成混凝土密实度降低,强度下降,耐久性变差。所以,水胶比越小,混凝土的强度越高。但水胶比不能太小,如果水胶比过小,拌和物过于干硬,造成施工困难(混凝土不易被振捣密实,出现较多蜂窝、空洞),反而导致混凝土强度下降,耐久性变差。具体如图3.2.4所示。

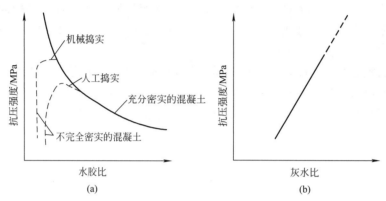

图 3.2.4 混凝土抗压强度与水胶比、灰水比的关系

(a)抗压强度与水胶比的关系 (b)抗压强度与灰水比的关系

混凝土强度与水泥强度及水胶比之间有如下关系。

$$f_{cu} = \alpha_a \cdot f_{ce}\left(\frac{C}{W} - \alpha_b\right) \tag{3.2.2}$$

式中:f_{cu}——混凝土28 d龄期的抗压强度值,MPa;

f_{ce}——水泥28 d抗压强度的实测值,MPa;

C/W——混凝土灰水比,即水胶比的倒数;

α_a,α_b——回归系数,与骨料的品种有关。

水泥厂为保证水泥的出厂强度,生产水泥的实际强度(f_{ce})要高于其强度标准值($f_{ce,k}$),水泥的实际强度一般通过试验确定,在无法取得水泥的实际强度时,可用$f_{ce} = \gamma_c \cdot f_{ce,k}$计算,其中$\gamma_c$为水泥强度富余系数(一般可取1.13)。回归系数可通过试验确定,若无试验资料可根据《普通混凝土配合比设计规程》(JCJ 55—2011)选取,具体参见表3.2.3。

表 3.2.3 回归系数 α_a,α_b 选用

回归系数	碎石	卵石
α_a	0.53	0.49
α_b	0.20	0.13

上述混凝土强度公式(3.2.2)可解决如下两个问题。一是可根据选用的水泥强度等级,估算出所配制混凝土应采用的水胶比。二是可根据已知的水泥强度等级和水胶比,估算出混

凝土28 d可能达到的抗压强度值。

2）骨料的影响

选用强度高、级配良好、砂率合理的骨料也是影响混凝土强度的重要因素。对于粗骨料来说,用级配良好的碎石拌制的混凝土强度略高于用卵石拌制的混凝土;对于细骨料来说,用砂率合理、级配良好的中砂拌制的混凝土,密实度大,强度高。

3）养护的温度和湿度

混凝土强度增长的过程是水泥凝结硬化的过程,而水泥的凝结硬化是水泥水化的必然结果。要使混凝土强度不断增长直至形成坚硬的人造石材,就应满足水泥的水化要求,而水泥的水化与温度、湿度有着密切的关系。若在干燥环境中养护混凝土,混凝土会失水干燥,影响水泥的水化,这不仅严重降低混凝土强度,而且还会导致干缩裂缝的产生,使混凝土结构疏松,影响强度和耐久性。为了提高混凝土的强度,施工中一定要注意湿润养护,在混凝土浇筑完毕后,应在12 h内进行覆盖,防止水分的蒸发。在夏季施工的混凝土,要特别注意浇水保湿。使用硅酸盐水泥、普通水泥和矿渣水泥时,浇水保湿应不少于7 d;火山灰水泥、粉煤灰水泥或在施工中掺入缓凝剂及混凝土有抗渗要求时,保湿养护应不少于14 d。混凝土强度与保湿养护时间的关系如图3.2.5所示。

混凝土强度的发展除了要保证充足的湿度外,温度对其影响也很大。因为在充足的湿度条件下,温度高,水泥凝结硬化速度快,对混凝土强度发展是有益的。低温时,由于水泥的水化速度减慢,混凝土硬化速度也随之变缓,尤其是当温度低于冰点以下时,硬化不但停止,而且还有被冰冻胀破坏的危险。适宜的温度是保证混凝土强度的重要因素。混凝土强度与养护温度的关系如图3.2.6所示。

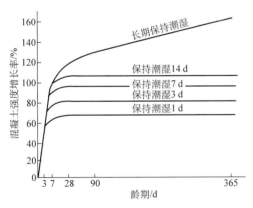

图3.2.5　混凝土强度与保湿养护时间的关系

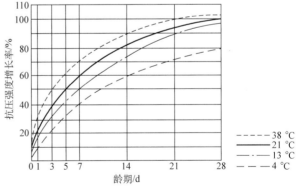

图3.2.6　混凝土强度与养护温度的关系

4）养护的时间（龄期）

混凝土在适宜的温度、充足的湿度条件下,强度将随时间的延长而提高。混凝土的强度在最初的7～14 d增长较快,以后逐渐减慢,28 d达到设计强度。28 d后强度仍在发展。混凝土强度与龄期的关系从图 3.2.5 和图 3.2.6 也可看出。

普通水泥配制的混凝土,在标准养护条件下,强度发展大致与其龄期的常用对数成正比关系(龄期不小于 3 d)。

$$\frac{f_n}{f_{28}} = \frac{\lg n}{\lg 28} \tag{3.2.3}$$

式中:f_n——n 龄期混凝土的立方体抗压强度,MPa;

$\quad\ \ f_{28}$——28 d 龄期混凝土的立方体抗压强度,MPa;

$\quad\ \ n$——养护的龄期,d。

注意:式(3.2.3)的作用在于若测出混凝土的早期强度,可估算出混凝土 28 d 龄期的抗压强度;或根据 28 d 混凝土的抗压强度,估算出 28 d 前混凝土达到某一强度所需养护的天数,以便确定混凝土拆模、构件起吊、放松预应力钢筋、制品养护、出厂等日期。但由于影响混凝土强度的因素很多,所以此公式估算的结果仅供参考。

5)试验条件

试验条件主要是指试件尺寸、形状、表面状态及加荷速度等。

①试件尺寸。对同种混凝土来说,试件尺寸越小,测得的强度越高。所以,在用非标准试件测定混凝土抗压强度时,需将测得结果乘以表 3.2.2 中的换算系数。

阅读理解:试件尺寸较大时,试件内部存在孔隙等缺陷的概率就高,这就造成有效受力面积的减少和应力集中,从而引起混凝土强度的测定值偏低。

②试件形状。试件受压面积($a \times a$)相同,高度(h)不同时,高宽比(h/a)越大,抗压强度越小。

阅读理解:当试件受压时,试件受压面与试件承压板之间的摩擦力,对试件相对于承压板的横向膨胀起着约束作用,该约束有利于强度的提高(见图 3.2.7)。越接近试件的端面,这种约束作用就越大,在离端面大约 $\frac{\sqrt{3}}{2}a$ 范围以外,约束作用才消失,通常称这种约束作用为"环箍效应"(见图 3.2.8)。

③表面状态。混凝土试件承压面的状态,也是影响混凝土强度的重要因素。若试件承压面有油脂类润滑剂时,试件受压时的环箍效应大大减小,试件将出现直裂破坏(见图 3.2.9),测出的强度值也较低。

④加荷速度。加荷速度越快,测得的混凝土抗压强度就越大,当加荷速度超过 1.0 MPa/s

时,这种趋势更明显。所以,国家标准规定,测定混凝土抗压强度的加荷速度为 0.3～0.8 MPa/s,且应连续均匀地进行加荷。

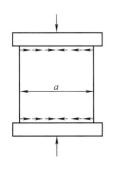

图 3.2.7　压力机压板对
试件的约束作用

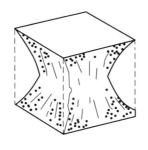

图 3.2.8　试件破坏后
残存的棱锥体

图 3.2.9　不受压板约束
时试件的破坏情况

(5)提高混凝土强度的措施

提高混凝土强度的措施主要有以下几点:采用高强度等级的水泥配制混凝土;合理选用满足技术要求、级配良好的骨料;有条件时可掺入外加剂(如减水剂、早强剂等);采用较小的水胶比;采用湿热处理养护混凝土;采用机械搅拌的振捣。

3. 混凝土的变形性能

混凝土在凝结硬化或使用过程中,受各种因素作用会产生各种变形,混凝土的变形直接影响混凝土的强度及耐久性,特别是对裂缝的产生有直接影响。引起混凝土变形的因素很多,主要分为荷载作用下的变形(弹塑性变形和徐变)和非荷载作用下的变形(主要有化学收缩、干湿变形、温度变形等)。

(1)非荷载作用下的变形

1)化学收缩

混凝土在硬化过程中,水泥水化产物的体积小于水化前反应物的体积,所以混凝土会发生体积收缩,这种由于水化反应产生的体积收缩称为化学收缩(也称自身收缩)。化学收缩是不可恢复的,而且收缩值随着龄期的延长而增加,一般在混凝土成型后 40 d 内增长较快,以后逐渐趋于稳定。温度的升高、水泥用量的增加、水泥细度的提高,也会增大化学收缩值。化学收缩对混凝土结构基本没有破坏作用,但在混凝土内部可能产生裂缝,从而影响承载状态(产生应力集中)和耐久性。

2)干湿变形

干湿变形是指混凝土周围环境湿度的变化引起混凝土中水分的变化,导致混凝土湿胀干缩的变形。

混凝土在干燥过程中,毛细孔中的自由水分首先蒸发,使混凝土体积收缩;当毛细孔中的自由水蒸发完毕,凝胶中的吸附水开始蒸发,凝胶体因失去水分而收缩。可见,混凝土的体积干缩是由毛细孔中的自由水和凝胶中的吸附水相继蒸发引起的。空气相对湿度越低,干缩发展越快。混凝土的这种体积收缩,在重新吸水后大部分可以恢复。当混凝土在水中硬化时,体积产生轻微膨胀,这是由于凝胶体中胶体粒子的吸附水膜增厚,胶体粒子的间距增大所致。

混凝土的干缩对混凝土危害较大,因为干缩使混凝土表面产生较大拉应力,导致混凝土表面干裂,使混凝土强度降低,耐久性变差。混凝土干缩值的大小主要取决于水泥石及水泥石中毛细孔的多少。因此,减少干缩就要合理选择水泥品种,减少水泥用量,降低水胶比,选用质量好、级配好、砂率合理、弹性模量大的骨料,加强养护,特别是早期的湿润养护。

结构设计中,混凝土的干缩率取值为$(1.5 \sim 2.0) \times 10^{-4}$,即每米收缩$0.15 \sim 0.20$ mm。湿胀导致的变形很小,对混凝土性能影响不大。

3)温度变形

混凝土和其他材料相同,具有热胀冷缩的性能。混凝土的温度膨胀系数为$(1 \sim 1.5) \times 10^{-5}$(即温度升降$1$ ℃,每米胀缩$(0.01 \sim 0.015)$ mm)。

温度变形对于大体积混凝土工程、纵向很长的混凝土结构及大面积混凝土工程极为不利,容易引起混凝土的温度裂缝。为了避免这种危害,对于上述类型的混凝土工程,应尽量降低其内部热量,如选用低热水泥,减少水泥用量,掺加缓凝剂,采用人工降温等。对纵向长或面积大的混凝土结构,应设置伸缩缝。

(2)荷载作用下的变形

1)短期荷载作用下的变形

①混凝土的弹塑性变形。混凝土是由水泥、砂、石、水、气泡等组成的一种非均质人造石材,属于弹塑性材料。荷载对其作用时,既产生弹性变形,又产生塑性变形。因此,混凝土在静力受压时,其全部变形(ε)由弹性变形($\varepsilon_{弹}$)和塑性变形($\varepsilon_{塑}$)组成,应力(σ)与应变(ε)的关系为一曲线,如图3.2.10所示。

在静力试验的加荷过程中,若加荷至A点(应力为σ,应变为ε),然后逐渐卸去荷载,则卸荷时的应力–应变曲线如AC所示(微向上弯曲)。卸荷后能恢复的应变$\varepsilon_{弹}$,是由混凝土的弹性性质引起的,称为弹性应变;剩余的不能恢复的应变$\varepsilon_{塑}$,是由混凝土的塑性性质引起的,称为塑性应变。

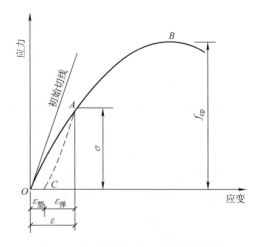

图 3.2.10　混凝土的应力–应变曲线

②混凝土的弹性模量。应力–应变曲线上任一点的应力σ与其应变ε的比值,称为混凝土的弹性模量。它反映混凝土所受应力与所产生应变之间的关系。

注意:计算钢筋混凝土结构的变形、裂缝及大体积混凝土的温度应力时,均需用到混凝土的弹性模量。

当应力 σ 小于 $0.3f_{cp}$ 时,在反复荷载作用下,每次卸荷都在应力 – 应变曲线中残留一部分塑性变形,但随着重复次数的增加,塑性变形的增量减小,最后曲线稳定于 $A'C'$ 线,它与初始切线大致平行,如图 3.2.11 所示。

《普通混凝土力学性能试验方法标准》(GB/T 50081—2011)规定,采用 $150\ mm \times 150\ mm \times 300\ mm$ 的棱柱体试件作为标准试件,取测定点的应力为试件轴心抗压强度的 40%(即 $\sigma = 0.4f_{cp}$),经四次以上反复加荷与卸荷后,所得应力 –

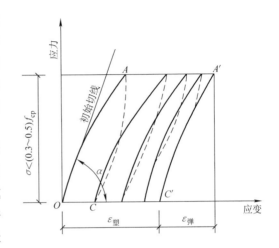

图 3.2.11　低应力下重复荷载的应力 – 应变曲线

应变曲线与初始切线大致平行时测得的弹性模量值,即为该混凝土的弹性模量 E_c,在数值上与 $\tan\alpha$ 相近。

影响混凝土弹性模量的因素主要有混凝土的强度、骨料的含量及其他养护条件等。混凝土的强度越高,其弹性模量越大,当混凝土的强度等级由 C10 增加至 C60 时,其弹性模量大致由 $1.75 \times 10^4\ MPa$ 增加至 $3.60 \times 10^4\ MPa$;骨料的含量越多,其弹性模量越大,混凝土的弹性模量越高;混凝土的水胶比较小,养护较好,龄期较长,混凝土的弹性模量就较大。

2)长期荷载作用下的变形

混凝土在恒定荷载长期作用下,沿作用力方向,随着时间的延长而不断增加的塑性变形,称为混凝土的徐变。徐变是由于水泥石中凝胶体在长期荷载作用下产生黏性流动,使凝胶孔中的水向毛细孔迁移的结果。

注意:徐变对结构物的影响有利有弊。有利的是,它可以减弱钢筋混凝土内的应力集中,使应力重新分布,并能减小大体积混凝土的温度应力;不利的是,它会使预应力钢筋混凝土的预加应力值受到损失。

4. 混凝土的耐久性

混凝土抵抗其自身因素和环境因素的长期破坏,保持其原有性能的能力,称为耐久性。在建筑工程中,混凝土不仅要有足够的强度来安全地承受荷载,而且还应具有与环境相适应的耐久性来延长建筑物的使用寿命。

（1）混凝土的耐久性具体构成

混凝土的耐久性主要包括抗渗性、抗冻性、耐蚀性、抗碳化、抗碱－骨料反应等。

1）抗渗性

混凝土抵抗压力液体（水或油）等渗透本体的能力称为抗渗性。抗渗性是混凝土耐久性的一项重要指标，抗渗性的好坏直接影响着混凝土的抗冻性和耐蚀性。当混凝土的抗渗性较差时，不但容易透水，而且在冰点以下温度时，由于水的渗入而结冰，导致混凝土结构膨胀破坏，当水中溶有侵蚀性介质时，还会对混凝土有腐蚀作用，使混凝土强度降低，耐久性变差。如果是钢筋混凝土，腐蚀介质会引起钢筋的锈蚀，导致混凝土保护层的开裂和剥落，造成钢筋混凝土耐久性的下降。混凝土渗水的主要原因是由于内部连通的孔隙、毛细管道和混凝土浇筑时形成的孔洞及蜂窝等。

注意：提高混凝土密实度，改变孔隙结构特征，降低开口孔隙率可提高混凝土抗渗性。

混凝土的抗渗性用抗渗等级表示。抗渗等级是以 28 d 龄期的标准试件，用标准试验方法进行试验，以每组六个试件，四个试件未出现渗水时，所能承受的最大静水压（单位：MPa）来确定的。混凝土的抗渗等级用代号 P 表示，如 P4、P6、P8、P10、P12 等，它们分别表示混凝土抵抗 0.4 MPa、0.6 MPa、0.8 MPa、1.0 MPa 和 1.2 MPa 的液体压力而不渗水。

2）抗冻性

混凝土在吸水饱和状态下，抵抗多次反复冻融循环而不破坏，同时也不严重降低其各种性能的能力，称为抗冻性。寒冷地区，尤其是经常与水接触、容易受冻的外部混凝土工程结构，要求具有较好的抗冻性。一般来说，结构密实、具有闭口孔隙的混凝土，抗冻性较好。

注意：采用较小的水胶比、提高施工质量、在混凝土中加入减水剂等，都能提高混凝土的密实度，从而提高其抗冻性。

混凝土的抗冻性用抗冻等级表示。抗冻等级是以 28 d 龄期的混凝土标准试件，在浸水饱和状态下，进行冻融循环试验，以抗压强度损失不超过 25%，同时质量损失不超过 5% 时，所能承受的最大的冻融循环次数来确定的。混凝土抗冻等级用 F 表示，如 F10、F15、F25、F50、F100、F150、F200、F250 和 F300。它们分别表示混凝土在强度损失不超过 25%，质量损失不超过 5% 时，所能承受的最大冻融循环次数为 10、15、25、50、100、150、200、250 和 300。

3）耐蚀性

混凝土在外界各种侵蚀介质作用下，抵抗破坏的能力，称为混凝土的耐蚀性。混凝土的耐蚀性主要与水泥石的耐蚀性有关，当工程所处环境存在侵蚀介质时，对混凝土必须提出耐蚀性要求。

注意：合理选择水泥品种、提高混凝土的密实度、改善孔隙特征（具有闭口孔隙）等可提高混凝土的耐蚀性。

4)抗碳化

空气中的 CO_2 与混凝土内水泥石中的 $Ca(OH)_2$ 反应生成 $CaCO_3$ 和水,这个化学变化过程称为碳化。这种碳化过程是由表及里逐渐向混凝土内部扩散的,碳化会引起水泥石化学组成及组织结构发生变化,对混凝土的碱度、强度和收缩均产生影响。

碳化对混凝土的性能的影响有利有害。有利的是表层混凝土生成的 $CaCO_3$,可填充水泥石的孔隙,提高密实度,对防止有害介质的侵入具有一定的缓冲作用。有害的是碳化会使混凝土的碱度降低,减弱混凝土对钢筋的保护作用,碳化还会增加混凝土的体积收缩,导致混凝土表面产生应力而出现微裂缝,从而降低混凝土的抗拉、抗折强度及抗渗能力。

注意:当碳化深度穿透混凝土保护层到达钢筋时,钢筋钝化膜被破坏而引起锈蚀,并导致体积膨胀,使混凝土保护层开裂,开裂后的混凝土碳化更加严重。降低水胶比、使用减水剂提高密实度等措施可提高混凝土抗碳化能力。

5)抗碱-骨料反应

水泥中的强碱(Na_2O、K_2O 的水化物)与骨料中的活性二氧化硅(SiO_2)发生化学反应,在骨料表面生成复杂的碱-硅酸凝胶(即碱-骨料反应),这种凝胶吸水后,体积膨胀(体积可增加 3 倍以上),从而导致混凝土膨胀开裂而破坏(见图 3.2.12)。

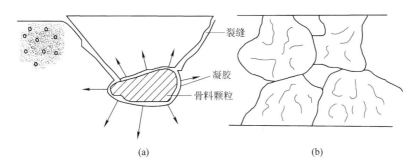

图 3.2.12　典型的碱-骨料反应开裂形式

(a)爆皮　(b)表面网状裂缝

混凝土发生碱-骨料反应要满足三个条件:①水泥中碱含量高,水泥中总碱含量大于 0.6%;②砂、石骨料中含有活性二氧化硅成分,含活性二氧化硅成分的矿物有蛋白石、玉髓、磷石英等;③有水存在,在无水条件下碱-骨料反应不会发生。

碱-骨料反应进行缓慢,有一定的潜伏期,可经过几年或十几年时间才会出现,但一旦发生,则无法阻止破坏的发展,所以危害是比较严重的。近年来,国内外均发现在桥梁工程中出现碱-骨料反应的破坏现象。在实际工程中,为了抑止碱-骨料反应造成的危害,可以采取如下措施:控制水泥中总碱含量不大于 0.6%;选用不含活性二氧化硅的骨料;降低混凝土的单位体积水泥用量(以降低单位体积含碱量);掺加火山灰质混合材料;防止水分侵入等。

(2)提高混凝土耐久性的措施

提高混凝土耐久性的措施如下。

①合理选择水泥品种。根据混凝土工程特点、所处环境、施工条件和水泥特性,参照学习

情境2和表3.1.1。

②选用质量好、级配合格、砂率合理的骨料。用满足各项技术要求的粗、细骨料配制混凝土,可减小空隙率和总表面积,既可节省水泥,又能提高混凝土的耐久性。

③控制混凝土的最大水胶比和最小水泥用量。水胶比和水泥用量控制得是否合理,是保证混凝土密实度并提高耐久性的关键。《混凝土结构设计规范》(GB 50010—2010)对不同环境条件的混凝土最大水胶比作了规定,见表3.2.4所示。

表3.2.4 混凝土结构环境类别及耐久性基本要求(GB 50010—2010)

环境类别	环境条件	最大水胶比	最低强度等级	最大氯离子含量/%	最大碱含量/(kg/m³)
一	室内干燥环境 无侵蚀性静水浸没环境	0.60	C20	0.30	不限制
二a	室内潮湿环境: 非严寒和非寒冷地区的露天环境 非严寒和非寒冷地区与无侵蚀性的水或土壤直接接触的环境 严寒和寒冷地区的冰冻线以下与无侵蚀性的水或土壤直接接触的环境	0.55	C25	0.20	3.0
二b	干湿交替环境: 水位频繁变动环境 严寒和严寒地区的露天环境 严寒和严寒地区的冰冻线以上与无侵蚀性的水或土壤直接接触的环境	0.50(0.55)	C30(C25)	0.15	
三a	严寒和严寒地区的冬季水位变动区环境 受除冰盐影响环境 海风环境	0.45(0.50)	C35(C30)	0.15	
三b	盐渍土环境: 受除冰盐作用环境 海岸环境	0.40	C40	0.10	
四	海水环境	由调查研究和工程经验确定			
五	受人为或自然的侵蚀性物质影响的环境	由调查研究和工程经验确定			

注:①室内潮湿环境是指构件表面经常处于结露或湿润状态的环境;

②严寒和寒冷地区的划分应符合国家现行标准《民用建筑热工设计规范》(GB 50176)的有关规定;

③海岸环境和海风环境宜根据当地情况,考虑主导风向及结构所处迎风、背风部位等因素的影响,由调查研究和工程经验确定;

④受除冰盐影响环境为受到除冰盐盐雾影响的环境,受除冰盐作用环境指被除冰盐溶液溅射的环境以及使用除冰盐地区的洗车房、停车楼等建筑;

⑤氯离子含量系指其占胶凝材料总量的百分比;

⑥预应力构件混凝土中的最大氯离子含量为0.05%,最低混凝土强度等级应按表中的规定提高两个等级;

⑦素混凝土构件的水胶比及最低强度等级的要求可适当放松;

⑧有可靠工程经验时,二类环境中的最低混凝土强度等级可降低一个等级;

⑨处于严寒和寒冷地区二b、三a类环境中的混凝土应使用引气剂,并可采用括号中的有关参数;

⑩当使用非碱活性骨料时,对混凝土中的碱含量可不作限制;

⑪以上数据适用于使用年限为50年的混凝土结构。

《普通混凝土配合比设计规程》(JGJ 55—2011)规定了工业与民用建筑最小胶凝材料用量的限值,见表3.2.5所示。

表 3.2.5   混凝土的最小胶凝材料用量

最大水胶比	最小胶凝材料用量/(kg/m³)		
	素混凝土	钢筋混凝土	预应力混凝土
0.60	250	280	300
0.55	280	300	300
0.50	320		
0.45	330		

④掺入减水剂或引气剂。

⑤改变施工条件,提高施工质量,如机械搅拌、机械振捣、加强养护等。

⑥采用浸渍处理或用有机材料作防护涂层。

2.2   高强混凝土

2.2.1   高强混凝土的定义

高强混凝土的概念随着时代的进步、混凝土技术水平的发展以及人们对混凝土强度期望值的提高而变化。20世纪50年代,强度达到35 MPa以上的混凝土就被认为是高强混凝土;到60年代以后,40~50 MPa的混凝土被认为是高强混凝土,到1980年以后,世界各国纷纷研究、应用高强混凝土。因不同国家应用的侧重点不同,高强混凝土的强度标准也不尽相同,例如在北美地区,将60 MPa以上的混凝土作为高强混凝土。我国《高强混凝土结构设计与施工指南》(HSCC–99)中将强度等级大于或等于C50的混凝土称为高强混凝土。

2.2.2   高强混凝土的原材料和配合比

与普通混凝土相比,高强混凝土在原材料和配合比上主要有两点不同,即低水胶比和多组分,其目的都是为了增加混凝土的密实程度,改善骨料和硬化水泥浆之间的界面性能,从而达到高强和耐久。

降低水胶比是使混凝土减少孔隙并达到高强的最主要途径。要使低水胶比的混凝土拌和物有良好的工作性,就必须加入高效减水剂。

①水泥。配制高强混凝土宜选用强度等级不低于42.5的硅酸盐水泥。在低水胶比情况下,选用更高标号的水泥对混凝土强度的提高不明显,而且往往由于水泥的细度增大,使需水量增加,同时早期水化温升也高,反而不利于形成致密的浆体结构,影响后期强度增长。

②化学外加剂。配制高强混凝土掺加一定量的高效减水剂,这是改善混凝土性能不可缺少的重要措施之一。大量的工程实践证明,高效减水剂掺量虽较少,在按要求改善混凝土性能,尤其在混凝土强度增长方面,显示出十分显著的效果,已成为高强混凝土中重要的材料。

③矿物掺合料。在高强混凝土配制中加入适量的活性掺合料,既可促进水泥水化产物的

进一步转化,也可提高混凝土配制强度,降低工程造价、改善高强混凝土性能的效果。《高强混凝土结构设计与施工指南》建议采用的活性掺合料有粉煤灰、沸石粉、硅粉等。

④骨料。粗骨料的性能对高强混凝土的抗压强度及弹性模量起到决定性的制约作用,如果骨料强度不足,其他提高混凝土强度的手段都将起不到任何作用。当混凝土强度等级在C70~C80及以上时,检验粗骨料的性能就变得十分重要。C50~C60混凝土对粗骨料的要求并无过于挑剔之处,尽管不同的粗骨料对于较低等级高强混凝土的性能也有明显影响。

用于高强混凝土的粗骨料,宜选用坚硬密实的石灰岩或辉绿岩、花岗岩、正长岩和辉长岩等深层火成岩碎石,也可用卵石配制C50~C60混凝土。

高强混凝土最好使用细度模数较大的中、粗砂,以减少拌和物用水量。细骨料中的黏土及云母含量应尽量低,黏土不但会降低强度,还会使拌和物的用水量增加。为保证高强混凝土拌和物的流动性,便于泵送,需要有足够的砂浆。因降低水胶比所减少的水量由增加砂量来补充,因此高强混凝土的砂率可提高到0.40以上。

⑤配合比。高强混凝土的组分较为复杂,还必须考虑减水剂的作用以及减水剂与胶凝材料的相容性问题,所以采用普通混凝土的配合比设计方法,仅根据强度与水胶比的关系进行设计是不合适的。高强混凝土配合比设计现尚无通行的、被广泛接受的方法。它的配合比只能参照有关资料或经验,通过仔细的试配并反复修改后确定。

高强混凝土试配时可以先设定胶凝材料用量、水胶比和砂率,用绝对体积法或容重法算出砂石数量。胶凝材料中的各种组分由经验确定。若拌和物的工作性不能满足要求,可以适当调整高效减水剂用量和用水量。改变砂率和掺合料掺量也能影响拌和物的工作性,更科学的方法是采用最大捣实容重法进行高强混凝土的配合比设计。

2.3 高性能混凝土

2.3.1 高性能混凝土的定义与发展

1. 定义

高性能混凝土(High Performance Concrete,缩写为HPC)是近期混凝土技术发展的主要方向,国外学者曾称之为21世纪混凝土。不同的学者或技术人员对高性能混凝土的定义与理解有所不同。高性能混凝土的定义目前主要有以下三种说法。

①美国混凝土学会给出的定义为:高性能混凝土是一种能符合特殊性能综合与均匀性要求的混凝土,此种混凝土往往不能用常规的混凝土组分材料和通常的搅拌、浇捣和养护的习惯做法所获得。

②日本学者给出的定义为:具有高工作性(高的流动性、黏聚性与可浇筑性)、低温升、低干缩率、高抗渗性和足够强度的混凝土称为高性能混凝土。

③我国工程院院士、著名水泥基复合材料专家吴中伟认为,应根据用途和经济合理等条件对性能有所侧重,并据此提出了高性能混凝土的定义为:高性能混凝土是一种新型的高技术混凝土,是在大幅度提高常规混凝土性能的基础上,采用现代混凝土技术,选用优质原材料,在妥

善的质量控制下制成的。除采用优质水泥、水和集料外,必须采用低水胶比和掺加足够数量的矿物细掺和料与高效外加剂,HPC 应同时保证下列性能:耐久性、工作性、各种力学性能、适用性、体积稳定性和经济合理性。

2. 高性能混凝土的发展

现代建筑工程结构的高度和跨度不断增加,使用的环境日益严酷,工程建设对混凝土的性能要求越来越高,为了适应以上发展要求,人们研究和开发了高性能混凝土。

高性能混凝土由高强混凝土发展而来,但高性能混凝土对混凝土技术性能的要求比高强混凝土更多。高性能混凝土的发展经历了三个阶段:通过振动、加压、成型获得高强度(工艺创新);掺高效减水剂配制高强混凝土(第五组分创新);掺用超细矿物掺和料配制高性能混凝土(第六组分创新)。

2.3.2　高性能混凝土的特点

1. 高施工性

高性能混凝土在拌和、运输、浇筑时具有良好的流变性,不泌水,不离析,施工时能达到自流平,坍落度经时损失小,具有良好的可泵性。

2. 高强度

高性能混凝土具有较高的早期强度及后期强度,能达到高强度是高性能混凝土的重要特点,对高性能混凝土应具有多高强度,各国学者众说不一,大多数认为应在 C50 ~ C60 以上。

目前我国建筑工程使用较多的是 C50 以下的中等强度普通混凝土,如果能实现普通混凝土高性能化,将具有重要的技术经济意义和社会效益。所以,普通混凝土高性能化是今后若干年高性能混凝土发展的方向。

3. 高耐久性

高性能混凝土应具有高抗渗性、抗冻融性及抗腐蚀性,并且抗渗性是混凝土耐久性的主要技术指标。因为大多数化学侵蚀都是在水分与有害离子渗透进入的条件下产生的,混凝土的抗渗性是防止化学侵蚀的第一道防线。

4. 体积稳定性

在硬化过程中体积稳定是指水化热低、混凝土温升小、冷却时温差小、干燥收缩小、硬化过程中不开裂、收缩徐变小。硬化后具有致密的结构,不易产生宏观裂缝及微观裂缝。

2.3.3　配制高性能混凝土的技术途径

1. 优化水泥品种

配制高性能混凝土所用水泥,除应满足体积安定性、凝结时间等相应的技术标准外,由于高性能混凝土要求具有良好的施工和易性,故所用水泥与掺入高性能混凝土中的化学外加剂之间的相容性尤为重要。

在一定水胶比的条件下,并不是每一种符合国家标准的水泥在使用一定的减水剂时都有同样的流变性能;同样,也并不是每一种符合国家标准的减水剂对每一种水泥流变性的影响都一样,这就是水泥和减水剂之间的相容性问题。

注意:配制高性能混凝土应选用含 C_3A 低的水泥。当水泥含碱量高时,与减水剂的相容性往往较差。

2. 改善水泥颗粒粒形和颗粒级配

通过改善水泥粉磨工艺可制得表面有裂纹且呈圆球形的水泥熟料颗粒,国外称为"球状水泥"。这样的水泥具有高流动性和填充性,在保持混凝土拌和物坍落度相同的条件下,球状水泥的用量比普通水泥降低10%。

水泥颗粒级配良好是配制高流动性混凝土的又一个条件。国外所谓的球状水泥,优化了水泥颗粒的粒度分布,在需水量不增加的条件下,达到最密实充填。用这种水泥配制的混凝土,不仅流变性能优良,而且具有很好的物理力学性能。

3. 掺加矿物掺和料

以符合相应质量标准的矿物掺和料取代一定量的水泥是配制高性能混凝土的关键措施之一。因为混凝土中的水泥用量越大,混凝土的收缩值就越大,体积稳定性越差;水泥水化热总量增加,混凝土内部的温度升高加快,增大了出现温度裂缝的可能性;水泥水化生成的 $Ca(OH)_2$ 数量增加,还将导致混凝土耐腐蚀性能的劣化。

高性能混凝土常用的矿物掺和料有粉煤灰、粒化高炉矿渣粉、天然沸石粉和硅灰等,在高性能混凝土中所起的作用包括:改善混凝土拌和物的和易性,减少混凝土的收缩值,降低混凝土温升,改变水泥混凝土强度增长规律,提高混凝土耐久性。

4. 采用低水胶比

高性能混凝土拌和物的水胶比是指单位混凝土中水量与所有胶凝材料(如水泥、矿物掺和料)用量的比值。

为满足高性能混凝土高强度、高耐久性的要求,必须采用低水胶比,高性能混凝土的水胶比一般应控制在0.4以下,掺用优质高效减水剂是采用低水胶比的必要条件。

5. 采用优质砂、石骨料

混凝土耐久性与砂、石的杂质含量密切相关。骨料中的含泥量、泥块含量、SO_3 含量等直接影响混凝土的耐久性;骨料的颗粒级配与粒形影响拌和物的和易性;而粗骨料的强度高低应与所配制混凝土强度等级相一致。所以,拌制高性能混凝土时应严格控制砂、石的品质指标。

2.4 轻混凝土

轻混凝土是指干表观密度小于 2 000 kg/m³ 的混凝土。它可分为轻骨料混凝土、大孔混凝土和多孔混凝土。

2.4.1　轻骨料混凝土

凡是由轻质粗骨料、细骨料、水泥和水配制而成的轻混凝土称为轻骨料混凝土。用轻质粗骨料、细骨料配制的混凝土为全轻混凝土;用轻质粗骨料和普通砂配制的混凝土称砂轻混凝土。

1. 轻骨料

（1）轻骨料的分类

轻骨料分为以下三种。

①天然轻骨料,指天然形成的多孔岩石经加工而成的轻骨料,如浮石、火山渣等。

②工业废料轻骨料,指以工业废料为原料,经加工而成的轻骨料,如粉煤灰陶粒、煤矸石陶粒、膨胀矿渣珠等。

③人造轻骨料,指以地方材料为原料,经加工而成的轻骨料,如黏土陶粒、页岩陶粒、膨胀珍珠岩等。

轻骨料与普通砂、石的区别是轻骨料中存在大量孔隙,质轻、吸水率大、强度低、表面粗糙。

注意:轻骨料的技术性质(如堆积密度、颗粒级配、粗细程度、强度、吸水率等)将直接影响所配制混凝土的性质。

（2）轻骨料的技术要求

1）堆积密度

轻骨料堆积密度的大小,将直接影响轻骨料混凝土的强度、保温等性能。轻粗骨料按其堆积密度（kg/m^3）分为300、400、500、600、700、800、900、1 000 八个密度等级,轻细骨料分为500、600、700、800、900、1 000、1 100、1 200 八个密度等级。

2）颗粒级配、最大粒径及粗细程度

保温及结构保温轻骨料混凝土用的轻骨料,其最大粒径不宜大于40 mm,结构轻骨料混凝土的最大粒径不宜大于20 mm。轻砂的细度模数不宜大于4.0;其大于5 mm的累计筛余百分数不宜大于10%。

颗粒级配对混凝土拌和物的和易性、强度、耐久性等影响较大。所以,我国标准对轻粗骨料也有颗粒级配要求,应符合表3.2.6规定,其自然级配的空隙率不应大于50%。

表 3.2.6　轻粗骨料的颗粒级配（JGJ 51—2002）

筛孔尺寸		最小粒径（D_{min}）	1/2 最大粒径（$1/2D_{max}$）	最大粒径（D_{max}）	2 倍最大粒径（$2D_{max}$）
圆球型的及单一级配	累计筛余百分数/%	≥90	不作规定	≤10	0
普通型的混合级配		≥90	30 ~ 70	≤10	0
碎石型的混合级配		≥90	40 ~ 60	≤10	0

3）强度

轻骨料混凝土的破坏与普通混凝土不同,它不是沿骨料与水泥石的界面破坏,而是穿过骨料破坏,所以轻粗骨料必须有足够的强度。轻粗骨料的强度通常用筒压强度和强度等级两种方法表示。

筒压强度是将 10 ~ 20 mm 粒径的轻粗骨料按要求装入承压筒中,通过冲压模压入 20 mm 深,以此时的压力值除以承压面积即得轻粗骨料的筒压强度值。其筒压强度应不小于表 3.2.7 的规定。

表 3.2.7　轻粗骨料的筒压强度及强度等级

密度等级	筒压强度/MPa		强度等级/MPa	
	碎石型	普通和圆球型	普通型	圆球型
300	0.2/0.3	0.3	3.5	3.5
400	0.4/0.5	0.5	5.0	5.0
500	0.6/1.0	1.0	7.5	7.5
600	0.8/1.5	2.0	10	15
700	1.0/2.0	3.0	15	20
800	1.2/2.5	4.0	20	25
900	1.5/3.0	5.0	25	30
1 000	1.8/4.0	6.5	30	40

注:碎石型天然轻骨料取斜线以左值;其他碎石型轻骨料取斜线以右值。

筒压强度不能直接反映轻骨料在混凝土中的真实强度,只能间接反映轻粗骨料的相对强度大小。真实承压强度比筒压强度高得多(为筒压强度的 4 ~ 5 倍),所以《轻骨料混凝土技术规程》(JGJ 51—2002)中还规定了采用强度等级来评定粗骨料的强度。

轻骨料的强度越高,其强度等级也越高。所谓强度等级,即某种轻粗骨料配制混凝土的合理强度值。例如,强度等级为 30 MPa 的轻粗骨料,最适合配制 CL30 的轻骨料混凝土。

4)吸水率

轻骨料孔隙较多,其吸水率比普通砂、石要大,因此将导致施工中混凝土拌和物的坍落度损失较大,并显著影响混凝土的水胶比、强度及耐久性。在设计配合比时,若采用干燥骨料,则必须根据骨料吸水率的大小,再多加一部分被骨料吸收的附加水量。规程规定,对轻砂和天然轻粗骨料的吸水率不作规定,其他轻粗骨料的吸水率应不大于 22%。

2. 轻骨料混凝土的主要技术性质

(1)和易性

轻骨料混凝土的和易性及其评定方法与普通混凝土相同,影响其和易性的因素也基本与普通混凝土相似,但是轻骨料对混凝土拌和物和易性的影响比普通骨料更大(轻骨料吸水性很强)。与普通混凝土拌和物相比,轻骨料混凝土拌和物的黏聚性、保水性好,但流动性较差。轻骨料混凝土自重轻,其自重坍落趋势轻于普通混凝土,但施工时受振动后表现出的流动性基本接近普通混凝土。由于轻骨料吸水性强,在设计配合比时,必须考虑轻骨料的吸水问题,轻骨料混凝土拌和物的用水量为净用水量(即提供水泥水化、润滑和提高流动性的用水量)和附加用水量之和。拌制时轻骨料要事先预湿,拌制后应尽早使用,测得混凝土拌和物和易性的时间也应严格控制,一般在拌和后 15 ~ 30 min 内进行。

（2）表观密度

轻骨料混凝土的表观密度将直接影响其强度、保温性能和自重等，所以在工程中可通过选择轻骨料混凝土的表观密度来满足工程要求。轻骨料混凝土按其表观密度分为十二密度等级，每一个密度等级有一定的变化范围。每一密度等级的轻骨料混凝土的密度标准值，应择取该密度等级变化范围的上限，如1 800的密度等级，其密度标准值为1 850 kg/m³，具体见表3.2.8。

表3.2.8 轻骨料混凝土的密度等级及密度变化范围

密度等级	800	900	1 000	1 100	1 200	1 300
密度变化范围/（kg/m³）	760~850	860~950	960~1 050	1 060~1 150	1 160~1 250	1 260~1 350
密度等级	1 400	1 500	1 600	1 700	1 800	1 900
密度变化范围/（kg/m³）	1 360~1 450	1 460~1 550	1 560~1 650	1 660~1 750	1 760~1 850	1 860~1 950

（3）强度与强度等级

轻骨料混凝土的强度等级按其立方体抗压强度标准值，划分为CL5.0、CL7.5、CL10、CL15、CL20、CL25、CL30、CL35、CL40、CL45、CL50等十一个强度等级。

轻骨料混凝土的强度，按其破坏形态不同，分别取决于轻粗骨料和包裹轻粗骨料的水泥砂浆强度。当轻粗骨料强度高于水泥砂浆强度时，轻粗骨料在混凝土中起骨架作用，破坏时裂缝首先在水泥砂浆中出现；当水泥砂浆强度高于轻骨料强度时，水泥砂浆在混凝土中起骨架作用，破坏时裂缝首先在轻粗骨料中出现；当水泥砂浆强度与轻粗骨料强度比较接近时，破坏裂缝在水泥砂浆和轻骨料中同时出现。

（4）弹性模量与变形

轻骨料混凝土的弹性模量小，一般为同强度等级普通混凝土的50%～70%，制成的构件受力后挠度大，因其极限应变大，有利于改善建筑或构件的抗振性能或抵抗动荷载能力。轻骨料混凝土的收缩和徐变比普通混凝土相应大20%～50%和30%～60%，热膨胀系数比普通混凝土小20%。

（5）抗冻性

轻骨料内部孔隙较多，通常吸水达不到饱和状态，当孔隙内水分结冰时，有足够的空间供缓冲之用，所以抗冻性较好。影响其抗冻性的主要因素与普通混凝土相似，也取决于砂浆的强度和密实性，所以对有抗冻要求的轻骨料混凝土，应限制其最大水胶比和最小水泥用量。

（6）热工性

轻骨料混凝土具有良好的保温、隔热性能，并随着表观密度的增大，其保温、隔热性能会降低。当含水率增大时，热导率也随之增大。

3. 轻骨料混凝土的分类

轻骨料混凝土既具有一定的强度，又具有良好的保温隔热性能。按所用轻骨料的名称可分为粉煤灰陶粒混凝土、浮石混凝土、陶粒珍珠岩混凝土等。按用途可分为保温轻骨料混凝土、结构保温轻骨料混凝土和结构轻骨料混凝土，如表3.2.9所示。

表 3.2.9　轻骨料混凝土按用途分类

类别名称	混凝土强度等级的合理范围	混凝土密度等级的合理范围	用途
保温轻骨料混凝土	CL5.0	≤800	主要用于保温的围护结构或热工构筑物
结构保温轻骨料混凝土	CL5.0 ~ CL15	800 ~ 1 400	主要用于既承重又保温的围护结构
结构轻骨料混凝土	CL15 ~ CL50	1 400 ~ 1 900	主要用于承重构件或构筑物

4. 轻骨料混凝土施工要点

①在气温 5 ℃以上的季节施工时,应对轻骨料混凝土进行预湿处理,在正式拌制混凝土前,应对轻骨料的含水率进行测定,以及时调整拌和用水量,其拌和用水量为净用水量与附加用水量之和。

②轻骨料混凝土的拌制,宜采用强制式搅拌机,且搅拌时间较普通混凝土略长一些。

③拌和物的运输和停放时间不宜过长,拌和物从搅拌机卸料到浇筑入模的时间,不宜超过 45 min。

④最好采用加压振捣,且振捣时间以捣实为准,不宜过长。

⑤浇筑成型后,及时覆盖并洒水养护,养护时间应不少于 7 d。

5. 轻骨料混凝土的应用

轻骨料混凝土具有质轻、比强度高、保温隔热性好、耐火性好、抗震性好等特点,因此与普通混凝土相比,更适合用于高层、大跨结构、耐火等级要求高的建筑和要求节能的建筑。

2.4.2　大孔混凝土

以粒径相近的粗骨料、水泥和水配制而成的混凝土称为大孔混凝土,也称无砂混凝土。其特点是水泥浆用量少,水泥浆只起包裹粗骨料表面和黏结粗骨料的作用,而不填充粗骨料的孔隙。粗骨料可采用普通粗骨料和轻粗骨料。

大孔混凝土的强度及表观密度与骨料的品种、颗粒级配有关。采用轻粗骨料配制的混凝土,表观密度一般为 500 ~ 1 500 kg/m³,抗压强度为 2.5 ~ 7.5 MPa;采用普通粗骨料配制的混凝土,表观密度一般为 1 500 ~ 1 900 kg/m³,抗压强度为 3.5 ~ 10 MPa;采用单一粒级配制的大孔混凝土较混合粒级的混凝土表观密度小,强度低,但均质性好,保温性好,吸湿性较小,收缩性较小。

大孔混凝土可用于制作墙体材料的小型空心砌块及板材,也可用于现浇墙体、滤水管、滤水板等市政工程。

2.4.3　多孔混凝土

多孔混凝土是指不含骨料、内部含有大量细小封闭气孔的轻质混凝土。多孔混凝土的空隙率大,一般可达 50% ~ 85%,表观密度一般为 300 ~ 1 200 kg/m³,热导率为 0.08 ~ 0.29 W/(m·K),强度为 0.5 ~ 1.5 MPa,所以多孔混凝土是一种轻质多孔材料。按气孔产生的方法,多孔混凝土分为加气混凝土和泡沫混凝土两种。

1. 加气混凝土

加气混凝土是用含钙材料(水泥、石灰等)、含硅材料(石英砂、粉煤灰、粒化高炉矿渣等)和发气剂为原料,经过磨细、配料、搅拌、浇筑、成型、切割和蒸汽养护(0.8~1.5 MPa下养护6~8 h)等工序而得的多孔混凝土。在干燥状态下,其物理、力学性能见表3.2.10。

表 3.2.10　加气混凝土的物理、力学性能

表观密度/(kg/m³)	抗压强度/MPa	抗拉强度/MPa	弹性模量/MPa	热导率/(W/(m·K))
500	3.0~4.0	0.3~0.4	1.4×10^3	0.12
600	4.0~5.0	0.4~0.5	2.0×10^3	0.13
700	5.0~6.0	0.5~0.6	2.2×10^3	0.16

加气混凝土除具有一定的强度外,其保温隔热性、防火性较好,容易加工,施工方便,耗能少。但干缩较大,吸湿性强,吸水率大,耐久性较差。加气混凝土可制成砌块和条板,条板中配有经防腐处理过的钢筋或钢丝网,主要用于承重或非承重的内、外墙或保温屋面等,也可与普通混凝土制成复合墙板,还可做成各种保温制品。

2. 泡沫混凝土

泡沫混凝土是指将水泥浆和泡沫拌和后,经浇筑、成型、养护硬化而得的多孔混凝土。泡沫由泡沫剂经过搅拌(或喷吹)而得。

泡沫混凝土可采用自然养护、蒸汽养护和蒸压养护。采用自然养护时,水泥强度等级应不小于32.5,否则强度太低;采用蒸汽养护或蒸压养护时,不仅可缩短养护时间,而且能提高强度,还可采用部分硅质材料和钙质材料代替水泥,降低成本。

泡沫混凝土的技术性能和应用,与相同表观密度的加气混凝土相似。泡沫混凝土可在现场直接浇筑,用做屋面保温层。

2.5　抗渗混凝土(防水混凝土)

抗渗混凝土是指抗渗等级不小于P6级的混凝土,主要用于水工工程、地下基础工程、屋面防水工程等。配制抗渗混凝土应尽量减少混凝土的孔隙率,特别是开口孔隙率,改善孔隙结构、堵塞、切断连通的毛细孔。常用的配制抗渗混凝土方法如下。

1. 骨料级配法

通过改善骨料级配,使骨料本身达到最大密实度的堆积状态。为了进一步降低孔隙率,可加入占骨料量5%~8%的粒径小于0.16 mm的粉料,严格控制水胶比、用水量及拌和物的和易性,使混凝土的结构致密。

2. 富水泥浆法

采用较高的水泥用量和砂率及较小的水胶比,提高水泥浆的质量和数量,从而降低混凝土的孔隙率,增加密实性。

3. 掺外加剂法

掺入适当的外加剂,如减水剂、引气剂、防水剂等,可显著降低孔隙率,改善孔隙结构,提高

密实度。掺外加剂法施工简单,质量可靠,造价低,是目前主要使用的配制抗渗混凝土的方法。

4.特殊水泥法

用无收缩、不透水的水泥、膨胀水泥等特殊水泥配制抗渗混凝土,以减少裂缝,提高密实度,从而提高混凝土的抗渗性。

2.6 大体积混凝土

混凝土结构物的最小尺寸不小于 1 m,或预计会因水泥水化导致混凝土内外温差过大出现裂缝的混凝土称为大体积混凝土。如大型水坝、桥墩、高层建筑的基础等所用混凝土,要按大体积混凝土进行设计和施工。

大体积混凝土应选用低热、凝结时间长的水泥,如低热矿渣硅酸盐水泥、中热硅酸盐水泥、矿渣硅酸盐水泥、粉煤灰硅酸盐水泥、火山灰硅酸盐水泥等。若采用普通硅酸盐水泥或硅酸盐水泥,要采取延缓水化热释放的措施,可掺用缓凝剂、减水剂和能减少水泥水化热的掺和料。

大体积混凝土配合比的设计和试配(参见本情境任务 4 的内容)可参照《普通混凝土配合比设计规程》(JGJ 55—2000)中的有关规定,并应验算和测定水化热。

2.7 泵送混凝土

泵送混凝土是指坍落度在 80 ~ 220 mm、可用混凝土泵输送的混凝土。它具有顺利通过管道、摩擦阻力小(即可泵性)、黏聚性和保水性良好等特点。泵送混凝土要掺入泵送剂,有时也要掺入粉煤灰或其他活性掺和料。

泵送混凝土适用于狭窄的施工场地、大体积混凝土结构物和高层建筑施工。它可一次连续完成水平运输和垂直运输,节省劳动力,工作效率高。

2.8 纤维混凝土

纤维混凝土是指以混凝土为基体,外掺各种纤维材料制成的混凝土。混凝土中掺入纤维后可提高混凝土的力学性能,如提高抗压、抗拉、抗弯及冲击韧性等,还能有效改善混凝土的脆性。纤维混凝土的冲击韧性为普通混凝土的 5 ~ 10 倍,初裂抗弯强度提高 2.5 倍,劈裂抗拉强度提高 1.4 倍。

纤维混凝土主要用于非承重结构,薄壁、薄板结构及抗冲击性要求高的工程,如飞机跑道、高速公路、桥面、管道等。

2.9 防辐射混凝土

防辐射混凝土是指能屏蔽 X 射线、γ 射线或中子辐射的混凝土。因为材料对射线的吸收能力与其表观密度成正比,所以防辐射混凝土应采用重骨料混凝土,常用的重骨料有重晶石(表观密度 4 000~4 500 kg/m³)、赤铁矿、磁铁矿、钢铁碎块等。在混凝土中掺入硼化物和锂盐等物质可提高防御中子辐射的性能。胶凝材料采用硅酸盐水泥或铝酸盐水泥,最好采用硅酸钡、硅酸锶等重水泥。

防辐射混凝土适用于原子能工业及使用放射性同位素的装置,如反应堆、加速器、放射化学装置等的防护结构。

任务3　混凝土的测试和评定

3.1　混凝土拌和物的取样方法和试件制作

3.1.1　适用范围

本试验适用于普通混凝土和轻骨料混凝土的抗压强度检验评定的取样。

3.1.2　引用标准

①《混凝土结构工程施工质量验收规范》(GB 50204—2011)。
②《混凝土强度检验评定标准》(GB/T 50107—2010)。
③《铁路混凝土强度检验评定标准》(TB 10425—2003)。
④《铁路混凝土与砌体工程施工质量验收标准》(TB 10424—2010)。

3.1.3　对混凝土验收批的规定

混凝土强度应分批检验评定,一个验收批的混凝土应由强度等级和龄期相同及生产工艺和配合比基本相同的混凝土组成。对施工现场的现浇混凝土应按单位工程的验收项目划分验收批。

①当混凝土的原材料、生产工艺及施工管理水平在较长时间内保持一致,同一品种混凝土的强度变异性能保持稳定时,应由连续的 3 组试件组成一个验收批。

②当混凝土的生产条件不能满足①条的规定,或在前一检验期(不超过 3 个月)内的同一品种混凝土没有足够的强度数据用以确定验收批混凝土强度标准差时,应由不少于 10 组的试件代表一个验收批。

③当混凝土数量小,零星,无法满足②条时,亦可由少于 10 组(但不得少于 2 组)的试件代表一个验收批。

铁路工程混凝土的检验验收批为每一浇筑段,每一浇筑段制作试件不得少于 2 组。

3.1.4 混凝土取样方法

1. 现场搅拌混凝土的取样方法

根据《混凝土结构工程施工质量验收规范》(GB 50204—2011)和《混凝土强度检验评定标准》(GB/T 50107—2010)的规定,用于检查结构构件混凝土强度的试件,应在混凝土的浇筑地点随机抽取。取样与试件留置应符合以下规定。

①每拌制 100 盘但不超过 100 m^3 的同配合比的混凝土,取样次数不得少于一次。

②每工作班拌制的同一配合比的混凝土不足 100 盘时,其取样次数不得少于一次。

③当一次连续浇筑超过 1 000 m^3 时,同一配合比的混凝土每 200 m^3 取样不得少于一次。

④同一楼层、同一配合比的混凝土,取样不得少于一次。

⑤每次取样应至少留置一组标准养护试件,同条件养护试件的留置组数应根据实际需要确定。

2. 结构实体检验用同条件养护试件的取样方法

根据《混凝土结构工程施工质量验收规范》的规定,结构实体检验用同条件养护试件的留置方式和取样数量应符合以下规定。

①对涉及混凝土结构安全的重要部位应进行结构实体检验,其内容包括混凝土强度、钢筋保护层厚度及工程合同约定的项目等。

②同条件养护试件应由各方在混凝土浇筑入模处见证取样。

③同一强度等级的同条件养护试件的留置不宜少于 10 组,留置数量不应少于 3 组。

④当试件达到等效养护龄期时,方可对同条件养护试件进行强度试验。

阅读理解:所谓等效养护龄期,就是逐日累计养护温度达到 600 ℃,且龄期宜取 14～60 d。一般情况,温度取当天的平均温度。

3. 预拌(商品)混凝土的取样方法

预拌(商品)混凝土,除应在预拌混凝土厂内按规定留置试块外,混凝土运到施工现场后,还应根据《预拌混凝土》(GB/T 14902—2011)规定取样。

①用于交货检验的混凝土试样应在交货地点取样。每 100 m^3 同一配合比的混凝土取样不少于一次;每工作班拌制的同一配合比的混凝土不足 100 m^3 时,取样也不得少于一次;当在一个分项工程中连续供应同一配合比的混凝土量大于 1 000 m^3 时,其交货检验的试样为每 200 m^3 混凝土取样不得少于一次。

②用于出厂检验的混凝土试样应在搅拌地点取样,按每 100 盘同一配合比的混凝土取样不得少于一次;每工作班组同一配合比的混凝土不足 100 盘时,取样亦不得少于一次。

③对于预拌混凝土拌和物的质量,每车应目测检查;混凝土坍落度检验的试样,每 100 m^3 同一配合比的混凝土取样检验不得少于一次;当每工作班同一配合比的混凝土不足 100 m^3 时,也不得少于一次。

4. 混凝土抗渗试块的取样方法

根据《混凝土结构工程施工质量验收规范》的规定,对有抗渗要求的混凝土结构,其混凝土试件应在浇筑地点随机取样。同一工程、同一配合比的混凝土,取样不应少于一次。

根据《地下工程防水技术规范》(GB 50108—2008),混凝土抗渗试块留置组数的规定如下。

①连续浇筑混凝土 500 m^3 以下时,应留置两组(12 块)抗渗试块。

②每增加 250 ~ 500 m^3 混凝土,应增加留置两组(12 块)抗渗试块。

③如果使用材料、配合比或施工方法有变化时,均应另行仍按上述规定留置。

④抗渗试块应在浇筑地点制作,留置的两组试块其中一组(6 块)应在标准养护室养护,另一组(6 块)与现场相同条件下养护,养护期不得少于 28 d。

5. 粉煤灰混凝土的取样方法

①粉煤灰混凝土的质量,应以坍落度(或工作度)、抗压强度为衡量指标进行检验。

②现场施工粉煤灰混凝土的坍落度的检验,每工作班至少测定两次,其测定值允许偏差为 ±20 mm。

③对于非大体积粉煤灰混凝土,每拌制 100 m^3 至少成型一组试块;大体积粉煤灰混凝土每拌制 500 m^3,至少成型一组试块。不足上列规定数量时,每工作组至少成型一组试块。

3.1.5　混凝土试件制作和养护

1. 混凝土试件尺寸

混凝土试件成型尺寸根据骨料的最大粒径确定,见表 3.2.2。

2. 混凝土试件制作

混凝土试件的制作和养护应满足《普通混凝土力学性能试验方法标准》(GB/T 50081—2011)的规定。

①成型前,应检查试模尺寸并符合 GB/T 50081—2011 的规定;试模内表面应涂一薄层矿物油或其他不与混凝土发生反应的脱模剂。

②在试验室拌制混凝土时,其材料用量应以质量计,水泥、掺和料、水和外加剂称量的精度为 ±0.5%;骨料称量的精度为 ±1%。

③取样或试验室拌制的混凝土应在拌制后尽短的时间内成型,一般不宜超过 15 min。

④根据混凝土拌和物的稠度确定混凝土成型方法,坍落度不大于 70 mm 的混凝土宜用振动振实;大于 70 mm 的宜用捣棒人工捣实;检验现浇混凝土或预制构件的混凝土,试件成型方法与实际采用的方法相同。

⑤圆柱体试件的制作按有关规定执行。

3. 混凝土试件制作步骤

①取样或拌制好的混凝土拌和物至少用铁锹来回拌和三次。

②选择成型方法成型。

a. 用振动台振实制作试件应按下述方法进行。一是将混凝土拌和物一次装入试模,装料时应用抹刀沿各试模壁插捣,并使混凝土拌和物高出试模口。二是试模应附着或固定在符合有关要求的振动台上,振动时试模不得有任何跳动,振动应持续到表面出浆为止,且不得过振。

b. 用人工插捣制作试件应按下述方法进行。一是混凝土拌和物应分两层装入模内,每层的装料厚度大致相等。二是插捣应按螺旋方向从边缘向中心均匀进行。在插捣底层混凝土时,捣棒应达到试模底部;插捣上层时,捣棒应贯穿上层后插入下层 20 ~ 30 mm;插捣时捣棒应保持垂直,不得倾斜。然后应用抹刀沿试模内壁插拔数次。三是每层插捣次数按在 0.01 m² 截面积内不得少于 12 次。四是插捣后应用橡皮锤轻轻敲击试模四周,直至插捣棒留下的空洞消失为止。

c. 用插入式振捣棒振实制作试件应按下述方法进行。一是将混凝土拌和物一次装入试模,装料时应用抹刀沿各试模壁插捣,并使混凝土拌和物高出试模口。二是宜用直径为 25 mm 的插入式振捣棒,插入试模振捣时,振捣棒距试模底板 10 ~ 20 mm 且不得触及试模底板。振动应持续到表面出浆为止,且应避免过振,以防止混凝土离析,一般振捣时间为 20 s。振捣棒拔出时要缓慢,拔出后不得留有孔洞;三是刮除试模上口多余的混凝土,待混凝土临近初凝时,用抹刀抹平。

4. 混凝土试件的养护

①试件成型后应立即用不透水的薄膜覆盖表面。

②采用标准养护的试件,应在温度为(20 ± 5)℃的环境中静置一昼夜至二昼夜,然后编号、拆模。拆模后应立即放入温度为(20 ± 3)℃、相对湿度为 90% 以上的标准养护室中养护,或在温度为(20 ± 3)℃的不流动的氢氧化钙饱和溶液中养护。标准养护室内的试件应放在支架上,彼此间隔 10 ~ 20 mm,试件表面应保持潮湿,并不得被水直接冲淋。

③同条件养护试件的拆模时间可与实际构件的拆模时间相同,拆模后,试件仍需保持同条件养护。

④标准养护龄期为 28 d(从搅拌加水开始计时)。

5. 混凝土试件的试验记录

试件制作和养护的试验记录内容应符合 GB/T 50081—2011 第 1.0.3 条第 2 款的规定。

3.2 普通混凝土拌和物的和易性测试

普通混凝土拌和物的和易性测试方法及要求详见本学习情境任务 2 中"普通混凝土的主要技术性质"部分。

3.3 普通混凝土抗压强度测试

普通混凝土抗压强度测试方法及要求详见本学习情境任务 2 中"混凝土的强度"部分。

3.4　混凝土的非破损测试

混凝土非破损检测技术是指在混凝土结构或构件的检测过程中,对结构或构件既有性能无影响的无损检测方法;或有暂时影响,经修复能恢复结构原有性能的微破损方法。

3.4.1　无损检测方法

目前,在建筑工程中常用的无损检测方法主要有两类,多用于监控混凝土质量。

①用超声波法检测结构混凝土内部缺陷。

②用回弹仪法、超声回弹综合法、取芯法等检测结构混凝土强度。

3.4.2　检测原理

1. 超声波法检测混凝土缺陷

超声脉冲波在混凝土介质中传播时,遇到缺陷就会产生如下现象:脉冲波绕射混凝土缺陷,声程发生变化,声时增大;脉冲波在缺陷界面时,会产生散射和反射,衰减程度不同,声波能量吸收,首波振幅缩减;脉冲波通过缺陷时,部分声波会产生路径和相位变化,不同路径或不同相位的声波叠加后,引起接收信号波形畸变。

在判定结构混凝土缺陷时,就是借助声学中三个参数综合推断的。在推断混凝土缺陷时须将混凝土组成材料、工艺条件、测试距离和测试方法视为相同,这样才能将各测点的声波传播时间、首波振幅和接收讯号波形进行各自比较,这就是超声波法检测混凝土缺陷的基本原理。

2. 检测结构混凝土强度

现场结构混凝土强度检测采用抽样检验方法,将受检的混凝土构件按其混凝土强度等级相同、施工工艺相同、混凝土龄期基本相同可划为一个检测批,从检测批中随机抽取构件总数或结构面积的30%,且不宜少于5个构件组成样本,以此判定检验批的混凝土强度。

样本中的混凝土构件或结构,需进行超声波法检测混凝土均匀性,混凝土均匀性合格的构件,才能进行结构强度的检测。

（1）回弹仪法

回弹仪法是借助一定能量的弹击拉簧,联结一定重量的钢锤,通过弹击拉簧的作用,使钢锤冲击弹击杆,将能量传递给混凝土表面,根据钢锤的回弹高度推导结构中混凝土强度的方法。回弹仪法测定的混凝土强度是表面强度,有效深度约30 mm。

（2）超声回弹仪法

超声回弹仪法是指超声波检测仪和回弹仪在混凝土结构或构件的同一检测区内,测得的混凝土声速平均值和回弹平均值,并以此推定混凝土强度的方法。

（3）取芯法

取芯法是指在混凝土结构或构件上钻取芯样试件,直接测定混凝土强度的方法。

以上各种方法的具体检测规定、布点要求、结果评定等内容可参考《混凝土结构的质量检测》等相关书籍。

任务 4　普通混凝土配合比设计和试配

目前各地政府主管部门均出台了相关规定,禁止在城镇的建筑工程施工现场使用现场搅拌混凝土,所以对施工现场的技术及管理人员而言,掌握混凝土施工配合比的换算尤为重要。

混凝土配合比的表示方法有两种:一种是以 1 m³ 混凝土中各组成材料的质量表示,如水泥 310 kg、砂 651 kg、石子 1 147 kg、水 186 kg;另一种是以各项组成材料相互间的质量比来表示(常以水泥质量为1),将上述的质量换算成质量比为 m(水泥):m(砂):m(石子) = 1:2.1:3.7,水胶比为 0.6。

混凝土配合比设计的实质就是确定水泥、水、砂与石子这四项基本组成材料用量之间的三个比例关系。这三个关系也就是混凝土配合比设计的参数。

4.1　混凝土配合比设计的基本要求和三个主要参数

1. 混凝土配合比设计的基本要求

混凝土配合比设计的具体要求如下:
①达到混凝土设计要求的强度等级关系关系;
②满足施工要求的和易性;
③满足与环境相适应的耐久性;
④在保证质量前提下,应降低成本。

2. 混凝土配合比设计的三个主要参数

混凝土配合比设计的三个主要参数如下:
①水胶比,即水与水泥之间的比例关系;
②砂率,即砂量与砂、石子总量间的比例关系;
③单位用水量,即水泥浆与骨料之间的比例关系。

3. 混凝土配合比设计应掌握的有关资料

混凝土配合比设计应掌握的有关资料如下:
①混凝土的强度等级、性能及耐久性;
②水泥品种、密度及强度等级;
③粗细骨料种类、表观密度、颗粒级配及最大粒径;
④施工条件、施工方法、养护方法及施工管理水平。

4.2　混凝土配合比设计的方法和步骤

混凝土的配合比首先根据选定的原材料及配合比设计的基本要求,通过经验公式、经验数据进行初步设计,得出"初步配合比";在初步配合比的基础上,经过试拌、检验、调整到和易性满足要求时,得出"基准配合比";在试验室进行混凝土强度检验、复核(如有其他性能要求,则做相应的检验项目,如抗冻性、抗渗性等),得出"设计配合比"(也叫试验室配合比);最后根据现场原材料情况(如砂、石含水情况等)修正设计配合比,得出"施工配合比"。

1. 初步配合比的计算

通过以下六个步骤,可将 1 m^3 混凝土中的水泥、砂、石、水用量全部求出,从而得到初步配合比。

(1)确定配制强度($f_{cu,0}$)

当混凝土设计强度等级小于 C60 时,配制强度应按下式计算:

$$f_{cu,0} \geq f_{cu,k} + 1.645\sigma \tag{3.4.1a}$$

当设计强度等级大于或等于 C60 时,配制强度应按下式计算:

$$f_{cu,0} \geq 1.15 f_{cu,k} \tag{3.4.1b}$$

式中:$f_{cu,0}$——混凝土的配制强度,MPa;

　　$f_{cu,k}$——混凝土立方体抗压强度标准值,这里取混凝土设计强度等级值,MPa;

　　1.645——达到 95% 强度保证率时的系数;

　　σ——混凝土强度标准差,MPa。

式中 σ 的大小反映施工单位的质量管理水平,σ 越大,说明混凝土质量越不稳定。其确定方法如下。

①当具有 1 ~ 3 个月的同一品种、同一强度等级混凝土的强度资料时,其混凝土强度标准差 σ 应按下式计算:

$$\sigma = \sqrt{\frac{\sum_{i=1}^{n} f_{cu,i}^2 - n m_{f_{cu}}^2}{n-1}} \tag{3.4.2}$$

式中:σ——混凝土强度标准差;

　　$f_{cu,i}$——第 i 组的试件强度,MPa;

　　$m_{f_{cu}}$——n 组试件的强度平均值,MPa;

　　n——试件组数,n 值应大于或者等于 30。

对于强度等级不大于 C30 的混凝土:当 σ 计算值不小于 3.0 MPa 时,应按式(3.4.2)计算结果取值;当 σ 计算值小于 3.0 MPa 时,σ 应取 3.0 MPa。对于强度等级大于 C30 且小于 C60 的混凝土:当 σ 计算值不小于 4.0 MPa 时,应按式(3.4.2)计算结果取值;当 σ 计算值小于 4.0 MPa 时,σ 应取 4.0 MPa。

②当没有近期的同一品种、同一强度等级混凝土的强度资料时,其强度标准差 σ 可按表 3.4.1 取值。

表 3.4.1　标准差 σ 值(GB 50204—2011)

混凝土强度等级	≤C20	C20 ~ C45	C50 ~ C55
σ/MPa	4.0	5.0	6.0

（2）确定水胶比（W/C）

根据已测定的水泥实际强度（或选用的水泥强度等级）、粗骨料的种类及配制的强度等级，满足强度要求的水胶比，按下式计算求得（适用于强度等级≤C60 的混凝土）：

$$\frac{W}{C} = \frac{\alpha_a f_b}{f_{cu,0} + \alpha_a \alpha_b f_b}$$

（3.4.3）

式中：α_a、α_b——回归系数，取值应符合《普通混凝土配合比设计规程》（JGJ 55—2011）的规定，见表 3.2.3。

f_b——胶凝材料（水泥与矿物掺合料按使用比例混合）28 d 胶砂强度（MPa），试验方法应按现行国家标准《水泥胶砂强度检验方法（ISO 法）》（GB/T 17671）执行；当无实测值时，可按下列规定确定：①根据 3 d 胶砂强度或快测强度推算 28 d 胶砂强度；②当矿物掺合料为粉煤灰和粒化高炉矿渣时，可用式 $f_b = \gamma_f \gamma_s f_{ce}$ 计算，γ_f、γ_s 为粉煤灰和粒化高炉矿渣影响系数，可按表 3.4.2 取值；f_{ce} 为水泥 28 d 胶砂抗压强度（MPa），可实测，也可按 $f_{ce} = 1.13 f_{ce,g}$ 近似计算。

表 3.4.2　粉煤灰影响系数γ_f和粒化高炉矿渣粉影响系数γ_s

种类 掺量（%）	粉煤灰影响系数γ_f	粒化高炉矿渣粉影响系数γ_s
0	1.00	1.00
10	0.90 ~ 0.95	1.00
20	0.80 ~ 0.85	0.95 ~ 1.00
30	0.70 ~ 0.75	0.90 ~ 1.00
40	0.60 ~ 0.65	0.80 ~ 0.90
50	—	0.70 ~ 0.85

注：① 本表应以 P·O 42.5 水泥为准；如采用普通硅酸盐水泥以外的通用硅酸盐水泥，可将水泥混合材掺量 20% 以上部分计入矿物掺合料。

② 宜采用Ⅰ级或Ⅱ级粉煤灰；采用Ⅰ级灰宜取上限值，采用Ⅱ级灰宜取下限值。

③ 采用 S75 级粒化高炉矿渣粉宜取下限值，采用 S95 级粒化高炉矿渣粉宜取上限值，采用 S105 级粒化高炉矿渣粉可取上限值加 0.05。

④当超出表中的掺量时，粉煤灰和粒化高炉矿渣粉影响系数应经试验确定。

为保证混凝土的耐久性，所计算的水胶比不得大于表 3.2.4 中规定的最大水胶比值，否则应取表 3.2.4 中规定的最大水胶比。

（3）选择单位用水量（m_{w0}）

混凝土单位用水量是控制混凝土拌和物流动性的主要因素。当水胶比在 0.40 ~ 0.80 范围时，单位用水量主要根据混凝土施工要求的坍落度及骨料种类、最大粒径，根据表 3.4.3 选取。水胶比小于 0.40 的混凝土以及采用特殊成型工艺的混凝土用水量，应通过试验来确定。

表 3.4.3　混凝土的用水量（JGJ 55—2011）　　　　　　　　　　　　　（kg/m³）

拌和物稠度		卵石最大粒径/mm				碎石最大粒径/mm			
项目	指标	10	20	31.5	40	16	20	31.5	40
坍落度/mm	10~30	190	170	160	150	200	185	175	165
	35~50	200	180	170	160	210	195	185	175
	55~70	210	190	180	170	220	205	195	185
	75~90	215	195	185	175	230	215	205	195
维勃稠度/s	16~20	175	160		145	180	170		155
	11~15	180	165		150	185	175		160
	5~10	185	170		155	190	180		165

注：①本表用水量系采用中砂时的取值。采用细砂时，每立方米混凝土用水量可增加 5~10 kg；采用粗砂时，可减少 5~10 kg。

②掺用各种矿物掺合料和外加剂时，用水量应相应调整。

对于流动性和大流动性混凝土用水量的确定：以表 3.4.3 中坍落度为 90 mm 的用水量为基础，坍落度每增大 20 mm 用水量增加 5 kg，计算未掺外加剂时混凝土的用水量。掺入外加剂时混凝土的用水量可按下式计算：

$$m_{wa} = m_{w0}(1 - \beta) \tag{3.4.4}$$

式中：m_{wa}——掺入外加剂时每立方米混凝土的用水量，kg；

m_{w0}——未掺外加剂时每立方米混凝土的用水量，kg；

β——外加剂的减水率（根据试验确定），%。

（4）计算单位水泥用量（m_{c0}）

根据已选定的单位用水量 m_{w0} 及初步确定的水胶比 W/C，可以计算出单位水泥用量 m_{c0}：

$$m_{c0} = \frac{m_{w0}}{W/C} \tag{3.4.5}$$

为满足耐久性要求，计算所得的水泥用量应大于表 3.2.5 中规定的最小水泥用量。若计算值小于表中规定数值时，则应取表中规定的最小水泥用量。

（5）选定合理砂率（β_s）

一般通过试验找出合理砂率，也可以根据骨料种类、最大粒径和混凝土水胶比，按表 3.4.4 选取。

表 3.4.4　混凝土的砂率（JGJ 55—2011）

水胶比	卵石最大粒径/mm			碎石最大粒径/mm		
W/C	10	20	40	16	20	40
0.40	26~32	25~31	24~30	30~35	29~34	27~32
0.50	30~35	29~34	28~33	33~38	32~37	30~35
0.60	33~38	32~37	31~36	36~41	35~40	33~38
0.70	36~41	35~40	34~39	39~44	38~43	36~41

注：①本表数值系中砂的选用砂率，对细砂或粗砂，可相应地减少或增大砂率；

②采用人工砂配制混凝土时，砂率可适当增大；

③使用单粒级粗骨料或薄壁构件，砂率应适当增大或取偏大值。

技术提示：混凝土砂率的查取需使用插入法计算。

（6）计算砂（m_{s_0}）、石（m_{g_0}）用量

砂、石用量的计算可用体积法（又称绝对体积法）和质量法（又称假定混凝土表观密度法）。

1）体积法

假定 1 m^3 混凝土拌和物的体积等于各组成材料的绝对体积与混凝土拌和物中所含空气体积之总和。所以，可用下式联立计算出砂、石的用量。

$$\frac{m_{c_0}}{\rho_c} + \frac{m_{w_0}}{\rho_w} + \frac{m_{s_0}}{\rho_s} + \frac{m_{g_0}}{\rho_g} + 0.01\alpha = 1 \qquad (3.4.6)$$

$$\frac{m_{s_0}}{m_{s_0} + m_{g_0}} \times 100\% = \beta_s \qquad (3.4.7)$$

式中：m_{c_0}、m_{g_0}、m_{s_0}、m_{w_0}——分别为 1 m^3 混凝土中水泥、石、砂、水的用量，kg；

ρ_c、ρ_g、ρ_s、ρ_w——分别为水泥、石、砂、水的表观密度，kg/m^3；

α——混凝土的含气量百分数，%，在未使用引气剂时，$\alpha = 1$。

2）质量法

根据经验，若使用的原材料比较稳定，则所配制的混凝土拌和物的表观密度将接近一个固定值，这样就可以先假定 1 m^3 混凝土拌和物的质量为 m_{cp}（kg），由下列两式联立，计算出砂、石用量。

$$m_{c_0} + m_{w_0} + m_{s_0} + m_{g_0} = m_{cp} \qquad (3.4.8)$$

$$\frac{m_{s_0}}{m_{s_0} + m_{g_0}} \times 100\% = \beta_s$$

式中，m_{cp} 可根据积累的试验资料确定，无试验资料时，m_{cp} 可在 2 350 ~ 2 450 kg/m^3 范围内取值。

通过上述六个步骤，可计算出 1 m^3 混凝土中水泥、砂、石、水的用量，即计算出混凝土的初步配合比。

1 m^3 混凝土的用料量/kg	水泥	砂子	石子	水
	m_{c_0}	m_{g_0}	m_{s_0}	m_{w_0}
质量比（以水泥为1）	m_{c_0}/m_{c_0} : m_{g_0}/m_{c_0} : m_{s_0}/m_{c_0} : m_{w_0}/m_{c_0}			

以上混凝土配合比计算公式和表格，均以干燥状态骨料（即含水率小于 0.5% 的细骨料和含水率小于 0.2% 的粗骨料）为基准。当以饱和面干骨料为基准进行计算时，则应作相应的修正。

2. 确定基准配合比

基准配合比是满足和易性要求的配合比。

混凝土的初步配合比是借助经验公式计算或利用经验资料查得的，许多影响混凝土技术性能的因素并没有考虑进去，所以不一定符合实际情况，不一定能满足混凝土配合比设计的基本要求，因此，必须进行试配与调整。首先要在混凝土初步配合比的基础上，进行试拌、检验、调整混凝土拌和物的和易性，直到满足要求为止，得出满足混凝土拌和物和易性的基准配合

比,它可作为检验混凝土强度之用。

混凝土试配时,混凝土拌和物的最小搅拌量为:骨料最大粒径 $D_{max} \leqslant 31.5$ mm 时,试拌体积为 15 L;最大粒径 $D_{max} = 40$ mm 时,试拌体积为 25 L;当采用机械搅拌时,搅拌量不小于搅拌机额定搅拌量的 1/4。

调整混凝土拌和物和易性的方法是:当流动性小于设计要求时,保持水胶比不变,增加水泥浆的用量(即同比例增加水泥和水用量),一般每增加 10 mm 坍落度,需增加 3% ~5% 的水泥浆量;当流动性大于设计要求时,保持砂率不变,增加砂、石用量;当混凝土拌和物的砂浆不足,黏聚性、保水性不良时,可适当增加砂率,反之减少砂率,每次调整后,再进行试拌、检验,直到符合要求为止。混凝土拌和物和易性合格后,测得该拌和物的实际表观密度($\rho_{c,t}$),并计算出各组成材料的拌和用量:m_{cb}(水泥)、m_{sb}(砂)、m_{gb}(石)、m_{wb}(水),则混凝土拌和物总量 $m_{总b}$ $= m_{cb} + m_{sb} + m_{gb} + m_{wb}$。再根据下列公式计算得出基准配合比(即 1 m³混凝土的各材料用量)。

$$m_{c_1} = \frac{m_{cb}}{m_{总b}} \times \rho_{c,t} \qquad (3.4.9)$$

$$m_{s_1} = \frac{m_{sb}}{m_{总b}} \times \rho_{c,t} \qquad (3.4.10)$$

$$m_{g_1} = \frac{m_{gb}}{m_{总b}} \times \rho_{c,t} \qquad (3.4.11)$$

$$m_{w_1} = \frac{m_{wb}}{m_{总b}} \times \rho_{c,t} \qquad (3.4.12)$$

3. 确定设计配合比(试验配合比)

上述满足和易性的配合比,不一定能满足强度的要求,因此还需进行强度复核。进行强度检验时,应采用三个不同的配合比,其中一个为基准配合比,另外两个配合比的水胶比分别较基准配合比增减 0.05,而砂、石、水的用量与基准配合比相同,即运用固定用水量定则,以保证另外两组配合比的混凝土拌和物和易性基本满足要求(必要时,也可适当调整砂率,砂率可分别增减 1%)。另外两组配合比也要进行试拌、检验和调整和易性,当不同水胶比的混凝土拌和物坍落度与要求值的差超过允许偏差时,可通过增减用水量进行调整。

作混凝土强度检验试验时,每个配合比至少要制作一组试件(3 块),标准条件养护至 28 d,然后测得其抗压强度。由各水胶比与其相应强度的关系,用做图法或计算法求出与混凝土配制强度($f_{cu,0}$)相对应的灰水比,该灰水比既满足了强度要求,又满足了水泥用量最少的要求。用水量(m_w)应在基准配合比用水量的基础上,根据制作混凝土试件时测得的坍落度或维勃度进行调整确定;水泥用量 m_c 应以用水量乘以选定的灰水比计算确定;砂、石用量(m_s、m_g)应在基准配合比的基础上,按选定的灰水比进行调整后确定。若对混凝土还有其他性能要求(如抗渗、抗冻等),应增加相应的试验进行检验,若不合格,还应作相应调整。此时四种材料用量为:

$$m_c = m_{w_1} \times C/W; m_s = m_{s_1}; m_g = m_{g_1}; m_w = m_{w_1}$$

因四种材料的体积之和不一定等于 1 m³,所以要根据实测的混凝土表观密度($\rho_{c,t}$)和计算的表观密度（$\rho_{c,c}$）进行校正。校正系数 δ 为：

$$\delta = \frac{\rho_{c,t}}{\rho_{c,c}} = \frac{\rho_{c,t}}{(m_{w_1} \times C/W) + m_{s_1} + m_{g_1} + m_{w_1}} \qquad (3.4.13)$$

当混凝土表观密度实测值与计算值之差的绝对值，不超过计算值的 2% 时，上述四种材料用量的比例即为确定的混凝土设计配合比（试验配合比）；当混凝土表观密度的实测值与计算值之差的绝对值，超过计算值的 2% 时，上述四种材料用量均应乘以校正系数 δ 之后的比值，即为确定的设计配合比（试验配合比），如下式所示：

$$m_c = \delta \cdot m_{w_1} \times C/W \qquad (3.4.14)$$

$$m_s = \delta \cdot m_{s_1} \qquad (3.4.15)$$

$$m_g = \delta \cdot m_{g_1} \qquad (3.4.16)$$

$$m_w = \delta \cdot m_{w_1} \qquad (3.4.17)$$

4. 施工配合比的换算

混凝土的设计配合比以干燥状态的骨料为基准，而施工现场存放的砂、石骨料均含有水分，所以在施工时需将设计配合比换算成现场施工配合比，即用水量应扣除砂、石所含的水量，砂、石用量则应增加砂、石含水的质量。假设现场砂、石的含水率分别为 $a\%$ 和 $b\%$，则施工配合比为：

$$m'_c = m_c \qquad (3.4.18)$$

$$m'_s = m_s \cdot (1 + a\%) \qquad (3.4.19)$$

$$m'_g = m_g \cdot (1 + b\%) \qquad (3.4.20)$$

$$m'_w = m_w - m_s \cdot a\% - m_g \cdot b\% \qquad (3.4.21)$$

注意：混凝土配合比设计应注意几次材料用量的换算：第一次是把 1 m^3 的材料用量换算为最小搅拌用量；第二次是称取各种材料拌和后，称取砼的质量，再换算为 1 m^3 砼质量，即表观密度；第三次是把按表观密度调整后的材料用量换算为 1 m^3 砼的材料用量；第四次是把施工配合比中 1 m^3 砼的材料用量换算为搅拌机容量的用量。

【案例分析 3-5】 某高层构架结构用混凝土（钢筋混凝土），设计强度等级为 C30，施工坍落度要求为 50 mm（采用机械搅拌、机械振捣），根据施工单位近期同一品种混凝土资料，强度标准差为 4.8 MPa。采用的材料如下。

①水泥：42.5 级矿渣水泥，实测强度为 46.8 MPa，密度 $\rho_c = 3.0$ g/cm³。

②河砂：表观密度 $\rho_g = 2.65$ g/cm³，堆积密度 $\rho_{og} = 1\,450$ kg/m³，级配合格，细度模数为 2.4 的中砂。

③碎石：表观密度 $\rho_s = 2.70$ g/cm³，堆积密度 $\rho_{os} = 1\,520$ kg/m³，最大粒径 $D_{max} = 31.5$ mm。

④水：生活饮用水。

试设计混凝土配合比。若施工现场砂子含水率为 3%，石子含水率为 1%，试计算混凝土施工配合比。

【分析】

1. 初步配合比的计算

（1）确定配制强度（$f_{cu,0}$）

$$f_{cu,0} = f_{cu,k} + 1.645\sigma$$
$$= 30 + 1.645 \times 4.8 = 37.9 \text{ MPa}$$

（2）确定水胶比（W/C）

由于混凝土设计强度等级为 C30，小于 C60，根据强度经验公式，水胶比宜按下式计算：

$$f_{cu,0} = \alpha_a f_{ce}\left(\frac{C}{W} - \alpha_b\right)$$

则

$$\frac{W}{C} = \frac{\alpha_a f_{ce}}{f_{cu,0} + \alpha_a \alpha_b f_{ce}}$$

查表 3.2.3 得回归系数 $\alpha_a = 0.53$，$\alpha_b = 0.20$，所以 $\dfrac{W}{C} = \dfrac{0.53 \times 46.8}{37.9 + 0.53 \times 0.20 \times 46.8} = 0.58$。

查表 3.2.4，用于干燥环境的钢筋混凝土，其最大水胶比为 0.60，故取 $\dfrac{W}{C} = 0.58$。

（3）确定单位体积用水量（m_{w_0}）

由于粗骨料采用碎石，且最大粒径 $D_{max} = 31.5$ mm，施工要求坍落度为 50 mm，其水胶比 $\dfrac{W}{C}$ = 0.58（介于 0.40 和 0.80 之间），查表 3.4.3，取 $m_{w0} = 185$ kg。

（4）确定单位体积水泥用量（m_{c_0}）

$$m_{c_0} = \frac{m_{w_0}}{W/C} = \frac{185}{0.58} = 319 \text{（kg）}$$

查表 3.2.5，最小水泥用量应大于 300 kg，故取 $m_{c_0} = 319$ kg。

（5）确定合理砂率 β_s

计算所得水胶比为 0.58（介于 0.50 和 0.60 之间），用插入法计算砂率对应范围值。根据粗骨料最大粒径及水胶比情况，查表 3.4.4 得

水胶比	碎石，最大粒径 20 mm < 31.5 mm < 40 mm
0.50	30～35
0.58	$30 + \dfrac{33-30}{0.60-0.50} \times (0.58-0.50) = 32.4$ ～ $35 + \dfrac{38-35}{0.60-0.50} \times (0.58-0.50) = 37.4$
0.60	33～38

取 $\beta_s = 35\%$。

（6）计算砂（m_{s_0}）、石（m_{g_0}）用量并定出初步配合比

①若采用体积法，解下面的方程组，其中取 $\alpha = 1$。

$$\frac{m_{c0}}{\rho_c} + \frac{m_{w0}}{\rho_w} + \frac{m_{s0}}{\rho_s} + \frac{m_{g0}}{\rho_g} + 0.01\alpha = 1$$

$$\frac{m_{s0}}{m_{s0} + m_{g0}} \times 100\% = \beta_s$$

$$\frac{319}{3\ 000} + \frac{185}{1\ 000} + \frac{m_{s0}}{2\ 650} + \frac{m_{g0}}{2\ 700} + 0.01 \times 1 = 1$$

$$\frac{m_{s0}}{m_{s0} + m_{g0}} \times 100\% = 35\%$$

解得：$m_{s0} = 656$ kg，$m_{g0} = 1\ 218$ kg。

②若采用质量法，解下面的方程组，其中取 $m_{cp} = 2\ 440$ kg。

$$m_{c0} + m_{w0} + m_{s0} + m_{g0} = m_{cp}$$

$$\frac{m_{s0}}{m_{s0} + m_{g0}} \times 100\% = \beta_s$$

$$319 + 185 + m_{s0} + m_{g0} = 2\ 440$$

$$\frac{m_{s0}}{m_{s0} + m_{g0}} \times 100\% = 35\%$$

解得：$m_{s0} = 677$ kg，$m_{g0} = 1\ 258$ kg。

注意：两种方法的计算结果有一定差异，但并不影响最终的设计配合比，因为不论现在采用哪一种方法计算出的结果，均需进行试配→测定和易性→调整→再测和易性，若和易性合格→测强度→调整→再测和易性和强度等循环过程。

如果按质量法的计算结果取值，则初步配合比为：

1 m³混凝土的用料量/kg	水泥	砂子	石子	水
	319	677	1 258	185
质量比(以水泥为1)	1:2.12:3.94:0.58			

2. 确定基准配合比

(1)试配、调整，得出基准配合比

由于碎石最大粒径 $D_{max} = 31.5$ mm，故称取 15 L(即 0.015 m³)拌和物所需材料：

水泥：319 kg/m³ ×0.015 m³ = 4.79 kg

砂：677 kg/m³ ×0.015 m³ = 10.16 kg

石：1 258 kg/m³ ×0.015 m³ = 18.87 kg

水：185 kg/m³ ×0.015 m³ = 2.78 kg

经试拌并进行稠度试验，结果是黏聚性和保水性均合格，坍落度小于 40 mm，可见选用的砂率较合适，但坍落度比要求的 50 mm 偏小了，需进行调整。根据经验，每增加 10 mm 坍落度，需增加 3% ~5% 的水泥浆量，因此调整时应保持水胶比不变，增加水泥浆数量(按4%

计），则需增加水泥 4.79 × 4% = 0.19 kg、水 2.78 × 4% = 0.11 kg，经试拌后作稠度试验，测得坍落度值为 51 mm，符合施工条件，测得拌和物的表观密度 $\rho_{c,t}$ = 2 432 kg/m³。

试拌后各种材料的实际用量：

水泥 m_{cb} = 4.79 + 0.19 = 4.98　kg

砂　　m_{sb} = 10.08　kg

石　　m_{gb} = 18.71　kg

水　　m_{wb} = 2.78 + 0.11 = 2.89　kg

则混凝土拌和物总量 $m_{总b}$ = 水泥 m_{cb} + 砂 m_{sb} + 石 m_{gb} + 水 m_{wb} = 36.66　kg

换算为试拌后 1 m³ 混凝土的各材料用量：

水泥 $m_{c_1} = \dfrac{m_{cb}}{m_{总b}} \times \rho_{c,t} = \dfrac{4.98}{36.66} \times 2\,432 = 330$ kg

砂 $m_{s_1} = \dfrac{m_{sb}}{m_{总b}} \times \rho_{c,t} = \dfrac{10.08}{36.66} \times 2\,432 = 669$ kg

石 $m_{g_1} = \dfrac{m_{gb}}{m_{总b}} \times \rho_{c,t} = \dfrac{18.71}{36.66} \times 2\,432 = 1\,241$ kg

水 $m_{w_1} = \dfrac{m_{wb}}{m_{总b}} \times \rho_{c,t} = \dfrac{2.89}{36.66} \times 2\,432 = 192$ kg

得出基准配合比为：

1 m³ 混凝土的用料量/kg	水泥	砂子	石子	水
	330	669	1 241	192
质量比(以水泥为1)	1:2.03:3.76:0.58			

（2）检验强度

在基准配合比的基础上，拌制三种不同水胶比的混凝土，并制作三组强度试件。其中一组是水胶比为 0.58 的基准配合比，另两组的水胶比分别为 0.60 及 0.50，因基准配合比的拌和物黏聚性和保水性都很好，故改变水胶比后可不调整砂率，即采用基准配合比中的砂石用量即可。为了保证拌和物稠度不变，三种配合比的用水量均取 m_{wb}。

经标准养护 28 d 后，进行强度试验得出的强度值分别为：

水胶比 0.50（灰水比 2.00）……45.1 MPa

水胶比 0.58（灰水比 1.72）……35.9 MPa

水胶比 0.60（灰水比 1.67）……34.1 MPa

3. 确定设计配合比（试验配合比）

绘制强度与灰水比关系曲线，如图 3.4.1 所示。

由图中查得试配强度 37.9 MPa 对应的灰水比值为 1.78，即水胶比为 0.56。

现计算水胶比为 0.56（灰水比为 1.78）时，各种材料的用量如下。

水泥：192 × 1.78 = 342

砂：669　kg

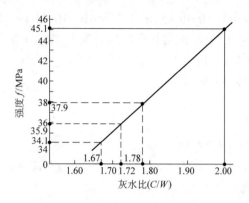

图 3.4.1　强度－灰水比关系曲线

石：1 241　kg

水：192　kg

重新测得拌和物的表观密度为 2 435 kg/m^3，而计算表观密度为 342 + 669 + 1 241 + 192 = 2 444 kg/m^3，其修改系数：

$$\delta = \frac{2\ 435}{2\ 444} = 0.996$$

由于实测值与计算值之差为(1 − 0.996) × 100% = 0.4%，没有超过计算值的 2%，因此上述配合比可不作校正，即设计配合比(试验配合比)为：

1 m^3 混凝土的用料量/kg	水泥	砂子	石子	水
	342	669	1 241	192
质量比(以水泥为 1)	1 : 1.96 : 3.63 : 0.56			

4. 施工配合比的换算

已知施工现场砂的含水率为 3%，石的含水率为 1%，则施工配合比为：

$$m'_c = m_c = 342(\text{kg})$$

$$m'_s = m_s \cdot (1 + a\%) = 669 \times (1 + 3\%) = 689(\text{kg})$$

$$m'_g = m_g \cdot (1 + b\%) = 1\ 241 \times (1 + 1\%) = 1\ 253(\text{kg})$$

$$m'_w = m_w - m_s \cdot a\% - m_g \cdot b\% = 192 - 669 \times 3\% - 1\ 241 \times 1\% = 159(\text{kg})$$

施工配合比为：

1 m^3 混凝土的用料量/kg	水泥	砂子	石子	水
	342	689	1 253	159
质量比(以水泥为 1)	1 : 2.01 : 3.66 : 0.46			

【案例分析 3 − 6】　在上例中掺入 0.25% 的木钙(减水剂)，其他条件不变，试计算初步配合比。

【分析】 木钙减水率取 10%，掺入木钙后混凝土拌和物的含气量会增加 1%～2%，可取 1.5%，则混凝土含气量为 $\alpha=1.5$。设计初步配合比的过程、方法步骤与上例基本相同。

（1）确定水胶比

方法与案例分析 3－5 相同，则 $W/C=0.58$。

（2）确定单位体积用水量（m_{w_a}）

由于掺入减水剂，用水量应在查表取值的基础上适当减少，查表 3.4.3 得 $m_{w_0}=185$ kg，则

$$m_{w_a}=m_{w_0}(1-\beta)=185\times(1-10\%)=167(kg)$$

（3）确定单位体积水泥用量（m_{c_0}）

$$m_{c_0}=\frac{m_{w_a}}{W/C}=\frac{167}{0.58}=288(kg)$$

查表 3.2.4 进行耐久性复核，最小水泥用量应大于 260 kg，故取 $m_{c_0}=288$ kg。

（4）确定减水剂掺加量（m_{a_0}）

$$m_{a_0}=0.25\%\times m_{c_0}=0.25\%\times288=72(kg)$$

（5）确定合理砂率 β_s

方法与案例分析 3－5 相同，$\beta_s=35\%$。

（6）计算砂（m_{s_0}）、石（m_{g_0}）用量并定出初步配合比

因外加剂的掺加量少，其体积可忽略不计，所以砂、石用量可按下式计算：

$$\frac{319}{3\ 000}+\frac{185}{1\ 000}+\frac{m_{s_0}}{2\ 650}+\frac{m_{g_0}}{2\ 700}+0.01\times1.5=1$$

$$\frac{m_{s_0}}{m_{s_0}+m_{g_0}}\times100\%=35\%$$

解得：$m_{s_0}=652$ kg，$m_{g_0}=1\ 210$ kg。

则初步配合比为：

1 m³混凝土的用料量/kg	水泥	砂子	石子	水
	228	652	1 210	167
质量比（以水泥为1）	1:2.26:4.20:0.58			

任务5　运输、保管和储存混凝土及其组成材料

5.1　混凝土各种组成材料的储存、保管及运输

5.1.1　水泥的储存、保管及运输

水泥的运输、保管及使用，应遵守下列规定。

①优先使用散装水泥。散装水泥运至工地的入罐温度不宜高于 65 ℃。

②运到工地的水泥,应按标明的品种、强度等级、生产厂家和出厂批号,分别储存到有明显标志的储罐或仓库中,不得混装。

③要注重存储管理,防止产品受潮。在运输、储存过程中要做好防护,雨天装车要注意车箱不能积水,要及时加盖防雨蓬布;罐储水泥宜一个月倒罐一次。

④水泥仓库应有排水、通风措施,保持干燥,门窗不得有漏雨、渗水的情况。堆放袋装水泥时,应设防潮层,距地面、边墙至少 30 cm,堆放高度不得超过 10 袋,并留出运输通道。

⑤临时存放的水泥,必须选择地势较高、干燥的场地做料棚,并做好上盖下垫工作。

⑥使用时要坚持先进先用原则,且储存时间不宜过长。袋装水泥储运时间超过 3 个月(按出厂日期),散装水泥超过 6 个月(按出厂日期),使用前应重新检验。

⑦应避免水泥的散失浪费,注意环境保护。

⑧水泥库内禁止存放其他材料或物品。

5.1.2　砂的储存、保管及运输

施工现场用砂禁止紧贴建筑物的墙壁堆放,防止混入泥块、石子及其他杂质。其运输多用汽车、火车、轮船等交通工具。

5.1.3　石的储存、保管及运输

施工现场用石禁止紧贴建筑物的墙壁堆放,防止混入泥块、石子及其他杂质。其运输多用汽车、火车、轮船等交通工具。砂、石分开堆放。

5.1.4　外加剂的储存、保管及运输

外加剂的储存、保管及运输详见《混凝土外加剂》(GB 8076—2008)的规定。

1. 出厂说明书

外加剂的出厂说明书至少包括以下内容:生产厂名称;产品名称及类型;产品性能特点、主要成分及技术指标;适用范围;推荐掺加量;储存条件及有效期(有效期从生产日期算起,企业根据产品性能自行规定);使用方法、注意事项、安全防护提示等。

2. 包装

粉状外加剂可采用塑料袋衬里的纺织袋包装;液体外加剂可采用塑料桶、金属桶包装,包装净质量误差不超过 1%,液体外加剂也可采用槽车散装。

3. 储存

外加剂应存放在专用仓库或固定的场所妥善保管,以易于识别、便于检查和提货为原则。搬运时应轻拿轻放,防止破损,运输时避免受潮。

5.2　混凝土的储存、保管及运输

现场搅拌混凝土应随拌随用,其存放时间不能超过水泥初凝时间。

混凝土搅拌站(商品混凝土)根据施工现场的订单需要,按规定配合比进行拌制,使用商品混凝土运输车(其规格有 3、4、6、8、10、12、14 m³等)进行运输。

任务 6　拓展知识

6.1　混凝土的质量控制与强度评定

混凝土的质量是影响钢筋混凝土可靠性的一个重要因素,为保证结构安全可靠地使用,必须对混凝土的生产和合格性进行控制。生产控制是对混凝土生产过程的各个环节进行有效质量控制,以保证产品质量的可靠。合格性控制是对混凝土质量进行准确判断,目前采用的方法是数理统计的方法,通过混凝土强度的检验评定来完成。

6.1.1　混凝土生产的质量控制

混凝土的生产是配合比设计、配料搅拌、运输浇筑、振捣养护等一系列过程的综合。要保证生产出的混凝土的质量合格,必须要在各个方面给予严格的质量控制。

1. 原材料的质量控制

混凝土是由水泥、砂、石、水、外加剂、掺和料等多种材料混合制作而成的,任何一种组成材料的质量偏差或不稳定都会造成混凝土整体质量的波动。所以应按本学习情境中任务 1 的相关要求,检测和选择各种组成材料。

2. 配合比设计的质量控制

混凝土应按《普通混凝土配合比设计规程》(JGJ 55—2011)的有关规定,根据混凝土强度等级、耐久性和工作性等要求进行配合比设计。首次使用的混凝土配合比应进行开盘鉴定,其工作性应满足设计配合比要求。开始生产时应至少留置一组标准养护试件,作为检验配合比的依据。混凝土在拌制前,应测定砂、石的含水率,根据测试结果及时调整材料用量,换算施工配合比。生产时应检验配合比设计资料、试件强度试验报告、骨料含水率测试结果和施工配合比通知单。

3. 混凝土生产施工工艺的质量控制

混凝土的原材料必须称量准确,每盘称量的允许偏差应控制在水泥、掺和料±2%,粗、细骨料±3%,,水、外加剂±2%。每工作班抽查不少于一次,各种衡器应定期检验。

混凝土的运输、浇筑及间歇的全部时间不应超过混凝土的初凝时间。及时观察、检查施工记录。在运输、浇筑过程中要防止离析、泌水、流浆等不良现象发生,并分层按顺序振捣、严防漏振。

混凝土浇筑完毕后,应按施工技术方案及时采取有效措施,应随时观察并检查施工记录。

6.1.2 混凝土的质量评定

在混凝土施工中,既要保证混凝土达到设计要求的性能,又要保持其质量的稳定性。实际上,混凝土的质量不可能是均匀稳定的,造成质量波动的因素比较多:水泥、骨料等原材料质量的波动;原材料计量的误差;水胶比的波动;搅拌时间、浇筑、振捣和养护条件的波动;取样方法、试件制作、试验操作等。

在正常施工条件下,这些影响因素是随机的,因此混凝土性能也是随机变化的,因此可采用数理统计方法来评定混凝土强度和性能是否达到质量要求。混凝土的抗压强度与其他性能有较好的相关性,能反映混凝土的质量,所以通常用混凝土抗压强度作为评定混凝土质量的一项技术指标。

1. 统计方法评定

(1)标准差已知的统计方法评定

当混凝土生产条件能在较长时间内保持一致,且同一品种混凝土强度变异性能保持稳定时,可采用标准差已知的统计方法评定。

(2)标准差未知的统计方法评定

当混凝土生产条件在较长时间内不能保持一致,且同一品种混凝土强度变异性能不能保持稳定,或在前一个检验期内的同一品种混凝土没有足够的数据用以确定验收批混凝土立方体抗压强度的标准差时,应由不少于10组的试件组成一个验收批,采用标准差未知的统计方法评定。

2. 非统计方法评定

当混凝土生产不连续,且一个验收批试件不足10组时,应采用非统计方法进行评定。

6.1.3 混凝土强度的合格性判定

混凝土强度分批检验结果能满足评定的规定时,则该批混凝土判为合格;否则,为不合格。对由不合格批混凝土制成的结构或构件,应进行鉴定。对不合格的结构或构件,必须及时处理。当对混凝土试件强度的代表性有怀疑时,可采用从结构或构件中钻取试件的方法或采用非破损检验方法,按有关标准的规定对结构或构件中混凝土的强度进行推定。

6.2 智能混凝土

智能材料指的是"能感知环境条件,作出相应行动"的材料。它能模仿生命系统,同时具有感知和激励双重功能,能对外界环境变化因素产生感知,自动作出适应、灵敏和恰当的响应,并具有自我诊断、自我调节、自我修复和预报寿命等功能。

智能混凝土是在混凝土原有组分基础上复合智能型组分,使混凝土具有自感知和记忆、自适应、自修复特性的多功能材料。根据这些特性可以有效地预报混凝土材料内部的损伤,满足结构自我安全检测需要,防止混凝土结构潜在脆性破坏,并能根据检测结果自动进行修复,显著提高混凝土结构的安全性和耐久性。如上所述,智能混凝土是自感知和记忆、自适应,自修复等多种功能的综合,缺一不可。智能混凝土是一个比较超前的概念,虽然一些相关的研究早就开始了,但技术还远未成熟。但近年来损伤自诊断混凝土(在混凝土中预置感应器,可以实时监控混凝土设备的受力和变形情况)、温度自调节混凝土、自修复混凝土(它在开裂时可以自己自动修补裂缝)等一系列智能混凝土的不断出现,为智能混凝土的研究和推广使用打下了坚实的基础。

6.3　耐久性混凝土

国际上混凝土的大量使用始于20世纪30年代,到五六十年代达到高峰。许多发达国家每年用于建筑维修的费用都超过新建的费用。

耐久性对工程量浩大的混凝土工程来说意义非凡,若耐久性不足,将会产生严重的后果,甚至对未来社会造成极为沉重的负担。据美国一项调查显示,美国的混凝土基础设施工程总价值约为6万亿美元,每年所需维修费或重建费约3千亿美元。美国50万座公路桥梁中20万座已有损坏,平均每年有150~200座桥梁部分或完全坍塌,寿命不足20年;美国共建有混凝土水坝3 000座,平均寿命30年,其中32%的水坝年久失修;而对二战前后兴建的混凝土工程,在使用30~50年后进行加固维修所投入的费用,约占建设总投资的40%~50%。

目前,我国每年的基础设施建设工程规模宏大,每年高达2万亿元人民币以上,比较著名的百年工程有三峡大坝、东海大桥、南京地铁1号线、崇明越江通道北港桥梁、重庆朝天门大桥空心桥墩、杭州湾大桥等。30~50年后,这些工程将进入维修期,所需的维修费用和重建费用将非常巨大。因此,混凝土更要从提高耐久性入手,以降低巨额的维修和重建费用。

6.4　透水混凝土

透水混凝土又称多孔混凝土,是由骨料、水泥和水拌制而成的一种多孔轻质混凝土。它不含细骨料,由粗骨料表面包覆一薄层水泥浆相互黏结而形成孔穴均匀分布的蜂窝状结构,故具有透气、透水和质量轻的特点,也可称排水混凝土。透水混凝土是由欧美、日本等国家针对原城市道路的路面的缺陷,开发使用的一种多孔轻质混凝土,能让雨水流入地下,有效补充地下水,缓解城市的地下水位急剧下降等的一些城市环境问题,并能有效地消除地面上的油类化合物等对环境污染的危害;同时,是保护自然、维护生态平衡、缓解城市热岛效应的优良的铺装材料;它的原材料可使用再生集料,而它本身也是可再生利用的。透水混凝土有利于人类生存环境的良性发展及城市雨水管理与水污染防治等工作,具有特殊的重要意义。

透水混凝土系统拥有系列色彩配方,可配合设计的创意,针对不同环境和个性要求的装饰风格进行铺设施工。这是传统铺装和一般透水砖不能实现的特殊铺装材料。

美国从21世纪七八十年代就开始研究和应用透水混凝土,不少国家都在大量推广,如德国约90%的道路改造成透水混凝土,改变过去破坏城市生态的地面铺设,使透水混凝土路面取得广泛的社会效益。

本学习情境小结

本学习情境是本课程的核心章节,以普通混凝土为学习重点。组成材料的质量直接影响到所配制混凝土的质量,应能表述普通混凝土基本组成材料的技术要求,掌握其检测及选择方法;外加剂已成为改善混凝土性能的有效措施之一,被视为混凝土的第五组成材料,应熟悉各种外加剂的性质和应用。要求掌握混凝土拌和物的和易性、硬化混凝土的强度、耐久性,这样才能设计配制出符合工程要求的混凝土,并根据工程需要,针对影响和易性、强度、耐久性的因素进行调整。要求熟练掌握普通混凝土配合比设计的方法和步骤,必须明确,配合比设计正确与否需要通过试验检验确定。在学习普通混凝土的基础上,熟悉高性能混凝土、轻混凝土的性能和应用,了解其他品种混凝土。

教学评估表

学习情境名称:_____ 班级:_____ 姓名:_____ 日期:_____

1. 本表主要用于对课程授课情况的调查,可以自愿选择署名或匿名方式填写问卷。根据自己的情况在相应的栏目打"√"。

评估项目 \ 评估等级	非常赞成	赞 成	不赞成	非常不赞成	无可奉告
(1)我对本学习情境学习很感兴趣					
(2)教师的教学设计好,有准备并阐述清楚					
(3)教师因材施教,运用了各种教学方法来帮助我的学习					
(4)学习内容、课内实训内容能提升我对建筑工程材料的检测和选择技能					
(5)有实物、图片、音像等材料,能帮助我更好理解学习内容					
(6)教师知识丰富,能结合材料取样和抽检进行讲解					
(7)教师善于活跃课堂气氛,设计各种学习活动,利于学习					
(8)教师批阅、讲评作业认真、仔细,有利于我的学习					
(9)我理解并能应用所学知识和技能					
(10)授课方式适合我的学习风格					
(11)我喜欢这门课中的各种学习活动					
(12)学习活动有利于我学习该课程					
(13)我有机会参与学习活动					

续表

评估项目 ＼ 评估等级	非常赞成	赞　成	不赞成	非常不赞成	无可奉告
(14)每个活动结束都有归纳与总结					
(15)教材编排版式新颖,有利于我学习					
(16)教材使用的文字、语言通俗易懂,有对专业词汇的解释、提示和注意事项,利于我自学					
(17)教材为我完成学习任务提供了足够信息,并提供了查找资料的渠道					
(18)教材通过讲练结合使我增强了技能					
(19)教学内容难易程度合适,紧密结合施工现场,符合我的需求					
(20)我对完成今后的典型工作任务更有信心					

2. 您认为教学活动使用的视听教学设备和实训设备:

合适　□　　　　　太多　□　　　　　太少　□

3. 教师安排边学、边做、边互动的比例:

讲太多　□　　　　练习太多　□　　　　活动太多　□　　　　恰到好处　□

4. 教学进度:

太快　□　　　　　正合适　□　　　　太慢　□

5. 活动安排的时间长短:

太长　□　　　　　正合适　□　　　　太短　□

6. 我最喜欢本学习情境的教学活动是:

7. 我最不喜欢本学习情境的教学活动是:

8. 本学习情境我最需要的帮助是:

9. 我对本学习情境改进教学活动的建议是:

学习情境4　钢材料的检测、评定与选择

【学习目标】

知识目标	能力目标	权重
能正确表述钢材的冶炼方法及分类、力学性质、工艺性质、化学性质以及钢材的化学成分对其性能的影响、常用建筑钢材的技术标准	能熟练分辨和选用钢材	0.30
能正确表述钢材的锈蚀与防止方法	能正确掌握并运用钢材锈蚀的防止工作	0.35
能正确表述钢材的性能测试和评定方法	能正确进行钢材的性能试验及评定工作	0.35
合　　计		1.00

【教学准备】

准备常用钢材等物品,各种建筑钢材制品实物或图片,加工检验设备的图片,检验仪器,任务单、建材陈列室等。

【教学建议】

在一体化教室或多媒体教室,采用教师示范、学生测试、分组讨论、集中讲授、完成任务工单等方法教学。

【建议学时】

8(4)学时。

任务1　钢材的选用

1.1　钢材的冶炼和分类

1.1.1　钢材的冶炼

钢材是将生铁在炼钢炉中进行冶炼,然后浇筑成钢锭,再经过轧制、锻压、拉拔等压力加工

工艺制成的材料。生铁性能脆硬,在建筑上难以使用。炼钢的原理就是把熔融的生铁进行加工,使其中碳的含量降到2%以下,其他杂质的含量也控制在规定范围之内。

目前,大规模炼钢的方法主要有平炉炼钢法、氧气转炉炼钢法和电弧炉炼钢法三种。

1.平炉炼钢法

以固态或液态生铁、废钢铁或铁矿石做原料,用煤气或重油为燃料在平炉中进行冶炼。平炉钢熔炼时间长,化学成分便于控制,杂质含量少,成品质量高。其缺点是能耗高,生产效率低,成本高,已基本被淘汰。

2.氧气转炉炼钢法

氧气转炉炼钢法已成为现代炼钢法的主流。它是以纯氧代替空气吹入炼钢炉的铁水中,能有效地除去硫、磷等杂质,使钢的质量显著提高,冶炼速度快而成本较低,常用来炼制较优质碳素钢和合金钢。

3.电弧炉炼钢法

以电为能源迅速加热生铁或废钢原料,熔炼温度高且温度可自由调节,清除杂质容易。因此,钢的质量最好,但成本高,主要用于优质碳素钢及特殊合金钢。

1.1.2　钢材的分类

1.按化学成分分类

(1)碳素钢

碳素钢的主要成分是铁,其次是碳,此外还含有少量的硅、锰、磷、硫、氧、氮等微量元素。碳素钢根据含碳量的高低,又分为低碳钢(含碳量小于0.25%)、中碳钢(含碳量为0.25% ~ 0.60%)、高碳钢(含碳量大于0.60%)。

(2)合金钢

合金钢是在碳素钢的基础上加入一种或多种改善钢材性能的合金元素,如锰、硅、矾、钛等。合金钢根据合金元素的总含量,又分为低合金钢(合金元素总量小于5%)、中合金钢(合金元素总量为5% ~10%)、高合金钢(合金元素总量大于10%)。

2.按冶炼时脱氧程度不同分类

(1)沸腾钢

沸腾钢一般用锰、铁脱氧,脱氧不完全,钢液冷却凝固时有大量CO气体外逸,引起钢液沸腾,故称为沸腾钢。沸腾钢内部气泡和杂质较多,化学成分和力学性能不均匀,因此钢的质量较差,但成本较低,可用于一般的建筑结构。

(2)镇静钢

镇静钢一般用硅脱氧,脱氧完全,钢液浇筑后平静地冷却凝固,基本无CO气泡产生。镇静钢均匀密实,机械性能好,品质好,但成本高。镇静钢可用于承受冲击荷载的重要结构。

(3)半镇静钢

半镇静钢用少量的硅脱氧,脱氧程度和性能介于沸腾钢和镇静钢之间。

3. 按品质(杂质含量)分类

根据钢材中硫、磷等有害杂质含量的不同,可分为普通钢、优质钢和高级优质钢。

4. 按用途分类

钢材按用途不同可分为结构钢(主要用于工程构件及机械零件)、工具钢(主要用于各种刀具、量具及磨具)、特殊钢(具有特殊物理、化学或机械性能,如不锈钢、耐热钢、耐磨钢等,一般为合金钢)。

建筑上常用的钢种是普通碳素钢中的低碳钢和普通合金钢中的低合金钢。

1.2 钢材的性质

钢材的性质主要包括力学性质、工艺性质和化学性质等,其中力学性质是最主要的性能之一。

1.2.1 抗拉性能

抗拉性能是表示钢材性能的重要指标。由于拉伸是建筑钢材的主要受力形式,因此抗拉性能采用拉伸试验测定,以屈服点、抗拉强度和伸长率等指标表征,这些指标可通过低碳钢(软钢)受拉时的应力 – 应变曲线来阐明,见图4.1.1。

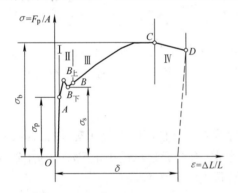

图 4.1.1 低碳钢受拉的应力 – 应变曲线

从图中可以看出,低碳钢受拉经历了四个阶段:弹性阶段(OA)、屈服阶段(AB)、强化阶段(BC)、缩颈阶段(CD)。

1. 屈服点

当试件拉力在 OA 范围内时,如卸去拉力,试件能恢复原状,应力与应变的比值为常数,即弹性模量 $E = \sigma/\varepsilon$。该阶段被称为弹性阶段。弹性模量反映钢材抵抗变形的能力,是计算结构受力变形的重要指标。

当对试件的拉伸进入塑性变形的屈服阶段 AB 时,称屈服下限 $B_{下}$(此点较稳定,易测定)所对应的应力为屈服强度或屈服点,记作 σ_s。对屈服现象不明显的钢(硬钢),规定以 0.2% 残余变形时的应力 $\sigma_{0.2}$ 为屈服强度,称为条件屈服点。

钢材应力超过屈服点以后,虽然没有断裂,但会产生较大的塑性变形,已不能满足结构要求。因此,屈服强度是设计时钢材度取值的主要依据,是工程结构计算中非常重要的一个参数。

2. 抗拉强度

从图4.1.1中 BC 曲线逐步上升可以看出:试件在屈服阶段以后,其抵抗塑性变形的能力又重新提高,称为强化阶段。对应于最高点 C 的应力称为抗拉强度,即钢材受拉断裂前的最大应力,用 σ_b 表示。

设计中抗拉强度一般不直接利用,但屈强比 σ_s/σ_b 却能反映钢材的利用率和结构安全可靠性。屈强比愈小,反映钢材受力超过屈服点工作时的可靠性愈大,因而结构的安全性愈高。但屈服比太小,则反映钢材不能有效地被利用,造成钢材浪费。建筑结构钢合理的屈强比一般为 0.60 ~ 0.75。

3. 伸长率

图 4.1.1 中当曲线到达 C 点后,试件薄弱处急剧缩小,塑性变形迅速增加,产生"缩颈现象"而断裂(如图 4.1.2 所示)。试件拉断后测定出拉断后标距部分的长度 L_1 (单位为 mm), L_1 与试件原标距 L_0 (单位为 mm) 比较,按下式可以计算出伸长率(δ)。

$$\delta = [(L_1 - L_0)/L_0] \times 100\%$$

伸长率表征了钢材的塑性变形能力, δ 越大,说明钢材的塑性越好。钢材的塑性好,不仅便于各种加工,而且能保证钢材在建筑上的安全使用。由于在塑性变形时缩颈处的变形最大,故若原标距与试件的直径之比愈大,则缩颈处伸长值在整个伸长值中的比重愈小,因而计算的伸长率会小些。通常以 δ_5 和 δ_{10} 分别表示 $L_0 = 5d_0$ 和 $L_0 = 10d_0$ 时的伸长率, d_0 为试件直径。对同一种钢材, δ_5 应大于 δ_{10}。

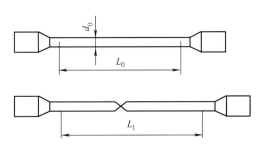

图 4.1.2　缩颈现象示意图

1.2.2　冲击韧性

冲击韧性是指钢材抵抗冲击荷载的能力。冲击韧性指标是通过标准试件的弯曲冲击韧性试验确定的,见图 4.1.3。以摆锤冲击试件为例,将试件冲断时缺口处单位截面积上所消耗的功作为钢材的冲击韧性指标,用 a_k (单位为 J/cm^2) 表示。a_k 值愈大,钢材的冲击韧性愈好。

钢材的化学成分、内在缺陷、加工工艺及环境温度都会影响钢材的冲击韧性。当钢材内硫、磷的含量高,存在化学偏析,含有非金属夹杂物及焊接形成的微裂纹时,都会使冲击韧性显著降低。温度对钢材冲击韧性的影响也很大。试验表明,冲击韧性随温度的降低而下降,其规律是开始下降缓和,当达到一定温度范围时,突然下降很多而呈脆性,这种脆性称为钢材的冷脆性,此时的温度称为临界温度。其数值愈低,说明钢材的低温冲击性能愈好。所以,在负温下使用的结构,应当选用脆性临界温度较工作温度低的钢材。

由于时效作用,钢材随时间的延长,其塑性和冲击韧性下降。完成时效变化的过程可过数

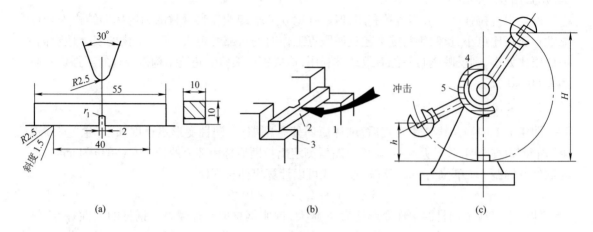

图 4.1.3 冲击韧性试验示意图

（a）试件尺寸 （b）试验装置 （c）试验机

1—摆锤；2—试件；3—试验台；4—刻转盘；5—指针

十年,但是钢材如经受冷加工变形,或使用中经受震动和反复荷载的影响,时效可迅速发展。因时效而导致性能改变的程度称为时效敏感性。对于承受动荷载的结构应该选用时效敏感性小的钢材。

因此,对于直接承受动荷载而且可能在负温下工作的重要结构,必须进行钢材的冲击韧性检验。

1.2.3 硬度

钢材的硬度是指其表面抵抗重物压入产生塑性变形的能力,测定硬度的方法有布氏法和洛氏法。较常用的方法是布氏法,其硬度指标为布氏硬度值。

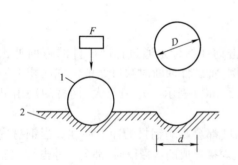

布氏法是利用直径为 D（单位为 mm）的淬火钢球,以一定的荷载 F（单位为 N）将其压入试件表面,得到直径为 d（单位为 mm）的压痕,如图 4.1.4 所示。以压痕表面积 S（单位为 mm^2）除荷载 F,所得的应力值即为试件的布氏硬度值 HB,不带单位。布氏法比较准确,但压痕较大,不适宜成品检验。

各类钢材的布氏硬度值与抗拉强度之间有较好的相关关系。材料的强度越高,塑性变形抵抗力越强,布氏硬度值就越大。

图 4.1.4 布氏硬度测定示意图

洛氏法测定的原理与布氏法相似,但以压头压入试件的深度来表示洛氏硬度值 HR。洛氏法压痕很小,常用于判定工件的热处理效果。

1.2.4　耐疲劳性

钢材承受交变荷载反复作用时,可能在最大应力远低于屈服强度的情况下突然破坏,这种破坏称为疲劳破坏。疲劳破坏的危险应力用疲劳极限(或称疲劳强度)来表示,它是指疲劳试验中试件在交变应力作用下,在规定的周期内不发生断裂所能承受的最大应力。

一般认为,钢材的疲劳破坏是由拉应力引起,抗拉强度高,其疲劳极限也较高。在设计承受交变荷载作用的结构时,应了解所用钢材的疲劳极限。钢材的疲劳极限与其内部组织和表面质量有关。

1.2.5　冷弯性能

冷弯性能是指钢材在常温下承受弯曲变形的能力,是钢材的重要工艺性能。冷弯性能指标通过试件被弯曲的角度(90°或180°)及弯心直径 d 对试件厚度(或直径)a 的比值来表示,如图 4.1.5 所示。试验时采用的弯曲角度愈大,弯心直径 d 对试件厚度(或直径)a 的比值愈小,表示对冷弯性能的要求愈高。

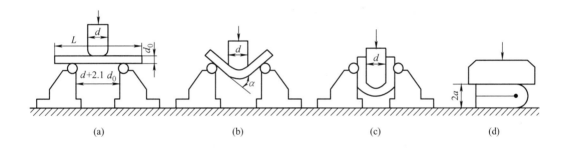

图 4.1.5　钢材冷弯试验示意图
(a)安装试件　(b)弯曲90°　(c)弯曲180°　(d)弯曲至两面重合

钢材试件按规定的弯曲角和弯心直径进行试验,若试件弯曲处的外表面无裂断、裂缝或起层,即认为冷弯性能合格。冷弯试验能反映试件弯曲处的塑性变形,能揭示钢材是否存在内部组织不均匀、内应力和夹杂物等缺陷。冷弯试验也能对钢材的焊接质量进行严格的检验,能揭示焊件受弯表面是否存在未熔合、裂缝及夹杂物等缺陷。

1.2.6　焊接性能

钢材主要以焊接的形式应用于工程结构中。焊接的质量取决于钢材与焊接材料的可焊性及其焊接工艺。

钢材的可焊性是指钢材在通常的焊接方法和工艺条件下获得良好焊接接头的性能。可焊性好的钢材焊接后不易形成裂纹、气孔、夹渣等缺陷,焊头牢固可靠,焊缝及其热影响区的性能不低于母材的力学性能。影响钢材可焊性的主要因素是化学成分及含量。一般焊接结构用钢应注意选用含碳量较低的氧气转炉或平炉镇静钢。对于高碳钢及合金钢,为了改善焊接性能,焊接时一般要采用焊前预热及焊后热处理等措施。

1.3　钢材的化学成分对其性能的影响

1.3.1　钢材的化学成分

以生铁冶炼钢材,经过一定的工艺处理后,钢材中除主要含有铁和碳外,还有少量硅、锰、磷、硫、氧、氮等难以除净的化学元素。另外,在生产合金钢的工艺中,为了改善钢材的性能,还特意加入一些化学元素,如锰、硅、矾、钛等。这些化学元素对钢材的性能产生一定的影响。

1.3.2　化学成分对钢材性能的影响

1. 碳

碳是决定钢材性质的主要元素。钢材随含碳量的增加,强度和硬度相应提高,而塑性和韧性相应降低。当含碳量超过 1% 时,钢材的极限强度开始下降。土木工程中用钢材含碳量不大于 0.8%。此外,含碳量过高还会增加钢的冷脆性和时效敏感性,降低抗大气腐蚀性和可焊性。

2. 硅

硅是炼钢时为了脱氧去硫而加入的,是钢中的有益元素。当硅在钢中的含量较低(小于1%)时,可提高钢材的强度,而对塑性和韧性影响不明显。

3. 锰

锰是炼钢时为了脱氧去硫而加入的,是我国低合金钢的重要合金元素,锰含量一般在1% ~2% 范围内,它的作用主要是提高钢材强度。锰还能消减硫和氧引起的热脆性,改善钢材的热加工性质。

4. 硫

硫是很有害元素,多以 FeS 夹杂物的形式存在于钢中。FeS 熔点低,使钢材在热加工中内部产生裂纹,引起断裂,形成热脆现象。硫的存在还会导致钢材的冲击韧性、可焊性及耐蚀性降低,因此硫的含量应严格控制。作为非金属硫化物夹杂于钢中,具有强烈的偏析作用,降低各种机械性能。硫化物造成的低熔点使钢在焊接时易于产生热裂纹,显著降低可焊性。

5. 磷

磷为有害元素。其含量提高,钢材的强度提高,塑性和韧性显著下降,特别是温度愈低,对韧性和塑性的影响愈大。磷的偏析较严重,使钢材冷脆性增大,可焊性降低。

但磷可以提高钢的耐磨性和耐腐蚀性,在低合金钢中可配合其他元素作为合金元素使用。

6. 氧

氧为有害元素,主要存在于非金属夹杂物内,可降低钢的机械性能,特别是韧性。氧有促进时效倾向的作用,氧化物造成的低熔点亦使钢的可焊性变差。

7. 氮

氮对钢材性质的影响与碳、磷相似,使钢材的强度提高,塑性、韧性显著下降。氮可加剧钢材的时效敏感性和冷脆性,降低可焊性。

在有铝、铌、钒等的配合下,氮可作为低合金钢的合金元素使用。

8. 铝、钛、钒、铌

铝、钛、钒、铌均为炼钢时的强脱氧剂,能提高钢材强度,改善韧性和可焊性,是常用的合金元素。

1.4　钢材的冷加工及热处理

1.4.1　冷加工

冷加工是指钢材在常温下进行的加工,常见的冷加工方式有:冷拉、冷拔、冷轧、冷扭、刻痕等。钢材经冷加工产生塑性变形,从而提高其屈服强度,但塑性和韧性相应降低,这一过程称为冷加工强化处理。

冷加工强化过程如图 4.1.6 所示。钢材的应力 – 应变曲线为 $OABCD$,若钢材被拉伸至超过屈服强度的任意一点 K 时,放松拉力,则钢材将恢复至 O' 点。如此时立即再拉伸,其应力 – 应变曲线将为 $O'KCD$,新的屈服点 K 比原屈服点 B 提高,但伸长率降低。在一定范围内,冷加工变形程度越大,屈服强度提高越多,塑性和韧性降低得越多。

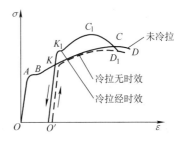

图 4.1.6　钢筋冷拉应力 – 应变曲线图

工地或预制厂钢筋混凝土施工中常利用这一原理,对钢筋或低碳钢盘条按一定制度进行冷拉或冷拔加工,以提高屈服强度而节约钢材。

1.4.2　时效

将经过冷拉的钢筋于常温下存放 15 ~ 20 d,或加热到 100 ~ 200 ℃并保持一段时间,其强度和硬度进一步提高,塑性和韧性进一步降低,这个过程称为时效处理。前者称为自然时效,后者称为人工时效。

钢筋冷拉以后再经过时效处理,其屈服点进一步提高,塑性继续有所降低。由于时效过程中应力的消减,故弹性模量可基本恢复。如图 4.1.6 所示,经冷加工和时效后,其应力 – 应变曲线为 $O'K_1C_1D_1$,此时屈服强度点 K_1 和抗拉强度点 C_1 均较时效前有所提高。一般强度较低的钢材采用自然时效,而强度较高的钢材则采用人工时效。

因时效而导致钢材性能改变的程度成为时效敏感性。时效敏感性大的钢材,经时效后,其韧性、塑性改变较大。因此,对重要结构应选用时效敏感性小的钢材。

1.4.3 热处理

热处理是将钢材按一定规则加热、保温和冷却,以获得需要性能的一种工艺过程。热处理的方法有:退火、正火、淬火和回火。土木工程建筑所用钢材一般只在生产厂进行热处理,并以热处理状态供应。在施工现场,有时需对焊接钢材进行热处理。

1.5 常用建筑钢材的技术标准与选用

1.5.1 钢结构用钢材

1. 碳素结构钢

碳素结构钢指一般结构钢和工程用热轧板、管、带、型、棒材等。《碳素结构钢》(GB/T 700—2006)规定了碳素结构钢的牌号表示方法、技术标准等。

(1)碳素结构钢的牌号

碳素结构钢的牌号由四部分表示,按顺序为:屈服点字母 Q、屈服点数值、质量等级(有 A、B、C、D 四级,逐级提高)和脱氧程度(F 为沸腾钢,b 为半镇静钢,Z 为镇静钢,TZ 为特殊镇静钢。用牌号表示时 Z、TZ 可省略)。

例如,Q300—A·F:表示屈服点为 300 MPa,A 级沸腾钢。Q235—B·Z:表示屈服点为235 MPa,B 级镇静钢。

(2)技术要求

《碳素结构钢》(GB/T 700—2006)对碳素结构钢的化学成分、力学性质及工艺性质做出了具体的规定。其化学成分及含量应符合表 4.1.1 的要求。

碳素结构钢依据屈服点 Q 的数值大小划分为四个牌号。其力学性能要求如表 4.1.2;冷弯试验规定如表 4.1.3 所示。

表 4.1.1 碳素钢的化学成分

牌号	统一数字代号	等级	厚度(或直径)/mm	脱氧方法	化学成分(质量分数)/% ,≤				
					C	Si	Mn	P	S
Q195	U11952	—	—	F、Z	0.12	0.30	0.50	0.035	0.040
Q215	U12152	A	—	F、Z	0.15	0.35	1.20	0.45	0.050
	U12155	B							0.045
Q235	U12352	A	—	F、Z	0.22	0.35	1.40	0.045	0.050
	U12355	B			0.20				0.045
	U12358	C		Z	0.17			0.040	0.040
	U12359	D		TZ				0.035	0.035

续表

牌号	统一数字代号	等级	厚度(或直径)/mm	脱氧方法	化学成分质量分数/% , ≤				
					C	Si	Mn	P	S
Q275	U12752	A	—	F、Z	0.24	0.35	1.50	0.045	0.050
	U12755	B	≤40	Z	0.21			0.045	0.045
			>40		0.22				
	U12758	C	—	Z	0.20			0.040	0.040
	U12759	D		TZ				0.035	0.035

表 4.1.2 碳素结构钢的拉伸与冲击试验

牌号	等级	屈服强度 $R_{cH}/(N/mm^2)$, ≥						抗拉强度 $R_m/(N/mm^2)$	断后伸长 $A/\%$, ≥					冲击试验(V形缺口)	
		厚度(或直径)/mm							厚度(或直径)/mm					温度/℃	冲击吸收功(纵向)/J ≥
		≤16	>16~40	>40~60	>60~100	>100~150	>150~200		≤40	>40~60	>60~100	>100~150	>150~200		
Q195	—	195	185	—	—	—	—	315~430	33	—	—	—	—	—	—
Q215	A	215	205	195	185	175	165	335~450	31	30	29	27	26	—	—
	B													+20	27
Q235	A	235	225	215	215	195	185	270~500	26	25	24	22	21	—	—
	B													+20	27
	C													0	
	D													-20	
Q275	A	275	265	255	245	225	215	410~540	22	21	20	18	17	—	—
	B													+20	27
	C													0	
	D													-20	

表 4.1.3 碳素结构钢的冷弯性能

牌号	试样方向	冷弯试验 $180° B=2a$	
		钢材厚度(或直径)/mm	
		≤60	>60~100
		弯心直径 d	
Q195	纵	0	—
	横	0.5a	
Q215	纵	0.5a	1.5a
	横	a	2a

牌号	试样方向	冷弯试验 $180° B = 2a$	
		钢材厚度（或直径）/mm	
		≤60	>60～100
		弯心直径 d	
Q235	纵	a	$2a$
	横	$1.5a$	$2.5a$
Q275	纵	$1.5a$	$2.5a$
	横	$2a$	$3a$

注：①为试样宽度，a 为试样厚度（或直径）。

②钢材厚度（或直径）大于100 mm 时，弯曲试验由双方协商确定。

（3）选用

碳素结构钢依牌号增大，含碳量增加，其强度增大，但塑性和韧性降低。建筑工程中主要应用 Q235 号钢，可用于轧制各种型钢、钢板、钢管与钢筋。Q235 号钢具有较高的强度，良好的塑性、韧性，可焊性及可加工性等综合性能好，且冶炼方便，成本较低，因此广泛用于一般钢结构。其中 C、D 级可用在重要的焊接结构。

Q195、Q215 号钢材强度较低，但塑性、韧性较好，易于冷加工，可制作铆钉、钢筋等。Q235、Q275 号钢材强度高，但塑性、韧性、可焊性较差，可用于钢筋混凝土配筋及钢结构中的构件及螺栓等。受动荷载作用结构、焊接结构及低温下工作的结构，不能选用 A、B 质量等级钢及沸腾钢。

2. 低合金高强度结构钢

低合金高强度钢是普通低合金结构钢的简称。一般是在普通碳素钢的基础上，添加少量的一种或几种合金元素而成的。合金元素有硅、锰、钒、钛、铌、铬、镍及稀土元素。加入合金元素后，可使其强度、耐腐蚀性、耐磨性、低温冲击韧性等性能得到显著提高和改善。

《低合金高强度结构钢》（GB 1591—2008）规定了低合金高强度钢的牌号与技术性质。

（1）低合金高强度钢的牌号

低合金高强度钢按力学性能和化学成分分为 Q345、Q390、Q420、Q460、Q500、Q550、Q620、Q690 等 8 个牌号；按硫、磷含量分 A、B、C、D、E 等 5 个质量等级，其中 E 级质量最好。钢号按屈服点字母 Q、屈服点数值和质量等级排列。如 Q345 - A 的含义为：屈服点为 345 MPa，质量等级为 A 的低合金高强度结构钢。

（2）技术要求

按《低合金高强度结构钢》（GB 1591—2008）规定，低合金高强度结构钢的化学成分与力学性质分别如表4.1.4 和表4.1.5 所示。

（3）选用

低合金高强度结构钢具有轻质高强，耐蚀性、耐低温性好，抗冲击性强，使用寿命长等良好的综合性能，具有良好的可焊性及冷加工性，易于加工与施工。因此，低合金高强度结构钢可以用做高层及大跨度建筑（如大跨度桥梁、大型厅馆、电视塔等）的主体结构材料。与普通碳素钢相比，可节约钢材，具有显著的经济效益。

表 4.1.4　低合金高强度结构钢的化学成分

牌号	质量等级	化学成分(质量分数)/%														
		C	Si	Mn	P	S	Nb	V	Ti	Cr	Ni	Cu	N	Mo	B	Aln
					≤											≥
Q345	A	≤0.20	≤0.50	≤1.70	0.035	0.035	0.07	0.15	0.20	0.30	0.50	0.30	0.012	0.10	—	—
	B				0.035	0.035										
	C				0.030	0.030										
	D	≤0.18			0.030	0.025										0.015
	E				0.025	0.020										
Q390	A	≤0.20	≤0.50	≤1.70	0.035	0.035	0.07	0.20	0.20	0.30	0.50	0.30	0.015	0.10	—	—
	B				0.035	0.035										
	C				0.030	0.030										
	D				0.030	0.025										0.015
	E				0.025	0.020										
Q420	A	≤0.20	≤0.50	≤1.70	0.035	0.035	0.07	0.20	0.20	0.30	0.80	0.30	0.015	0.20		
	B				0.035	0.035										
	C				0.030	0.030										
	D				0.030	0.025										0.015
	E				0.025	0.020										
Q460	C	≤0.20	≤0.60	≤1.80	0.030	0.030	0.11	0.20	0.20	0.30	0.80	0.55	0.015	0.20	0.004	0.015
	D				0.030	0.025										
	E				0.025	0.020										
Q500	C	≤0.18	≤0.60	≤1.80	0.030	0.030	0.11	0.12	0.20	0.60	0.80	0.55	0.015	0.20	0.004	0.015
	D				0.030	0.025										
	E				0.025	0.020										
Q550	C	≤0.18	≤0.60	≤2.00	0.030	0.030	0.11	0.12	0.20	0.80	0.80	0.80	0.015	0.30	0.004	0.015
	D				0.030	0.025										
	E				0.025	0.020										
Q620	C	≤0.18	≤0.60	≤2.00	0.030	0.030	0.11	0.12	0.20	1.00	0.80	0.80	0.015	0.30	0.004	0.015
	D				0.030	0.025										
	E				0.025	0.020										
Q690	C	≤0.18	≤0.60	≤2.00	0.030	0.030	0.11	0.12	0.20	1.00	0.80	0.80	0.015	0.30	0.004	0.015
	D				0.030	0.025										
	E				0.025	0.020										

a　型材及棒材 P、S 含量可提高 0.005%,其中 A 级钢上限可为 0.045%。

b　当细化晶粒元素组合加入时,20(Nb + V + Ti)≤0.22%,20(Mo + Cr)≤0.30%。

　　当低合金钢中的铬含量达 11.5% 时,铬就在合金金属的表面形成一层惰性的氧化铬膜,成为不锈钢。不锈钢具有低的导热性、良好的耐蚀性能等优点。缺点是温度变化时膨胀性较大。不锈钢既可以作为承重构件,又可以作为建筑装饰材料。

　　3. 型钢、钢板、钢管

　　碳素结构钢和低合金钢还可以加工成各种型钢、钢板、钢管等构件直接供工程选用,构件之间可采用铆接、螺栓连接、焊接等方式进行连接。

表 4.1.5 低合金高强度结构钢的力学、工艺性质

下表中「拉伸试验」分为三组：下屈服强度 R_{eL}/MPa（以下公称厚度（直径、边长））、抗拉强度 R_m/MPa（以下公称厚度（直径、边长））、断后伸长率 A/%（公称厚度（直径、边长））。

牌号	质量等级	R_{eL} ≤16mm	>16~40mm	>40~63mm	>63~80mm	>80~100mm	>100~150mm	>150~200mm	>200~250mm	>250~400mm	R_m ≤40mm	>40~63mm	>63~80mm	>80~100mm	>100~150mm	>150~250mm	>250~400mm	A ≤40mm	>40~63mm	>63~100mm	>100~150mm	>150~250mm	>250~400mm
Q345	A	≥345	≥335	≥325	≥315	≥305	≥285	≥275	≥265	≥265	470~630	470~630	470~630	470~630	450~600	450~600	450~600	≥20	≥19	≥19	≥18	≥17	—
	B	≥345	≥335	≥325	≥315	≥305	≥285	≥275	≥265	≥265	470~630	470~630	470~630	470~630	450~600	450~600	450~600	≥20	≥19	≥19	≥18	≥17	—
	C	≥345	≥335	≥325	≥315	≥305	≥285	≥275	≥265	≥265	470~630	470~630	470~630	470~630	450~600	450~600	450~600	≥21	≥20	≥20	≥19	≥18	—
	D	≥345	≥335	≥325	≥315	≥305	≥285	≥275	≥265	≥265	470~630	470~630	470~630	470~630	450~600	450~600	450~600	≥21	≥20	≥20	≥19	≥18	—
	E	≥345	≥335	≥325	≥315	≥305	≥285	≥275	≥265	≥265	470~630	470~630	470~630	470~630	450~600	450~600	450~600	≥21	≥20	≥20	≥19	≥18	≥17
Q390	A	≥390	≥370	≥350	≥330	≥310	≥290	—	—	—	490~650	490~650	490~650	490~650	470~620	—	—	≥20	≥19	≥19	≥18	—	—
	B	≥390	≥370	≥350	≥330	≥310	≥290	—	—	—	490~650	490~650	490~650	490~650	470~620	—	—	≥20	≥19	≥19	≥18	—	—
	C	≥390	≥370	≥350	≥330	≥310	≥290	—	—	—	490~650	490~650	490~650	490~650	470~620	—	—	≥20	≥19	≥19	≥18	—	—
	D	≥390	≥370	≥350	≥330	≥310	≥290	—	—	—	490~650	490~650	490~650	490~650	470~620	—	—	≥20	≥19	≥19	≥18	—	—
	E	≥390	≥370	≥350	≥330	≥310	≥290	—	—	—	490~650	490~650	490~650	490~650	470~620	—	—	≥20	≥19	≥19	≥18	—	—
Q420	A	≥420	≥400	≥380	≥360	≥360	≥340	—	—	—	520~680	520~680	520~680	520~680	500~650	—	—	≥19	≥18	≥18	≥18	—	—
	B	≥420	≥400	≥380	≥360	≥360	≥340	—	—	—	520~680	520~680	520~680	520~680	500~650	—	—	≥19	≥18	≥18	≥18	—	—
	C	≥420	≥400	≥380	≥360	≥360	≥340	—	—	—	520~680	520~680	520~680	520~680	500~650	—	—	≥19	≥18	≥18	≥18	—	—
	D	≥420	≥400	≥380	≥360	≥360	≥340	—	—	—	520~680	520~680	520~680	520~680	500~650	—	—	≥19	≥18	≥18	≥18	—	—
	E	≥420	≥400	≥380	≥360	≥360	≥340	—	—	—	520~680	520~680	520~680	520~680	500~650	—	—	≥19	≥18	≥18	≥18	—	—
Q460	C	≥460	≥440	≥420	≥400	≥400	≥380	—	—	—	550~720	550~720	550~720	550~720	530~700	—	—	≥17	≥16	≥16	≥16	—	—
	D	≥460	≥440	≥420	≥400	≥400	≥380	—	—	—	550~720	550~720	550~720	550~720	530~700	—	—	≥17	≥16	≥16	≥16	—	—
	E	≥460	≥440	≥420	≥400	≥400	≥380	—	—	—	550~720	550~720	550~720	550~720	530~700	—	—	≥17	≥16	≥16	≥16	—	—

续表

牌号	质量等级	拉伸试验																					
		以下公称厚度（直径，边长）下屈服强度（R_{eL}）/MPa									以下公称厚度（直径，边长）抗拉强度（R_a）/MPa							断后伸长率（A）/%					
		≤16 mm	>16 mm ~40 mm	>40 mm ~63 mm	>63 mm ~80 mm	>80 mm ~100 mm	>100 mm ~150 mm	>150 mm ~200 mm	>200 mm ~250 mm	>250 mm ~400 mm	≤40 mm	>40 mm ~63 mm	>63 mm ~80 mm	>80 mm ~100 mm	>100 mm ~150 mm	>150 mm ~250 mm	>250 mm ~400 mm	公称厚度（直径，边长）					
																		≤40 mm	>40 mm ~63 mm	>63 mm ~100 mm	>100 mm ~150 mm	>150 mm ~250 mm	>250 mm ~400 mm
Q500	C	≥500	≥480	≥470	≥450	≥440	—	—	—	—	610 ~ 770	600 ~ 760	590 ~ 750	540 ~ 730	—	—	—	≥17	≥17	≥17	—	—	—
	D																						
	E																						
Q550	C	≥550	≥530	≥520	≥500	≥490	—	—	—	—	670 ~ 830	620 ~ 810	600 ~ 790	590 ~ 780	—	—	—	≥16	≥16	≥16	—	—	—
	D																						
	E																						
Q620	C	≥620	≥600	≥590	≥570	—	—	—	—	—	710 ~ 880	690 ~ 880	670 ~ 860	—	—	—	—	≥15	≥15	≥15	—	—	—
	D																						
	E																						
Q690	C	≥690	≥670	≥660	≥640	—	—	—	—	—	770 ~ 940	750 ~ 920	730 ~ 900	—	—	—	—	≥14	≥14	≥14	—	—	—
	D																						
	E																						

a　当屈服不明显时，可测量 $R_{p0.2}$ 代替下屈服强度。

b　宽度不小于 600 mm 扁平材，拉伸试验取横向试样；宽度小于 600 mm 的扁平材、型材及棒材取纵向试样，断后伸长率最小值相应提高 1%（绝对值）。

c　厚度为 250~400 mm 的数值适用于扁平材。

（1）承受动荷载的钢结构

冷轧型钢主要有角钢、槽钢等开口薄壁型钢及方形、矩形等空心薄壁型钢,主要用于轻型钢结构。

（2）钢板

钢板亦有热轧和冷轧两种形式。热轧钢板有厚板(厚度大于 4 mm)和薄板(厚度小于 4 mm)两种,冷轧钢板只有薄板(厚度为 0.2~4 mm)一种。一般厚板用于焊接结构;薄板可用做屋面及墙体围护结构等,亦可以进一步加工成各种具有特殊用途的钢板使用。

（3）钢管

钢管分为无缝钢管与焊接钢管两大类。焊接钢管采用优质带材焊接而成,表面镀锌或不镀锌。按其焊缝形式分为直纹焊管和螺纹焊管。焊管成本低,易加工,但一般抗压性能较差。无缝钢管多采用热轧—冷拔联合工艺生产,也可采用冷轧方式生产,但成本昂贵。热轧无缝钢管具有良好的力学性能与工艺性能。无缝钢管主要用于压力管道;在特定的钢结构中,往往也设计使用无缝钢管。

1.5.2 混凝土结构用钢材

1. 热轧钢筋

（1）牌号

《钢筋混凝土用热轧光圆钢筋》(GB 1499.1—2008)和《钢筋混凝土用热轧带肋钢筋》(GB 1499.2—2008)规定,热轧钢筋分为 HPB235、HRB335、HRB400、HRB500 等 4 个牌号。牌号中 HPB 代表热轧光圆钢筋,HRB 代表热轧带肋钢筋,牌号中的数字表示热轧钢筋的屈服强度。其中热轧光圆钢筋由碳素结构钢轧制而成,表面光圆;热轧带肋钢筋由低合金钢轧制而成,外表带肋。带肋钢筋的几何形状如图 4.1.7 所示。

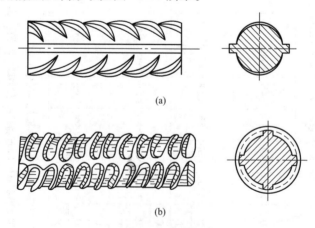

(a)

(b)

图 4.1.7 带肋钢筋

（a）月牙肋钢筋 （b）等高肋钢筋

（2）技术要求

按照《钢筋混凝土用热轧光圆钢筋》（GB 13013—1991）和《钢筋混凝土用热轧带肋钢筋》（GB 1499—1998）规定,对热轧光圆钢筋和热轧带肋钢筋的力学性能和工艺性能的要求如表4.1.6 所示。

表 4.1.6　热轧钢筋的力学性能、工艺性能

牌　号	R_{eL}/MPa	R_m/MPa	A/%	A_{gt}/%
	不小于			
HPB235	235	370	25.0	10.0
HPB300	300	420		
HRB335 HRBF335	335	455	17	7.5
HRB400 HRBF400	400	540	16	
HRB500 HRBF500	500	630	15	

R_{eL}:屈服强度;R_m:抗拉强度;A:断后伸长率;A_{gt}:最大力总伸长率

（3）选用

光圆钢筋的强度较低,但塑性及焊接性好,便于冷加工,广泛用做普通钢筋混凝土;HRB335、HRB400 带肋钢筋的强度较高,塑性及焊接性也较好,广泛用做大、中型钢筋混凝土结构的受力钢筋;HRB500 带肋钢筋强度高,但塑性与焊接性较差,适合做预应力钢筋。

2. 冷拉热轧钢筋

为了提高强度以节约钢筋,工程中常按施工规程对热轧钢筋进行冷拉。冷拉后钢筋的力学性能符合《混凝土结构工程施工质量验收规范》（GB 50204—2011）的规定,如表4.1.7 所示。

表 4.1.7　冷拉热轧钢筋的性能

钢筋级别	直径/mm	σ_s/MPa	σ_b/MPa	δ/%	冷　弯	
		≥			弯曲角	d = 弯心直径 a = 钢筋直径
冷拉Ⅰ级	≤12	280	370	11	180°	$d = 3a$
冷拉Ⅱ级	≤25	450	510	10	90°	$d = 3a$
	28～40	430	490	10		$d = 4a$
冷拉Ⅲ级	8～40	500	570	8	90°	$d = 5a$
冷拉Ⅳ级	10～28	700	835	6	90°	$d = 5a$

注:钢筋直径 >25 mm 的冷拉Ⅲ、Ⅳ级钢筋,冷弯弯心直径应增加 1a。

冷拉Ⅰ级钢筋适合做非预应力受拉钢筋,冷拉Ⅱ、Ⅲ、Ⅳ级钢筋强度较高,可用做预应力混凝土结构的预应力筋。由于冷拉钢筋的塑性、韧性较差,易发生脆断,因此冷拉钢筋不宜用于受负温度、冲击或重复荷载作用的结构。

3. 冷轧带肋钢筋

冷轧带肋钢筋是用低碳钢热轧圆盘条经冷轧或冷拔后,在其表面冷轧成三面有肋的钢筋。《冷轧带肋钢筋》(GB 13788—2008)规定,冷轧带肋钢筋的牌号由 CRB 和钢筋的抗拉强度构成,分为 CRB550、CRB650、CRB800、CRB970 等 4 个牌号,其中 CRB550 为普通钢筋混凝土用钢筋,其他牌号为预应力钢筋混凝土用钢筋。冷轧带肋钢筋的力学、工艺性质如表 4.1.8 所示。

表 4.1.8　冷轧带肋钢筋的性质

牌号	$R_{p0.2}$/MPa ≥	R_m/MPa ≥	伸长率/% ≥		弯曲试验 180°	反复弯曲 次数	应力松弛 初始应力应相当于 公称抗拉强度的70% 1 000 h 松弛率/% ≤
			$A_{11.2}$	A_{100}			
CRB550	500	550	8.0	—	$D=3d$	—	—
CRB650	585	650	—	4.0	—	3	8
CRB800	720	800	—	4.0	—	3	8
CRB970	875	970	—	4.0	—	3	8

注:表中 D 为弯心直径,d 为钢筋公称直径。

冷轧带肋钢筋提高了钢筋的握裹力,可广泛用于中、小预应力混凝土结构构件和普通钢筋混凝土结构构件,也可用于焊接钢筋网。

4. 冷轧扭钢筋

冷轧扭钢筋是由低碳钢热轧圆盘条经专用钢筋冷轧扭机调直、冷轧并冷扭一次成型,具有规定截面形状和节距的连续螺旋状钢筋。按截面形状不同,分为Ⅰ型(矩形截面)和Ⅱ型(菱形截面)两种类型,代号为 LZN。

冷轧扭钢筋适用于钢筋混凝土构件,其力学和工艺性质应符合《冷轧扭钢筋》(JG 190—2006)的规定,如表 4.1.9 所示。

表 4.1.9　冷轧扭钢筋的性能

抗拉强度 σ_b/ (N/mm²)	伸长率 δ_{10}/%	冷弯 180° (弯心直径 $D=3d$)
≥580	≥4.5	受弯曲部位表面不得产生裂纹

冷轧扭钢筋与混凝土的握裹力与其螺距大小有直接关系。螺距越小,握裹力越大,但加工难度也越大,因此应选择适宜的螺距。冷轧扭钢筋在拉伸时无明显屈服台阶,为安全起见,其抗拉设计强度采用 0.8 σ_b。

5. 预应力混凝土用钢棒

预应力混凝土用钢棒是低合金钢热轧圆盘条经冷加工后(或不经冷加工)淬火和回火所

得,代号为 PCB,成品钢棒不得存在电接头,在生产时为了连续作业而焊接的电接头应切除掉。按钢棒表面形状分为光圆钢棒、螺旋槽钢棒、螺旋肋钢棒、带肋钢棒四种。根据《预应力混凝土用钢棒》(GB/T 5223.3—2005)的规定,钢棒的公称直径、横截面积、重量及性能要求如表4.1.10 所示。

表 4.1.10　钢棒的公称直径、横截面积、重量及性能

表面形状类型	公称直径 D_n/mm	公称横截面积 S_n/mm²	横截面积 S/mm²		每米参考重量/(g/m)	抗拉强度 R_m 不小于/MPa	规定非比例延伸强度 $R_{p0.2}$ 不小于/MPa	弯曲性能	
			最小	最大				性能要求	弯曲半径/mm
光圆	6	28.3	26.8	29.0	222	对所有规格钢棒 1 080 1 230 1 420 1 570	对所有规格钢棒 930 1 080 1 280 1 420	反复弯曲不小于4 次/180°	15
	7	38.5	36.3	39.5	302				20
	8	50.3	47.5	51.5	394				20
	10	78.5	74.1	80.4	616				25
	11	95.0	96.1	97.4	746			弯曲160°~180°后弯曲处无裂纹	弯芯直径为钢棒公称直径的10 倍
	12	113	106.8	115.8	887				
	13	133	130.3	136.3	1 044				
	14	154	145.6	157.8	1 209				
	16	201	190.2	206.0	1 578				
螺旋槽	7.1	40	39.0	41.7	314			—	
	9	64	62.4	66.5	502				
	10.7	90	87.5	93.6	707				
	12.6	125	121.5	129.9	981				
螺旋肋	6	28.3	26.8	29.0	222			反复弯曲不小于4 次/180°	15
	7	38.5	36.3	39.5	302				20
	8	50.3	47.5	51.5	394				20
	10	78.5	74.1	80.4	616				25
	12	113	106.8	115.8	888			弯曲160°~180°后弯曲处无裂纹	弯芯直径为钢棒公称直径的10 倍
	14	154	145.6	157.8	1 209				
带肋	6	28.3	26.8	29.0	222			—	
	8	50.3	47.5	51.5	394				
	10	78.5	74.1	80.4	616				
	12	113	106.8	115.8	887				
	14	154	145.6	157.8	1 209				
	16	201	190.2	206.0	1 578				

　　预应力混凝土用钢棒可以盘卷或直条供应,内圈盘径应不小于 2 000 mm,直条长度及允许偏差按供需双方协议要求,每盘钢棒由一根组成,盘重一般应不小于 500 kg,每批允许有 10% 的盘数小于 500 kg,但不小于 200 kg。

　　6. 预应力混凝土用钢丝和钢绞线

　　预应力混凝土用钢丝按加工状态分为冷拉钢丝(代号为 WCD)和消除应力钢丝两类。消除应力钢丝按松弛性能又分为低松弛级钢丝(代号为 WLR)和普通松弛级钢丝(代号为 WNR)。钢丝按外形分为光圆钢丝(代号为 P)、螺旋肋钢丝(代号为 H)、刻痕钢丝(代号为 I)三种。

　　《预应力混凝土用钢丝》(GB/T 5223—2002)规定,钢丝的力学性能要求如表 4.1.11、表 4.1.12 和表 4.1.13 所示。

　　预应力钢绞线按捻制结构分为 5 类:用两根钢丝捻制的钢绞线(代号为 1×2)、用三根钢丝捻制的钢绞线(代号为 1×3)、用三根刻痕钢丝捻制的钢绞线(代号为 1×3 I)、用七根钢丝捻制的标准型钢绞线(代号为 1×7)、用七根钢丝捻制又经模拔的钢绞线(代号为(1×7)C)。

表 4.1.11　冷拉钢丝的力学性能

公称直径 d_n/mm	抗拉强度 σ_b/MPa ≥	规格非比例伸长应力 $\sigma_{p0.2}$/MPa ≥	最大力下总伸长率 ($L_0 = 200$ mm) δ_{gt}/% ≥	弯曲次数/ (次/180°) ≥	弯曲半径 R/mm ≥	断面收缩率 ψ/% ≥	每 210 mm 扭距的扭转次数 n ≥	初始应力相当于 70% 公称抗拉强度时,1 000 h 后应力松弛率 r/% ≤
3.00	1 470	1 100		4	7.5	—	—	
4.00	1 570	1 180		4	10	35	8	
	1 670	1 250						
5.00	1 770	1 330	1.5	4	15		8	8
6.00	1 470	1 100		5	15		7	
7.00	1 570	1 180		5	20	30	6	
	1 670	1 250						
8.00	1 770	1 330		5	20		5	

表 4.1.12　消除应力光圆及螺旋肋钢丝的力学性能

公称直径 d_n/mm	抗拉强度 σ_b/MPa ≥	规定非比例伸长应力 $\sigma_{p0.2}$/MPa ≥		最大力下总伸长率（$L_0=200$ mm）δ_{gt}/% ≥	弯曲次数/（次/180°）≥	弯曲半径 R/mm	初始应力相当于公称抗拉强度的百分数/%	1 000 h 后应力松弛率 r/% ≤	
		WLR	WNR					WLR	WNR
							对所有规格		
4.00	1 470	1 290	1 250		3	10			
	1 570	1 380	1 330						
4.80	1 670	1 470	1 410		4	15	60	1.0	4.5
	1 770	1 560	1 500						
5.00	1 860	1 640	1 580						
6.00	1 470	1 290	1 250		4	15			
6.25	1 570	1 380	1 330	3.5	4	20	70	2.0	8
	1 670	1 470	1 410		4	20			
7.00	1 770	1 560	1 500		4	20			
8.00	1 470	1 290	1 250		4	20			
9.00	1 570	1 380	1 330		4	25	80	4.5	12
10.00					4	25			
12.00	1 470	1 290	1 250		4	30			

表 4.1.13　消除应力刻痕钢丝的力学性能

公称直径 d_n/mm	抗拉强度 σ_b/MPa ≥	规定非比例伸长应力 $\sigma_{p0.2}$/MPa ≥		最大力下总伸长率 $L_0=200$ mm δ_{gt}/% ≥	弯曲次数/次/180° ≥	弯曲半径 R/mm	初始应力相当于公称抗拉强度的百分数/（%）	1 000 h 后应力松弛率 r/（%）≤	
		WLR	WNR					WLR	WNR
							对所有规格		
≤5.0	1 470	1 290	1 250						
	1 570	1 380	1 330						
	1 670	1 470	1 410			15	60	1.5	4.5
	1 770	1 560	1 500	3.5	3				
	1 860	1 640	1 580				70	2.5	8
>5.0	1 470	1 290	1 250				80	4.5	12
	1 570	1 380	1 330			20			
	1 670	1 470	1 410						
	1 770	1 560	1 500						

按《预应力混凝土用钢绞线》(GB/T 5224—2003)规定,预应力钢绞线的力学性能要求如表 4.1.14、表 4.1.15、表 4.1.16 所示。

预应力钢丝和钢绞线主要用于大跨度、大负荷的桥梁、电杆、轨枕、屋架、大跨度吊车梁等,安全可靠,节约钢材,且不需冷拉、焊接接头等加工,因此在土木工程中得到广泛应用。

表 4.1.14　1×2 结构钢绞线力学性能

钢绞线结构	钢绞线公称直径 D_n/mm	抗拉强度 R_m/MPa ≥	整根铜绞线的最大力 F_m/kN ≥	规定非比例延伸力 $F_{p0.2}$/kN ≥	最大力总伸长率 ($L_0 \geq 400$ mm) A_{gt}/%	应力松弛性能	
						初始负荷相当于公称最大力的百分数/%	1 000 h 后应力松弛率 r/% ≤
1×2	5.00	1 570	15.4	13.9	对所有规格	对所有规格	对所有规格
		1 720	16.9	15.2			
		1 800	18.2	16.5			
		1 960	19.2	17.3			
	5.80	1 570	20.7	18.6		60	1.0
		1 720	22.7	20.4			
		1 860	24.5	22.1			
		1 960	25.9	23.3	3.5	70	2.5
	8.00	1 470	36.9	33.2			
		1 570	39.4	35.5			
		1 720	43.2	38.9		80	4.5
		1 860	46.7	42.0			
		1 960	49.2	44.3			
	10.00	1 470	57.8	52.0			
		1 570	61.7	55.5			
		1 720	67.6	60.8			
		1 850	73.1	65.8			
		1 960	77.0	69.8			
	12.00	1 470	83.1	74.8			
		1 570	88.7	79.8			
		1 720	97.2	87.5			
		1 860	105	94.5			

注:规定非比例延伸力 $F_{p0.2}$ 值不小于整根钢绞线公称最大力 F_m 的 90%。

表 4.1.15 1×3 结构钢绞线力学性能

钢绞线结构	钢绞线公称直径 D_n/mm	抗拉强度 R_m/MPa ≥	整根钢绞线的最大力 F_m/kN ≥	规定非比例延伸力 $F_{p0.2}$/kN ≥	最大力总伸长率 ($L_0 \geq 400$ mm) A_{gt}/%	应力松弛性能 初始负荷相当于公称最大力的百分数/%	应力松弛性能 1 000 h 后应力松弛率 r/% ≤
1×3	6.20	1 570	31.1	28.0	对所有规格	对所有规格	对所有规格
		1 720	34.1	30.7			
		1 860	36.8	33.1			
		1 960	35.8	34.9			
	6.50	1 570	33.3	30.0		60	1.0
		1 720	36.5	32.9			
		1 860	39.4	35.5			
		1 960	41.5	37.4			
	8.50	1 470	55.4	49.9	3.5	70	2.5
		1 570	59.2	53.3			
		1 720	64.8	58.3			
		1 860	70.1	63.1			
		1 960	73.9	66.5			
	8.74	1 570	60.6	54.5			
		1 670	64.5	58.1			
		1 860	71.8	64.6			
	10.80	1 470	86.6	77.9		80	4.5
		1 570	92.6	83.3			
		1 720	101	90.9			
		1 850	110	99.0			
		1 960	115	104			
	12.90	1 470	125	113			
		1 570	133	120			
		1 720	146	131			
		1 860	158	142			
		1 960	168	149			
1×3 I	8.74	1 570	60.6	54.5			
		1 670	64.5	58.1			
		1 860	71.8	64.6			

注:规定非比例延伸力 $F_{p0.2}$ 值不小于整根钢绞线公称最大力 F_m 的 90%。

表 4.1.16 1×7 结构钢绞线力学性能

钢绞线结构	钢绞线公称直径 D_n/mm	抗拉强度 R_m/MPa ≥	整根铜绞线的最大力 F_m/kN ≥	规定非比例延伸力 $F_{p0.2}$/kN ≥	最大力总伸长率 ($L_0 \geq 400$ mm) A_{gt}/% ≥	应力松弛性能 初始负荷相当于公称最大力的百分数/%	应力松弛性能 1 000 h 后应力松弛率 r/% ≤
1×7	9.50	1 720	94.3	84.9	对所有规格	对所有规格	对所有规格
		1 860	102	91.8			
		1 960	107	96.3			
	11.10	1 720	128	115			
		1 860	138	124		60	1.0
		1 960	145	131			
	12.70	1 720	170	153			
		1 860	184	166			
		1 960	193	174			
	15.20	1 470	206	185			
		1 570	220	198	3.5		
		1 670	234	211		70	2.5
		1 720	241	217			
		1 860	260	234			
		1 960	274	247			
	15.70	1 770	266	239			
		1 860	279	251			
	17.80	1 720	327	294		80	4.5
		1 860	353	318			
(1×7) C	12.70	1 860	208	187			
	15.20	1 820	300	270			
	18.00	1 720	384	345			

注:规定非比例延伸力 $F_{p0.2}$ 值不小于整根钢绞线公称最大力 F_m 的 90%。

1.6 钢材的锈蚀与防止

1.6.1 钢材的锈蚀

钢材表面与存在环境接触,在一定条件下,可以相互作用使钢材表面产生腐蚀。钢材表面与周围介质发生化学反应而遭到的破坏,称为钢材的锈蚀。根据钢材与周围介质的不同作用,可将锈蚀分为化学锈蚀和电化学锈蚀两种。

1. 化学锈蚀

化学锈蚀是指钢材直接与周围介质发生化学反应而产生的锈蚀,多数是氧化作用,在钢材表面形成疏松的氧化物。在干燥环境中反应缓慢,但在温度和湿度较高的环境条件下,锈蚀发展迅速。

2. 电化学锈蚀

钢材的表面锈蚀主要因电化学作用引起,由于钢材本身组成上的原因和杂质的存在,在表面介质的作用下,各成分电极电位不同,形成微电池,铁元素失去了电子成为 Fe^{2+} 进入介质溶液,与溶液中的 OH^- 结合生成 $Fe(OH)_2$,使钢材遭到锈蚀。锈蚀的结果是在钢材表面形成疏松的氧化物,使钢结构断面减小,降低钢材的性能,因而承载力降低。

1.6.2　钢材锈蚀的防止

1.保护层法

利用保护层使钢材与周围介质隔离,从而防止锈蚀。钢结构防止锈蚀的方法通常是表面刷防锈漆;薄壁钢材可在热浸镀锌后加涂塑料涂层。对于一些行业(如电气、冶金、石油、化工、医药等)的高温设备钢结构,可采用硅氧化合结构的耐高温防腐涂料。

2.电化学保护法

对于一些不易或不能覆盖保护层的地方(如轮船外壳、地下管道、道桥建筑等),可采用电化学保护法,即在钢铁结构上接一块较钢铁更为活泼的金属(如锌、镁)作为牺牲阳极来保护钢结构。

3.制成合金钢

在钢中加入合金元素铬、镍、钛、铜,制成不锈钢,提高其耐蚀能力。

另外,埋于混凝土中的钢筋经常有一层碱性保护膜(新浇混凝土的 pH 约为 12.5 或更高),故在碱性介质中不致锈蚀。但是一些外加剂中含有的氯离子会破坏保护膜,促进钢材的锈蚀。因此,混凝土的防锈措施应考虑限制水胶比和水泥用量,限制氯盐外加剂的使用,采取措施保证混凝土的密实性,还可以采用参加防锈剂(如重铬酸盐等)的方法。

分组讨论:1. 化学成分对钢材的性能有何影响?
　　　　　2. 碳素结构钢、低合金结构钢的牌号是如何表示的?
　　　　　3. 建筑钢材的锈蚀原因有哪些? 如何防锈?

任务2　钢材的性能测试和评定

2.1　一般规定

①同一截面尺寸和同一炉罐号组成的钢筋分批验收时,每批质量不大于 60 t。
②钢筋应有出厂证明书或试验报告单。验收时应抽样作机械性能试验,包括拉力试验和冷弯试验两个项目。两个项目中如有一个项目不合格,则该批钢筋即不合格品。

③钢筋在使用中如有脆断、焊接性能不良或机械性能显著不正常时,还应进行化学成分分析或其他专项试验。

④取样方法和结果评定规定,每批钢筋任意抽取两根,于每根距端部50 mm处各取一套试样(两根试件),在每套试样中取两根做拉力试验,另一根做冷弯试验。在拉力试验的两根试件中,如其中一根试件的屈服强度、抗拉强度和伸长率三个指标中有一个指标达不到标准中规定的数值,应再抽取双倍(四根)钢筋,制取双倍(四根)试件重做试验,如仍有一根试件的一个指标达不到标准要求,则不论这个指标在第一次试件中是否达到标准要求,拉力试验项目也作为不合格。在冷弯试验中,如有一根试件不符合标准要求,应同样抽取双倍钢筋,制成双倍试件重做试验,如仍有一根试件不符合标准要求,冷弯试验项目即不合格。

⑤试验应在(20 ± 10)℃下进行,如试验温度超出这一范围,应于试验记录和报告中注明。

2.2　拉伸试验

1. 试验目的

测定低碳钢的屈服强度、抗拉强度与延伸长率。注意观察拉力与变形之间的变化。确定应力与应变之间的关系曲线,评定钢筋的强度等级。

2. 主要仪器设备

①万能材料试验机:为保证机器安全和试验准确,其吨位选择最好是使试件达到最大荷载时,指针位于第三象限内(即180°~270°)。试验机的测力示值误差不大于1%。

②游标卡尺:精确度为0.1 mm。

3. 试件制作和准备

抗拉试验用钢筋试件不得进行车削加工,可以用两个或一系列等分小冲点或细画线标出原始标距(标记不应影响试样断裂),测量标距长度L_0(精确至0.1 mm),如图4.2.1所示。计算钢筋强度所用横截面积采用表4.2.1所列公称横截面积。

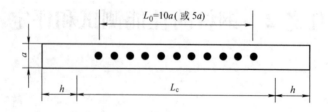

图4.2.1　钢筋拉伸试件

a—试件原始直径;L_0—标距长度;h—夹头长度;L_c—试样平行长度

表 4.2.1　钢筋的公称横截面积

公称直径/mm	公称横截面积/mm²	公称直径/mm	公称横截面积/mm²
8	50.27	22	380.1
10	78.54	25	490.9
12	113.1	28	615.8
14	153.9	32	804.2
16	201.1	36	1 018
18	254.5	40	1 257
20	314.2	50	1 964

4.屈服强度和抗拉强度的测定

①调整试验机测力度盘的指针,使对准零点,并拨动副指针,使其与主指针重叠。

②将试件固定在试验机夹头内。开动试验机进行拉伸,拉伸速度为:屈服前,应力增加速率按表 4.2.2 规定,并保持试验机控制器固定于这一速率位置上,直至该性能测出为止;屈服后或只需测定抗拉强度时,试验机活动夹头在荷载下的移动速度不大于 $0.5\,L_0/\mathrm{min}$。

表 4.2.2　屈服前的加荷速率

金属材料的弹性模量/MPa	应力速率/(N/(mm²·s))	
	最小	最大
<150 000	1	10
≥150 000	3	30

③拉伸中,测力度盘的指针停止转动时的恒定荷载,或第一次回转时的最小荷载,即所求的屈服点荷载。按下式计算试件的屈服点:

$$\sigma_s = F_s/A$$

式中　σ_s——屈服点,MPa;

　　F_s——屈服点荷载,N;

　　A——试件的公称横截面积,mm²。

当 $\sigma_s > 1\,000$ MPa 时,应计算至 10 MPa;σ_s 为 200~1 000 MPa 时,计算至 5 MPa;$\sigma_s \leqslant 200$ MPa时,计算至 1 MPa。小数点数字按"四舍六入五单双法"处理。

④向试件连续施荷直至拉断,由测力度盘读出最大荷载 F_b。按下式计算试件的抗拉强度:

$$\sigma_b = F_b/A$$

式中　σ_b——抗拉强度,MPa;

　　F_b——最大荷载,N;

　　A——试件的公称横截面积,mm²。

σ_b 计算精度的要求同 σ_s。

5.伸长率测定

①将已拉断试件的两段在断裂处对齐,尽量使其轴线位于一条直线上。如拉断处由于各种原因形成缝隙,则此缝隙应计入试件拉断后的标距部分长度内。

②如拉断处到邻近的标距点的距离大于 $L_0/3$ 时,可用卡尺直接量出已被拉长的标距长度 L_1。

③如拉断处到邻近的标距端点的距离小于或等于 $L_0/3$,可按下述移位法确定 L_1:

在长段上,从拉断处 O 点取基本等于短段格数,得 B 点;接着取等于长段所余格数(偶数如图4.2.2(a))之半,得 C 点;或者取所余格数(奇数如图4.2.2(b))减1与加1之半,得 C 与 C_1 点。移位后的 L_1 分别为 $AO + OB + 2BC$ 或 $AO + OB + BC + BC_1$。

如果直接量测所求得的伸长率能达到技术条件的规定值,则可不采用移位法。

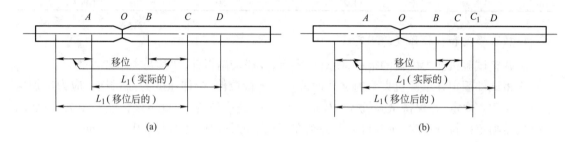

图 4.2.2　用位移法计算标距

(a)偶数　(b)奇数

④伸长率按下式计算(精确至1%)。

$$\sigma_{10}(\text{或}\ \sigma_5) = (L_1 - L_0)/L_0 \times 100\%$$

式中　σ_{10}、σ_5——$L_0 = 10a$ 或 $L_0 = 5a$ 时的伸长率;

　　　L_0——原标距长度 $10a(5a)$,mm;

　　　L_1——试件拉断后直接量出或按移位法确定的标距部分长度,mm,测量精确至0.1 mm。

⑤如试件在标距端点上或标距处断裂,则试验结果无效,应重做试验。

2.3　冷弯试验

1. 试验目的

检定钢筋承受规定弯曲程度的弯曲变形性能,并显示其缺陷。

2. 主要仪器设备

压力机或万能试验机、具有不同直径的弯心。

3. 试验步骤

①钢筋冷弯试件不得进行车削加工,试样长度通常按下式确定:

$$L \approx a + 150\ \text{mm}$$

式中　L——试样长度,mm;

　　　a——试件原始直径,mm。

②半导向弯曲　试样一端固定,绕弯心直径进行弯曲,如图4.2.3(a)所示。试样弯曲到规定的弯曲角度或出现裂纹、裂缝或断裂为止。

③导向弯曲。

a. 试样旋转于两个支点上,将一定直径的弯心在试样两个支点中间施加压力,使试样弯曲到规定的角度(图4.2.3(b))或出现裂纹、裂缝、断裂为止。

b. 试样在两个支点上按一定弯心直径弯曲至两臂平行时,可一次完成试验,亦可先弯曲到图4.2.3(b)所示的状态,然后放置在试验机平板之间继续施加压力,压至试样两臂平行。此时可以加与弯心直径相同尺寸的衬垫进行试验(图4.2.3(c))。

当试样需要弯曲至两臂接触时,首先将试样弯曲到图4.2.3(b)所示的状态,然后放置在两平板间继续施加压力,直至两臂接触(图4.2.3(d))。

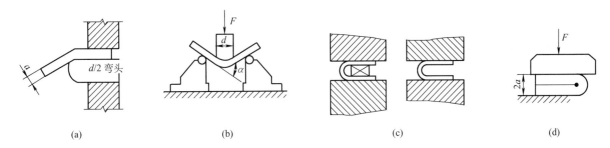

图4.2.3　弯曲试验示意图

(a)半导向弯曲　(b)两支点导向弯曲　(c)试验平板导向弯曲　(d)两臂接触导向弯曲

c. 试验应在平稳压力作用下,缓慢施加试验压力。两支辊间距离为$(d + 2.5a) \pm 0.52$,并且在试验过程中不允许有变化。

d. 试验应在$10 \sim 35 \ ℃$或控制条件下$(23 \pm 5)℃$进行。

4. 结果评定

弯曲后,按有关标准规定检查试样弯曲外表面,进行结果评定。若无裂纹、裂缝或裂断,则评定试样合格。

分组讨论:(1)在测定伸长率时,如断点非常靠近夹持点(即不在中间部位断裂),对实验结果有何影响?

(2)钢材实验中,对温度有严格要求,如果试验温度偏高对屈服点、抗拉强度、伸长率和冷弯结果各有何影响?

本章学习情境小结

本学习情境是本课程的重点章节,以建筑钢材为学习重点。建筑钢材的种类众多,技术性质分为力学性质、工艺性质、化学性质,化学成分对建筑钢材性能的影响较大,要求能够熟练地掌握常用建筑钢材的技术标准,合理地选用建筑钢材。由于金属材料的特殊性,对于建筑钢材锈蚀的防治是一项重要内容,要求熟练掌握防止钢材锈蚀的主要措施。对于建筑钢材的质量抽检,要求熟练掌握拉伸试验与冷弯试验,并且能够正确的进行结果评定。

教学评估表

学习情境名称：_____ 班级：_____ 姓名：_____ 日期：_____

1. 本表主要用于对课程授课情况的调查,可以自愿选择署名或匿名方式填写问卷。
   根据自己的情况在相应的栏目打"✓"。

评估项目 / 评估等级	非常赞成	赞成	不赞成	非常不赞成	无可奉告
(1)我对本学习情境学习很感兴趣					
(2)教师教学设计好,有准备并阐述清楚					
(3)教师因材施教,运用了各种教学方法来帮助我的学习,能认真指导课内实训					
(4)学习内容、课内实训内容能提升我对建筑工程材料的检测和选择技能					
(5)有实物、图片、音像等材料,能帮助我更好理解学习内容					
(6)对于教学内容教师知识丰富、能结合材料取样和抽检进行讲解					
(7)教师善于活跃课堂气氛,设计各种学习活动,利于学习					
(8)教师批阅、讲评作业认真、仔细,有利于我的学习					
(9)我理解并能应用所学知识和技能					
(10)授课方式适合我的学习风格					
(11)我喜欢这门课中的各种学习活动					
(12)学习活动有利于我学习该课程					
(13)我有机会参与学习活动					
(14)每个活动结束都有归纳与总结					
(15)教材编排版式新颖,有利于我学习					
(16)教材使用的文字、语言通俗易懂,有对专业词汇的解释、提示和注意事项,利于我自学					
(17)教材为我完成学习任务提供了足够信息和可以查找资料的渠道					
(18)教材通过讲练结合使我技能增强了					
(19)教学内容难易程度合适,紧密结合施工现场,符合我的需求					
(20)我对完成今后的典型工作任务,所具有的能力更有信心					

2. 您认为教学活动使用的视听教学设备和实训设备：

合适 ☐　　　　太多 ☐　　　　太少 ☐

3. 教师安排边学、边做、边互动的比例：

讲太多 ☐　　　练习太多 ☐　　　活动太多 ☐　　　恰到好处 ☐

4. 教学进度：

太快 ☐　　　　正合适 ☐　　　　太慢 ☐

5. 活动安排的时间长短：

太长 ☐　　　　正合适 ☐　　　　太短 ☐

6. 我最喜欢本学习情境的教学活动是：

7. 我最不喜欢本学习情境的教学活动是：

8. 本学习情境我最需要的帮助是：

9. 我对本学习情境改进教学活动的建议是：

学习情境 5　装饰材料的检测、评定与选择

【学习目标】

知识目标	能力目标	权重
能正确表述木材的基本构造、物理力学性能,知道在工程中常用的木材制品	能根据工程的需要合理选择木材及其制品,能对木材制进行必要的处理	0.12
能正确表述吸声、绝热材料的工作原理,知道工程中常用的吸声隔热材料	能根据工程的需要合理选择吸声隔热材料	0.10
能正确表述建筑塑料和胶黏剂的基本组成和特性	能区别各种胶黏剂的优缺点,能根据胶黏剂、建筑塑料的组成选择适用的品种	0.12
能正确表述墙面涂料的构成及分类,会根据规范对涂料进行命名	能根据工程特点及施工条件选择适用的外墙和内墙涂料	0.16
能正确表述各类装饰板材的基本材料组成和技术性质	能根据装饰板材的特点、工程的需要合理选用装饰板材	0.16
能正确表述玻璃的基本性质及加工方法	能根据工程特点选择常用的玻璃制品	0.16
能正确表述装饰面砖的种类,及各种类面砖的技术性质	能根据工程需要合理选择使用装饰面砖	0.18
合　计		1.00

【教学准备】

　　准备木材、塑料、内外墙涂料、玻璃等物品,各种装饰材料实物或图片,检测仪器,任务单、建材陈列室等。

【教学建议】

　　在一体化教室或多媒体教室,采用教师示范、学生测试、分组讨论、集中讲授、完成任务单等方法教学。

【建议学时】

　　12(8)学时。

[案例 1]

2008 年 7 月 26 日,重庆渝北某小区 3 栋 14 楼的住户家中落地窗"嘣"的一声炸裂,抛洒出去的碎玻璃将停放在楼下的 4 辆小车砸坏,其中一辆本田轿车的车身玻璃几乎全碎。2009 年 5 月 5 日凌晨,该小区 2 栋 13 楼住户的落地玻璃窗再次发生爆裂,所幸无人受伤。该小区在不到 3 年时间内已有 11 家住户的落地玻璃窗发生炸裂,另外还有 3 家商业门面的玻璃出现炸裂。

[案例 2]

2009 年 2 月 1 日 0 时许,位于福州市长乐市的某酒吧发生火灾,造成 15 人死亡,20 人受伤(其中 2 人重伤),死伤人员均为酒吧内人员。长乐市公安消防大队接到报警后,立即调派 5 辆消防车、25 名官兵 8 分钟内赶到事发现场全力扑救,从现场抢救出 20 余名被困人员,并及时控制火势蔓延,于次日 0 时 20 分将火扑灭。经初步了解,起火原因为在该酒吧内举行生日聚会的人员缺乏起码的消防安全意识,在桌子上燃放烟花,引燃上方悬挂物和顶棚的聚氨酯装饰材料所致。

任务 1　对木材进行评定与选用

木材是建筑装饰材料重要的组成部分,也是人类运用最早的建筑装饰材料之一。长期以来,由于木材本身所具有的独特优点,如轻质、高强、易加工、绝缘性好、导热性低、有良好的弹性和塑性、承受冲击和振动荷载、在干燥环境或长期置于水中均有较好的耐久性、纹理独特、装饰效果好。木材作为最受人们钟爱的装饰材料之一,在装饰材料行业中历久弥新。

1.1　木材的构造

1.1.1　木材的分类

木材是由树木加工而成的。树木分为针叶树和阔叶树两大类。

1. 针叶树

针叶树树叶细长呈针状,多为常绿树。树干高而直,纹理顺直,材质均匀且较软,易于加工,又称"软木材"。其表观密度和胀缩变形小,耐腐蚀性好,强度高。建筑中多用于承重构件、门窗、地面和装饰工程,常用的有松树、杉树、柏树等。

2. 阔叶树

阔叶树树叶宽大,叶脉呈网状,多为落叶树。树干通直部分较短,材质较硬,又称"硬(杂)木"。表观密度大,易翘曲开裂。加工后木纹和颜色美观,适合制作家具、室内装饰和胶合板等,常用的树种有榆树、水曲柳、柞木等。

1.1.2　木材的构造

木材的构造分为宏观构造和微观构造两种。木材的构造决定木材性质。树种的不同和树木生长环境的差异使木材构造差别很大。

1.宏观构造

宏观构造是指用肉眼或放大镜就能观察到的木材组织,可从树干的三个不同切面进行观察(如图5.1.1):横切面(垂直于树轴的切面)、径切面(通过树轴的纵切面)、弦切面(和树轴平行、与年轮相切的纵切面)。

从图上可以看出,树木由树皮、木质部和髓心等部分组成。树皮是树木的外表组织,在工程中一般没有使用价值,只有黄菠萝和栓皮栎两种树的树皮是生产高级保温材料——软木的原料。髓心是树木最早生长的部分,材质松软,易腐朽,强度低。树皮和髓心之间的部分是木质部,它是木材的主要使用部分。靠近髓心部分颜色较深,称做心材。靠近外围部分颜色较浅,称做边材,边材含水高于心材,容易翘曲。

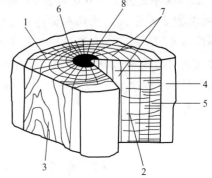

图5.1.1　木材的宏观构造
1—横切面;2—径切面;3—弦切面;4—树皮
5—木质部;6—年轮;7—木射线;8—髓心

从横截面上看到的深浅相间的同心圆,称为年轮。年轮内侧浅色部分是春天生长的木质,材质较松软,称为春材(早材)。年轮外侧颜色较深部分是夏秋两季生长的木质,材质较密实,称为夏材(晚材)。树木的年轮越密实越均匀,材质越好。夏材部分愈多,木材强度愈好。

从髓心成反射状穿过年轮组织,称为髓线。髓线与周围组织联结软弱,木材干燥时易沿髓线开裂。年轮和髓线构成木材表面花纹。

2.微观构造

显微镜下所看到的木材细胞组织,称为木材的微观构造。用显微镜可以观察到,木材是由无数管状细胞紧密结合而成的,它们大部分纵向排列,而髓线是横向排列。每个细胞都由细胞壁和细胞腔组成,细胞壁由细纤维组成,其纵向联结较横向牢固。细胞壁越厚,细胞腔越小,木材越密实,其表观密度越大,强度也越高,胀缩变形也越大。木材的纵向强度高于横向强度。

针叶树和阔叶树的微观构造有较大的差别,针叶树材的微观构造简单而规则,主要由管胞、髓线和树脂道组成,其髓线较细而不明显。阔叶树材的微观构造较复杂,主要由木纤维、导管和髓线组成。它的最大特点是髓线发达,粗大而明显,这是区别于针叶树材的显著差别。

1.2　木材的物理性质和力学性质

木材因树种不同、聚材位置不同而造成材质不匀,致使各项性能相差悬殊。在同一木材中,不同方向的抗拉、抗压、抗剪强度也各不相同,因此木材是一种典型的非连续介质且各向异性的材料。

1.2.1　木材的物理性质

1. 表观密度

木材单位体积质量,称为木材的表观密度(单位为 g/cm³)。一般在含水率相同的情况下,木材的表观密度大者,强度亦大。以含水率(W)为 12% 时的表观密度为标准表观密度。当 W 为 9% ~ 15% 时,标准表观密度可按下式求得:

$$\gamma_{12} = \gamma_w[1 - 0.01(1 - K_0)(W - 12)] \tag{5.1.1}$$

式中:γ_{12}——标准含水率时木材表观密度,g/cm³;

$\quad\quad\gamma_w$——含水率为 W 时试件表观密度,g/cm³;

$\quad\quad W$——木材试件含水率,%;

$\quad\quad K_0$——试样的体积干缩系数(系木材在纤维饱和点以下,含水率每减少 1% 的体积收缩百分数;根据树种的不同,其值为 0.5 ~ 0.6),%。

2. 木材的含水率

木材的含水率是指木材中所含水分的质量占木材干燥质量的百分数。

木材中的水分主要有三种,即自由水、吸附水和结合水。自由水是存在于木材细胞腔和细胞间隙中的水分。吸附水是被吸附在细胞壁内细纤维之间的水分。自由水的变化只影响木材的表观密度,而吸附水的变化影响木材强度和胀缩变形。结合水是形成细胞的化合水,常温下对木材性质无影响。

当木材中没有自由水,而细胞壁内充满吸附水,达到饱和状态时,此时的含水率称为纤维饱和点。木材的纤维饱和点随树种而异,一般为 25% ~ 35%,平均值为 30%。它是木材物理、力学性质是否随含水率而发生变化的转折点。

木材的含水率与周围空气相对湿度达到平衡时,称为木材的平衡含水率。木材的平衡含水率随所在地区不同以及温度和湿度环境变化而不同,我国北方地区约为 12%,南方地区约为 18%,长江流域一般为 15%。

3. 木材的湿胀干缩

木材具有显著的湿胀干缩性,这是由细胞壁内吸附水含量变化引起的。当木材的含水率在纤维饱和点以下时,随着含水率的增大,木材细胞壁内的吸附水增多,体积膨胀;随着含水率的减少,木材体积收缩;而当木材含水率在纤维饱和点以上,只是自由水增减变化时,木材的体积不发生变化。木材的湿胀干缩变形随树种的不同而异,一般情况表观密度大的、夏材含量多的木材,胀缩变形较大。木材的各方向的收缩也不同,顺纤维方向收缩很小,径向较大,弦向最大(如图 5.1.2 所示)。

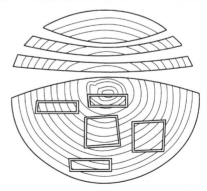

图 5.1.2　木材干燥后面形状改变示意图

木材的湿胀干缩给木材的实际应用带来不利

的影响。干缩会造成木结构拼缝不严、铆榫松弛、翘曲开裂,湿胀又会使木材产生凸起变形,因此必须采取相应的防范措施。最根本的方法是在木材制作前将其进行干燥处理,使含水率与使用环境平衡含水率年平均值相一致。

1.2.2　木材的力学性质

木材的强度按照受力状态分为抗拉、抗压、抗弯和抗剪强度四种。而抗拉、抗压、抗剪强度又有顺纹和横纹之分。顺纹(作用力方向与纤维方向平行)和横纹(作用力方向与纤维方向垂直)强度有很大的差别。木材各种强度间的关系见表5.1.1。

表5.1.1　木材各种强度间的关系

抗压强度		抗拉强度		抗弯强度	抗剪强度	
顺纹	横纹	顺纹	横纹		顺纹	横纹
1	1/10~1/3	2~3	1/20~1/3	3/2~2	1/7~1/3	1/2~1

木材的强度除与自身的树种构造有关之外,还与含水率、疵病、负荷时间、环境温度等外在因素有关。含水率在纤维饱和点以下时,木材强度随着含水率的增加而降低;木材的天然疵病,如节子、构造缺陷、裂纹、腐朽、虫蛀等都会明显降低木材强度;木材在长期荷载作用下的强度会降低,只有极限强度的50%~60%(称为持久强度);木材使用环境的温度超过50℃或者受冻融作用后也会降低强度。

①含水率的影响。木材含水率在纤维饱和点以上变化时,其强度不变;含水率低于纤维饱和点时,随含水量的减少其强度增大。国家标准规定,标准含水率(12%)时的木材强度按下式换算(试样含水率在9%~15%时换算公式有效):

$$f_{12} = f_W[1 + \alpha(W - 12)] \tag{5.1.2}$$

式中:f_{12}——含水率为12%时的木材强度,MPa;

f_W——木材试样含水率为W时的强度,MPa;

α——校正系数,随荷载性质及树种不同而异,α值见表5.1.2。

表5.1.2　α校正系数值

荷载性质及树种	α	荷载性质及树种	α
顺纹抗压	0.050	顺纹抗拉阔叶树	0.015
横纹抗压(全表面、局部)	0.045	顺纹抗拉针叶树	0
抗弯强度	0.040	顺纹抗剪(弦面及径面)	0.030
抗弯弹性模量	0.015	—	—

②荷载持续时间的影响。一般持久强度为暂时强度的50%~60%。

③木材缺陷的影响。木材的缺陷包括木节、腐朽、斜纹(或扭纹)、裂缝、髓心及虫蛀等。

此外,温度对木材强度也有很大影响,当温度升高并长期受热时,木材的强度也会降低。

1.3　木材在建筑工程中的应用

尽管当今世界已经发明和生产了许多种新型建筑结构材料和装饰材料,但由于木材具有其独特的优良特性,特别是木质饰面给人的那种特殊优美的感觉,是其他装饰材料无法与之相比的,所以木材在建筑工程尤其是装饰领域中,始终保持着重要地位。

1.3.1　木材的优良特性

木材具有下列主要的优良特性。

①质轻而强度高。木材的表观密度一般为 550 kg/m³ 左右,但其顺纹抗拉强度和抗弯强度均在 100 MPa 左右。因此,木材比强度高,属轻质高强材料,具有很高的使用价值,可用做结构材料。

②弹性和韧性好,能承受较大的冲击荷载和振动作用。

③热导率小。木材为多孔结构的材料,其孔隙率可达 50% ,一般木材的热导率为 0.30 W/(m·K)左右,故其具有良好的保温隔热性能。

④装饰性好。木材具有美丽的天然纹理,用于室内装饰,给人以自然而高雅的美感。

⑤耐久性好。民间谚语称木材:"干千年,湿千年,干干湿湿两三年。"意思是说,木材只要一直保持通风干燥,就不会腐朽破坏。例如,山西五台县的佛光寺大殿建筑(建于公元 857年)和山西应县佛宫寺木塔(建于公元 1056 年),至今仍保持完好。

⑥材质较软,易于进行锯、刨、雕刻等加工,可制作成各种造型、线型、花式的构件与制品,而且安装施工方便。

当然,木材也具有一定缺点,如各向异性、胀缩变形大、易腐、易燃、天然疵病多等。但通过采取适当的措施,可大大减少这些缺点对木材应用的影响。

1.3.2　木材在建筑中的应用

1. 木材在建筑结构中的应用

木材是传统的建筑材料,在古建筑和现代建筑中都得到广泛应用。在结构上,木材主要用于构架和屋顶,如梁、柱、桁檩、檐、望板、斗拱等。我国许多古建筑物均为木结构,它们在建筑技术和艺术上均有很高的水平,并具有独特的风格。

木材由于加工制作方便,广泛用做房屋的门窗、地板、天花板、扶手、栏杆、隔断、格栅等。另外,木材在建筑工程中还常用做混凝土模板及木桩等。

2. 木材在建筑装饰中的应用

在国内外,木材历来被广泛用于建筑室内装饰与装修,它给人以自然美的享受,还能使室内空间产生温暖与亲切感。在古建筑中,木材更是用于细木装饰的重要材料,这是一种工艺要求极高的艺术装饰。现将建筑室内常用木装修和木装饰简介如下。

（1）条木地板

条木地板是室内使用最普遍的木质地面，它由龙骨、水平撑和地板三部分构成。地板有单层和双层两种：双层者下层为毛板，面层为硬木板，硬木条板多选用水曲柳、柞木、枫木、柚木、榆木等硬质树材；单层条木板常选用松、杉等软质树材。条板宽度一般不大于120 mm，板厚为20～30 mm，材质要求采用不易腐蚀和变形开裂的优质板材。龙骨和水平撑组成木格栅，木格栅有空铺和实铺两种，空铺是将木格栅两头搁于墙内垫木上，木格栅之间设剪刀撑；实铺是将木格栅铺钉于钢筋混凝土楼板或混凝土垫层上，格栅内可填以炉渣等隔声材料。目前使用最多的为实铺单层条木地板，也称普通木地板。

条木拼缝做成企口或错口，如图5.1.3所示，直接铺钉在木龙骨上，端头接缝要相互错开。条木地板铺筑完工后，应经过一段时间，待木材变形稳定后，再进行刨光、清扫及油漆。条木地板一般采用调和漆，当地板的木色和纹理较好时，可采用透明的清漆做涂层，使木材的天然纹理清晰可见，极大地增添室内装饰感。

条木地板自重轻，弹性好，脚感舒适，导热性小，故冬暖夏凉，且易于清洁。条木地板被公认是优良的室内地面装饰材料，它适用于办公室，会议室，会客室，休息室，旅馆客房，住宅起居室、卧室，幼儿园及仪器室等场所。

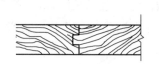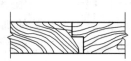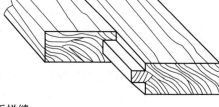

图 5.1.3　条木地板拼缝

（2）拼花木地板

拼花木地板是较高级的木质地面，分双层和单层两种，两者面层均为拼花硬木板层，双层者下层为毛板层。面层拼花板材多选用水曲柳、柞木、核桃木、栎木、榆木、槐木、柳桉等质地优良、不易腐蚀的硬木材料。拼花小木条的尺寸一般长为250～300 mm，宽为40～60 mm，厚为20～25 mm，木条一般均带有企口。双层拼花木地板固定方法，是将面层小板条用暗钉钉在毛板上，单层拼花木地板则可采用适宜的黏结材料，将硬木面板条直接粘贴于混凝土基层上。

拼花木地板通过小木板条不同方向的组合，可拼造出多种图案花纹，常用的有正芦席纹、斜芦席纹、人字纹、清水砖墙纹等，如图5.1.4所示。图案花纹的选用应根据使用者个人的爱好和房间面积的大小而定，图案选择的结果应能使面积大的房间显得稳重高雅，而面积小的房间能让人感觉宽敞、亲切、轻松。

拼花木地板的铺设从房间中央开始，先画出图案式样，弹上黑线，铺好第一块地板，然后向四周铺开去。这第一块地板铺设得好坏，是保证整个房间地板铺设是否对称的关键。地板铺设前要对拼板进行挑选，宜将纹理和木色相近者集中使用，把质量好的拼版铺设在房间的显眼处或经常出入的部位，稍差的则铺于墙根和门背后等隐藏处，做到物尽其用。拼花木地板均采用清漆进行涂刷，以显露出木材漂亮的天然纹理。拼花木地板纹理美观，耐磨性好，且拼花小木板一般均经过远红外线干燥，含水率恒定（约12%），因而变形小，易保持地面平整、光滑而

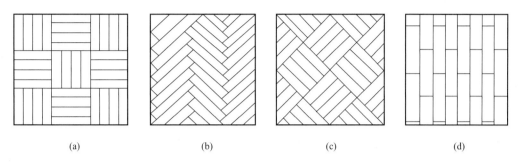

图 5.1.4 拼花木地板图案

（a）正芦席纹 （b）人字纹 （c）斜芦席纹 （d）清水砖墙纹

不翘曲变形。

拼花木地板分高、中、低三个档次,高档产品适用于三星级以上中高级宾馆、大型会场、会议室等室内地面装饰;中档产品适用于办公室、疗养院、托儿所、体育馆、舞厅、酒吧等地面装饰;低档产品适用于各种民用住宅地面的装饰。

（3）护壁板

在铺设拼花地板的房间内,往往采用护壁板,以使室内空间的材料格调一致,给人一种和谐景观的感受。护壁板可采用木板、企口条板、胶合板等装修而成,设计和施工时可采取嵌条、拼缝、嵌装等手法进行构图,以达到装饰墙壁的目的。护壁板制作形式示例如图 5.1.5 所示。护壁板下面的墙面一定要做防潮层,有纹理的表面宜涂刷清漆,以显示木纹饰面。护壁板主要用于高级的宾馆、办公室和住宅等室内墙壁装饰。

图 5.1.5 护壁板制作形式示例

（4）木花格

木花格是用木板和仿木制作形成的具有若干个分格的木架,这些分格的尺寸或形式一般都各不相同。木花格宜选用硬木或杉木树材制作,并要求材质木节少、木色好、无虫蛀和腐蚀等缺陷。木花格具有加工制作较简便、饰件轻巧纤细、表面纹理清晰等特点。木花格多用做建筑物室内的花窗、隔断、博古架等,它能起到调整室内设计的格调、改进空间效能和提高室内艺术质量等作用。

（5）旋切微薄木

旋切微薄木是以色木、桦木或多瘤的树根为原料,经水煮软化后,旋切成厚 0.1 mm 左右的薄片,再用胶黏剂粘贴在坚韧的纸上（即纸依托）,制成卷材。或者采用柚木、水曲柳、柳桉等树材,通过精密旋切,制得厚度为 0.2~0.5 mm 的微薄木,再采用胶黏工艺和胶黏剂粘贴在胶合板基材上,制成微薄木贴面板。

旋切微薄木花纹美丽动人,材色悦目,真实感和立体感强,具有自然美的特点。采用树根瘤制作的微薄木,具有鸟眼花纹的特色,装饰效果更佳。微薄木主要用做高级建筑的室内墙、门、橱柜等家具的饰面,这种饰面材料在日本被采用得较普遍。

在采用微薄木装饰立面时,应根据其花纹的美观和特点区别上下,施工安装时应注意将微薄木贴面板按树根方向朝下、树梢方向朝上的方式进行布置。为了便于使用,在生产微薄木贴面板时,板背盖有检验印记,有印记的一端即为树根方向。建筑物室内采用微薄木装饰时,在决定采用树种的同时,还应考虑家具色调、灯具灯光以及其他附件的陪衬颜色,以求获得更好的相互辉映的效果。

（6）木装饰线条

木装饰线条简称木线条。木线条种类繁多,主要有楼梯扶手、压边线、墙腰线、天花角线、弯线、挂镜线等。各类木线条立体造型各异,每类木线条又有多种断面形状,例如有平线条、半圆线条、麻花线条、鸠尾形线条、半圆饰、齿形饰、浮饰、弧饰、S 形饰、贴附饰、钳齿饰、十字花饰、梅花饰、叶形饰以及雕饰等。木线条都是采用材质较好的树材加工而成的。建筑上常用木线条造型见图 5.1.6 和图 5.1.7。

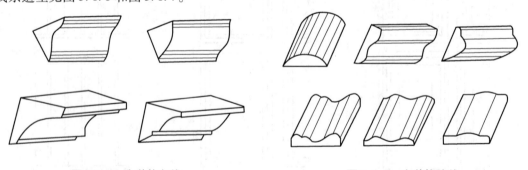

图 5.1.6　木装饰角线　　　　　　　　　图 5.1.7　木装饰边线

建筑室内采用木线条装饰,可增添古朴、高雅、亲切的美感。木线条主要用做建筑物室内的墙腰装饰线、墙面洞口装饰线、护壁板各勒脚的压条饰线、顶棚装饰角线、楼梯栏杆扶手、墙壁挂面条、镜框线以及高级建筑的门窗和家具等的镶边、贴附组花材料。特别是在我国的园林建筑和宫殿式古建筑的修建工程中,木线条是一种必不可缺的装饰材料。

此外,建筑室内还有一些小部位的装饰,也是采用木材制作的,如窗台板、窗帘盒、脚踢板等,它们和室内地板、墙壁互相联系,相互衬托。设计中要注意整体效果,以求得整个空间格调、材质、色彩的协调,力求用简洁的手法达到最好的装饰效果。

1.4　木材的等级与综合利用

1.4.1　木材的分类与等级

木材按照加工程度和用途的不同分为原条、原木、锯材和枕木四类,如表 5.1.3 所示。

表 5.1.3　木材的分类

分类名称	说明	主要用途
原条	系指除去皮、根、树梢的木料,但尚未按一定尺寸加工成规定直径和长度的材料	建筑工程的脚手架、建筑用材、家具等
原木	系指已经除去皮、根、树梢的木料,并已按一定尺寸加工成规定直径和长度的材料	直接使用的原木用于建筑工程(如屋架、檩、椽等)、桩木、电杆、坑木等 加工原木用于胶合板、造船、车船、机械模型及一般加工用材等
锯材	系指已经加工锯解成材的木料。凡宽度为厚度 3 倍或 3 倍以上的,称为板材,不足 3 倍的称为方材	建筑工程、桥梁、家具、造船、车辆、包装箱板等
枕木	系指按枕木断面和长度加工而成的成材	铁道工程

常用锯材按照厚度和宽度分为薄板、中板、厚板,如表 5.1.4 所示。

表 5.1.4　锯材尺寸表(GB 6491—86、GB/T 4822—1999)

树种类	锯材分类	厚度/mm	宽度/mm		长度/m
			尺寸范围	进级	
针叶树、阔叶树	薄板	12、15、18、21	50~240	10	1~8
	中板	25、30	50~260		1~6
	厚板	40、50、60	60~300		

针叶树和阔叶树锯材按照缺陷状况划分等级,其等级标准如表 5.1.5 所示。

表 5.1.5　针叶树(阔叶树)锯材等级标准(GB 153.2—84、GB 481.72—84)

缺陷名称	检量方法	允许限度			
		特等锯材	普通锯材		
			一等	二等	三等
活节、死节	最大尺寸不得超过材宽,任意材长 1 m 范围内的个数不得超过	10% 3(2)	20% 5(4)	40% 10(6)	不限
腐朽	面积不得超过所在材面面积的	不许有	不许有	10%	25%
裂纹、夹皮	长度不得超过材长的	5%(10%)	10%(15%)	30%(40%)	不限
虫害	任意材长 1 m 范围内的个数不得超过	不许有	不许有	15(8)	不限
钝棱	最严重缺角尺寸,不得超过材宽的	10%(15%)	25%	50%	80%
弯曲	横弯不得超过	0.3% (0.5%)	0.5% (1%)	2%	3% (4%)
	顺弯不得超过	1%	2%	3%	不限
斜纹	斜纹倾斜高不得超过水平长的	5%	10%	20%	不限

注:①长度不足 2 m 的不分等级,其缺陷允许限度不低于三等;
　②括号内数值为阔叶树锯材的要求,没有括号的为两种锯材要求相同。

1.4.2　人造板材

我国是木材资源贫乏的国家。为了保护和扩大现有森林面积,促进环保事业,我们必须合理地、综合地利用木材。充分利用木材加工后的边角废料以及废木材,加工制成各种人造板材是综合利用木材的主要途径。

人造板材幅面宽,表面平整光滑,不翘曲不开裂,经加工处理后还具有防水、防火、防腐、耐酸等性能。常用的人造板材有以下几种。

(1)胶合板

胶合板是用原木旋切成薄片,按照奇数层并且相邻两层木纤维互相垂直重叠,经胶黏热压而成的。胶合板最多有 15 层,一般常用的是三合板或五合板。胶合板材质均匀,强度高,不翘曲,不开裂,木纹美丽,色泽自然,幅面大,使用方便,装饰性好,应用十分广泛。各类胶合板的特性和适用范围如表 5.1.6 所示。

表 5.1.6　胶合板分类、特性及适用范围

分类	名称	胶种	特性	适用范围
Ⅰ类	耐气候、耐沸水胶合板	酚醛树脂胶或其他性能的胶	耐久、耐煮沸或蒸汽处理、耐干热、抗菌	室外工程
Ⅱ类	耐水胶合板	脲醛树脂或其他性能的胶	耐冷水浸泡及短时间热水浸泡、不耐煮沸	室外工程

续表 5.1.6

分类	名　称	胶　种	特　性	适用范围
Ⅲ类	耐潮胶合板	血胶、带有多量填料的脲醛树脂胶或其他性能相当的胶	耐短期冷水浸泡	室内工程一般常态下使用
Ⅳ类	不耐潮胶合板	豆胶或其他性能相当的胶	有一定胶合强度,但不耐水	室内工程一般常态下使用

胶合板厚度为 2.7、3、3.5、4、5、5.5、6 mm 等,自 6 mm 起按 1 mm 递增。胶合板的幅宽有 915、1 220 mm 两种,长度从 915～2 440 mm 有多种规格。

（2）细木工板

细木工板也称复合木板,它由三层木板黏压而成。上、下两个面层为旋切木质单板,芯板是用短小木板条拼接而成,一般厚度为 20 mm,长 2 000 mm,宽 1 000 mm,表面平整,幅面宽大,可代替实木板,使用非常方便。

（3）纤维板

纤维板是将树皮、刨花、树枝等木材加工的下脚碎料经破碎浸泡、研磨成木浆,加入一定胶黏剂,经热压成型、干燥处理而成的人造板材。根据成型时温度和压力的不同分为硬质、半硬质、软质三种。生产纤维板可使木材的利用率达 90% 以上。纤维板构造均匀,克服了木材各向异性和有天然疵病的缺陷,不易翘曲变形和开裂,表面适于粉刷各种涂料或粘贴装裱。

表观密度大于 800 kg/m³ 的硬质纤维板,强度高,可代替木板,用于室内壁板、门板、地板、家具等。半硬质纤维板表观密度为 400～800 kg/m³,常制成带有一定图形的盲孔板,表面施以白色涂料,这种板兼具吸声和装饰作用,多用做会议室、报告厅等室内顶棚材料。软质纤维板表观密度小于 400 kg/m³,适合做保温隔热材料。

（4）刨花板、木丝板、木屑板

刨花板、木丝板、木屑板是用木材加工时生产的刨花、木屑和短小废料刨制的木丝等碎渣,经干燥后拌入胶料,再经热压制而成的人造板材。所用胶结料可为合成树脂胶,也可用水泥、菱苦土等无机胶结料。这类板材表观密度小,强度较低,主要用做绝热和吸声材料。有的表层作了饰面处理,如粘贴塑料贴面后,可用做装饰或家具等材料。

1.5　木材的防腐与防火

1.5.1　木材的防腐

木材的腐朽是由真菌的寄生引起的。真菌在木材中生存和繁殖须具备三个条件:适当的水分、足够的空气和适宜的温度。当木材的含水率在 35%～50%,温度在 25～30 ℃,又有一定量的空气时,适宜真菌繁殖,此时木材最易腐朽。

木材防腐处理实质上是破坏真菌生存和繁殖的条件,有两种方法:一是将木材干燥至含水率20%以下,并使木结构处于通风干燥的状态,必要时采取防潮或表面涂刷油漆等措施;二是采用防腐剂法,使木材成为有毒物质,常用的方法有表面喷涂、侵蚀或压力渗透等。防腐剂有水溶性的、油溶性的和乳溶性的。

1.5.2 木材的防火

木材防火处理是将防火涂料采用涂敷或侵蚀的方法施以木材表面的处理方法。木材防火处理前应基本加工成型,以免处理后再进行大量锯、刨等加工,使防火涂料部分被去除。有些防火涂料兼有防腐和装饰效果。木材防火涂料的主要品种、特性及其应用如表5.1.7所示。

表 5.1.7 木材防火涂料主要品种、特性及应用

品种		防火特性	应用
溶剂型防火涂料	A60-1型改性氨基膨胀防火涂料	遇火生成均匀致密的海绵状泡沫隔热层,防止初期火灾和减缓火灾蔓延扩大	高层建筑、商店、影剧院、地下工程等可燃部位防火
	A60-501膨胀防火涂料	涂层遇火体积迅速膨胀100倍以上,形成连续蜂窝状隔热层,释放出阻燃气体,具有优异的阻燃隔热效果	广泛用于模板、纤维板、胶合板等防火保护
	A60-KG型快干氨基膨胀防火涂料	遇火膨胀生成均匀致密的泡沫状碳质隔热层,有极其良好的隔热阻燃效果	公共建筑、高层建筑、地下建筑等有防火要求的场所
	AE60-1膨胀型透明防火涂料	涂膜透明光亮,能显示基材原有纹理。遇火时涂膜膨胀发泡,形成防火隔热层。既有装饰性,又具有防火性	广泛用于各种建筑室内的木质、纤维板、胶合板等结构构件及家具的防火保护和装饰
水乳型防火涂料	B60-1膨胀型丙烯酸水性防火涂料	在火焰和高温作用下,涂层受热分解出大量灭火性气体,抑制燃烧。同时,涂层膨胀发泡,形成隔热覆盖层,阻止火势蔓延	公共建筑、高级宾馆、酒店、学校、医院、影剧院、商场等建筑物的木板、纤维板、胶合板结构构件及制品的表面防火保护
	B60-2木结构防火涂料	遇火时涂层发生理化反应,构成绝热的碳化泡膜	建筑物木强、木屋架、木吊顶以及纤维板、胶合板构件的表面防火阻燃处理
	B878膨胀型丙烯酸乳胶防火涂料	涂膜遇火立即生成均匀致密的蜂窝状隔热层,延缓火焰的蔓延,无毒无臭,不污染环境	学校、影剧院、宾馆、商场等公共建筑和民用住宅等内部可燃性基材的防火保护及装饰

任务 2　对绝热、吸声材料进行评定与选用

建筑物在使用中常有保温绝热和吸声等方面的要求,可采用绝热材料和吸声隔声材料来满足这些建筑功能要求。

建筑物采用适当的绝热材料,不仅能满足人们对居住环境的要求,而且有着明显的节能效果。采用适当的吸声材料,可以保持室内良好的音响效果和减少噪声污染。应用绝热材料和吸声材料,对提高人们的生活质量有重要意义。

2.1　绝热材料

在建筑中,习惯上把用于控制室内热量外流的材料叫做保温材料,把防止室外热量进入室内的材料叫做隔热材料。保温、隔热材料统称为绝热材料。

绝热材料是用于减少结构物与环境热交换的一种功能材料,是保温材料和隔热材料的总称。在建筑工程中绝热材料主要用于墙体、屋顶的保温、隔热,热工设备、热力管道的保温,有时也用于冬期施工的保温,一般在空调房间、冷藏室、冷库等的维护结构上也大量使用。

建筑工程中使用的绝热材料,一般要求其热导率不宜大于 0.17 W/(m·K),表观密度不大于 600 kg/m³,抗压强度不小于 0.3 MPa。在具体选用时,还要根据工程的特点,考虑材料的耐久性、耐火性、耐侵蚀性等是否满足要求。

2.2　吸声与隔声材料

2.2.1　吸声材料概述

吸声材料是指能在一定程度上吸收由空气传递的声波能量的材料,广泛用在音乐厅、影剧院、大会堂、语音室等内部的墙面、地面、天棚等部位。适当采用吸声材料,能改善声波在室内传播的质量,获得良好的音响效果。

1. 材料的吸声原理

声音源于物体的振动,它迫使邻近的空气跟着振动而形成声波,并在空气介质中向四周传播。声音在室外空旷处传播过程中,一部分声能因传播距离增加而扩散,一部分因空气分子的吸收而减弱。但在室内体积不大的房间,声能的衰减不是靠空气,而主要靠墙壁、天花板、地板等材料表面对声能的吸收。

当声波遇到材料表面时,一部分被反射,一部分穿透材料,其余部分则被材料吸收。这些被吸收的能量(包括穿透部分的声能)与入射声能之比,称为吸声系数 α,即

$$\alpha = \frac{E_1 + E_2}{E_3}$$

(5. 2. 1)

式中：α——材料的吸声系数；

E_1——材料吸收的声能；

E_2——穿透材料的声能；

E_3——入射的全部声能。

材料的吸声性能除与材料本身性质、厚度及材料的表面特征有关外，还与声音的频率及声音的入射方向有关。为了全面反映材料的吸声性能，通常采用 125、250、500、1 000、2 000、4 000 Hz 这 6 个频率的吸声系数表示材料吸声的频率特征。任何材料均能不同程度地吸收声音，通常把 6 个频率的平均吸声系数大于 0.2 的材料，称为吸声材料。

2. 影响材料吸声性能的主要因素

（1）材料的表观密度

对同一种多孔材料来说，当其表观密度增大（即孔隙率减小）时，对低频的吸声效果有所提高，而对高频的吸声效果则有所降低。

（2）材料的厚度

增加厚度可以提高低频的吸声效果，而对高频吸声没有多大影响。

（3）材料的孔隙特征

孔隙愈多愈细小，吸声效果愈好。如果孔隙太大，则吸声效果较差。互相连通的开放的孔隙愈多，材料的吸声效果越好。当多孔材料表面涂刷油漆或材料吸湿时，由于材料的空隙大多被水分或涂料堵塞，吸声效果将大大降低。

（4）吸声材料设置的位置

悬吊在空中的吸声材料，可以控制室内的混响时间和降低噪声。多孔材料或饰物悬吊在空中，其吸声效果比布置在墙面或顶棚上要好，而且使用和安置也较为便利。

3. 建筑上常用吸声材料

建筑工程中常用吸声材料有石膏砂浆（掺有水泥、玻璃纤维、石棉纤维）、水泥膨胀珍珠岩板、矿渣棉、沥青矿渣棉毡、玻璃棉、起细玻璃棉、泡沫玻璃、泡沫塑料、软木板、木丝板、穿孔纤维板、工业毛毡、地毯、帷幕等。

除了采用多孔吸声材料吸声外，还可将材料组成不同的吸声结构，以达到更好的吸声效果。常用的吸声结构形式有薄板共振吸声结构和穿孔板吸声结构。

薄板共振吸声结构系采用薄板钉牢在靠墙的木龙骨上，薄板与板后的空气层构成了薄板共振吸声结构。穿孔板吸声结构是用穿孔的胶合板、纤维板、金属板或石膏板等为结构主体，与板后的墙面之间的空气层（空气层中有时可填充多孔材料）构成吸声结构。该结构吸声的频带较宽，对中频的吸声能力最强。

2. 2. 2　隔声材料概述

隔声是指材料阻止声波透过的能力。隔声性能的好坏用材料的入射声能与透过声能相差的分贝数表示,差值越大,隔声性能越好。

通常要隔绝的声音按照传播途径可分为空气声(由于空气的振动)和固体声(由于固体的撞击或振动)两种。对于隔绝空气声,根据声学中的"质量定律",墙或板传声的大小,主要取决于其单位面积的质量,质量越大,越不易振动,隔声效果越好,故应选择密实、沉重的材料(如烧结普通砖、钢筋混凝土、钢板等)作为隔声材料。对于隔绝固体声最有效的措施是采用不连续的结构处理,即在墙壁和承重梁之间、房屋的框架和墙板之间加弹性衬垫,如毛毡、软木、橡皮等材料,或在楼板上加弹性地毯。

任务 3　对建筑塑料和胶黏剂进行评定与选用

3.1　塑料的组成、特性

3.1.1　建筑塑料的基本组成

建筑上常用的塑料制品绝大多数都是以合成树脂(即合成高分子化合物)和添加剂组成的多组分材料,但也有少部分建筑塑料制品例外,如"有机玻璃"。它是由聚甲基丙烯酸甲酯(PMMA)的合成树脂,在聚合反应中不加入其他组分制成的具有较高机械强度和良好抗冲击性能且有高透明度的有机高分子材料。

1. 合成树脂

合成树脂在塑料中主要起胶结作用,通过胶结作用把填充料等胶结成坚实整体。因此,塑料的性质主要取决于树脂的性质。在一般塑料中合成树脂占 30% ~60%。

2. 添加剂

为了改善塑料的某些性能而加入的物质统称为添加剂。不同塑料所加入的添加剂不同,常用的添加剂类型有以下几种。

(1)填料

填料又称填充剂,它是绝大多数建筑塑料制品中不可缺少的原料。填料常常占塑料组成材料的 40% ~70%。其作用有:提高塑料的强度和刚度;减少塑料在常温下的蠕变(又称冷流)现象及改善热稳定性;降低塑料制品的成本,增加产量;在某些建筑塑料中,填料还可以提高塑料制品的耐磨性、导热性、导电性及阻燃性,并可改善加工性能。常用的填料有木屑、滑石粉、石灰石粉、炭黑、铝粉和玻璃纤维等。

(2)增塑剂

增塑剂在塑料中掺加量不多,但是不可缺少的助剂之一。其作用是提高塑料加工时的可塑性及流动性,改善塑料制品的柔韧性。常见的增塑剂有用于改善加工性能及常温韧性的邻苯二甲酸二丁酯(DBP)、邻苯二甲酸辛酯(DOP),属于耐寒增塑剂的脂肪族二元酸酯类增塑剂等。

(3)其他添加剂

根据建筑塑料使用及成型加工中的需要,添加剂还有着色剂、固化剂、稳定剂、偶联剂、润滑剂、抗静电剂、发泡剂、阻燃剂、防霉剂等。

3.1.2 建筑塑料的特性

建筑上常用的塑料可分为热塑性塑料和热固性塑料。热塑性塑料的分子结构主要是线型和支链型的,加热时分子活动能力增加,使塑料具有一定流动性,可加工成各种形状,冷却后分子重新冻结。只要树脂分子不发生降解、交联和解聚等变化,这一过程可以反复进行。热固性塑料在热和固化剂的作用下,会发生交联等化学反应,变成不溶不熔、体型结构的大分子,质地坚硬并失去可塑性。热固性塑料的成型过程是不可逆的,固化后的制品加热不再软化,高温下会发生降解而破坏,在溶剂中只溶胀而不溶解,不能反复加工。

1. 热塑性塑料

(1)聚乙烯塑料(PE)

聚乙烯是由乙烯单体聚合而成的。聚乙烯表观密度小,有良好的耐低温性(-70℃),优良的电绝缘性能和化学性能,同时,耐磨性、耐水性较好;但机械强度不高,质地较软;易燃烧,并有严重的熔融滴落现象,会导致火焰蔓延。因此,必须对建筑用聚乙烯进行阻燃改性。

聚乙烯塑料产量大,用途广。在建筑工程中,主要用做防水、防潮材料(管材、水箱、薄膜等)和绝缘材料及化工耐腐蚀材料等。

(2)聚氯乙烯塑料(PVC)

聚氯乙烯树脂主要是由乙炔和氯化氢乙烯单体经悬浮聚合而成的。聚氯乙烯是无色、半透明、坚硬的脆性材料,遇高温(100℃以上)会变质破坏。聚氯乙烯的含氯量高达56.8%,所以具有自熄性,这也是它作为主要建筑塑料使用的原因之一。在加入适当的增塑剂、添加剂及其他组分后,可制成各种鲜艳、半透明或不透明、性能优良的塑料。聚氯乙烯树脂加入不同数量的增塑剂,可制得硬质或软质制品。

硬质聚氯乙烯塑料机械强度高、抗腐蚀性强、耐风化性能好,在建筑工程中可用于百叶窗、天窗、屋面采光板、水管和排水管等,制成泡沫塑料,也可做隔声保温材料。

软质聚氯乙烯塑料材质较软,耐摩擦,具有一定弹性,易加工成型,可挤压成板、片、型材作为地面材料和装修材料。

(3)聚苯乙烯塑料(PS)

聚苯乙烯塑料是由苯乙烯单体聚合而成的。聚苯乙烯塑料的透光性好,透光度可达88%~92%,易于着色,化学稳定性高,电绝缘性较好,耐水、耐光,成型加工方便,价格较低;但聚苯乙烯脆性大,敲击时有金属脆声,抗冲击韧性差,耐热性低,易燃,燃烧时会放出黑烟,使其应用收到一定限制。聚苯乙烯在建筑中主要用来生产水箱、泡沫隔热材料、灯具、发光平顶板、各种零配件等。

（4）聚丙烯塑料（PP）

聚丙烯塑料是由丙烯单体聚合而成的。聚丙烯的密度在所有塑料中是最小的,约为 0.90 g/cm³;聚丙烯易燃并容易产生熔融滴落现象,但它的耐热性能优于聚乙烯,在 100 ℃ 时仍能保持一定的抗拉强度;刚性、延性、抗水性和耐化学腐蚀性能好。聚丙烯的缺点是耐低温冲击性差,通常要进行增韧改性;抗大气性差,故适用于室内。聚丙烯常用来生产管材、卫生洁具等建筑制品。

近年来,聚丙烯的生产发展较迅速,聚丙烯已与聚乙烯、聚氯乙烯等共同成为建筑塑料的主要品种。

（5）聚甲基丙烯酸甲酯（PMMA）（有机玻璃）

聚甲基丙烯酸甲酯是由丙酮、氰化物和甲醇反应生成的甲基丙烯酸甲酯单体经聚合而成的,是透光性最好的一种塑料,它能透过 92% 以上的日光,并能透过 73.5% 的紫外光,主要用来制造有机玻璃。它质轻、坚韧并具有弹性,在低温时仍具有较高的冲击强度,有优良的耐水性和耐热性,易加工成型,在建筑工程中可制作板材、管材、室内隔断等。

2. 热固性塑料

（1）酚醛塑料（PF）

酚醛塑料由酚和醛在酸性或碱性催化剂作用下缩聚而成。酚醛树脂的黏结强度高,耐热、耐湿、耐光、耐水、耐化学腐蚀,电绝缘性好,但性脆。在酚醛树脂中掺加填料、固化剂等可制成酚醛塑料制品,这种制品表面光洁,坚固耐用,成本低,是最常用的塑料品种之一。在建筑上主要用来生产各种层压板、玻璃钢制品、涂料和胶黏剂等。

（2）聚酯树脂

聚酯树脂由二元或多元醇和二元或多元酸缩聚而成,通常分为不饱和聚酯树脂和饱和聚酯（又称线型聚酯）两类。

不饱和聚酯树脂是一种热固性塑料,它的优点是加工方便,可以在室温下固化,可以不加压或在低压下成型;缺点是固化时收缩率较大。常用来生产玻璃钢、涂料和聚酯装饰板等。

线型聚酯是一种热塑性塑料,具有优良的机械性能,不易磨损,有较高的硬度和成型稳定性,吸水性低,抗蠕变性能好,有一定刚性。常用来拉制成纤维或制作绝缘薄膜材料、音像制品基材,以及机械设备元件和某些精密铸件等。

（3）有机硅树脂（SI）

有机硅树脂由一种或多种有机硅单体水解而成。有机硅树脂是一种憎水、透明的树脂,主要优点是耐高温、耐水,可用做防水及防潮涂层,并在许多防水材料中作为憎水剂;具有良好的电绝缘性能,可用做绝缘涂层;具有优良的耐候性,可用做耐大气涂层。有机硅机械性能不好,黏结力不强,常用玻璃纤维、石棉、云母或二氧化硅等增强。

（4）玻璃纤维增强塑料（俗称玻璃钢）

玻璃纤维增强塑料是由合成树脂胶结玻璃纤维制品（纤维或布等）而制成的一种轻质高强的塑料。玻璃钢中一般采用热固性树脂为胶结材料,常用的有酚醛树脂、聚酯树脂、环氧树脂、有机硅树脂等,使用最多的是不饱和聚酯树脂。玻璃钢具有以下优异性能:成型性能好,可以制成各种结构形式和形状的构件,也可以现场制作;轻质高强,可以在满足设计要求的条件下,大大减轻建筑物的自重;具有良好的耐化学腐蚀性能;具有一定的透光性能,可以同时作为结构和采光材料使用。主要缺点是刚度不如金属,有较大的变形。玻璃钢属于各向异性材料,其加工方法主要有手糊法、模压法和缠绕法等。

3.2　胶黏剂的组成、特性

　　胶黏剂是能将各种材料紧密地黏结在一起的物质的总称。为将材料牢固地黏结在一起,胶黏剂必须具有以下基本要求:适宜的黏度,适宜的流动性;具有良好的浸润性,能很好地浸润被黏结材料的表面;在一定的温度、压力、时间等条件下,可通过物理和化学作用固化,并可调节其固化速度;具有足够的黏结强度和较好的其他性能。

　　除此之外,胶黏剂还必须对人体无害。我国已制定了《室内装饰装修材料胶黏剂中有害物质限量》(GB 18583—2001)的强制性国家标准。

3.2.1　胶黏剂的组成

　　胶黏剂一般都是由多组分物质组成的,常见胶黏剂的主要组成成分有以下几种。

　　①黏结剂。简称黏料,它是胶黏剂中最基本的组分,它的性质决定了胶黏剂的性能、用途和使用工艺。一般胶黏剂都是用黏料的名称来命名的。

　　②固化剂。有的胶黏剂(如环氧树脂)若不加固化剂,本身不能变成坚硬的固体。固化剂也是胶黏剂的主要成分,其性质和用量对胶黏剂的性能起着重要作用。

　　③增韧剂。为了提高胶黏剂硬化后的韧性和抗冲击能力,常根据胶黏剂种类,加入适量的增韧剂。

　　④填料。一般在胶黏剂中不发生化学反应,但加入填料后可以改善胶黏剂的机械性能。同时,填料价格便宜,可显著降低胶黏剂的成本。

　　⑤稀释剂。加稀释剂主要是为了降低胶黏剂的黏度,便于操作,提高胶黏剂的湿润性和流动性。

　　⑥改性剂。为了改善胶黏剂某一性能,满足特殊要求,常加入一些改性剂。如为提高胶结强度,可加入偶联剂。另外,还有防老化剂、稳定剂、防腐剂、阻燃剂等多种。

3.2.2　常用胶黏剂的特性

1.热塑性树脂胶黏剂

　　聚醋酸乙烯胶黏剂是常用的热塑性树脂胶黏剂,俗称乳白胶。它是一种使用方便、价格便宜、应用广泛的一种非结构胶。它对各种极性材料有较高的黏附力,但耐热性、对溶性作用的稳定性及耐水性差,只能作为室温下使用的非结构胶。

　　还需指出的是,原来广泛使用的聚乙烯醇缩醛胶黏剂已被淘汰,因为它不仅容易吸潮、发霉,而且释放甲醛,污染环境。

2.热固性树脂胶黏剂

（1）不饱和聚酯树脂胶黏剂

不饱和聚酯树脂胶黏剂主要由不饱和聚酯树脂、引发剂（室温下引发固化反应的助剂）、填料等组成，改变组成可以获得不同性质和用途的胶黏剂。不饱和聚酯树脂胶黏剂黏结强度高，抗老化性及耐热性好，可在室温下和常压下固化，但固化时的收缩大，使用时必须加入填料或玻璃纤维等。不饱和聚酯树脂胶黏剂可用于黏结陶瓷、玻璃、木材、混凝土和金属等结构构件。

（2）环氧树脂胶黏剂

环氧树脂胶黏剂主要由环氧树脂、固化剂、填料、稀释剂、增韧剂等组成。改变胶黏剂的组成，可以得到不同性质和用途的胶黏剂。环氧树脂胶黏剂的耐酸、耐碱侵蚀性好，可在常温、低温及高温等条件下固化，并对金属、陶瓷、混凝土、硬塑料等均有很高的黏附力。在黏结混凝土方面，其性能远远超过其他胶黏剂，广泛用于混凝土结构裂缝的修补和混凝土结构的补强与加固。

3.合成橡胶胶黏剂

（1）氯丁橡胶胶黏剂

氯丁橡胶胶黏剂是目前应用最广的一种橡胶胶黏剂，主要由氯丁橡胶、氯化锌、氧化镁、填料、抗老化剂和抗氧化剂等组成。氯丁橡胶胶黏剂对水、油、弱碱、弱酸、脂肪烃和醇类都具有良好的抵抗力，可在 -50 ~ 80 ℃的温度下工作，但具有徐变性，且易老化。建筑上常用在水泥混凝土或水泥砂浆的表面上粘贴塑料或橡胶制品等。

（2）丁腈橡胶胶黏剂

丁腈橡胶胶黏剂的最大优点是耐油性能好，剥离强度高，对脂肪烃和非氧化性酸具有良好的抵抗力。根据配方的不同，它可以冷硫化，也可以在加热个加压过程中硫化。为获得良好的强度和弹性，可将丁腈橡胶与其他树脂混合使用。丁腈橡胶胶黏剂主要用于橡胶制品以及橡胶制品与金属、织物、木材等的黏结。

任务 4　对墙面涂料进行评定与选用

建筑墙面涂料是指涂敷于建筑墙面后能干结成膜，对被涂墙面产生防护、装饰、防锈、防腐、防水或其他特殊功能的物料。涂料在物体表面干结成薄膜，这层膜称为涂膜或涂层。建筑涂料的主要作用是装饰和保护建筑物，具有工期短、效率高、施工操作简单、色彩丰富、质感逼真、装饰效果好、造价低廉、维修方便、更新方便等优点，应用广泛。本次任务将分别对建筑外墙涂料、内墙涂料及各种功能性涂料进行介绍。

4.1　墙面涂料概述

由于早期的涂料生产采用的主要原料是油和漆，如松香、生漆、虫胶、亚麻油、桐油和豆油等，因此在很长一段时间里，涂料被称为油漆。由这类涂料在建筑墙面形成的涂膜，也就被称为漆膜。

4.1.1 涂料的构成

涂料由多种不同物质经混合、溶解、分散而成。按照涂料中各成分作用的不同,将其分为主要成膜物质、次要成膜物质、辅助成膜物质和助剂等。

1. 主要成膜物质

主要成膜物质又称胶黏剂或固着剂。它具有独立成膜的能力,对涂料的性质起决定性作用。它能黏结次要成膜物质和辅助成膜物质,使涂料在干燥或固化后形成连续的涂层(又称涂膜)。因此,主要成膜物质应具有较强的耐碱性、耐水性、较高的化学稳定性及一定的机械强度。同时,主要成膜物质应该具有来源广泛、价格经济或适中等特点,以满足大面积使用的要求。

主要成膜物质多属于高分子化合物(如天然树脂或合成树脂)或成膜后能形成高分子化合物的有机物质(各种植物和动物油料),常用的有干性油(如亚麻油)、半干性油(如豆油)、不干性油沙(花生油)、天然树脂(如松吞虫胶)、人造树脂(如松香甘油酯)、合成树脂(如聚氯乙烯树脂)等。

2. 次要成膜物质

次要成膜物质主要包括颜料和填充料,它们必须依靠主要成膜物质的黏结而成为涂膜的组成部分,离开主要成膜物质,次要成膜物质不能单独成膜。次要成膜物质的作用是使涂膜着色,增加涂膜质感,改善涂膜性质,增加涂料品种,降低涂料成本等。

颜料是一种不溶于水、溶剂或涂料基料的微细粉末状有色物质,能均匀分散在涂料介质中,涂于墙面后能形成色层,使涂膜具有一定的遮盖力,提高涂膜的机械强度,减少收缩,阻止紫外线的穿透,提高涂膜的抗老化和耐候性能。

填充料在涂膜中起填充和骨架的作用,一般是一些白色粉末状的无机物质。同时还可增加涂膜的厚度,加强涂膜的体质,提高其耐磨性和耐久性。

3. 辅助成膜物质

辅助成膜物质不能单独构成涂膜,必须与主要及次要成膜物质配合使用。但它对涂料的成膜过程有很大的影响,或对涂膜的性能具有一定的辅助作用。辅助成膜物质具有溶解成膜物质的能力,可降低涂料的黏度,使涂料便于涂刷、喷涂,同时可增加涂料的渗透力,改善涂膜与基层之间的黏结力,同时也降低了涂料的成本。

4. 助剂

助剂又称辅助材料,助剂是为改善涂料的性能、提高涂膜的质量而加入的辅助材料。它们的加入量很少,但种类很多,对改善涂料性能的作用显著。常用的助剂有催干剂、增塑剂、固化剂、防污剂、分散剂、润滑剂、悬浮剂、稳定剂等。

4.1.2 涂料的分类及命名

1. 涂料的分类

涂料分类方法多种多样,以下几种为常用的分类方式。

①根据涂料在建筑的不同使用部位,可分为外墙涂料、内墙涂料、顶棚涂料、地面涂料和屋面防水涂料等。

②按分散介质的不同,涂料可分为溶剂型涂料和水性涂料。

③按成膜物质的不同,涂料分为有机涂料、无机涂料及复合涂料。有机涂料又分为溶剂型涂料、水溶性涂料和乳液型涂料三种,如表5.4.1所示。

表 5.4.1 有机涂料的特点

分类	主要成膜物质	溶 剂	说 明
溶剂型涂料	有机高分子合成树脂	有机溶剂	涂膜细腻而紧韧,并且有一定的耐水性和耐老化性,但易燃,挥发后对人体有害,污染环境,在潮湿基层上施工容易起皮、剥落,且价格较贵
水溶性涂料	水溶性合成树脂	水	水溶性涂料无毒,不易燃,价格低,有一定的透气性,施工时对基层的干燥度要求不高,但它的耐水性、耐候性和耐擦洗性较差,一般只用于内墙面的装饰
乳液型涂料(乳胶漆)	乳液	?	乳液型涂料价格比较低,不易燃,无毒,有一定的透气性,涂膜耐水、耐擦洗性较好,涂刷时不要求基层很干燥,可作为内外墙建筑涂料

与有机涂料相比,无机涂料具有原材料资源丰富、生产工艺简单、温度适应性好、耐热性好、黏结力强以及资源丰富、价格低廉和污染程度低等优点。同时,涂膜的黏结力较高、遮盖力强,对基层处理的要求较低,耐久性好,色彩丰富,有较好的装饰效果。

复合涂料可使有机、无机涂料发挥各自的优势,取长补短,对于降低成本、改善性能、适应建筑室内外墙面装饰的新要求提供了一条有效途径。

2. 涂料的命名

根据国家标准《涂料产品分类和命名》(GB 2075—2003)对涂料的命名的规定,涂料的全名一般由颜色或颜料名称加上成膜物质名称,再加上基本名称组成。涂料颜色应位于涂料名称的最前面,若颜料对漆膜性能起明显作用,则可用颜料的名称代替颜色的名称;涂料名称中的主要成膜物质名称应作适当简化(比如将聚氨基甲酸酯简称为聚氨酯),若含有多种成膜物质,则选取起主要作用的成膜物质来进行命名。

4.1.3 涂料的技术指标要求

涂料的功能在于对建筑结构材料进行保护以及出于对美观要求而进行的装饰,因此要满足保护功能、装饰功能,在选用涂料时应注意以下技术指标是否满足了条件。

1. 稳定性

涂料在容器中的状态反映了其在储存时的稳定性。涂料在容器中储存过程中不能产生硬块,使用时经搅拌后涂料须呈均匀连续的状态。

2. 黏度

涂料的黏度可反映它的流平性,也就是在进行涂饰作业时,膜层应平整光滑,不产生流挂现象。涂料的黏度与涂料中成膜物质中的胶黏剂和填料的种类及含量(即固含量涂料中的不挥发物质在涂料总量中所占的百分比)有关。

3. 细度

细度指涂料中次要成膜物质颗粒的大小,它对涂膜表面平整性、颜色的均匀性和光泽度产生影响。

4. 最低成膜温度及干燥时间

最低成膜温度是乳液型涂料的一项重要性能。乳液型涂料只有在高于这一温度时才能进行施工操作,一般最低成膜温度在 10 ℃左右。干燥时间影响到涂料施工进行的时间,涂料的干燥时间分为表干时间和实干时间,通常表干时间不应超过 2 h,实干时间不应超过 24 h。

5. 遮盖力

遮盖力是指涂膜层遮盖基层表面颜色的能力。遮盖力的大小与涂料中的颜料着色力和含量有关。

6. 附着力

涂料膜层与基体之间的黏结力用附着力表示。附着力的大小与涂料中成膜物质的性质以及基层的性质和处理方法有关。附着力测定方法(划格法):在标准涂膜试件的表面用刀沿长度和宽度方向每隔 1 mm 画线,划出 100 个方格,然后用软毛刷沿格子的对角线方向反复刷 5 次,检查刷掉的方格数目,剩余方格数目占方格总数的百分比即涂料的附着力。

7. 耐久性

涂料的耐久性包含耐冻融性、耐沾污性、耐候性、耐水性、耐碱性及耐擦洗性等。

4.2 外墙涂料的选用

建筑外墙涂料的主要功能是装饰和保护建筑物的外墙面,使建筑物外墙整洁美观,同时能够起到保护建筑物外墙免遭环境侵蚀的作用,延长其使用寿命。外墙涂料应具有装饰效果好、耐水性和耐候性好、耐污染性强及易于清洗等优点。

外墙涂料主要有溶剂型、乳液型及硅酸盐无机外墙涂料几种类型。

4.2.1 溶剂型外墙涂料

1. 氯化橡胶外墙涂料

氯化橡胶外墙涂料又称氯化橡胶水泥漆,是由氯化橡胶、溶剂、增塑剂、颜料、填料和助剂配制而成的一种溶剂型外墙涂料。

氯化橡胶外墙涂料的施工温度范围广,能够在 -20 ~ 50 ℃的环境下施工,因此施工过程基本不受季节的影响。氯化橡胶涂料干燥速度快,要比一般油漆快几倍,几小时后即可刷第二道漆。氯化橡胶外墙涂料对基层要求不高,可在水泥、混凝土和钢材的表面进行涂饰,与基层之间有良好的黏结力,具有良好的耐碱性、耐水性、耐腐蚀性和耐候性。但在施工过程中要注意防火和劳动保护。

2. 丙烯酸酯外墙涂料

丙烯酸酯外墙涂料是以热塑性丙烯酸酯合成树脂为主要成膜物质,加入溶剂、颜料、填料和助剂等,经研磨而成的一种挥发型溶剂涂料。丙烯酸酯外墙涂料具有很多优良的特性,如耐候性好,不易变色、粉化、脱落,与墙面能够较好地结合,施工时受环境温度的影响小(即使在零度以下的严寒季节施工,也能很好地干燥成膜),施工方便,可采用涂刷、滚涂和喷涂等方法进行施工,并能配制出各种颜色。但这种涂料易燃、有毒,在施工时应注意采取适当的保护措施。

3. 聚氨酯系外墙涂料

聚氨酯系外墙涂料是以聚氨酯或聚氨酯与其他合成树脂复合体为主要成膜物质,然后添加颜料、填料、助剂而制成的一种优质外墙涂料。常用品种有聚氨酯 – 丙烯酸酯外墙涂料和聚氨酯高弹性外墙涂料。

聚氨酯系外墙涂料具有很多不同于其他外墙涂料的特点,它固体含量高,不是靠溶剂挥发,而是双组分按比例混合固化成膜;涂膜相当柔软,弹性变形能力大,与混凝土、金属、木材等黏结牢固,即使在基层裂缝宽度 0.3 mm 以上时,也不至于撕裂。

聚氨酯系外墙涂料可以做成各种颜色,施工时在现场按比例混合搭配均匀,要求基层含水率不大于 8%,涂料中溶剂挥发应注意防火及劳动保护,已在现场搅拌好的涂料,一般应在 4 ~ 6 h 内用完。

4.2.2　乳液型外墙涂料

乳液型涂料俗称乳胶漆,是采用乳液型成膜物质,将颜料、填料及各种助剂分散于其中形成的一种水性涂料。

1. 丙烯酸酯乳胶漆外墙涂料

丙烯酸酯乳胶漆外墙涂料是以热塑性丙烯酸酯合成树脂为主要成膜物质,加入填料、颜料及其他助剂而制得的一种优质乳液型外墙涂料。它靠溶剂挥发而成膜,较其他乳液型涂料的涂膜光泽柔和,耐候性与保光性好,保色性优异,耐久性可达 10 年以上,但价格较贵。

这种涂料对墙而有较好的渗透作用,黏结强度高。耐候性良好,在长期光照、日晒雨淋的条件下,不易变色、粉化或脱落。使用时不受温度限制,即使在零度以下的严寒季节施工,也可很好地干燥成膜,可采用刷涂、滚涂、喷涂等施工工艺,施工方便,可以按用户要求配制成各种颜色。

2. 乙 – 丙乳液外墙涂料

乙 – 丙乳液外墙涂料是由醋酸乙烯和一种或几种丙烯酸酯类单体、乳化剂、引发剂,通过乳液聚合反应制得的一种以乙 – 丙共聚乳液为主要成膜物质,并掺入颜料填料和助剂、防霉剂,经分散、混合配制而成的一种乳液型外墙涂料,通常称乙 – 丙乳胶漆。

该涂料以水为稀释剂,安全无毒,干燥快,施工方便,耐候性、保色性等耐久性好,是一种常用的建筑外墙涂料。

3. 苯－丙乳胶漆外墙涂料

苯－丙乳胶漆由苯乙烯和丙烯酸类单体、乳化剂、引发剂等通过乳液聚合反应得到苯－丙共聚乳液,以该乳液为主要成膜物质,再加入颜料、填料、助剂等组成。苯－丙乳胶漆外墙涂料是目前应用较为普遍的外墙乳液涂料之一。这种涂料具有丙烯酸酯类的高耐光性、耐候性、不泛黄等特点,并且具有优良的耐碱、耐水、耐湿擦洗等性能。它的外观细腻,色彩艳丽,质感好,与水泥材料附着力好,适用于外墙面装饰,但施工温度不能低于 8 ℃。施工时,两道涂料的施工间隔时间应不小于 4 h,使用寿命为 5～10 年。

4.2.3 硅酸盐无机外墙涂料

1. 碱金属硅酸盐系外墙涂料

碱金属硅酸盐系外墙涂料是以硅酸钾、硅酸钠为主要成膜物质,再加入颜料、填料及助剂等,经混合搅拌而成的,也称水玻璃涂料。不同类型的碱金属硅酸盐系涂料按照所用水玻璃类型的不同,分为钠水玻璃涂料、钾水玻璃涂料以及钾－钠水玻璃涂料三种。

碱金属硅酸盐系外墙涂料耐水性能优良,能承受长期雨水的冲刷,它的耐老化性能优越,抗紫外线照射能力优异,具有良好的耐热性能,在 600 ℃温度下不燃,可以满足建筑物的耐火要求。它以水为分散介质,无毒无味,施工方便,并且原材料资源丰富,价格低廉。

2. 硅溶胶外墙涂料

硅溶胶外墙涂料是以胶体二氧化硅为主要成膜物质,加入颜料、填料及各种助剂,经混合、研磨而成的。它以水为分散介质,无毒,不污染环境,易于施工,可刷涂、喷涂、滚涂和弹涂,遮盖力强,涂刷面积大,装饰效果好,涂膜细腻,颜色均匀明快,且涂膜致密、坚硬,耐磨性能良好,耐沾污性好,涂料应在 0 ℃以上地点存放,施工温度应高于 5 ℃。

4.3 内墙涂料的选用

内墙涂料起到装饰和保护室内墙面的作用,同时也可用做顶棚涂料。它使内墙美观整洁,让人们处于舒适的居住环境之中。因此,对内墙涂料有以下要求。

①色彩丰富,细腻柔和。由于居住者对颜色的喜爱不同,加之内墙涂层与人们的距离比外墙涂层近,因此要求内墙涂料色彩丰富,质地细腻柔和。

②耐碱性、耐水及耐洗刷性好。

③透气性好,以减少墙面的结露、挂水。

④施工简便,易重涂,满足翻修墙面、改善居住环境的需要。

4.3.1 聚乙烯醇类内墙涂料

聚乙烯醇类内墙涂料是以聚乙烯醇树脂及其衍生物为主要成膜物质,混合填料、颜料、助剂以及水,经研磨均匀而成的一种水溶性内墙涂料。常用的聚乙烯醇类内墙涂料有聚乙烯醇水玻璃涂料、聚乙烯醇缩甲醛涂料等。

1. 聚乙烯醇水玻璃内墙涂料

聚乙烯醇水玻璃内墙涂料是以聚乙烯醇树脂水溶液和水玻璃为主要成膜物质,加入适量的颜料、填料和少量助剂,经研磨而成的水溶性涂料。这种涂料配制简单,无毒无味,不易燃,施工方便,涂膜干燥快,能在稍湿的墙面上进行施工,黏结力强,涂膜表面光洁平滑,装饰效果好,但膜层的耐擦洗性能较差,易产生起粉脱落现象。聚乙烯醇水玻璃涂料适用于住宅、商场、医院、旅馆、剧场、学校等建筑的内墙装饰。

2. 聚乙烯醇缩甲醛内墙涂料

聚乙烯醇缩甲醛内墙涂料是以聚乙烯醇缩甲醛为主要成膜物质,加入颜料、填料及其他助剂,经研磨制成的一种水溶性涂料,俗称"803"涂料。这种涂料无毒、无味,涂膜表面光洁,耐水性及耐洗刷性好,最低施工温度为 10 ℃,可涂刷于混凝土、灰泥墙面,适合大厦、住宅、剧院、毯院以及学校等内墙面的装饰。

4.3.2　聚醋酸乙烯乳液内墙涂料

聚醋酸乙烯乳胶漆内墙涂料是以聚醋酸乙烯乳液为主要成膜物质,加入适量的填料、颜料及助剂经加工而成的水乳型涂料。这种涂料(又称乳胶漆)具有无味、无毒、不燃,透气性好,附着力强,颜色鲜艳,易于施工(可用于新旧石灰、水泥基层,刷、滚施工均可),干燥速度快等优点,是一种中档的内墙涂料。

任务5　对装饰板材进行评定与选用

建筑装饰板材在装饰工程中应用广泛,包含胶合板、微薄木贴面板、各类金属板材、玻璃钢装饰板等。微薄木贴面板是用水曲柳、柳桉木、色木、桦木等旋切成 0.1～0.5 mm 厚的薄片,以胶合板为基材胶合而成的,其花纹美丽,装饰性好。胶合板等各种木质板材在前面的任务中已经详细介绍过,这里不再赘述。

5.1　玻璃钢装饰板

5.1.1　玻璃钢

玻璃钢是玻璃纤维增强塑料的俗称,它是以玻璃纤维及其制品为增强材料,以合成树脂为黏结剂,经一定的成型方法制作而成的一种新型材料。它集中了玻璃纤维及合成树脂的优点,具有质量轻,强度高、热性能好、电性能优良、耐腐蚀、抗磁、成型制造方便等优良特性。它的质量轻、强度接近钢材。因此,人们常把它称为玻璃钢。由于所使用的树脂品种不同,有聚酯玻璃钢、环氧玻璃钢、酚醛玻璃钢之称。

5.1.2 玻璃钢的特性

1. 轻质高强

相对密度在 1.5~2.0,只有碳钢的 1/5~1/4,可是拉伸强度却接近,甚至超过碳素钢,而比强度可以与高级合金钢相比。

2. 耐腐蚀性能好

玻璃钢是良好的耐腐材料,对大气、水和一般浓度的酸、碱、盐以及多种油类和溶剂都有较好的抵抗能力。它已应用到化工防腐的各个方面,正在取代碳素钢、不锈钢、木材、有色金属等。

3. 电性能好

它是优良的绝缘材料,被用来制造绝缘体。

4. 隔热性能良好

玻璃钢热导率低,室温下为 1.25~1.67 W/(m·K),只有金属的 1/1 000~1/100,是优良的绝热材料。在瞬时超高温情况下,它是理想的热防护和耐烧蚀材料。

5. 可设计性良好

它可以根据需要灵活地设计出各种结构产品来满足使用要求,可以使产品有很好的整体性,可以充分选择材料来满足产品的性能。

6. 工艺简单

它可以根据产品的形状、技术要求、用途及数量来灵活地选择成型工艺。工艺简单,可以一次成型,经济效果突出,尤其对形状复杂、不易成型的数量少的产品,更突出它的工艺优越性。

5.1.3 玻璃钢装饰板

玻璃钢装饰板是以玻璃纤维布为增强材料,以不饱和聚酯树脂为胶黏剂,在固化剂、催化剂的作用下经加工而成的装饰板材。

玻璃钢装饰板色彩多样、美观大方、漆膜光亮、硬度高、耐磨、耐酸碱、耐高温,是一种优良的室内装饰材料。它适用于粘贴在各种基层、板材表面上做建筑装饰和家具用。

5.2 建筑装饰用钢制板材

5.2.1 彩色涂层钢板

1. 彩色涂层钢板的生产

彩色涂层钢板,又称彩色钢板,是以冷轧钢板或镀锌钢板为基层板,经过刷磨、除油、磷化、钝化等表面处理,在基层板的表面形成了一层极薄的磷化、钝化膜,以增强基层的耐蚀性和提高漆膜对基层板的附着力。经过表面处理的基层板在通过辊涂机时,在基层板两面涂覆一定厚度的涂层,再经过烘烤炉加热使涂层固化,即获得彩色涂层钢板,如图 5.5.1 所示。

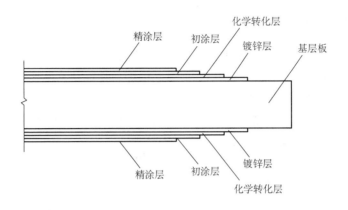

精涂层　初涂层　化学转化层　镀锌层　基层板

精涂层　初涂层　镀锌层　化学转化层

图 5.5.1　彩色涂层钢板结构示意图

彩色涂层钢板的涂层分为有机涂层、无机涂层和复合涂层三种。有机涂层可以配制出各种不同的颜色和花纹,而且涂层附着力强,可以长期保持鲜艳的色泽。

2. 彩色涂层钢板的特性

彩色涂层钢板具有绝缘、耐磨、耐酸碱、耐油及醇的侵蚀等特点,耐热、耐低温性能好,并具有良好的加工性能,可切断、弯曲、钻孔、铆接、卷边等,耐污染,易清洗,自重轻,安装方便。它可以用做墙板、屋面板、瓦楞板、防水汽渗透板、排气管、通风板等。

5.2.2　彩色压型钢板

彩色压型钢板是以镀锌钢板为基层板,经过成型机轧制,并涂敷各种耐腐蚀涂层与彩色烤漆而制成的轻质围护结构材料。这种钢板具有质量轻、色彩鲜艳、抗震性好、耐久性强、易加工以及安装施工方便等优点。它适用于工业与民用及公共建筑的屋面、墙板及用于表面装饰等。彩色压型钢板板型如图 5.5.2 所示。

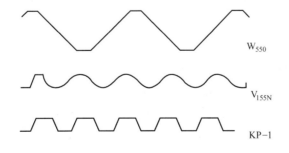

W_{550}

V_{155N}

KP-1

图 5.5.2　彩色压型钢板板型

5.3 铝合金装饰板

5.3.1 铝合金的特性

为提高铝的强度、硬度及改善其耐蚀性,在纯铝中加入适量的铜、镁、锰、硅和锌等元素而制得铝合金。铝合金不仅保持铝原有特性,而且它的综合性能还有所提升,在建筑工程中得到广泛应用。铝合金有如下一些特性。

①密度小、质量轻,比强度比较高,为碳素钢的 2 倍以上,是一种典型的轻质高强材料。

②耐大气腐蚀性很好,低温性能好,基本上不呈现低温脆性。

③延展性好,易于切割、冲压、冷弯、切削等各种机械加工,也可通过轧制或挤压等方法加工成断面形状复杂的各种型材。

5.3.2 铝合金的分类

根据加工方法及成分的不同,铝合金分为变形铝合金和铸造铝合金两类。

1. 变形铝合金

变形铝合金是指可以进行压力加工(热态或冷态)的铝合金,常用的变形铝合金及其牌号有防锈铝合金(LF)、硬铝合金(LY)、超硬铝合金(LC)和锻铝合金(LD)等。变形铝合金通常可以用来拉制管材、型材和各种断面的嵌条。

2. 铸造铝合金

铸造铝合金是指用液态铝合金直接浇铸而成的各种形状复杂的制品。铸造铝合金可分为铸造铝硅合金、铸造铜铝合金、铸造铝镁合金及铸造铝锌合金。铸造铝合金可用来浇铸各种形状的零件。

5.3.3 铝合金装饰板

铝合金装饰板以纯铝或铝合金为原料,经辊压冷加工而成。铝合金装饰板具有质量轻、不燃烧、耐久性好、装饰效果好和施工操作方便等优点。铝合金装饰板主要有铝合金浅花纹板、铝合金花纹板、铝合金穿孔板、铝合金波纹板等。

1. 铝合金浅花纹板

以冷作硬化后的铝材为基础,表面加以浅花纹处理后得到的装饰板,称为铝合金浅花纹板。它的花纹精巧别致,色泽美观大方,刚度较普通铝合金有所提高,同时抗污垢、抗划伤、抗擦伤能力均有提高。铝合金浅花纹板对日光反射率为 75% ~ 90%,热反射率达 85% ~ 95%,具有良好的金属光泽和热反射性能,广泛用于室内墙面、电梯内饰面等。

2. 铝合金花纹板

铝合金花纹板采用防锈铝合金做坯料,用有一定花纹的轧辊轧制而成。其花纹美观大方,筋高适中,不易磨损,防滑性好,耐腐蚀性强,冲洗方便,通过表面处理可以获得各种颜色。花纹板板材平整,裁剪尺寸精确,便于安装。它广泛应用于现代建筑的墙面装饰以及楼梯、踏板等处的装饰。

3. 铝合金穿孔板

铝合金穿孔板是将铝合金平板经机械冲压成多孔状,集吸声降噪与装饰于一体的板材。孔形根据设计有圆孔、方孔、长圆孔、砚角孔和大小组合孔等,降噪效果可达 4~5 dB。铝合金穿孔板还具有质量轻、强度高、防火、防潮、耐高压、耐高温、耐腐蚀、稳定性好、造型美观、色泽雅致和立体感强等特点,使用时组装简便,维修容易。它主要用于对音质效果要求较高的各类建筑中,如影剧院、播音室、会议室等,也可用于车间厂房作为降噪声措施。

4. 铝合金波纹板

铝合金波纹板横切面的图形是一种波纹形状(如图 5.5.3 所示)。其颜色有银白色和其他多种颜色,具有一定的装饰效果。银白色的还具有很强的光反射能力。它经久耐用,防火、防潮、耐腐蚀,在大气中可使用 20 年以上不需更换,同时可多次拆卸、重复使用。它适用于做工程的围护结构,也可做墙面和屋面。

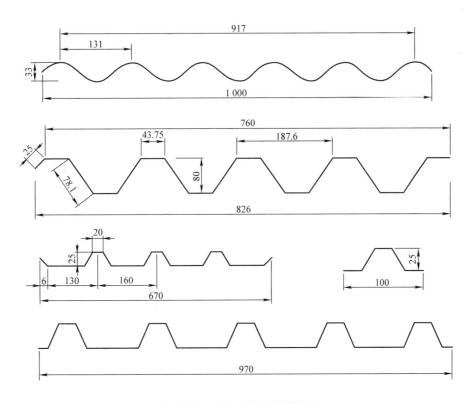

图 5.5.3　铝合金波纹板横切面

任务6 对建筑玻璃进行评定与选用

玻璃是以石英砂(SiO_2)、纯碱(Na_2CO_3)、长石($R_2O \cdot Al_2O_3 \cdot 6SiO_2$，式中 R 表示 Na 或 K)和石灰石等为主要原料，在1 600 ℃高温下熔融成液态，经拉制或压制而成的非结晶透明状的无机材料。

作为现代建筑及装饰工程中最常用的主要材料之一，玻璃的品种、功能日益增多。它不仅具有单纯的透光、装饰等基本功能，还增加了控制光线、调节室内外温差、建筑节能、噪声控制等功能。

6.1 玻璃的基本知识

6.1.1 玻璃的原料及组成

生产玻璃的主要原料有石英砂、纯碱、长石以及石灰石等原料。玻璃具有很高的透光性，质地坚硬，具有较高的强度和气密性，具有极高的稳定性、耐化学腐蚀性，加工性能良好，原料来源广泛，价格低廉。

玻璃的组成比较复杂，SiO_2、Na_2O、CaO 等的含量在72%、15%和9%左右。除此之外，还含有氧化镁、氧化铁、氧化铜等其他化学成分。玻璃中的各种化学成分的含量，对玻璃的密度、强度、耐热性等性质有着不同程度的影响。玻璃中化合物的作用如表5.6.1所示。

表5.6.1 玻璃中化合物的作用

常用化合物	对玻璃性质的影响("↑"表示增强，"↓"表示降低)
氧化硅	化学稳定性↑、耐热性↑、强度↑、密度↓、热膨胀系数↓
氧化钠	热膨胀系数↑、化学稳定性↓、耐热性↓、熔融温度↓、析晶倾向↓、退火温度↓、韧性↓
氧化钙	化学稳定性↑、韧性↑、强度↑、硬度↑、析晶倾向↑、退火温度↑、耐热性↓
氧化铝	熔融温度↑、化学稳定性↑、强度↑、析晶倾向↓
氧化镁	化学稳定性↑、耐热性↑、强度↑、退货温度↑、韧性↓、析晶倾向↓

6.1.2 玻璃的基本性质

1. 密度

玻璃内部孔隙率几乎为零，属于致密材料，普通玻璃的密度为2 450～2 550 kg/m³。玻璃的密度与化学成分有关，如玻璃中含有重金属氧化物，则密度较大。同时玻璃的密度随温度的升高而降低。

2. 化学性质

玻璃是具有较高的化学稳定性的材料，通常情况下，对多数酸(除氢氟酸外)、碱、盐及化学试剂与腐蚀性气体等都具有较强的抵抗能力，但长期受到侵蚀性介质的腐蚀，化学稳定性变差,也会导致破坏。

3. 光学性质

玻璃是主要的透光材料,它对入射其中的光线有透射、反射和吸收三种作用,分别用透光率、反射系数和吸收率来表示。

(1)对光线的透射

透射是指光线能透过玻璃的性质,以透光率表示。它是透过玻璃的光能与入射光能的比值。透光率是玻璃的重要性能,清洁的玻璃透光率达 85% ~ 90%。其值随玻璃厚度增加而减小,因此厚玻璃和重叠多层的玻璃不易透光,另外玻璃的颜色及少量杂质也会影响透光,彩色玻璃的透光率有时低至 19%。紫外线透不过大多数玻璃。

(2)对光线的反射

玻璃的反射光能与各射光能之比,称为反射系数,其大小取决于反射面的光滑程度及入射光线的入射角的大小。它是评价热反射玻璃的一个重要指标。

(3)对光线的吸收

吸收是指光线通过玻璃后,一部分光能被损失在玻璃中,以吸收率表示,吸收率是吸收光能与入射光能之比。玻璃的吸收率随着玻璃的化学组成和颜色不同而异。无色玻璃可透过各种颜色的光线,但吸收红外线和紫外线;各种有色玻璃都能透过同色光线而吸收其他颜色的光线。吸收率是评价吸热玻璃的一项重要指标。

4. 热工性能

比热容、热导率和热膨胀系数(热稳定性)是玻璃热工性能的主要指标。

(1)比热容

玻璃的比热容随温度而变化,温度在 15 ~ 100 ℃时,一般比热在 0.33 ~ 1.05 J/(kg·K)。在低于玻璃软化温度和高于流动温度的范围之间,玻璃的比热容几乎不变,但在软化温度与流动温度之间,其值随温度的升高而增加。

(2)热导率

常温下,玻璃的热导率仅为铜的 1/400,温度升高时热导率增大,尤其温度在达到 700 ℃以上后热导率便会显著增大。除此之外,热导率的大小还受玻璃的密度、化学组成以及颜色等因素的影响。

(3)热膨胀系数(热稳定性)

玻璃制品会随环境温度热胀冷缩,当玻璃急热时受热表面产生压应力,而急冷时产生拉应力,玻璃经受剧烈的温度变化而不破坏的性能称为玻璃的热稳定性,玻璃的热稳定性由热膨胀系数表示。玻璃的热稳定性决定玻璃在温度急剧变化时抵抗破裂的能力。玻璃的热膨胀系数越小,热稳定性越高。玻璃的化学组成纯度越高,热稳定性越好;玻璃制品越厚,体积越大,热稳定性越差。玻璃表面上出现的擦痕或裂纹等各种缺陷都能使其热稳定性变差。

5. 力学性质

玻璃的力学性质包括抗压强度、抗拉强度、抗弯强度、弹性模量和硬度等。玻璃的化学组成、制品形状、表面性质和加工方法等对其力学性质起决定性作用。

（1）玻璃的抗压、抗拉、抗弯强度

玻璃的抗压强度随其化学组成变化而变化，一般为 600 ~ 1 600 MPa。二氧化碳含量较高的玻璃具有较高的抗压强度，凡含有未熔夹杂物、结石以及承受载荷而产生的细微裂纹都会造成应力集中，从而降低玻璃的机械强度。因此，玻璃制品长期使用后，须用氢氟酸处理其表面，消灭细微裂纹，恢复其强度。

玻璃的抗拉强度较低，通常为抗压强度的 1/5 ~ 1/4，为 40 ~ 120 MPa，在冲击力的作用下极易破碎。玻璃的抗弯强度取决于其抗拉强度，并且随着荷载时间的延长和制品宽度的增大而减小。

（2）玻璃的弹性模量和硬度

玻璃的弹性模量主要受温度的影响，随着温度的升高弹性模量降低。普通玻璃的弹性模量为 60 000 ~ 75 000 MPa，是钢的 1/3。玻璃的硬度随其化学成分和加工方法的不同而不同，一般其莫氏硬度为 4 ~ 7。

6.2 玻璃的常用加工方法

6.2.1 玻璃的冷加工

在常温下通过机械方法来改变玻璃制品的外形和表面形状的过程，称为玻璃的冷加工。玻璃冷加工的基本方法有研磨抛光、喷砂、切割和钻孔等。

1. 研磨抛光

对玻璃进行研磨是指用比玻璃硬度更大的研磨材料，磨去玻璃制品粗糙不平处或成型时余留部分的玻璃，使制品具有需要的尺寸、形状及平整的表面。抛光能使光面玻璃变得平滑、透明，并具有光泽。经研磨抛光后的玻璃制品，称为磨光玻璃。图 5.6.1 所示为玻璃研磨抛光过程。

| 粗磨料研磨 | ➡ | 逐级细磨 | ➡ | 抛光材料抛光 |

图 5.6.1 玻璃研磨抛光过程

2. 喷砂

玻璃的喷砂是利用高压高速气流（气流中带着细粒石英砂或金刚石砂）吹到玻璃表面，使表面组织不断受到砂粒的高速冲击而产生破坏，形成毛面的过程。喷砂主要用于玻璃表面磨砂及玻璃仪器商标的印制。

3. 切割

玻璃的切割是利用玻璃的脆性和残余应力，在切割点加一刻痕造成应力集中，使玻璃易于折断的过程。用金刚石、合金刀或其他坚韧工具在玻璃表面刻痕，再加以折断。

4. 钻孔

玻璃的钻孔分研磨钻孔、钻床钻孔、冲击钻孔和超声波钻孔等。

研磨钻孔,用铜或黄铜棒压在玻璃表面上转动,通过碳化硅等磨料及水的研磨作用使玻璃形成所需要的孔,钻出的孔径大小为 3 ~ 100 mm;钻床钻孔,用碳化钨或硬质合金钻头进行钻孔操作,加工时用水、轻油、松节油冷却,钻出的孔径大小为 3 ~ 15 mm;冲击钻孔,利用电磁振荡器使钻孔钻凿连续冲击玻璃表面从而形成所需钻孔;超声波钻孔,利用超声波发生器使加工工具发生频率为 16 ~ 30 kHz、振幅为 2 ~ 30 μm 的振动,在振动工具和玻璃之间注入含有磨料的加工液,使玻璃穿孔得到所需钻孔。

6.2.2　玻璃的热加工

玻璃的热加工是利用玻璃黏度随温度改变的特性以及其表面张力与热导率的特点来进行的,热加工处理可以改善玻璃的性能及外观质量。玻璃的热加工方法有烧口、火焰切割与钻孔以及火抛光。

烧口是用集中的高温火焰对玻璃局部集中加热,依靠玻璃表面张力的作用使玻璃在软化时变得圆滑的加工方法;火焰切割与钻孔是用高速的火焰对玻璃制品进行局部集中加热,使受热处的玻璃达到熔化流动状态,此时用高速气流将制品切开的加工方法;火抛光是利用高温火焰对玻璃表面的波纹、细微裂纹等缺陷进行局部加热,使之熔融平滑,以消除玻璃表面的这些细微缺陷的加工方法。

经过热加工的制品,应缓慢冷却,防止炸裂或产生大的永久性应力,对许多制品还必须进行二次退火。

6.2.3　玻璃的表面装饰处理

玻璃制品的表面装饰处理有化学蚀刻抛光、表面着色及表面镀膜等。

1. 化学蚀刻抛光

化学蚀刻和抛光都是利用氢氟酸能腐蚀玻璃这一特性来进行处理的。在装饰工程中,可用氢氟酸腐蚀玻璃,使玻璃的表面形成一定的图案和文字。

化学蚀刻是用氢氟酸溶掉玻璃表面的硅氧层,根据残留盐类溶解度的不同,而得到有光泽的表面或无光泽的毛面的过程。生产过程中通常采用刻蚀液或刻蚀膏进行化学腐蚀。玻璃制品表面不需要腐蚀的部位可涂上保护漆或石蜡。

化学抛光也是利用氢氟酸破坏玻璃表面原有的硅氧膜而生成一层新的硅氧膜,从而提高玻璃的光洁度与透光率的过程。

2. 表面着色

表面着色是在高温下用含有着色离子的金属、盐类的糊膏涂覆在玻璃表面上,使着色离子与玻璃中的离子进行交换,扩散到玻璃表层中使玻璃表面着色的过程。某些金属离子还需要被还原为原子,原子集聚成胶体从而使玻璃着色。

3. 表面镀膜

表面镀膜是利用各种工艺使玻璃的表面覆盖一层性能特殊的金属薄膜,使其具有金属光泽的过程。玻璃的表面镀膜广泛用于加工制造热反射玻璃、护目玻璃、膜层导电玻璃、保温瓶胆、玻璃器皿和装饰品等。

6.3 常用玻璃制品

6.3.1 平板玻璃

平板玻璃是指未经再加工的，表面平整、光滑、透明的板状玻璃，主要用于装配建筑物门窗，起采光、遮挡风雨、保温和隔声等作用。平板玻璃也可用做进一步深加工或具有特殊功能的基础材料。平板玻璃的生产方法通常分为两种，即传统的引拉法和浮法。用引拉法生产的平板玻璃称为普通平板玻璃。浮法是目前最先进的生产工艺（如图 5.6.2 所示），采用浮法生产平板玻璃，不仅产量大、工效高，而且表面平整、厚度均匀，光学等性能都优于普通玻璃，称为浮法玻璃。

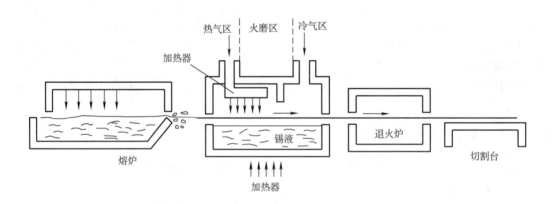

图 5.6.2　浮法玻璃工艺示意图

1. 平板玻璃的规格、质量标准

按照《普通平板玻璃》（GB 11614—2009）规定，平板玻璃厚度有以下几种。

引拉法玻璃厚度分为 2、3、4、5、6 mm 5 种，长宽比不大于 2.5，其中 2、3 mm 厚玻璃尺寸不小于 400 mm×300 mm，4、5、6 mm 厚玻璃尺寸不小于 600 mm×400 mm。

浮法玻璃厚度分为 3、4、5、6、8、10、12 mm 7 种，其尺寸一般小于 1 000 mm×1 200 mm，但大于或小于 2 500 mm×300 mm。浮法玻璃按照光学性质和外观质量分为优等品、一级品和合格品三个等级，如表 5.6.2 所示。

2. 平板玻璃的计量和保管

平板玻璃应采用木箱或者集装箱（架）包装。厚度为 2 mm 的平板玻璃，每 10 m 为一标准箱，一标准箱的质量为 50 kg 时称为一质量箱。对其他厚度规格的玻璃计量时按表 5.6.3 进行标准箱或者质量箱的换算。

平板玻璃属于易碎品,在运输和储存时,必须箱盖向上,垂直立放,入库或入棚保管,注意防雨防潮。

表 5.6.2 浮法玻璃的等级指标

缺陷名称	说明	优等品	一等品	合格品
光学变化	光入射角	厚 3 mm,55° 厚不小于 4 mm,60°	厚 3 mm,50° 厚不小于 4 mm,55°	厚 3 mm,40° 厚不小于 4 mm,45°
气泡	长度为 0.5~1 mm 时,每平方米允许个数	3	5	10
	长度大于 1 mm 时,每平方米允许个数	2 (长度为 1~1.5 mm)	1 (长度为 1~1.2 mm)	4 (长度 1~1.5 mm) 2 (长度大于 1.5~5 mm)
夹杂物	长度 0.3~1 mm 时,每平方米允许个数	1	2	3
	长度大于 1 mm 时,每平方米允许个数	1 (长 1~1.5 mm, 50 mm 边部)	1 (长 1~1.5 mm)	2 (长 1~2mm)
划伤	宽度小于或等于 0.1 mm 时,每平方米允许条数	1 (长不大于 50 mm)	2(长不大于 50)	6 (长不大于 100mm)
	宽度大于 0.1 mm 时,每平方米允许条数	不许有	1 (宽 0.1~0.5 mm, 长不大于 50mm)	3 (宽 0.1~1 mm, 长不大于 100mm)
线道	正面可以看到的,每片玻璃允许的条数	不许有	1 (50 mm 边部)	2

表 5.6.3 平板玻璃标准箱和质量箱换算系数

厚度/mm	折合标准箱		折合质量箱	
	每 10 m² 折合标准箱	每标准箱 折合 m² 数	每 10 m² 折合 kg 数	每 10 m² 折合 质量箱
2	1.0	10.00	50	1
3	1.65	6.06	75	1.5
5	3.5	2.85	125	2.5
6	4.5	2.22	150	3
8	6.5	1.54	200	4
10	8.5	1.17	250	5
12	10.5	0.95	300	6

6.3.2 安全玻璃

玻璃是脆性材料,当外力超过一定数值时即碎裂成具有尖锐棱角的碎片,破坏时几乎没有塑性变形。为了减少玻璃的脆性,提高玻璃的强度,改变玻璃碎裂时带尖锐棱角的碎片飞溅,容易伤人的现象,对普通的平板玻璃进行增强处理,或者与其他材料复合得到的产品,称为安全玻璃,常用的有以下几种。

1. 钢化玻璃

常见的钢化玻璃是采用物理钢化法制得的。即将平板玻璃加热到接近软化温度(约为650 ℃),然后用冷空气喷吹使其迅速冷却,表面形成均匀的预加压应力,从而提高了玻璃的强度、抗冲击性和热稳定性。

与普通平板玻璃相比,钢化玻璃的抗弯强度提高了3~5倍,达200 MPa 以上,韧性提高了约5倍,热稳定性高,最大安全工作温度为288 ℃,能承受204 ℃的温差变化。钢化玻璃一旦受损破坏,便产生应力崩溃,破碎成无数带钝角的小块,不易伤人。

钢化玻璃可用做高层建筑的门窗、幕墙、隔墙、屏蔽、桌面玻璃、炉门上的观察窗以及车船玻璃。钢化玻璃不能切割、磨削。使用时需按现成尺寸规格选用或按设计要求定制,钢化玻璃搬运时须注意保护边角不受损伤。

2. 夹丝玻璃

夹丝玻璃是在平板玻璃中嵌入金属丝或金属网。夹丝玻璃一般采用压延法生产,在玻璃液进入压延辊的同时将经过预热处理的金属丝或金属网嵌入玻璃板中而制成。夹丝玻璃的表面有压花和光面两种,颜色有无色透明和彩色两种,厚度一般都在5 mm 以上。

夹丝玻璃的耐冲击性和耐热性好,在外力作用或温度剧变时,玻璃裂而不散,粘连在金属丝网上,避免碎片飞出伤人。发生火灾时夹丝玻璃即使受热炸裂,仍能固定在金属丝网上,起到隔绝火势的作用。

夹丝玻璃适用于震动较大的工业厂房门窗、屋面、采光天窗,建筑物的防火门窗或仓库、图书库门窗。

3. 夹层玻璃

夹层玻璃是在两片或多片玻璃之间嵌夹透明塑料膜片,经加热、加压黏合而成。生产夹层玻璃的原片可采用平板玻璃、钢化玻璃、热反射玻璃、吸热玻璃等。玻璃的厚度可达2、3、5、6、8 mm。常用的塑料膜片为聚乙烯醇缩丁醛。夹层玻璃最多可达9层,这种玻璃也称防弹玻璃。

夹层玻璃按形状可分为平面和曲面两类。夹层玻璃的抗冲击性能比平板玻璃高出几倍,破碎时只产生裂纹而不分离成碎片,不致伤人。

夹层玻璃适用于安全性要求高的门窗,如高层建筑或银行等建筑物的门窗、隔断、商品或展品成列柜及橱窗等防撞部位,车、船驾驶室的挡风玻璃。

6.3.3　节能玻璃

1. 吸热玻璃

吸热玻璃是能吸收大量红外线辐射能,并保持较高可见光透过率的平板玻璃。吸热玻璃是有色的,其生产方法有两种:一种是在玻璃原料中加入一定量的有吸热性能的着色剂,如氧化铁、氧化镍、氧化钴以及硒等制成;另一种是在平板玻璃表面喷镀一层或多层金属氧化物镀膜而制成。吸热玻璃的颜色有灰色、茶色、蓝色、绿色、青铜色、粉红色和金黄色等。厚度有 2、3、5、6 mm 四种规格。

吸热玻璃能吸收 20% ~ 80% 的太阳辐射热,透光率为 40% ~ 75%。吸热玻璃除了能够吸收红外线之外,还可以防眩光和减少紫外线的射入,降低紫外线对人体和室内装饰及家具的损害。吸热玻璃适用于既需要采光,又需要隔热之处,尤其是炎热地区需设置空调、避免眩光的大型公共建筑的门窗、幕墙、商品陈列窗、计算机房及车船玻璃,还可以制成夹层、夹丝或中空玻璃等制品。

2. 热反射玻璃

热反射玻璃是具有较强的热反射能力而又保持良好透光性的玻璃。它采用热解、真空蒸镀、阴阳溅射等方法,在玻璃表面镀上一层或几层金、银、铜、镍、铬、铁或上述金属的合金或金属氧化物薄膜;或采用电浮法等离子交换方法,以金属离子置换玻璃表面原有离子而形成热反射膜。热反射玻璃又称镀膜玻璃或镜面玻璃,有金色、茶色、灰色、紫色、褐色、青铜色和浅蓝等色。

热反射玻璃对太阳光具有较高的热反射能力,一般热反射率都在 30% 以上,最高可达 60%。玻璃本身还能吸收一部分热量,使透过玻璃的总热量更少,热反射玻璃的可见光部分透过率一般在 20% ~ 60%,透过热反射玻璃的光线变得较为柔和,能有效地避免眩光,从而改善室内环境,是有效的防太阳辐射玻璃。镀金属膜的热反射玻璃还具有单向透像的作用,即在玻璃的迎光面具有镜子的功能,在背光面则又如普通玻璃一样可透视。所以,在白天能从室内看到室外景物,而从室外却看不到室内的景象,只能看见玻璃对周围景物的影像。

热反射玻璃主要用做公共或民用建筑的门窗、门厅或幕墙等装饰部位,不仅能降低能耗,还能增加建筑物的美感,起到装饰作用。

3. 中空玻璃

中空玻璃是将两片平板玻璃相互间隔 6 ~ 12 mm,四周用间隔框分开,并用密封胶或其他方法密封,使玻璃层间形成干燥气体空间的产品。

中空玻璃可以根据要求选用各种性能和规格的玻璃原片,如浮法玻璃、钢化玻璃、夹层玻璃、夹丝玻璃、压花玻璃、彩色玻璃、热反射玻璃、吸热玻璃等。玻璃片厚度可分为 4、5、6 mm,中空玻璃总厚度为 12 ~ 42 mm。

中空玻璃具有良好的保温隔热性能,如双层中空玻璃(3 + 12A + 3) mm 的隔热效果与 100 mm 厚混凝土墙效果相当,而中空玻璃的质量只有 100 mm 厚,是混凝土墙的 1/16。再如 3 层中空玻璃(3 + 12A + 3 + 12A + 3) mm 的隔热效果与 370 mm 烧结普通砖墙相当,而自重只有砖墙的 1/20。因此在隔热效果相同的条件下,用中空玻璃代替部分砖墙或混凝土墙,不仅可以增加采光面积、透明度和室内舒适感,而且可以减轻建筑物自重,简化建筑结构。中空玻璃有良好的隔声效果,可降低室外噪声 25~30 dB。另外,中空玻璃可降低表面结露温度。

中空玻璃主要用于需要采暖、空调、防止噪声、防结露及要求无直接阳光和特殊光的建筑物上,如住宅、写字楼、学校、医院、宾馆、饭店、商店、恒温恒湿的实验室等处的门窗、天窗或玻璃幕墙。

6.3.4 其他玻璃制品

1. 磨砂玻璃

磨砂玻璃又称毛玻璃,是采用机械喷砂、手工研磨或氢氟酸溶蚀等方法将普通的平板玻璃表面处理成均匀的毛面制成的。磨砂玻璃表面粗糙,使透过光产生漫射而不能透视,灯光透过后变得柔和而不刺目,所以这种玻璃还具有避免眩光的特点。

磨砂玻璃可用于会议室、卫生间、浴室等处,安装时毛面应朝向室内淋水的一侧。磨砂玻璃也可制成黑板或灯罩。

2. 压花玻璃

压花玻璃是将熔融的玻璃在急冷中通过带图案花纹的辊轴压延而成的制品。可以一面压花,也可以两面压花。若在原料中着色或在玻璃表面喷涂金属氧化物薄膜,可制成彩色压花玻璃。由于压花面凹凸不平,当光线通过时产生漫射,所以通过它观察物体时会模糊不清,产生透光不透视的效果。压花玻璃表面有多种图案花纹或色彩,具有一定艺术装饰效果,多用于办公室、会议室、卫生间、浴室以及公共场所分离室的门窗和隔断等处,安装时应将花纹朝向室内。

3. 空心玻璃砖

空心玻璃砖是由两个半块玻璃砖组合而成,中间具有空腔而周边密封。空腔内有干燥空气并存在微负压。空心玻璃砖有单腔和双腔两种。形状多为正方形或长方形。表面可制成光面或凹凸花纹面。

由于空心玻璃砖内部有密封的空腔,因此具有隔声、隔热、控光及防结露等性能。空心玻璃砖可用于写字楼、宾馆、别墅等门厅、屏风、立柱的贴面、楼梯栏板、隔断墙和天窗等不承重的墙体或墙体装饰,或用于必须控制透光、眩光的场所及一些外墙装饰。

空心玻璃砖不能切割,可用水泥砂浆砌筑。施工时可用固定间隔框或用 φ6 拉结筋结合固定框的方法进行固定。由于空心玻璃砖的热膨胀系数与烧结普通砖、混凝土和钢结构不相同,因此砌筑时在玻璃砖与烧结普通砖、混凝土或钢结构连接处应加弹性衬垫,起缓冲作用。若是大面积砌筑时在连接处应设置温度变形缝。

4. 玻璃锦砖

玻璃锦砖又称玻璃马赛克,是内部含有石英砂颗粒的乳浊或半乳浊状彩色玻璃制品。它的规格尺寸与陶瓷锦砖相似,多为正方形,一般尺寸为 20 mm × 20 mm、30 mm × 30 mm、40 mm × 40 mm,厚 4~6 mm,背面有槽纹利于与基础黏结,为便于施工,出厂前将玻璃锦砖按设计图案反帖在牛皮纸上,帖成 305.5 mm×305.5 mm 见方,称为一联。

玻璃锦砖质地坚硬,性能稳定,颜色丰富,雨天能自涤,经久常新,是一种较好的外墙装饰材料。

建筑装饰工程中用到的玻璃还有釉面玻璃、镭射玻璃、刻花玻璃、冰花玻璃、镜面玻璃、晶质玻璃等。

任务 7　对装饰面砖进行评定与选用

装饰面砖多为建筑陶瓷制品。陶瓷是以黏土为主要原料,经配料、制坯、干燥和焙烧制得的制品。陶瓷的生产在我国有着悠久的历史和光辉的成就,它对世界陶瓷技术的发展和世界文化都产生了极为深刻的影响。

建筑陶瓷质地均匀致密,有较高的强度和硬度,耐水、耐磨、耐化学腐蚀,耐久性好,易清洗,可制成多种花色品种,表面花纹图案绚丽多彩。由于选用原料不同,建筑陶瓷的坯体分为陶制、炻制、瓷制三类。

陶制坯体主要原料是塑性较高的易熔或难熔黏土。坯体烧结程度不高,呈多孔状,吸水率大于 10% ;炻制坯体主要原料是耐火黏土,断面较致密,颜色从白色、浅黄色至其他深色,吸水率为3% ~5% ,是介于陶制坯体和瓷制坯体之间的制品;瓷制坯体主要原料是较纯的高岭土(瓷土),经 1 250 ~1 450 ℃温度下烧成。坯体致密,呈半透明状,几乎不吸水,白色,耐酸,耐腐蚀,耐急冷急热,坚硬耐磨。

常见的装饰面砖有釉面砖、墙地砖、陶瓷锦砖等。

7.1　釉面砖

釉面砖又称瓷砖或瓷片,属精陶制品。它是以难熔黏土为主要原料,加入一定量非可塑性掺料和助熔剂,共同研磨成浆,经榨泥、烘干成为含一定水分的坯料后,通过模具压制成薄片坯体,再经烘干、素烧、施釉等工序制成的。

7.1.1　施釉

1. 釉的原料及作用

以石英、长石、高岭土等为主要原料,配以多种其他成分,混合后研制成浆体,将其喷涂于陶瓷坯体的表面,经高温焙烧时,浆体能与坯体表面发生反应,在坯体表面形成一层连续的玻璃质层,这种玻璃质层称为釉,它能使陶瓷表面具有玻璃般的光泽和透明性。

对陶瓷施釉能改善制品的表面性能。通常烧结的陶瓷坯体表面均显粗糙无光,多孔结构的陶坯更是如此,不仅影响美观和力学性能,而且也易于沾污和吸湿。表面施釉以后的陶瓷坯体,变得平滑光亮、不吸水、不透气,提高了制品的艺术性和机械强度,同时对釉层下的图案画面有透视及保护作用,还可防止彩料中有毒元素的溶出。若陶瓷釉经着色、析晶、乳浊等处理,则制品更加高雅美观,还可以掩盖坯体的不良颜色和某些缺陷,从而扩大陶瓷的应用范围。

2. 釉的分类及特性

釉的分类及特性如表 5.7.1 所示。

表 5.7.1　釉的种类及特性

种　类	特　性
长石釉和石灰釉	长石釉的硬度大,透明,光泽较强,有柔和感;烧成温度范围较宽,与二氧化硅含量高的坯体结合良好;石灰釉的弹性好,透光性强,有刚硬感,对于釉下彩的显示非常有利,石灰釉与氧化铝含量极高的坯体结合良好,但是其烧成范围窄,白度较差,易产生阴黄或烟熏等缺陷
滑石釉和混合釉	滑石釉和混合釉白度和透明度较高,并不易产生裂纹、烟熏等现象,但是釉浆与坯体附着力欠佳,烧后不及石灰釉光亮
色釉	色釉具有一定的装饰效果,同时操作方便,价廉,还可遮盖不美观的坯体,应用广泛
土釉	呈现浅黄、赤黄、褐红以及黑色等多种颜色,具有熔融温度低、光泽好、价格低廉等优点
食盐釉	与坯体结合良好,坚固结实,且热稳定性好,耐酸性很强

7.1.2　釉面砖的品种及应用

1. 釉面砖的品种

常用釉面砖的品种如表 5.7.2 所示。

表 5.7.2　常用釉面砖品种

种类(代号)		特　性
白色釉面砖(FJ)		色纯白,釉面光亮,简洁大方
彩色釉面砖	有光彩色釉面砖(YG)	釉面光亮晶莹,色彩丰富雅致
	无光彩色釉面砖(SHG)	釉面无光,不晃眼,光泽一致,柔和
装饰釉面砖	花釉板(HY)	在同一砖上施以多种彩釉,经高温烧成,色釉互相渗透,花纹千姿百态,有良好的装饰效果
	结晶釉板(JJ)	晶花辉映,纹理多姿
	斑纹釉砖(BW)	斑纹釉面,丰富多彩
	大理石釉砖(LSH)	具有天然大理石花纹,颜色丰富,美观大方
图案砖	白地图案砖(BT)	在白色釉面砖上装饰各种图案,经高温烧成,纹样清晰,色彩明朗
	色地图案砖(YGT/DYGT/SHGT/SHGT)	在有光或无光彩色釉面砖上装饰各种图案,经高温烧成,具有浮雕、缎光、彩漆等效果
瓷砖画及色釉陶瓷字砖	瓷砖画	以各种釉面砖拼成各种瓷砖画或根据已有画稿烧制成釉面砖,拼装成各种瓷砖画,清晰美观,不褪色
	色釉陶瓷字	以各种色釉、瓷土烧制而成,色彩丰富,光亮美观,不褪色

2. 釉面砖的应用

釉面砖主要用做厨房、浴室、卫生间、盥洗间、实验室、精密仪器车间和医院等室内墙面、台面等处的饰面材料,既清洁卫生,又美观耐用。

釉面砖铺贴前须浸水 2 h 以上,然后取出阴干至表面无明水,才可进行粘贴施工,否则将严重影响粘贴质量。在粘贴用的砂浆中掺入一定量的胶黏剂,不仅可以改善灰浆的和易性,延长水泥凝结时间,以保证铺贴时有足够的时间对所贴砖进行拔缝处理,也有利于提高粘贴强度,提高质量。

釉面砖不宜用于室外,其吸水率较大(<22%),吸水后坯体产生膨胀,而表面釉层的湿胀很小,若用于室外经常受到大气温度、湿度变化的影响,会导致釉层产生裂纹或剥落,尤其是在寒冷地区,会大大降低其耐久性。

7.2　墙地砖

墙地砖指用于建筑物外墙装饰贴面砖和室内外地面装饰铺贴面砖。因为此类陶瓷制品通常可以墙地两用,所以统称为陶瓷墙地砖。

墙地砖以优质陶土为原料,再加入其他材料配成主料,经半干压成型后于 1 100 ℃左右焙烧而成,分无釉和有釉两种。在已烧成的素坯上通过施釉、烧釉而制成有釉的墙地砖。现在的墙地砖新产品,大多采用一次烧成的新工艺,外墙面砖和地砖属炻质或瓷质陶瓷制品。墙地砖背面均带有凹凸条纹,用以增加面砖用砂浆粘贴时的黏结力。

7.2.1　墙地砖的分类

墙地砖按其表面是否施釉分为无釉墙地砖(无光面砖)和彩色釉面陶瓷墙地砖(彩釉砖)两种。

外墙面砖和地砖的颜色很多,对于一次烧成的无釉面砖,通常利用原料中含有的天然矿物(如赤铁矿)进行自然着色,或在泥料中加入各种金属氧化物进行人工着色,如米黄色、紫红色、白色等。对于彩釉砖,则通过各种色釉进行着色,可获得更加丰富多彩的色调。

墙地砖的表面质感多种多样,通过配料和改变制作工艺可制成平面、麻面、毛面、磨光面、抛光面、纹点面、仿花岗石表面、压花浮雕表面、无光釉面、金属光泽防滑面、耐磨面以及丝网印刷、套花图案、单色、多色等多种制品。

7.2.2　墙地砖的技术要求及选用原则

1. 彩釉砖规格及质量要求

根据彩釉墙地砖国家标准 GB/T 4100—2006 的规定,彩釉砖的主要规格尺寸如表 5.7.3 所示。

彩釉砖质量标准规定,产品按外观质量和变形允许偏差分为优等品、一级品和合格品三级,其主要物理、力学性能要求包括以下方面。

表 5.7.3　彩釉砖主要规格

100×100	300×300	200×150	115×60
150×150	400×400	250×150	240×60
200×200	150×75	300×150	130×65
250×250	200×100	300×200	260×65

①吸水率:不大于10%。

②抗冻性:经过20次冻融循环不出现破裂或裂纹。

③耐急冷急热性:经过3次冷热循环不出现炸裂或裂纹。

④抗弯强度:平均不低于24.5 MPa。

⑤耐磨性:(仅指地砖)通常依据耐磨试验砖的釉面出现磨损痕迹时的研磨次数,将地砖耐磨性能分为四级;

⑥耐化学腐蚀性:根据耐腐试验分为AA、A、B、C、D五个等级。

2. 无釉砖规格及要求

无釉砖主要规格如表5.7.4所示。

表 5.7.4　无釉砖主要规格

100×100×8(9)	200×200×8
100×200×8	200×300×9
150×200×8	300×300×9

无釉墙地砖的质量要求可参照彩釉砖执行,只是对砖的吸水率要求更高,通常小于5%,同时强度也要求更高。

3. 墙地砖尺寸允许偏差

墙地砖尺寸允许偏差如表5.7.5所示。

表 5.7.5　墙地砖尺寸允许偏差

尺寸和表面质量		产品表面积 S/cm^2			
		$S \leqslant 90$	$90 < S \leqslant 190$	$190 < S \leqslant 410$	$S > 410$
长度和宽度	每块砖(2条或4条边)的平均尺寸相对于工作尺寸的允许偏差/%	±1.2	±1.0	±0.75	±0.6
	每块砖(2条或4条边)的平均尺寸相对于10块砖(20条或40条边)平均尺寸的允许偏差/%	±0.75	±0.5	±0.5	±0.5
厚度	每块砖厚度的平均值相对于工作尺寸厚度的允许偏差/%	±10.0	±10.0	±5.0	±5.0

注:厚度由制造商确定。

4. 墙地砖边直度、直角度、平整度允许偏差

墙地砖边直度、直角度、平整度允许偏差如表5.7.6所示。

表 5.7.6　墙地砖边直度、直角度、平整度允许偏差

尺寸和表面质量		产品表面积 S/cm^2			
		$S \leqslant 90$	$90 < S \leqslant 190$	$190 < S \leqslant 410$	$S > 410$
边直度（正面）相对于工作尺寸的最大允许偏差/%		±0.75	±0.5	±0.5	±0.5
直角度相对于工作尺寸的最大允许偏差/%		±1.0	±0.6	±0.6	±0.6
表面平整度最大允许偏差/%	①相对于由工作尺寸计算的对角线的中心弯曲度	±1.0	±0.5	±0.5	±0.5
	②相对于工作尺寸的边弯曲度	±1.0	±0.5	±0.5	±0.5
	③相对于由工作尺寸计算的对角线的翘曲度	±1.0	±0.5	±0.5	±0.5

7.3　陶瓷锦砖

　　陶瓷锦砖也称马赛克，是用优质陶土烧制而成，具有多种色彩和不同形状的小块砖。边长一般不大于 50 mm。陶瓷锦砖的计量单位是联，它是将正方形、长方形、六边形等薄片状小块瓷砖，按设计图案反粘在牛皮纸上拼贴组成，称为一联。砖联有正方形、长方形或根据特殊要求定制的形式，品种有单色和拼花两种。

　　陶瓷锦砖规格较小，常用的有 18.5 mm 和 39.0 mm 见方，39 mm×118.5 mm 长方，25 mm 六角形等多种。其厚度一般为 5 mm，颜色有白、蓝、黄、绿、灰等，色泽稳定。陶瓷锦砖的表面有无釉和施釉两种，目前国内生产的多为无釉锦砖。

7.3.1　陶瓷锦砖的技术要求和规格

　　陶瓷锦砖的技术要求和规格如表 5.7.7 所示。

表 5.7.7　陶瓷锦砖的技术要求及规格

项目		规格/mm	允许误差/mm		主要技术要求
			优等品	合格品	
单块锦砖	边长	≤25	±0.5	—	密度：2.3~2.4 g/m^3 抗压强度：15~25 MPa 吸水率：<0.2% 使用温度：−20~+100 ℃ 脱纸时间：≥40 min 耐酸度：>95% 耐碱度：>84%
		>25	—	±1.0	
	厚度	≥4.0	±0.3	±0.4	
每联锦砖	线路	2.0~5.0	±0.6	±10.0	
	联长	284.0 295.0	±2.5	±3.5	
		305.0 325.0	±1.5	±2.0	

7.3.2 陶瓷锦砖的特点和用途

陶瓷锦砖具有色彩多样、色泽牢固、图案美观、质地坚实、抗压强度高、耐污染、耐腐、耐磨、耐水、抗火、抗冻、不吸水、不滑、易清洗等特点,且造价较低。它可用于车间、化验室、门厅、走廊、餐厅、厨房、盥洗间、浴室等处的洁净地面或墙面,也可用于建筑物的外墙饰面。另外,利用不同色彩和花纹的锦砖,按照预先的设计可拼贴出大面积的图案或壁画。

陶瓷锦砖铺贴施工时,将每联的纸面朝上,贴在1:1.5的水泥砂浆层上,随即拍压以使锦砖粘贴平实,30 min后洒水湿纸,待纸湿透后揭去牛皮纸,即可得到陶瓷锦砖镶拼图案。陶瓷锦砖的几种基本拼花图案如图5.7.1所示。

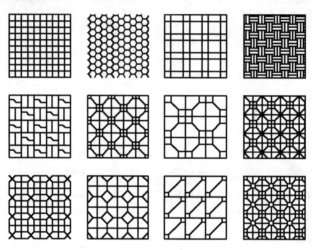

图5.7.1 陶瓷锦砖拼花图案

任务8 拓展知识

随着建筑装饰材料的广泛应用,对材料的环保、节能等要求也越来越多,市场上对新型建筑装饰材料的需求也越来越大。

以新型装饰板材为例,它是一种绿色、环保、节能、保温防火性能优越的新型大板墙体,可与国内外的框架结构、钢结构、异形柱结构体系配合。这种材料表面平整、光滑,密实度高,真正实现了新型建筑墙板板材的工业化流水线生产,大大降低了生产工人的劳动强度,彻底改变了以往的立模、平模浇筑成型的诸多弊端。具有生产原料来源广、生产工艺简单、生产能耗低等特点。

新型装饰材料的生产有以下特点。

①生产原料来源广,没有地区局限性,主要利用锯末、稻草稻壳以及各种农作物秸秆,加入无机材料(如滑石粉、建筑垃圾、硅藻土、粉煤灰等)经特殊工艺加工而成。其生产成本低廉,

投资少,见效快。

②生产工艺简单,设备自动化程度高,劳动强度低,流水线作业,生产过程无噪音,无"三废"排放。

③生产能耗低,不需高温、高压,利用化学反应自身释放热量,达到生产工艺要求。

本学习情境小结

　　本学习情境是本课程的较重要组成部分,它详细讲解了木材、建筑塑料、涂料、板材、建筑玻璃、饰面砖等不同种类建筑装饰材料的基本组成及特性,以及对这些材料进行选择与评定的方法。在学习该部分内容的时候,需要将书中介绍的各知识点与实际材料的考察相结合。由于市场上装饰材料种类繁多,而本书篇幅有限,需要读者在学习基本的材料知识的基础上,通过多看多比较,掌握好建筑装饰材料这一重要组成部分。

教学评估表

学习情境名称:＿＿＿＿＿＿　班级:＿＿＿＿＿＿　姓名:＿＿＿＿＿＿　日期:＿＿＿＿＿＿

1. 本表主要用于对课程授课情况的调查,可以自愿选择署名或匿名方式填写问卷。根据自己的情况在相应的栏目打"√"。

评估项目　　　　　　　　　评估等级	非常赞成	赞　成	不赞成	非常不赞成	无可奉告
(1)我对本学习情境学习很感兴趣					
(2)教师的教学设计好,有准备并阐述清楚					
(3)教师因材施教,运用了各种教学方法来帮助我的学习					
(4)学习内容、课内实训内容能提升我对建筑工程材料的检测和选择技能					
(5)有实物、图片、音像等材料,能帮助我更好理解学习内容					
(6)教师知识丰富,能结合材料取样和抽检进行讲解					
(7)教师善于活跃课堂气氛,设计各种学习活动,利于学习					
(8)教师批阅、讲评作业认真、仔细,有利于我的学习					
(9)我理解并能应用所学知识和技能					
(10)授课方式适合我的学习风格					
(11)我喜欢这门课中的各种学习活动					
(12)学习活动有利于我学习该课程					

评估项目＼评估等级	非常赞成	赞　成	不赞成	非常不赞成	无可奉告
(13)我有机会参与学习活动					
(14)每个活动结束都有归纳与总结					
(15)教材编排版式新颖,有利于我学习					
(16)教材使用的文字、语言通俗易懂,有对专业词汇的解释、提示和注意事项,利于我自学					
(17)教材为我完成学习任务提供了足够信息,并提供了查找资料的渠道					
(18)教材通过讲练结合使我增强了技能					
(19)教学内容难易程度合适,紧密结合施工现场,符合我的需求					
(20)我对完成今后的典型工作任务更有信心					

2. 您认为教学活动使用的视听教学设备和实训设备：

合适　□　　　　　太多　□　　　　　太少　□

3. 教师安排边学、边做、边互动的比例：

讲太多　□　　　　练习太多　□　　　　活动太多　□　　　　恰到好处　□

4. 教学进度：

太快　□　　　　　正合适　□　　　　　太慢　□

5. 活动安排的时间长短：

太长　□　　　　　正合适　□　　　　　太短　□

6. 我最喜欢本学习情境的教学活动是：

7. 我最不喜欢本学习情境的教学活动是：

8. 本学习情境我最需要的帮助是：

9. 我对本学习情境改进教学活动的建议是：

学习情境6　其他材料的检测、评定与选择

【学习目标】

知识目标	能力目标	权重
能正确表述周转材料的概念及相应的技术要求	能正确选用常见的周转材料并对其进行评定	0.30
能基本了解新型材料的类型	能基本正确地运用新型材料	0.10
能正确表述常用防水材料(尤其是沥青类)的性能及应用	能正确选用并评定常用防水材料	0.60
合　　计		1.00

【教学准备】

　　准备钢筋、模板、扣件、沥青等物品,各种防水材料实物或图片,检测仪器,任务单,建材陈列室等。

【教学建议】

　　在一体化教室或多媒体教室,采用教师示范、学生测试、分组讨论、集中讲授、完成任务单等方法教学。

【建议学时】

　　6(4)学时。

任务1　周转材料的评定和选用

1.1　周转材料的概念及分类

1.1.1　周转材料的概念

　　周转材料是指企业在施工过程中能够多次使用,并可基本保持原来的形态而逐渐转移其

价值的材料,主要包括钢模、木模板、脚手架和其他周转材料等。

1.1.2 周转材料的特征

周转材料具有以下特征。

1. 周转材料与低值易耗品相类似

周转材料与低值易耗品一样,在施工过程中起着劳动手段的作用,能多次使用而逐渐转移其价值。这些都与低值易耗品相类似。

2. 具有材料的通用性

周转材料一般都要安装后才能发挥其使用价值,未安装时形同材料,为避免混淆,一般应设专库保管。

此外,周转材料种类繁多,用量较大,价值较低,使用期短,收发频繁,易于损耗,经常需要补充和更换,因此将其列入流动资产进行管理。

1.1.3 周转材料的分类

周转材料按其在施工生产过程中的用途不同,一般可分为下四类。

1. 模板

模板是指浇灌混凝土用的木模、钢模等,包括配合模板使用的支撑材料、滑膜材料和扣件等在内。按固定资产管理的固定钢模和现场使用固定大模板则不包括在内。

2. 挡板

挡板是指土方工程用的挡板等,包括用于挡板的支撑材料。

3. 架料

架料是指搭脚手架用的竹竿、木杆、竹木跳板、钢管及其扣件等。

4. 其他

其他是指除以上各类之外,作为流动资产管理的其他周转材料,如塔吊使用的轻轨、枕木(不包括附属于塔吊的钢轨)以及施工过程中使用的安全网等。

1.2 架料的检测及评定

1.2.1 脚手架杆件、配件的一般规定

脚手架的杆件、构件、连接件、其他配件和脚手板必须符合以下质量要求,不合格者禁止使用。

1. 脚手架杆件

钢管采用镀锌焊管,钢管的端部切口应平整。禁止使用有明显变形、裂纹和严重锈蚀的钢管。使用普通焊管时,应内外涂刷防锈层并定期复涂以保持其完好。

2. 脚手架连接件

应使用与钢管管径相配合的,符合我国现行标准的可锻铸铁扣件。使用铸钢和合金钢扣件时,其性能应符合相应可锻铸铁扣件的规定指标要求,严禁使用加工不合格、锈蚀和有裂纹的扣件。

3. 脚手架配件

加工应符合产品的设计要求,确保与脚手架主体结构杆件的链接可靠。

4. 脚手板

各种定型冲压钢脚手板、焊接钢脚手板、钢框镶板脚手板以及自行加工的各种形式金属脚手板,自重均不宜超过 0.3 kN。性能应符合设计使用要求,且表面应具有防滑、防水构造。使用大块铺面板材(如胶合板、竹笆板等)时,应进行设计和验算,确保满足承载和防滑要求。

1.2.2　构架材料的技术要求

1. 钢管杆件

钢管杆件包括立杆、纵向水平杆(大横杆)、横向水平杆(小横杆)、剪刀撑、斜杆和抛撑(在脚手架立面之外设置的斜撑)。贴地面设置的水平杆亦称"扫地杆",在作业层设置的、用于护拦的水平杆亦称为"栏杆"。

钢管采用外径 48 mm、壁厚 3.5 mm 的焊接钢管,也可采用同样规格的无缝钢管或外径 51 mm、壁厚 3 mm 的焊接钢管,钢管材质宜使用力学性能使用的 Q235 钢,其材性应符合(碳素结构钢)(GB 700—2006)的相应规定。用于立杆、大横杆、剪刀撑和斜撑的钢管长度为 4 ~ 6.5 m(这样的长度一般重 25 kN 以内,适合人工操作);用于小横杆的钢管长度为 1.8 ~ 2.2 m,以适应脚手架宽度的需要。

作为脚手架杆件使用的钢管必须进行防锈处理,即对购进的钢管先行除锈,然后内壁涂擦两道防锈漆,外壁涂防锈漆一道和面漆两道。在脚手架使用一段时间以后,由于防锈层会受到一定的损伤,因此需要重新进行防锈处理。现大多采用热浸镀锌法作防锈处理,或直接采用镀锌钢管,虽一次投入较大,但长期使用的经济效果还是合算的。

2. 扣件和底座

扣件为杆件的连接件,有可锻铸铁铸造扣件和钢板压制扣件两种。可锻铸铁铸造扣件已有国家产品标准和专业检测单位,产品质量易于控制管理。但生产厂家较多,其中也有材质和铸造质量较差(扣接不紧及其他质量缺陷)者,购买时一定要经过严格的检查验收。钢板压制扣件由于尚无国家产品标准,使用应慎重。

(1)扣件和底座的基本形式

①直角扣件:用于两根呈垂直交叉钢管的连接。

②旋转扣件:用于两根呈任意角度交叉钢管的连接。

③对接扣件:用于两根钢管对接连接。

④底座:扣件式钢管脚手架的底座用于承受脚手架立柱传递下来的荷载,用可锻铸铁铸

造;亦可用厚 8 mm、边长 150 mm 的钢板做底板,外径 60 mm、壁厚 3.5 mm、长 150 mm 的钢管做套筒焊接而成。

(2)扣件和底座的技术要求

扣件、底座及其附件(T 形螺栓、螺母、垫圈)的技术要求如下。

①扣件应采用《可锻铸铁分类及技术条件》(GB/T 9440—2010)的规定,机械性能不低于 KT33-8 的可锻铸铁制造。扣件的附件采用的材料应符合《碳素结构钢》(GB 700—2006)中 Q235 钢的规定;螺纹均应符合《普通螺纹》(GB 196—2003)的规定;垫圈应符合《垫圈》(GB 96.1—2002)的规定。

②铸铁不得有裂纹、气孔,不宜有疏松、砂眼或其他影响使用性能的铸造缺陷,并应将影响外观质量的粘砂、浇冒口残余、披缝、毛刺、氧化皮等清除干净。

③扣件与钢管的贴面必须严格整形,应确保与钢管扣紧时接触良好。

④扣件活动部位应能灵活转动,旋转扣件的两旋转面间隙应小于 1 mm。

⑤当扣件夹紧钢管时,开口处的最小距离应不小于 5 mm。

⑥扣件表面应进行防锈处理。

⑦可锻铸铁标准底座的材质和加工外观质量与缺陷要求同可锻铸铁扣件。

⑧焊接底座应采用 Q235A 钢,焊条应采用 F43 型,尺寸应符合要求。

3. 脚手板

扣件式脚手板的作业层面可根据所用脚手板的支撑要求设置横向水平杆,因而可使用各种形式的脚手板。对脚手板的技术要求如下。

①脚手板的厚度不宜小于 50 mm,宽度不宜小于 200 mm,质量不宜大于 30 kg。

②确保材质符合规定。

③不得有超过允许的变形和缺陷。

4. 杆配件、脚手板的质量检验要求和允许偏差

扣件式钢管脚手架的杆配件(包括使用的脚手板)的质量检验要求分别列于表 6.1.1 至表 6.1.3 中。

表 6.1.1 钢管质量验收要求

项次		检查项目	验收要求
新管	1	产品质量合格证	必须具备
	2	钢管材质检验报告	
	3	表面质量	表明应平直光滑,不应有裂纹、分层、划痕、滑道和硬弯,上述缺陷不应大于规定
	4	外径、壁厚	允许偏差不超过规定
	5	端面	应平整,偏差不超过规定
	6	防锈处理	必须进行防锈处理,镀锌或镀防锈漆
旧管	7	钢管锈蚀程度,应每年检查一次	锈蚀深度应符合规定,锈蚀严重部位应将钢管截断进行检查
	8	其他项目同新管管理项次 3、4、5	同新管项次 3、4、5

表 6.1.2　扣件质量检验要求

项次		检查项目	验收要求
新扣件	1	产品质量合格证、生产许可证、专业检测单位测试报告	必须具备
	2	表面质量和性能	应符合本节扣件技术要求②～⑥的规定
	3	螺栓	不得滑丝
旧扣件	4	同新扣件 2、3	

表 6.1.3　脚手板质量检验要求

项次	项目	要求
钢脚手板	产品质量合格证	必须具备
	尺寸偏差	应符合要求
	缺陷	不得有裂纹、开焊和硬弯
	防锈	必须涂防锈漆
木脚手板	尺寸	宽度应大于或等于 200 mm，厚度宜大于 50 mm
	缺陷	不得有开焊、腐朽

1.3　胶合板模板的检测及评定

混凝土模板用的胶合板模板有木胶合板和竹胶合板。

1.3.1　木胶合板模板

木胶合板从材种分类可分为软木胶合板及硬木胶合板。从耐水性能划分，木胶合板分为四类。

Ⅰ类——耐水性、耐沸水性良好，所用胶黏剂为酚醛树脂胶黏剂（PF），主要用于室外。

Ⅱ类——耐水防潮胶合板，所用胶黏剂为三聚氰胺改性脲醛树脂胶黏剂（MUF），可用于高潮湿条件和室外。

Ⅲ类——防潮胶合板，胶黏剂为脲醛树脂胶黏剂（UF），用于室内。

Ⅳ类——不耐水，不耐潮，用面粉和豆粉黏合，近年已停产。

混凝土模板用的木胶合板是具有高耐气候、耐水性的Ⅰ类胶合板，黏结剂为酚醛树脂胶。

1. 构造和规格

（1）构造

模板用的木胶合板通常由 5、7、9、11 层等奇数层单板经热压固化而胶合成型。相邻层的纹理方向相互垂直，通常最外层表板的纹理方向和胶合板板面的长向平行。因此，整张胶合板的长向为强方向,短向为弱方向,使用时必须加以注意。

(2)规格

我国模板用木胶合板的规格尺寸,见表6.1.4。

表6.1.4　模板用木胶合板规格尺寸

厚度/mm	层数	宽度/mm	长度/mm
12	至少5层	915	1830
15		1 220	1 830
18	至少7层	915	2 135
		1 220	2 440

2. 胶合性能及承载力

(1)胶合性能

模板用胶合板的胶黏剂主要是酚醛树脂,此类胶黏剂胶合强度高,耐水、耐热、耐腐蚀等性能良好,尤其是耐沸水性能及耐久性优异。也有采用经化学改性的酚醛树脂胶。

评定胶合性能的指标主要有以下两项。

①胶合强度——为初期胶合性能,指的是单板经胶合后完全粘牢,有足够的强度。

②胶合耐久性——为长期胶合性能,指的是经过一定时期,仍保持胶合良好。

上述两项指标可通过胶合强度试验、沸水浸渍试验来判定。《混凝土模板用胶合板》专业标准(GB/T 17656—1999)中,对混凝土模板用胶合板的胶合强度作出规定,见表6.1.5。

表6.1.5　模板用胶合板得胶合强度指标值

树种	胶合强度(单个试件指标值)/(N/mm^2)
桦木	≥1.00
克隆、阿必东、马尾松、云南松、荷木、枫香	≥0.80
柳桉、似赤杨	≥0.70

施工单位在买混凝土模板用胶合板时,首先要判别是否属于Ⅰ类胶合板,即判别该批胶合板是否采用了酚醛树脂胶或其他性能相当的胶黏剂。如果受试验条件的限制,不能作胶黏剂强度试验时,可以用沸水煮小块试件快速简单判别。方法是从胶合板上锯截下20 mm见方的小块,放在沸水中煮0.5~1 h。用酚醛树脂作为胶黏剂的试件煮后不会脱胶,而用脲醛树脂作为胶黏剂的试件煮后会脱胶。

(2)承载力

木胶合板的承载能力与胶合板的厚度、静弯曲强度以及弹性模量有关,表6.1.6为我国林业部规定的《混凝土模板用胶合板》(ZBB 70006—88)标准。

施工单位若需确定所购置的胶合板的静弯曲强度和弹性模量,可按下列方法进行测试和计算。

表 6.1.6　模板用胶合板静弯曲强度和弹性模量指标

树　　种	弹性模量/(N/mm^2)	静弯曲强度/(N/mm^2)
柳桉	3.5×10^3	25
马尾松、云南松、落叶松	4.0×10^3	30
桦木、克隆、阿必东	4.5×10^3	35

①从供作测试的板材上任意截取与表板纤维平行的长度为板材厚度 25 倍加 50 mm 和宽度为 75 mm 的试件 6 块,试件周边应平直光滑。

②组装试件。支座距离 L 为试件厚度为 25 倍,但不小于 175 mm。压头必须与试件长度中心线重合。当压头接触到试件计力盘上载荷为零时,调整百分表的指针为零。

③缓慢均匀加荷,在加荷至试件破坏前至少分段停车 5 次,记录 5 点的压力及相应挠度,并记录破坏压力。压力值精确至 1 N,挠度值精确至 0.01 mm。

④绘制压力 – 挠度曲线。确定曲线斜度,根据测试的压力及挠度值,以压力 P(N)为纵坐标,挠度 Y(mm)为横坐标,在坐标纸上记录全部测试点,并根据比例极限内各点(不得少于 3 点)作出斜率线,求出斜率值 P/Y(N/mm)。

⑤弹性模量 E 按下式计算:

$$E = \frac{L^3}{4bh^3} \cdot \frac{\mu}{Y} \tag{6.1.1}$$

式中:E——胶合板弹性模量,N/mm^2;

　　L——支座距离,mm;

　　b——试件宽度,mm;

　　h——试件厚度,mm;

　P/Y——试件斜率值,N/mm。

弹性模量值取 6 块试件的算术平均值。

⑥静弯曲强度 σ 按下式计算:

$$\sigma = \frac{3PL}{2bh^2} \tag{6.1.2}$$

式中:σ——胶合板静弯曲强度值,N/mm^2;

　　P——试件的破坏压力,N;

　　L——支座距离,mm;

　　h——试件厚度,mm;

　　b——试件宽度,mm。

静弯曲强度值取 6 块试件的算术平均值。

3. 使用注意事项

①必须选用经过板面处理的胶合板。未经板面处理的胶合板用做模板时,因混凝土硬化过程中,胶合板与混凝土界面上存在水泥 – 木材之间的结合力,使板面与混凝土黏结较牢,脱模时易将板面木纤维撕破,影响混凝土表面质量。这种现象随胶合板使用次数的增加而逐渐

加重。经覆膜罩面处理后的胶合板,增加了板面的耐久性,脱模性能良好,外观平整光滑,最适用于有特殊要求的、混凝土外表面不加终饰处理的清水混凝土工程,如混凝土桥墩、立交桥、筒仓、烟囱以及塔等。

②未经板面处理的胶合板(亦称素板),在使用前应对板面进行处理。处理的方法为冷涂刷涂料,把常温下固化的涂料涂刷在胶合板表面,构成保护膜。

③经表面处理的胶合板,在施工现场使用时,一般应注意以下几个问题:脱模后立即清洗板面浮浆,并堆放整齐;拆除模板时,严禁抛扔,以免损伤板面处理层;胶合板边角应涂有封边胶,故应及时清除水泥浆,为了保护模板边角的封边胶,最好在支模时在模板拼缝处粘贴防水胶带或水泥纸袋,加以保护,防止漏浆;胶合板面尽量不钻孔,若已预留孔洞,可用普通木板拼补;现场应备有修补材料,以便对损伤的面板及时进行修补;使用前必须涂刷脱模剂。

1.3.2 竹胶合板模板

我国竹资源丰富,且竹材具有生长快、生长周期短(一般 2 ~ 3 年成材)的特点。另外,一般竹材顺纹抗拉强度为 18 N/mm^2,为松木的 2.5 倍,红木的 1.5 倍;横纹的抗压强度为 6 ~ 8 N/mm^2,是杉木的 1.5 倍,红木的 2.5 倍;静弯曲强度为 15 ~ 16 N/mm^2。因此,在我国木资源短缺的情况下,以竹资源为原料,制作混凝土模板用竹胶合板,具有收缩率小、膨胀率和吸水率低以及承载能力大的特点,是一种具有发展前途的新型建筑模板。

1. 组成

混凝土模板用竹胶合板,其面板与芯板所用材料既有不同之处,又有相同之处。芯板是将竹子劈成竹条(成竹帘单板,宽 14 ~ 17 mm,厚 3 ~ 5 mm),在软化池中进行高温软化处理后,作烤青、烤黄、去竹衣及干燥等进一步处理后制得的。珠帘的编制可用人工或编织机。面板通常采用薄木胶合板,这样既可利用竹资源,又可兼有木胶合板的表面平整度。

另外,也有采用竹编席做面板的,这种板材表面平整度较差,且胶黏剂用量较多。为了提高竹胶合板的耐水性、耐磨性和耐碱性,经试验证明,竹胶合板表面进行环氧树脂涂面的耐碱性较好,进行瓷釉涂料涂面的综合效果更佳。

2. 规格和性能

(1)规格

我国国家标准《竹胶合板》(JG/T 156—2004)规定竹胶合板的规格见表 6.1.7、表 6.1.8。混凝土模板用竹胶合板的厚度通常为 9、12、15 mm。

表 6.1.7 竹胶合板长、宽规格

长度/mm	宽度/mm	长度/mm	宽度/mm
1 830	915	2 440	1 220
2 000	1 000	3 000	1 500
2 135	915	—	—

表 6.1.8　竹胶合板厚度与层数对应关系

层数	厚度/mm	层数	厚度/mm	层数	厚度/mm	层数	厚度/mm
2	1.4 ~ 2.5	8	6.0 ~ 6.5	14	11.0 ~ 11.8	20	15.5 ~ 16.2
3	2.4 ~ 3.5	9	6.5 ~ 7.5	15	11.8 ~ 12.5	21	16.5 ~ 17.2
4	3.4 ~ 4.5	10	7.5 ~ 8.2	16	12.5 ~ 13.0	22	17.5 ~ 18.0
5	4.5 ~ 5.0	11	8.2 ~ 9.0	17	13.0 ~ 14.0	23	18.0 ~ 19.5
6	5.0 ~ 5.5	12	9.0 ~ 9.8	18	14.0 ~ 14.5	24	19.5 ~ 20.0
7	5.5 ~ 6.0	13	9.0 ~ 10.8	19	14.5 ~ 15.3		

（2）性能

竹胶合板的物理力学性能差异较大，其弹性模量变化范围为 $(2 ~ 10) \times 10^3$ N/mm^2。一般认为，密度较大的竹胶合板，相应的静弯曲强度和弹性模量值也高，表 6.1.9 为浙江、四川、湖南生产的竹胶合板的物理力学性能。

表 6.1.9　竹胶合板的物理力学性能

产地	胶黏剂	密度/（g/cm^3）	弹性横量/（N/mm^2）	静弯曲强度/（N/mm^2）
浙江	酚醛树脂胶		7.6×10^3	80.6
四川		0.86	10.4×10^3	80
湖南		0.91	11.1×10^3	105

1.3.3　胶合板模板的优点及配置要求

1. 胶合板模板优点

①板幅大，自重轻，板面平整。既可减少安装工作量，节省现场工人费用，又可减少混凝土外露表面的装饰及磨去接缝的费用。

②承载能力大，特别是经表面处理后耐磨性好，能多次重复使用。

③材质轻，厚 18 mm 的木质胶合板，单位面积质量为 50 kg，模板的运输、堆放、使用和管理等都较为方便。

④保温性能好，能防止温度变化过快，冬期施工有助于混凝土的保温。

⑤锯截方便，易加工成各种形状的模板。

⑥便于按工程需要弯曲成型，用做曲面模板。

⑦用做清水混凝土模板最为理想。

我国于 1981 年在南京金陵饭店高层现浇平板结构施工中首次采用胶合板模板，胶合板模板的优越性第一次被认识到。目前在全国各大中城市的高层现浇混凝土结构施工中，胶合板模板已被普遍使用。

2. 胶合板模板配置要求

①应整张直接使用，尽量减少随意锯截次数，以免造成胶合板浪费。

②木胶合板常用厚度一般为 12 mm 或 18 mm,竹胶合板常用厚度一般为 12 mm。内、外楞的间距,可随胶合板的厚度,通过设计计算进行调整。

③支撑系统可以选用钢管,也可采用木材。采用木支撑时,不得选用脆性、严重扭曲和受潮容易变形的木材。

④钉子长度应为胶合板厚度的 1.5～2.5 倍,每块胶合板与木楞相叠处至少钉 2 个钉子。第二块板的钉子要转向第一块模板方向斜钉,使拼缝严密。

⑤配置好的模板应在反面编号并写明规格,分别堆放保管,以免错用。

任务 2　新型建筑材料的选用

新型建筑材料是区别于传统的砖瓦、灰砂石等建材的建筑材料新品种,包括的品种和门类很多。从功能上分,新型建筑材料有墙体材料、装饰材料、门窗材料、保温材料、防水材料、黏结和密封材料,以及与其配套的各种五金件、塑料件及各种辅助材料等。从材质上分,新型建筑材料不但有天然材料,还有化学材料、金属材料、非金属材料等。

新型建筑材料的"新"是相对的、动态的,主要体现在材料功能的提高或更新上。新型建材制品由于具备传统材料所不具有的轻质、高强、保温、节能、节土、装饰,环保绿色,施工方便等优良特性,所以受到了人们的广泛欢迎。采用新型建材不但使房屋功能大大改善,还可以使建筑物内外更具现代气息,满足人们的审美要求;有的新型建材可以显著减轻建筑物自重,为推广轻型建筑结构创造了条件,推动了建筑施工技术现代化,大大加快了建房速度。

目前,清洁生产、节约资源、降低能耗等可持续发展要求直接推动了新型建筑材料的发展;加快发展新型建材,推进住宅产业现代化的实现,已成为一项十分重要的任务;发展新型建筑材料也是抗震减灾的必然选择。新型建筑材料面临巨大的发展空间,值得关注。

2.1　纳米材料

纳米是英文 namometer 的译音,是一个物理学上的度量单位,1 纳米是 1 米的十亿分之一;相当于 45 个原子排列起来的长度。通俗一点说,相当于万分之一头发丝粗细。就像毫米、微米一样,纳米是一个尺度概念,并没有物理内涵。当物质到纳米尺度以后,大约是在 1～100 纳米这个范围空间,物质的性能就会发生突变,出现特殊性能。这种具有既不同于原来组成的原子、分子,也不同于宏观的物质的特殊性能的材料,即为纳米材料。如果仅仅是尺度达到纳米,而没有特殊性能,这样的材料也不能叫纳米材料。

纳米材料和纳米结构是当今新材料研究领域中最富有活力、对未来经济和社会发展有着十分重要影响的研究对象,也是纳米科技中最为活跃、最接近应用的重要组成部分。近年来,纳米材料和纳米结构取得了引人注目的成就。例如,存储密度达到每平方厘米 400 g 的磁性纳米棒阵列的量子磁盘,成本低廉、发光频段可调的高效纳米阵列激光器,价格低廉、高能量转化的纳米结构太阳能电池和热电转化元件。纳米技术充分显示了它在国民经济新型支柱产业和高技术领域应用的巨大潜力。纳米技术正成为各国科技界所关注的焦点,正如钱学森院士所预言的那样:"纳米左右和纳米以下的结构将是下一阶段科技发展的特点,会是一次技术革命,从而将是 21 世纪的又一次产业革命。"

1. 纳米磁性材料

纳米磁性材料具有十分特别的磁学性质,纳米粒子尺寸小,具有单磁畴结构和矫顽力很高的特性,用它制成的磁记录材料不仅音质、图像和信噪比好,而且记录密度比 $\gamma - Fe_2O_3$ 高几十倍。超顺磁的强磁性纳米颗粒还可制成磁性液体,用于电声器件、阻尼器件、旋转密封及润滑和选矿等领域。

2. 纳米陶瓷材料

传统的陶瓷材料中晶粒不易滑动,材料质脆,烧结温度高。纳米陶瓷的晶粒尺寸小,晶粒容易在其他晶粒上运动。因此,纳米陶瓷材料具有极高的强度和高韧性以及良好的延展性,这些特性使纳米陶瓷材料可在常温或次高温下进行冷加工。如果在次高温下将纳米陶瓷颗粒加工成型,然后作表面退火处理,就可以使纳米材料成为一种表面保持常规陶瓷材料的硬度和化学稳定性,而内部仍具有纳米材料的延展性的高性能陶瓷。

3. 纳米传感器

纳米二氧化锆、氧化镍、二氧化钛等陶瓷对温度变化、红外线以及汽车尾气都十分敏感。因此,可以用它们制作温度传感器、红外线检测仪和汽车尾气检测仪,检测灵敏度比普通的同类陶瓷传感器高得多。

4. 纳米倾斜功能材料

在航天用的氢氧发动机中,燃烧室的内表面需要耐高温,其外表面要与冷却剂接触。因此,内表面要用陶瓷制作,外表面则要用导热性良好的金属制作。但块状陶瓷和金属很难结合在一起。如果制作时使金属和陶瓷之间成分逐渐地连续变化,让金属和陶瓷"你中有我、我中有你",最终便能结合在一起形成倾斜功能材料,它的意思是其中的成分变化像一个倾斜的梯子。当用金属和陶瓷纳米颗粒按其含量逐渐变化的要求混合后烧结成型时,就能达到燃烧室内侧耐高温、外侧有良好导热性的要求。

5. 纳米半导体材料

将硅、砷化镓等半导体材料制成纳米材料,具有许多优异性能。例如,纳米半导体中的量子隧道效应使某些半导体材料的电子输运反常、电导率降低,电热导率也随颗粒尺寸的减小而下降,甚至出现负值。这些特性在大规模集成电路器件、光电器件等领域发挥重要的作用。

利用半导体纳米粒子可以制备出光电转化效率高、即使在阴雨天也能正常工作的新型太阳能电池。由于纳米半导体粒子受光照射时产生的电子和空穴具有较强的还原和氧化能力,因而它能氧化有毒的无机物,降解大多数有机物,最终生成无毒、无味的二氧化碳、水等,所以,可以借助半导体纳米粒子利用太阳能催化分解无机物和有机物。

2.2 智能材料

智能材料(Smartmaterials),又称敏感材料,是一种能感知环境条件或内部状态发生的变化,自动作出适时、灵敏和恰当的响应,并具有自我诊断、自我调节、自我修复等功能的材料。当它感受到外界震动,其压力、声音、温度、电磁波等物理量发生变化时,其性状亦会随之变化。智能材料包括那些能对环境作出反应的液体、合金、合成物、水泥、玻璃、陶瓷、塑料等材料,其应用领域十分广阔。

1. 智能材料的内涵

①具有感知功能,能够检测并且可以识别外界(或者内部)的刺激强度,如电、光、热、应力、应变、化学、核辐射等。

②具有驱动功能,能够响应外界变化。

③能够按照设定的方式选择和控制响应。

④反应比较灵敏、及时和恰当。

⑤当外部刺激消除后,能够迅速恢复到原始状态。

2. 智能材料的功能特征

①传感功能(Sensor)。它能够感知外界或自身所处的环境条件,如负载、应力、应变、振动、热、光、电、磁、化学、核辐射等的强度及其变化。

②反馈功能(Feedback)。它可通过传感网络,对系统输入与输出信息进行对比,并将其结果提供给控制系统。

③信息识别与积累功能。它能够识别传感网络得到的各类信息并将其积累起来。

④响应功能。它能够根据外界环境和内部条件变化,适时动态地作出相应的反应,并采取必要行动。

⑤自诊断能力(Self – diagnosis)。它能够通过分析和比较系统目前的状况与过去的情况,对诸如系统故障与判断失误等问题进行自诊断并予以校正。

⑥自修复能力(Self – recovery)。它能通过自繁殖、自生长、原位复合等再生机制,来修补某些局部损伤或破坏。

⑦自调节能力(Self – adjusting)。它对不断变化的外部环境和条件,能及时按照设定的方式选择和控制响应。

3. 智能材料的分类

智能材料分类方法有多种。若按功能来分,它可以分为光导纤维、形状记忆合金、压电、电流变体和电(磁)致伸缩材料等;按来源来分,智能材料可以分为金属系智能材料、无机非金属系智能材料和高分子系智能材料。根据智能材料模拟生物行为的模式可将其分为以下四类。

(1)智能传感材料

智能传感材料对诸如热、电和磁等外部信号刺激具有监测、感知和反馈的能力,是智能结构的必需组件。较典型的传感材料有压电材料、微电子传感器、光纤等。其中,光纤是在智能结构中最常使用的传感材料,它可以在非破损的情况下感知并获得被测结构物全部的物理参数,如温度、变形、电场或磁场等。

（2）智能驱动材料

智能驱动材料对于温度、电场或磁场等变化具有产生形状、刚度、位置、固有频率、湿度或其他机械特性响应的能力。目前常用的智能驱动材料主要有形状记忆合金和电黏性液体等。

（3）智能修复材料

智能修复材料是模仿动物的骨组织结构和受伤后的再生、恢复机理,采用黏结材料和基材相复合的方法,对材料损伤破坏具有自行愈合和再生功能,能恢复甚至提高材料性能的新型复合材料。

（4）智能控制材料

智能控制材料对智能传感材料的反馈信息具有记忆、存储、判断和决策能力,并具有控制和修正智能驱动材料和智能修复材料的行为。微型计算机是智能控制材料的主要代表,其控制算法由专门程序提供。在智能控制材料的制作过程中,响应的控制被存储在更高层次的集成水平上,在实际应用时程序模拟人脑,具有多方位求解复杂问题的能力。

4. 智能材料的应用

在土木工程领域得以广泛研究的智能材料有以下几种。

（1）光导纤维

光导纤维简称光纤,一般用来传输通信信息。光纤可对任何导致光纤中光信号（相位、偏光性、频率、波长及光强）变化的物理量（温度、应变、压力等）进行测量。这也是制成光纤传感器的依据。与传统传感器相比,光纤传感器具有体积小、灵敏度高、耐疲劳、抗电磁干扰、传输频带较宽、使用期限内维护费用低以及能够实现分布或准分布式测量等优点。但组成光纤的材料自身抗剪能力很差,易断,而且光纤的检测和数据处理系统复杂,成本高。

（2）压电材料

压电材料主要包括压电陶瓷和压电高分子材料。压电材料受到机械变形时,就会引起内部正负电荷中心发生相对移动,从而导致压电元件表面产生电荷,这种现象称为正压电效应。反之,在压电元件两个表面上通以电压,在电场的作用下,压电元件会发生变形,即逆压电效应。利用正压电效应,可将压电材料制成传感元件。利用逆压电效应,可将压电材料制成驱动元件。

压电传感器具有频响范围宽、响应速度快、结构简单、功耗低、成本低等优点,不仅能够灵敏地检测到损伤的产生,还能够定位损伤并表征损伤程度。缺点是需要解决受电磁干扰的问题,且在实际工程应用中需要增加许多附属设备。对于压电驱动器来说,最主要的缺点是极限应变量普遍较小,不能承受实际建筑、桥梁等土建结构在地震或强风作用下的变位,而且供电电压较高。

（3）磁流变液

磁流变液（MagnetoRheologicalFluid,简称 MRF）是一种由非导磁性载体液、高导率和低磁滞性的磁性介质微粒、表面活性剂组成的混合流体。MRF 对杂质不是很敏感,温度适应范围广,适于在野外工作。用 MRF 制成的驱动器所需电压很小,避免了高电压带来的危险和不便,并且 MRF 的屈服强度比电流变体要大一个数量级,使得用 MRF 制成的阻尼器的体积比用

ERF(ElectroRheologicalFluid,电流变液)制成的阻尼器的体积小得多。因此,用 MRF 制成的控制装置在土木工程结构振动控制领域更具有应用前景。

(4)形状记忆合金

一般金属材料受到外力作用后,首先发生弹性变形,然后达到屈服点,开始产生塑性变形,应力消除后会留下永久变形。但有些材料,发生塑性变形后,经过合适的热过程,能够恢复到变形前的形状,这种现象叫做形状记忆效应。具有形状记忆效应的金属一般是两种以上金属元素组成的合金,称为形状记忆合金(Shape Memory Alloy,简称 SMA)。这种材料本身具有自感知、自诊断和自适应的功能。

(5)相转变材料

相转变材料(Phase Change Material,简称 PCM)是利用相变过程中吸收或释放的热量来进行潜热储能的物质。其相变过程是伴随有较大能量吸收或释放的等温或近似等温过程。这种相变特征使相转变材料具有广泛应用的基础。已有的研究表明 PCM 与混凝土具有相容性,即存在适于混凝土碱性环境的 PCM。

(6)智能混凝土

1)自感应混凝土

混凝土材料本身并不具备自感应功能,但在混凝土基材中复合部分导电相可使混凝土具备本征自感应功能。目前常用的导电组分可分为三类:聚合物类、碳类和金属类,其中最常用的是碳类和金属类。碳类导电组分包括石墨、碳纤维及炭黑,金属类材料则有金属微粉末、金属纤维、金属片、金属网等。碳纤维水泥基复合材料的电阻变化与其内部结构变化是相对应的,如电阻率的可逆变化对应于可逆的弹性变形,而电阻率的不可逆变化对应于非弹性变形和断裂,应用这种复合材料可以敏感有效地监测拉、弯、压等工况及静态和动态荷载作用下材料的内部情况。在疲劳荷载作用下,碳纤维混凝土材料的体积、电导率还会随疲劳次数发生不可逆的降低,可以应用这一现象对混凝土材料的疲劳损伤进行监测。另外,碳纤维混凝土除具有压敏性外,还具有温敏性,因此还可以利用这种材料实现对建筑物内部和周围环境温度变化的实时监控。

2)自调节混凝土

人们希望混凝土结构除了在正常负荷下,还能在受台风、地震等自然灾害期间,调整承载能力和减缓结构振动。混凝土本身是惰性材料,要达到自调节的目的,必须复合具有驱动功能的组件材料。近年来,同济大学尝试在混凝土中复合电黏性流体来研制自调节混凝土材料。电流变体(ER)是一种可通过外界电场作用来控制其黏性、弹性等流变性能双向变化的悬胶液。在外界电场的作用下,电流变体可于 0.1 ms 级时间内组合成链状或网状结构的固凝胶,其初度随电场增加而变调到完全固化,当外界电场拆除时,仍可恢复其流变状态。在混凝土中复合电流变体,利用电流变体的这种流变作用,同样可在混凝土结构受到台风、地震袭击时调整其内部的流变特性,改变结构的自振频率、阻尼特性,以达到减缓结构振动的目的。

为对某些特殊建筑物(如各类展览馆、博物馆及美术馆等)实现稳定的湿度控制,最近日本学者研制的自动调节环境湿度的混凝土材料自身即可完成对室内环境湿度的探测,并根据需要对其进行调控。这种混凝土材料同样也属于智能混凝土的一部分。

3）自修复混凝土

自修复混凝土是模仿动物的骨组织结构和受创伤后的再生、恢复机理,在混凝土传统组分中复合特性组分,在混凝土内部形成智能型仿生自愈合神经网络系统,采用黏结材料和基材相复合的方法,对材料损伤破坏具有自行愈合和再生功能,能恢复甚至提高材料性能的一种新型复合材料。日本学者将内含黏结剂的空心胶囊掺入混凝土材料中,一旦混凝土材料在外力作用下发生开裂,空心胶囊就会破裂而释放黏结剂,黏结剂流向开裂处,使之重新黏结起来,起到愈伤的效果;美国伊利诺伊斯大学在 1994 年采用类似的方法制得自修复混凝土,所不同的是以玻璃空心纤维替代空心胶囊,其内注入缩醛高分子溶液作为黏结剂,并进而根据动物骨骼的结构和形成机理,尝试制备仿生混凝土材料。

（7）智能乳胶漆

该智能漆在具有耐磨、防水、防霉、防冻、耐刷洗等性能的基础上,还能够根据室内外光线强弱而变幻墙体光泽亮度,起到温室内采光的作用,解决了室内光线差的问题。该乳胶漆使用了发明的"逆可变光剂"、"复合高分子稳定剂",使产品具有智能化。对于自动调节光泽度,该乳胶漆使用特殊的"逆可变光剂",配合美国伊斯曼柯达"TEXANOL"的成膜剂,其在光条件下能自动调节光亮度,使"光线强时变弱,光线弱时变丝光"。对光的折射性呈现可逆变特征,使人体视觉更感自然、舒适。至于自动适应环境,则是使用特殊的"复合高分子稳定剂",配合美国 ANGUS 公司、英国 THOR 公司的添加剂,使产品在不同环境下能自动激活,稳定产品的分子结构,自动调节适应不同环境状态。

（8）智能玻璃

21 世纪具有采光、调光、光催化、聚光、蓄光、光电转换、热电转换等各种功能特性的生态建筑玻璃将在太阳能的有效利用、改善目前的能源结构、防止温室效应、节能以及为人类创造舒适的生活空间等方面起到举足轻重的作用,并成为建筑玻璃材料的主体。大多数光电功能玻璃在降低其制造成本的前提下,都有可能用于智能窗。如玻璃光导纤维、光致变色玻璃、电致变色玻璃、频率上转换玻璃、荧光聚光玻璃等。这些玻璃一旦用于建筑玻璃,都可能使传统建筑玻璃产业发生变革。例如,在两层无色透明的玻璃中间夹入一层可逆热致变材料,可得到一种能根据光照强度自动改变颜色的智能玻璃。

目前已开发出了无机、有机、液晶、聚合物以及大分子等各类具有这种特性的材料。聚苯乙烯与氧化聚丙烯的共混溶液就是一种可逆热致变材料;当温度低时,两者能同时溶于水(即具有相容性),当温度高于其"开关"温度时,两者的相容性消失,聚合物不溶于水而沉淀。应用该材料制得的玻璃,在强光照射下,由于部分光能转化成热能导致共聚物产生沉淀,颜色变成浊白色,使部分光线漫散射,从而减弱进入室内的阳光强度。

2.3　新型节能材料

长期以来,我国建材行业沿用了粗放型传统生产模式,对自然资源重开发、轻保护,对生态环境重利用、轻改善。"十二五"是全面建设小康社会的关键时期,是深化改革开放、加快转变经济发展方式的攻坚时期,也是建筑材料发展的一个重要时期,因而建筑材料的发展应以满足建筑节能需要为重,节能建筑材料作为节能建筑的重要物质基础,是建筑节能的根本途径。在建筑中使用各种节能建材,一方面可提高建筑物的隔热保温效果,降低采暖空调能源损耗;另一方面又可以极大地改善建筑使用者的生活、工作环境。因此,走环保节能建材之路,大力开发和利用各种高品质的节能建材,是节约能源、降低能耗、保护生态环境的迫切要求,同时又对实现我国 21 世纪经济和社会的可持续性发展有着现实和深远的意义。

1. 新型墙体材料

新型墙体材料的发展应有利于生态平衡、环境保护和节约能源,既要符合国家产业政策要求,又要能改善建筑物的使用功能,同时坚持"综合利废、因地制宜、市场引导"的原则,要充分利用本地资源,综合利用粉煤灰及其他工业废渣生产墙体材料,加快轻质、高强、利废的新型墙体材料的发展步伐。如利用资源丰富的粉煤灰、煤矸石、矿渣等,取代黏土生产粉煤灰烧结砖、煤矸石烧结砖、矿渣砖。

就其品种而言,新型墙体材料主要包括砖、块、板等,如黏土空心砖、掺废料的黏土砖、非黏土砖、建筑砌块、加气混凝土、轻质板材、复合板材等。其中加气混凝土是集承重和绝热为一体的多功能材料,根据目前国家的节能标准,唯有加气混凝土才能做到单一材料达标(节能 50%)的要求,而用板材做墙体材料是今后墙材发展的趋势。因此,加气混凝土制品作为今后墙体材料的首选,有着巨大的发展前景。又如蒸压轻质加气混凝土板具有质轻、保温、隔热、防火等优良性能,应用于新结构体系如钢结构中,被认为是理想的维护结构材料。

2. 保温隔热材料

(1)岩(矿)棉

岩(矿)棉和玻璃棉有时统称为矿物棉,它们都属于无机材料。岩(矿)棉不燃烧,价格较低,在满足保温隔热性能的同时,还能够具有一定的隔声效果,但其质量优劣相差极大,保温性能好的密度低,抗拉强度也低,耐久性比较差。

(2)玻璃棉

玻璃棉与岩(矿)棉在性能上有很多相似的地方,但其手感好于岩(矿)棉,可改善工人的劳动条件,价格比岩(矿)棉高。

(3)聚苯乙烯泡沫塑料

它以聚苯乙烯酯为主要原料,经发泡剂发泡而制成内部具有无数封闭微孔的材料,其表观密度小,热导率小,吸水率低,隔音性能好,机械强度高,并且尺寸精度高,结构均匀,故在建筑外墙保温中占有率极高。

(4)硬质聚酯泡沫

具有极为优越的绝热性能,其热导率低于$(0.025 \text{ W}/(\text{m} \cdot \text{K}))$,是别的材料无法相比的。同时,还具有更优越的耐水汽性能,从而降低工程造价。但由于价格较高,而且易燃,因而限制了对它的使用。

(5)聚苯颗粒保温料浆

该材料由聚苯颗粒和保温胶粉料分别按配比包装组成。该材料施工方便,保温性能好,但吸水率较其他材料高,使用时必须加做抗裂防水层。

3. 节能门窗和节能玻璃

从目前节能门窗的发展来看,门窗的制造材料从单一的木、钢、铝合金等发展到了复合材料,如铝合金－木材复合、铝合金－塑料复合、玻璃钢等。目前我国市场主要的节能门窗有:PVC 门窗、铝木复合门窗、铝塑复合门窗、玻璃钢门窗等。就玻璃钢门窗而言,其型材具有极高的强度和极低的膨胀系数,因而具有广阔的发展前景。

除结构外,对门窗节能性能影响最大的是玻璃的性能。目前,国内外研究并推广使用的节能玻璃主要有中空玻璃、真空玻璃和镀膜玻璃等。

①中空玻璃在发达国家已经是新建住宅法定的节能玻璃,但我国中空玻璃的使用普及率还不到1%,从国内外的实践来看,推广使用中空玻璃将是实现门窗节能的一个重要途径。

②真空玻璃在节能方面要优于中空玻璃,从节能性能比较,真空玻璃比中空玻璃节能16% ~18%。

③热反射镀膜玻璃的使用不仅具有节能和装饰效果,可起到防眩、单面透视和提高舒适度等效果,还可大量节约能源,有效降低空调的运营经费。

④镀膜低辐射玻璃又称 low－E 玻璃,是近年来发展起来的新型节能玻璃,采用真空磁控溅射法在玻璃表面镀上多层金属或其他化合物组成的膜。这种玻璃对 380 ~780 nm 的可见光具有较高的透射率,同时对红外光(特别是中、远红外光)具有较高的反射率,既可以保证室内的能见度,又能减少冬季室内热量的向外发散,还能控制夏季户外热量过多地进入室内,提供舒适的居住生活环境,将是未来节能玻璃主要应用品种。

4. 水泥的发展和粉煤灰的利用

水泥工业在我国建材行业中能耗最大,因此要大力发展生态水泥。所谓生态水泥就是广泛利用各种废弃物,以各种工业废料、废渣及城市垃圾为原料制造的一种生态建材。这种水泥能够降低废弃物处理的负荷,既解决了废弃物造成的污染,又把生活垃圾和工业废弃物作为原材料,变成了有用的建设资源,从而降低了生产成本。生态水泥的主要品种有环保型高性能贝利特水泥、低钙型新型水硬性胶凝材料、碱矿渣水泥等。

粉煤灰是燃煤发电场的废弃物,由于其具有轻质多孔的特点和潜在的水硬性,可以作为多种建材的生产原料。开发粉煤灰建材不仅可以解决能源和资源问题,同时解决了这种工业废弃物造成的污染问题。今后在粉煤灰综合利用方面,需要重点开发研究的前沿技术课题有:大掺加量粉煤灰制品,各种免烧结、免蒸养自然养护工艺的粉煤灰砖制品和粉煤灰陶粒等。

5. 其他节能建筑材料

太阳能是人类可以利用的最丰富、最洁净、最理想的能源,随着太阳能光电转换技术的不断突破,在建筑中利用太阳能成为可能。因此,美、日、欧等工业发达国家非常重视太阳能的利用,纷纷推出开发太阳屋计划。我国太阳能的利用近年来取得了可喜的成果:天津市奇信太阳能科技有限公司已成功研制建材化太阳能集热器,成为国内建材太阳能技术发展的先行者;而号称为中国太阳能第一楼建筑的北京北苑太阳能示范工程,其能源全部采用太阳能,已良好运转半年之久。

可以预见,采用光能转换技术与建筑的屋顶、外墙、窗户等结合集结成复合产品,很可能成为21世纪一类重要的新型建材制品,既可作为建筑的制品,又可以进行太阳能发电,将有极为广阔的发展前景。

2.4 绿色材料

绿色材料是指在原料采取、产品制造使用和再循环利用以及废物处理等环节中,与生态环境和谐共存并有利于人类健康的材料,它们要具备净化吸收功能和促进健康的功能。绿色材料是在1988年第一届国际材料会议上首次提出来的,并被定为21世纪人类要实现的目标材料之一。绿色材料包括循环材料、净化材料、绿色材料和绿色建材。

绿色材料指洁净的能源如太阳能、风能、水能、潮汐能及废热垃圾发电等的开发和利用的新能源材料。绿色建材是指有利于环境保护的建筑材料。建筑材料中的墙体材料和水泥,其原料来源于我们赖以生存的土地,由此每年要破坏大量土地,另一方面建筑垃圾等的堆放也占用大量土地。绿色建材的标准是既要满足强度要求,又能最大限度地利用废弃物,并具有节能、净化功能及有利于人类身心健康。

在2010年上海世博场馆建设中,中国自主研发的新材料也纷纷亮相:智能温控玻璃镀膜,用在建筑物的玻璃上,能实现冷热智能调节,保证建筑物隔热效果;自保温节能墙体材料,将淤泥烧结成砖,在保护环境的同时,可使建筑外墙随室外环境变化而变化;隔热保温板,具有耐久性能和高热阻值,能减少温室气体和其他污染气体的排放……

这些材料都已被广泛应用于世博建筑中。资料显示,绿色材料的应用包括三个方面:废弃物的综合利用、城市固体废弃物的综合利用、废弃混凝土的综合利用。这些都在世博会的场馆建设中有所体现。此外,可降解材料也有所应用。这些材料是用生物工程,将原来含有淀粉的植物转变成完全可降解的材料,而不是用资源有限的石油做的。这些材料可以用在世博场馆的包装材料上。

此次世博会有大量场馆采用了环保绿色材料。瑞士国家馆的智能LED帷幕由大豆纤维制成,既能发电,又能降解;日本国家馆的外墙采用太阳能发电装置的超轻膜结构,号称"会呼吸的墙";意大利国家馆采用的"透明水泥",在混凝土中加入玻璃质地的成分,还带有不同透明度的渐变。

任务3 防水材料

防水材料是建筑业及其他相关行业所需要的重要功能材料,是建材工业的一个重要组成部分。随着我国国民经济的快速发展,工业建筑与民用建筑对防水材料提出了多品种高质量的要求,而在桥梁、隧道、国防军工、农业水利和交通运输等行业和领域中也都需要高质量的防水密封材料。

从20世纪70年代开始,世界建筑防水材料发生了革命性的变化,传统的氧化沥青油毡叠层屋面和防水系统迅速减少,各种高性能的建筑防水材料大量涌现,占据主导地位。本章综述国内外建筑防水材料及其应用技术的新进展。

3.1　石油沥青

石油沥青是原油蒸馏后的残渣。根据提炼程度的不同,在常温下成液体、半固体或固体,主要含有可溶于三氯乙烯的烃类及非烃类衍生物,其性质和组成随原油来源和生产方法的不同而变化。石油沥青色黑而有光泽,具有较高的感温性。

3.1.1　石油沥青的分类

①按生产方法分为直馏沥青、溶剂脱油沥青、氧化沥青、调和沥青、乳化沥青、改性沥青等。
②按外观形态分为液体沥青、固体沥青、稀释液、乳化液、改性体等。
③按用途分为道路沥青、建筑沥青、防水防潮沥青、以用途或功能命名的各种专用沥青等。其主要用途是作为基础建设材料、原料和燃料,应用于交通运输(道路、铁路、航空等)、建筑业、农业、水利工程、工业(采掘业、制造业)等各领域。

3.1.2　石油沥青的组成

1.元素的组成

石油沥青是由多种碳氢化合物及其非金属(氧、硫、氮)的衍生物所组成的混合物,它的通式为 $C_nH_{2n}O_bS_cN_d$,所以它的元素组成主要是碳(80% ~87%),氢(10% ~15%),其次是非烃元素,如氧、硫、氮等(小于3%)。此外还含有一些微量的金属元素,如镍、钒、铁、锰等,含量约为百万分之几至百万分之几十。几种典型的石油沥青元素组成示例如表6.3.1。

表6.3.1　石油沥青元素组成

沥青名称	分子质量	元素组成 / %						平均分子式
		碳（C）	氢（H）	氧（O）	硫（S）	氮（N）	碳氢比（原子比）C/H	
大庆丙脱 A-60 沥青	955	86.10	11.00	1.78	0.38	0.74	0.657	$C_{68.5}S_{104.2}H_{1.1}O_{0.1}N_{0.5}$
大港丙脱 A-60 沥青	1 015	85.50	11.00	1.96	0.74	0.80	0.652	$C_{72.3}S_{110.8}H_{1.2}O_{0.2}N_{0.6}$
胜利氧化 A-60 沥青	1 020	84.50	10.60	1.68	2.51	0.71	0.669	$C_{71.8}S_{107.3}H_{1.1}O_{0.8}N_{0.5}$
美国加利福尼亚沥青	1 393	82.63	10.01	0.54	5.4	0.39	0.693	$C_{95.9}S_{139.4}H_{0.5}O_{2.4}N_{0.4}$

2.化学组分

石油沥青是由多种化合物组成的混合物,将其分离为纯粹的化合物单体过于繁杂,在实际生产应用中也没有这样的必要。因此,通常采用化学组分分析的方法。化学组分分析就是将沥青分离为物理、化学性质相近且与沥青性质有一定联系的几个组,这些组就称为"组分"。石油沥青的三个主要组分如下。

(1)油分

油分为沥青中分子量最小的黏性液体,相对密度小于1,颜色为浅黄色至红褐色,油分在沥青中的含量为40%～60%,因此使石油沥青具有流动性。

(2)树脂(沥青脂胶)

树脂为沥青中分子量比油分大的黏稠半固体,相对密度稍大于1,颜色为深褐色至黑褐色。树脂在石油沥青中的含量为15%～30%,它使石油沥青具有良好的塑性和黏结性。

(3)地沥青质

地沥青质是分子量较大的固体物质,相对密度大于1,颜色为深褐色至黑褐色。地沥青质在石油沥青中的含量为10%～30%,它能提高石油沥青的耐热性和黏滞性,其含量愈高,沥青的耐热性愈高,黏性也愈大,但塑性降低。

除这三个主要组分外,还有若干其他组分。沥青所含各组分的比例不同,从而导致沥青在结构、形态和性质上的差异。

3.1.3 石油沥青的胶体结构

1. 胶体结构的形成

现代胶体学说认为,沥青中的沥青质为分散相,饱和分和芳香分为分散介质,但沥青质不能直接分散在饱和分和芳香分中。而胶质是一种"胶溶剂",沥青质吸附了胶质形成胶团后分散于芳香分中,饱和分可溶于芳香分中;但它是一种"胶凝剂",会阻碍沥青质和胶质在芳香分中的分散。所以,沥青的胶体结构是以沥青质为胶核,胶质被吸附于其表面,并逐渐向外扩散形成胶团,胶团再分散于芳香分和饱和分中。

2. 胶体结构类型

根据沥青质各组分的化学组成和含量不同,可以形成三种胶体结构,如图6.3.1所示。

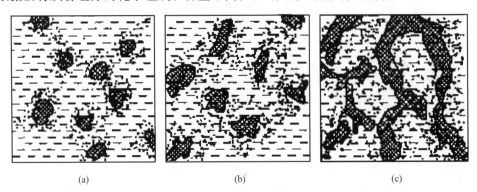

(a)   (b)   (c)

图 6.3.1 沥青胶体结构示意图
(a)溶胶结构 (b)溶－凝胶结构 (c)凝胶结构

（1）溶胶结构

沥青中沥青质含量很少（如小于 10%），同时有一定数量的胶质。沥青胶团由于胶质的作用，使沥青质完全胶溶分散于芳香分和饱和分的介质中。胶团之间没有吸引力或吸引力极小。液体沥青多属于胶溶型沥青。这类沥青最典型的代表为直馏沥青。在性能上，此类沥青具有较好的自愈性和低温变形能力，但感温性较差。

（2）溶 - 凝胶结构

沥青中沥青质含量适当（如为 15% ~ 25%），并有较多的胶质来形成胶团，沥青中胶团之间有一定的吸引力。这类沥青在常温时变形的最初阶段，表现为非常明显的弹性效应，但在变形到一定程度后，则可变为牛顿流动（即剪应力与剪变率成正比）。此类沥青具有黏 - 弹性和触变性，因此称为黏 - 弹性沥青。大多数优质的路用沥青都属于溶 - 凝胶型沥青，通常环烷基稠油的直馏沥青或半氧化沥青以及按要求组分组配的溶剂沥青等往往符合此类结构。在性能上，这类沥青在高温时具有较低的感温性，低温时又具有较好的变形能力。

（3）凝胶结构

沥青中沥青质含量很多（如大于 30%），并有较多的胶质来形成胶团。沥青中胶团互相接触而形成空间网络结构. 这种沥青具有明显的弹性效应，有时还具有明显的触变性。这类沥青称为弹性沥青。氧化沥青多属于这类结构。在性能上，这类沥青具有较好的感温性，但低温变形能力较差。

3.1.4　主要技术性质

沥青的主要技术性质有：黏滞性、塑性、温度稳定性、溶解度、大气稳定性、闪点和燃点等。

1. 黏滞性

黏滞性是沥青在外力作用下抵抗发生形变的性能指标。沥青黏滞性的大小主要由它的组分和温度来确定，一般随着沥青质含量增大，沥青黏滞性增大；随着温度升高，沥青黏滞性降低。

液态沥青的黏滞性用黏滞度表示；半固体或固体沥青的黏滞性用针入度表示。

①粘滞度是液态沥青在一定温度下，经规定直径的孔洞漏下 50 mL 所需要的时间（s）。黏滞度试验如图 6.3.2 所示。黏滞度常以符号 Ctd 表示。其中 d 为孔洞直径，常为 3.5 mm 或 10 mm；t 为温度，常为 25 ℃或 60 ℃。黏滞度越大，表示液态沥青在流动时的内部阻力越大。

②针入度是表示固体、半固体沥青黏度的指标。针入度试验如图 6.3.3 所示。针入度是指在温度为 25 ℃的条件下，质量为 100 g 的标准针，经 5 s 后沉入沥青中的深度，每深入 0.1 mm 称为 1 度。针入值越大，表征半固态或固态沥青的相对黏度越小。

沥青的牌号划分主要是依据针入度的大小。道路石油沥青一般有以下几种牌号：200 号、180 号、140 号、100 号、60 号。建筑石油沥青牌号有 40 号、30 号和 10 号。

2. 塑性

塑性是指沥青在外力作用下，产生变形而不被破坏的能力。沥青之所以能被制造成性能良好的柔性防水材料，很大程度上取决于它的塑性。沥青塑性的大小和组分、温度及拉伸速度有关。树脂含量较多，塑性较大；温度升高，拉伸速度越快，塑性越大。

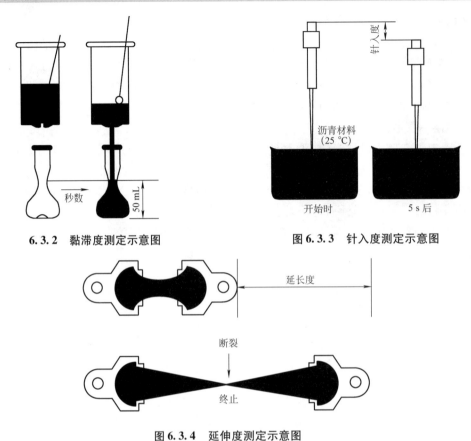

图 6.3.2　黏滞度测定示意图　　　　　图 6.3.3　针入度测定示意图

图 6.3.4　延伸度测定示意图

沥青的塑性用延伸度来表示。延展度试验如图 6.3.4 所示。延伸度是指将沥青标准试件在规定温度(25 ℃)下,在沥青延伸度上以规定速度(5 cm/min)的条件下拉伸,当试件被拉断时的伸展值,单位为 cm。沥青的延伸度越大,沥青的塑性越好。

3. 温度敏感性

温度敏感性是指石油沥青的黏滞性和塑性随温度升降而变化的性能。随温度的升高,沥青的黏滞性降低、塑性增加。这样变化的程度越大,表示沥青的温度敏感性越大。温度敏感性大的沥青,低温时会变成脆硬固体,易破碎;高温时则会变为液体流淌,因此,温度敏感性是沥青的重要质量指标之一,常用软化点表示。

软化点是指沥青材料在固体状态转变为具有一定流动性膏体时的温度。软化点可通过环球法试验测定。将沥青试样装入规定尺寸的铜环中,上置规定尺寸和质量的钢球,放在水或甘油中。以每分钟升高 5 ℃ 的速度加热至沥青软化下垂达 25.4 mm 时的温度,即为沥青软化点。

4. 大气稳定性(抗老化性)

大气稳定性是指沥青长期在阳光、空气、温度等的综合作用下性能稳定的程度。沥青在大气因素的长期综合作用下,逐渐失去黏滞性、塑性而变硬变脆的现象称为沥青的老化。大气稳定性可以用沥青的蒸发损失量及针入度变比来表示,即试样在 160 ℃ 温度下加热 5 h 后的质量损失百分数和蒸发前后的针入度比。蒸发损失率越小,针入度比越大,表示沥青的大气稳定性越好。

5. 闪点和燃点

闪点是指沥青达到软化点后再继续加热则会发生热分解而产生挥发性的气体,当气体与空气混合,在一定条件下与火焰接触,初次产生蓝色闪光时的沥青温度。燃点又称着火点。当沥青温度达到闪点,温度如再上升,与火接触而产生的火焰能持续燃烧 5 s 以上时,这个开始燃烧的温度为燃点。

各种沥青的最高加热温度都必须低于其闪点和燃点。施工现场在熬制沥青时,应特别注意加热温度。当超过最高加热温度时,由于油分的挥发,可能发生沥青锅起火、爆炸、烫伤人等事故。

6. 溶解度

沥青的溶解度是指沥青在溶剂中(苯或二硫化碳)溶解的百分数。沥青溶解度是用来确定沥青中有害杂质含量的。

沥青中有害杂质含量高,会降低沥青的黏滞性。一般石油沥青溶解度高达 98% 以上,而天然沥青因含不溶性矿物质,溶解度较低。

7. 水分

沥青几乎不溶于水,具有良好的防水性能。但沥青材料不是绝对不含水的。水在纯沥青中的溶解度为 0.001% ~ 0.01%。沥青吸收水分的多少取决于所含能溶于水的盐分的多少,沥青含盐分越多,水作用时间越长,吸收水分就越多。

由于沥青中含有水分,施工前要对沥青进行加热熬制。在加热过程中沥青中的水分形成泡沫,并随温度的升高而增多,易发生溢锅现象,可能引起火灾。所以,锅内沥青不能装得过多,而且在加热过程中,应加快搅拌,促使水分蒸发,并降低加热温度。

3.1.5　石油沥青的分类及选用标准

石油沥青按针入度划分为多种牌号,按用途不同可分为道路石油沥青、建筑石油沥青和普通石油沥青三类,其技术指标见表 6.3.2。

表 6.3.2　道路石油沥青、建筑石油沥青和普通石油沥青的技术标准

品种 项目　　牌号	道路石油沥青(SH 1661—92)							建筑石油沥青 (GB 494—85)		普通石油沥青 (SY 1665—88)		
	200	180	140	100甲	100乙	60甲	60乙	30	10	75	65	55
针入度(25 ℃,100 g), 1/10)/mm	200 ~ 300	161 ~ 200	121 ~ 160	91 ~ 120	81 ~ 120	51 ~ 80	41 ~ 58	25 ~ 40	10 ~ 25	75	65	55
延伸度(25 ℃)/cm	—	≥100	≥100	≥90	≥60	≥70	≥40	≥3	≥1.5	≥2	≥1.5	≥1

项目 \ 品种 牌号	道路石油沥青（SH 1661—92）							建筑石油沥青（GB 494—85）		普通石油沥青（SY 1665—88）		
	200	180	140	100甲	100乙	60甲	60乙	30	10	75	65	55
软化点(环球法)/℃	30 ~ 45	35 ~ 45	38 ~ 48	42 ~ 52	42 ~ 52	45 ~ 55	45 ~ 55	70	95	60	80	100
溶解度(三氯乙烯,三氯甲烷或苯)	≥99.0	≥99.0	≥99.0	≥99.0	≥99.0	≥99.0	≥99.0	≥99.5	≥99.5	≥98	≥98	≥98
蒸发损失(163 ℃,5 h)/%	≤1	≤1	≤1	≤1	≤1	≤1	—	≤1	≤1	—	—	—
蒸发后针入度比/%	≥50	≥60	≥60	≥65	≥65	≥70	≥70	≥65	≥65	—	—	—
闪点(开口)/℃	≥180	≥200	≥230	≥230	≥230	≥230	≥230	≥230	≥230	≥230	≥230	≥230

由表6.3.2可看出，三种石油沥青的牌号主要是根据针入度指标来划分的，随着牌号的增加，黏性越小（针入度越大），塑性越好（延伸度越大），温度敏感性越大（软化点越低）。

总之，在选用沥青材料时应根据工程性质、当地气候条件、使用部位及施工方法来选择不同品种和不同牌号的沥青。在满足工程要求和技术性质的前提下，尽量选取牌号高的石油沥青，以保证有较长的使用年限（因牌号高的沥青含油分多，挥发变质所需时间较长）。

3.1.6 石油沥青的简易鉴别

使用沥青前，应对其牌号加以鉴别。在施工现场的简易鉴别方法见表6.3.3。

表6.3.3 石油沥牌号简易鉴别方法

牌号	简易鉴别方法
10	用铁锤敲击，成为较小碎块，表面呈黑色并有光
30	用铁锤敲击，成为较大碎块
60	用铁锤敲击，只发生变形，不破碎
100 ~ 140	质地较柔软

注：鉴别时的温度为15 ~ 18 ℃。

3.1.7 石油沥青的应用

建筑石油沥青主要用于屋面、地下防水及沟槽防水、防腐蚀等工程。道路石油沥青主要用于沥青混凝土或沥青砂浆，用于道路路面或工业厂房地面等工程。根据工程需要还可以将建筑石油沥青与道路石油沥青掺和使用。

一般屋面用的沥青，软化点应比本地区屋面可能达到的最高温度高20 ~ 25 ℃，以避免夏季流淌。当采用普通石油沥青作为黏结材料时，随着时间增长，沥青黏结层的耐热和黏结能力会降低。因此，在建筑中一般不宜采用普通石油沥青作为黏结材料，否则必须加以适当的改性处理。

3.2　煤沥青

煤沥青是煤焦油蒸馏提取馏分(如轻油、酚油、萘油、洗油和蒽油等)后的残留物。它具有含碳量高、高温下易熔化、流动性好、来源广泛、价格低等优点,因此被广泛用做炼钢用、人造石墨电极等成型碳素材料制品的黏结剂以及C/C复合材料用基体前驱体。我国是世界最大的煤沥青生产国,煤焦油和煤沥青产量约占世界总产量的1/3。其产率为煤焦油的54%~56%,中温沥青经进一步加工,可得到不同用途的各种煤沥青。煤沥青主要用于生产成型碳素材料的黏结剂。

现有焦油加工装置的长周期运转和扩大产量、在建项目的陆续投产,使煤沥青的产量迅速增加,煤焦油加工企业非常注重沥青产品的开发。另外一些以石油产品为燃料的企业为了降低生产成本,积极寻找新的替代品。受以上两种因素影响,煤沥青应用领域得到不断拓宽。

1. 沥青与杂酚油配制燃料油

我国石油资源紧缺,一些煤焦油加工企业以煤沥青和杂酚油按一定比例配制煤系燃料油已获得成功,并在逐渐推广,市场潜力巨大。太原钢铁公司焦化厂1997年用煤系燃料油代替重油,在平炉上和轧钢厂使用。近几年煤系燃料油已在玻璃窑炉、耐火材料、铝用阳极炭块焙烧窑等行业替代重油使用。

2. 煤系筑路沥青

随着我国城乡道路建设的快速发展,道路沥青用量急剧增加,由于资源和技术等方面原因,国内筑路沥青资源紧张,部分还须引进。

用煤焦油重质馏分和煤沥青按一定比例配制的煤系筑路沥青,由于有热敏性高、延展性差、易老化、易污染环境等缺点,不宜作为路面沥青和高等级公路沥青。我国生产的煤系筑路沥青应用于修筑普通公路的底层沥青,已有较长的时间。

3. 煤沥青的其他应用

国内石油焦(特别是低硫焦)供应紧张,以煤沥青为原料,采用延迟焦化工艺可以生产低硫($S < 0.5$)沥青焦,来满足碳素工业的需求。山西宏特煤焦化公司在建的延迟焦化沥青焦装置,已于2005上半年投产,运行稳定,2008年生产的针状焦已申请了国家专利技术。

3.3　改性沥青和合成高分子防水卷材

1. 改性沥青防水卷材

改性沥青防水卷材大量应用于屋面和地下防水,为稳定可靠起见,标准规定一般铺2层。改性沥青卷材还在种植屋面、桥梁防水、铁道防水、与叠层屋面复合使用和保温节能等方面得到应用。在种植屋面中,一般双层铺设,下层常用自黏或热熔SBS防水卷材,面层则用加阻卷材剂的矿物粒面覆面SBS防水卷材。桥梁防水主要采用SBS和APP改性沥青防水卷材,较少使用防水涂料,一般双层铺设,如丹麦的桥梁设计使用双层4.5 mm厚SBS改性沥青卷材及

15 mm厚排水板,使用年限高达100年。法国Soprema公司的全自动卷材铺设车及其配套的200 m长桥面专用SBS防水卷材,以热风加热自动化焊接,已在欧洲和北美成功地使用了数十年。我国虽已使用APP和SBS卷材做道桥防水,但质量远逊于国外。在国外,铁道防水也有使用SBS改性沥青卷材的报道,我国正在积极研究SBS改性沥青防水卷材在铁道防水中的应用。

2. 合成高分子防水卷材

近年来,聚合物基的高分子防水卷材(不计改性沥青防水卷材)有了较快的发展。在美国单层屋面增长最快,1979年占10%以下,1984年占25%,1987年占48%,2006年达到54%,从而成为屋面的主导材料。日本的单层片材防水占37%,多于沥青防水。欧洲的单层聚合物片材约占24%,但增长速度高于改性沥青。单层防水厚度一般为1.0~2.0 mm,资源消耗大大低于沥青基材料,由于石油短缺日渐严重,随着单层防水在材料和施工方面的技术进步,合成高分子防水卷材势必获得更快的增长。

与沥青基防水卷材一般多层铺设不同,高分子防水卷材多是单层铺设,根据使用部位和使用年限的不同,选用不同的厚度,选择厚度一般为1.0~3.0 mm。单层防水用途广泛,在屋面、地下、隧道、铁路、水池、垃圾填埋厂等均可使用。

单层防水的种类多种多样,包括EPDM(三元乙丙橡胶)、PVC(聚氯乙烯)、CPE(氯化聚乙烯)、氯丁橡胶、橡塑共混、CSPE(氯磺化聚乙烯)、EVA(乙烯乙酸乙烯酯)、PE(聚乙烯)、ECB(乙烯共聚物沥青)、丁基橡胶、OCB(烯烃共聚物沥青)、PIB(聚异丁烯)等。各种片材的类型很多,主要有均质型、增强型、背衬层、自黏型。在屋面防水中,使用最多的是EPDM和PVC以及近来兴起的TPO卷材,美国以EPDM为主,欧洲以PVC为主。在地下防水中,较多地使用PVC、丁基橡胶、EPDM卷材等。

3.4　建筑防水制品

建筑工程防水是建筑产品的一项重要功能,关系到建筑物的使用价值、使用条件及卫生条件,影响到人们的生产活动、生活质量,对保证工程质量具有重要的地位。随着社会生活条件的不断改善,人们越来越重视自己的生活质量,在防水条件上要求不断提高。近年来,伴随着社会科技的发展,新型防水材料及其应用技术发展迅速,并朝着由多层向单层、由热施工向冷施工的方向发展。

1. 水性环保型桥梁防水涂料

这是一种水性、无毒、无污染、黏结强度大、弹性优良、耐高低温范围宽广、价格低廉的新型桥梁防水涂料。

该产品最主要的优点是涂膜干后保持橡胶的弹性、低温柔性、耐老化性,并具有抗剪切力强、耐温、抗冻、抗化学腐蚀、抗裂、冷施工、防水、无毒无味、无环境污染等优点,能适应桥面长期动荷载而抗压的要求,对温差的适用性极为宽广,低温可达-30 ℃,高温可承受沥青混凝土160 ℃以上的温度。

该产品不仅是桥面理想的防水材料,而且是粘贴防水片材沥青瓦的最佳材料。该产品良好的性能和低廉的价格,无疑将有力推动我国建筑防水材料的发展。

2. 聚合物水泥防水涂料

聚合物水泥防水涂料(JS涂料)是以聚丙烯酸酯等聚合物乳液和水泥为主要原料,加入其他外加剂制得的双组分水性建筑防水涂料,由于这种涂料由"聚合物乳液-水泥"双组分组成,因此具有"刚柔相济"的特性,既有聚合物涂膜的延伸性、防水性,又有水硬性胶凝材料强度高、易与潮湿基层黏结的优点。可以调节聚合物乳液与水泥的比例,满足不同工程对柔韧性与强度等的要求,施工方便。该种涂料以水作为分散剂,解决了因采用焦油、沥青等溶剂型防水涂料所造成的环境污染以及对人体健康的危害。

3. 高效防水密封膏

目前,我国大型水利、建筑等工程施工中所使用的防水防渗材料大多采用止水橡皮等产品,由于其稳定性能差,使用寿命短等问题而影响工程质量。而高效双组分聚硫防水密封膏是一种广泛使用于水利、建筑、道路等工程建设的高效防水防渗材料,具有良好的耐老化性、耐久性、气密性和防水性,且无毒、无害,对环境无污染,不含任何放射性元素,使用寿命达60年以上,特别是在与混凝土、钢材等黏结过程中更显示出良好的特性。

4. 阻热防水涂料

索士兰的阻热防水涂料是一种来自美国的最新专利防水产品。它在金属物体上使用时,极具柔性和封闭性,能堵漏、隔热、防锈;用于沥青屋面时,可反射90%的太阳能量,防止沥青降解,延长沥青使用寿命;用于刚性防水屋顶时,能阻止混凝土膨胀,封闭细裂纹和缝隙,防止水分渗透,有极佳的黏附性和延伸性。

索士兰阻热防水涂料的特别功能缘于其含有一种获得专利权的微泡玻璃球,它有着无数闭合腔体。为这种微泡玻璃球提供载体的是具有高性能的特种树脂,是聚合物和共聚物的综和体。它既可以与柔性防水卷材和刚性防水材料复合使用,也可以直接施用于各种基底,独立发挥防水阻热的良好性能。

5. 抗老化高弹性彩色防水涂料

抗老化高弹性彩色防水涂料属于国家新型建材导向型产品,以高分子聚合物为主要成膜剂,配以十余种助剂,通过特殊工艺加工而成。它与同类型产品相比,因在原料中加入几种不同功能的紫抗剂,大量吸收太阳光中的紫外线,又能消化防水层中因光降解反应和氧化反应所产生的有害物质,而使得防水层得到保护;它的断裂延伸率高达600%~900%,即使在紫外线的照射下仍达到400%;与硅、木质、金属有很强的黏结力,黏度适宜且开盖使用,无须现场掺兑溶剂,为绿色产品。

6. 普拉泰斯防水材料

该产品的主材是采用有机乳液(维尼纶、聚醋乙烯和树脂组成)和无机混合材(特种高铝水泥、石英砂及各种添加剂组成)复合而成的双组分防水涂膜材料。它既具有有机材料弹性高的优点又具有无机材料耐久性好等优点。特别是其独具的龟裂自闭功能填补了防水施工中难以攻克的空白,为传统的防水思维和理念开辟了一个新领域。

其主要特点有:当混凝土水泥基面发生裂缝时,普拉泰斯防水材料会将水分吸收膨胀并发生化学反应,充填龟裂部分达到完全防水的程度;对混凝土、木材、纸板、金属、玻璃以及塑料均具有极强的黏结附着性,此种特性在施工中可直接涂刷涂料或贴瓷砖;经卫生检疫部门鉴定,符合饮用水标准,同时在施工时无毒、无味、无挥发物,所以不会中毒和爆炸,不怕火;在含水率不高于80%的基面均可施工。

7. 玻纤建筑防水材料

玻纤建筑防水材料是20世纪60年代在美国面世、70年代逐步推广、80年代在国外迅猛发展的一种新型建筑防水材料,分为以玻璃纤维布和玻璃纤维薄毡为基材的两大类。将基材浸渍改性沥青后在其表面撒以矿物粉或覆盖聚乙烯薄膜等隔离材料,即制成新型建筑防水材料。

该材料具有较高的抗拉强度,防渗漏性能好,可达到A级防水标准,是解决建筑物屋面漏水难题的理想材料。由于该材料的材质为无机纤维,故具有良好的防腐蚀、抗老化性能,在屋面的风吹、雨淋、光照条件下不变质,在地铁、地下及管道工程应用中,防水、防腐性能卓越,使用寿命可达20年,该材料经与改性沥青复合后,弹性、柔软性及抗震性大大提高,如经APP(无规聚丙烯)改性,可具有更好的弹性和尺寸稳定性,适于气温高、太阳辐射强的地区使用;而SBS(苯乙烯—丁二烯—苯乙烯)改性后的产品,可在低温条件下保持良好的柔韧性,较适合北方高寒地区和结构变形频繁的建筑防水。

8. NMP高效防水剂

NMP高效防水剂通过与砂浆硅中碱性物质反应产生脱水交联反应,生成物能堵塞微孔及毛细通道,从而提高密,实度达到防水目的,可广泛应用于建筑工程防水。

该产品由几种有机与无机材料组成,具有防水、抗渗、耐腐、抗冻、耐高温、抗老化等功能,喷在砖石、水泥、砂浆、混凝土制品表面,可迅速渗入其内部10～20 mm,形成终身不变的防水层。该产品施工简单,方便,无毒无味,无污染,成本低,广泛应用于工业与民用建筑防水等防水、抗渗。这种产品的最大特点是一次施工,终身防水,与建筑物同寿命,避免了年年维修,节省了人力、物力、财力和时间。

9. 废旧泡沫再生防水材料

利用废旧泡沫开发研制出的新型防水胶以废旧泡沫塑料为基料,经精细加工研制而成,是单组分乙烯树脂类新产品。其为多色膏糊状,防水效果显著,而且耐酸碱、耐冷触和高温,该产品使用涂刷方式,省工省时,不受气候影响,一年四季均可施工,使用时不需加热,每平方米用料0.6～0.7 kg,即可达到滴水不漏的防水效果,成本不足10元,使用寿命长达数年。由于采用废旧塑料泡沫为原料,因此生产成本较低,市场销售看好,可用于各种屋面防水以及快速堵漏。

10. 克墙渗憎水剂

克墙渗憎水剂状如乳液型,采用喷刷方式,可在防水基层表面形成膜层,具有功能独特和应用广泛的显著特点:一是防水性能优越,经"克墙渗"处理过的墙面如同穿上了一件憎水外衣,雨水落在上面会呈水珠状自然滚落,而墙面则始终处于干燥状态,因而能有效阻霉变和泛碱;二是透气性好,可将墙体潮气释放出来,故又被称为呼吸性防水涂料;三是防潮、防霉效果显著,建筑物表面一经该产品处理,在外界潮湿的环境下可保持室内干燥,适用于粮食仓库、住宅、档案室、图书馆等的装饰涂层表面处理,能大幅度提高涂层的防水保色和抗污染能力。该产品广泛适用于瓷砖、马赛克饰面接缝等方面。

11. 聚合物水泥柔性防水卷材

聚合物水泥柔性防水卷材是以聚合物－水泥互穿网络理论为基础开发的新产品。它既有水泥类无机材料的耐久性,又有类似橡胶材料良好的弹性和变形的能力。其抗拉强度大于(或等于)2 MPa。这种卷材呼吸能力好,配套黏结剂为聚合改性水泥砂浆。聚合物水泥柔性防水卷材还有良好的耐化学腐蚀能力及优良的抗渗能力,0.3 MPa,30 min 无渗漏。聚合物水泥柔性防水卷材是一种绿色环保型产品。其原料主要为工业废渣;生产过程无毒害排放;施工时用水泥聚合材料黏结,不会造成污染。聚合物水泥柔性防水卷材可广泛用于各种建筑工程、市政工程、水利工程的表面及隐蔽处的防水。由于基层、黏结剂、卷材均为水泥基材料,可采用湿、冷法同步施工,形成刚、柔一体防水结构层,且层间无严格意义的界面。

本学习情境小结

本学习情境主要介绍了周转材料、新型材料、防水材料的检测、评定与选择。周转材料的重点在架料和胶合板模板的技术要求、检测及评定;新型材料主要介绍建筑材料中的新型、节能、绿色材料的类型、特点及应用等;防水材料的重点在于石油沥青的性质及选用、沥青类产品的选用,了解合成高分子防水材料的性质及应用。

教学评估表

学习情境名称:＿＿＿＿＿＿＿班级:＿＿＿＿＿＿姓名:＿＿＿＿＿＿日期:＿＿＿＿＿＿

1. 本表主要用于对课程授课情况的调查,可以自愿选择署名或匿名方式填写问卷。根据自己的情况在相应的栏目打"√"。

评估项目 ＼ 评估等级	非常赞成	赞　成	不赞成	非常不赞成	无可奉告
(1)我对本学习情境学习很感兴趣					
(2)教师的教学设计好,有准备并阐述清楚					
(3)教师因材施教,运用了各种教学方法来帮助我的学习					
(4)学习内容、课内实训内容能提升我对建筑工程材料的检测和选择技能					
(5)有实物、图片、音像等材料,能帮助我更好理解学习内容					
(6)教师知识丰富,能结合材料取样和抽检进行讲解					
(7)教师善于活跃课堂气氛,设计各种学习活动,利于学习					

评估项目 / 评估等级	非常赞成	赞成	不赞成	非常不赞成	无可奉告
(8)教师批阅、讲评作业认真、仔细,有利于我的学习					
(9)我理解并能应用所学知识和技能					
(10)授课方式适合我的学习风格					
(11)我喜欢这门课中的各种学习活动					
(12)学习活动有利于我学习该课程					
(13)我有机会参与学习活动					
(14)每个活动结束都有归纳与总结					
(15)教材编排版式新颖,有利于我学习					
(16)教材使用的文字、语言通俗易懂,有对专业词汇的解释、提示和注意事项,利于我自学					
(17)教材为我完成学习任务提供了足够信息,并提供了查找资料的渠道					
(18)教材通过讲练结合使我增强了技能					
(19)教学内容难易程度合适,紧密结合施工现场,符合我的需求					
(20)我对完成今后的典型工作任务更有信心					

2. 您认为教学活动使用的视听教学设备和实训设备:

合适 □   太多 □   太少 □

3. 教师安排边学、边做、边互动的比例:

讲太多 □   练习太多 □   活动太多 □   恰到好处 □

4. 教学进度:

太快 □   正合适 □   太慢 □

5. 活动安排的时间长短:

太长 □   正合适 □   太短 □

6. 我最喜欢本学习情境的教学活动是:

7. 我最不喜欢本学习情境的教学活动是:

8. 本学习情境我最需要的帮助是:

9. 我对本学习情境改进教学活动的建议是:

参 考 文 献

[1] 李明. 建筑装饰材料[M]. 上海:上海交通大学出版社,2008.

[2] 宋岩丽. 建筑与装饰材料[M]. 北京:中国建筑工业出版社,2005.

[3] 李国华. 建筑装饰材料[M]. 北京:中国建材工业出版社,2006.

[4] 江峰. 建筑材料[M]. 重庆:重庆大学出版社,2009.

[5] 王春阳. 建筑材料[M]. 北京:高等教育出版社,2006.

[6] 韩建刚. 土力学与基础工程[M]. 重庆:重庆大学出版社,2010.

[7] 赵明华. 土力学与基础工程[M]. 武汉:武汉理工大学出版社,2009.

[8] 《建筑施工手册》(第四版)编写组. 建筑施工手册[M]. 4 版. 北京:中国建筑工业出版社,2003.

[9] 西安建筑科技大学,华南理工大学,重庆大学. 建筑材料[M]. 北京:中国建筑工业出版社,2004.

[10] 田国. 人造合成石与人造石的关系及主要性能指标[J]. 石材,2008(7):23 – 26.

[11] 卢经扬,余素萍. 建筑材料[M]. 北京:清华大学出版社,2006.

[12] 李业兰. 建筑材料[M]. 北京:中国建筑工业出版社,1995.

[13] 林祖宏. 建筑材料[M]. 北京:北京大学出版社,2008.

.